莊紹容　楊精松 編著

工程數學
觀念與解析

Engineering Mathematics

東華書局

國家圖書館出版品預行編目資料

工程數學：觀念與解析 / 莊紹容, 楊精松編著. -- 三版. -- 臺北市：臺灣東華, 2013.07
 448 面; 19x26 公分
 ISBN 978-957-483-753-3 (平裝)
 1. 工程數學
440.11 　　　　　　　　　　　　102013744

工程數學　觀念與解析

編 著 者	莊紹容 • 楊精松
發 行 人	陳錦煌
出 版 者	臺灣東華書局股份有限公司
地　　址	臺北市重慶南路一段一四七號三樓
電　　話	(02) 2311-4027
傳　　眞	(02) 2311-6615
劃撥帳號	00064813
網　　址	www.tunghua.com.tw
讀者服務	service@tunghua.com.tw
門　　市	臺北市重慶南路一段一四七號一樓
電　　話	(02) 2371-9320
出版日期	2013 年 7 月 3 版
	2017 年 9 月 3 版 4 刷

ISBN　　978-957-483-753-3

版權所有 • 翻印必究

編輯大意

一、工程數學係研究工程技術的一門數學，應研習的內容視各類工程之特性而有所不同．一般應含有線性代數、微分方程、向量分析、傅立葉級數與變換，係一本適合中上程度之教科書．

二、本書對於電機系或電子系在自動控制方面所用到的數學部分，如矩陣之特徵值、指數矩陣之計算，均有詳細討論．本書對於機械系所用到的數學，如傅立葉級數與變換，亦有討論．

三、編者對於工程數學教學皆有實際的教學經驗及心得．本書在編排上力求條理分明，循序漸近；並以豐富而具代表性的例題、習題相配合，為了達成學習上的績效，編者在每一習題中選擇若干有代表性的題目並附帶求解之過程，連同習題答案置於東華書局網站以供參考，俾使學習者觸類旁通，事半功倍．

四、本書得以順利出版，要感謝東華書局董事長卓劉慶弟女士的鼓勵與支持，並承蒙編輯部全體同仁的鼎力相助，在此一併致謝．編者等才疏學淺，錯誤在所難免，敬祈各界學者先進大力斧正，以匡不逮．

編　者　謹識

中華民國 102 年 6 月

目 次

第 1 章　一階常微分方程式與應用 1

1-1　引　言 1
1-2　何謂常微分方程式？ 1
1-3　微分方程式的產生 3
1-4　微分方程式的解 5
1-5　變數分離法 12
1-6　齊次微分方程式 (可化成變數分離的微分方程式) 17
1-7　正合 (恰當) 微分方程式 23
1-8　積分因子；一階線性微分方程式 32
1-9　可化成線性的微分方程式 (柏努利微分方程式) 41
1-10　一階微分方程式的應用 45

第 2 章　高階線性微分方程式 69

2-1　基本理論與二階變係數齊次線性微分方程式之解法 69
2-2　常係數齊次線性微分方程式 78
2-3　常係數非齊次線性微分方程式之解法
　　　(含未定係數法與參數變化法) 84
2-4　二階微分方程式的應用 95

第 3 章　拉普拉斯變換 113

3-1　拉普拉斯變換 113
3-2　基本性質 125
3-3　利用部分分式法求反拉氏變換 134
3-4　拉氏變換的微分與積分 137

- 3-5 利用拉氏變換解微分方程式 …… 142
- 3-6 t-軸上的移位 …… 147
- 3-7 週期函數的變換 …… 154
- 3-8 褶積定理 …… 159
- 3-9 拉氏變換在工程上的應用 …… 163
- 3-10 拉氏變換表 …… 171

第 4 章　矩陣與線性方程組 …… 173

- 4-1 矩陣的意義 …… 173
- 4-2 矩陣的運算 …… 179
- 4-3 逆方陣 …… 189
- 4-4 矩陣的基本列運算；簡約列梯陣 …… 193
- 4-5 線性方程組的解法 …… 205
- 4-6 行列式 …… 214
- 4-7 矩陣之特徵值與特徵向量 …… 234
- 4-8 方陣的對角線化 …… 241
- 4-9 指數方陣的計算 …… 247

第 5 章　向量分析 …… 253

- 5-1 向量代數與幾何 …… 253
- 5-2 三維空間向量的內積 …… 264
- 5-3 三維空間向量的叉積 …… 272
- 5-4 向量函數的微分與積分 …… 286
- 5-5 空間曲線 …… 294
- 5-6 方向導數、梯度、散度與旋度 …… 303
- 5-7 線積分 …… 314
- 5-8 格林定理 …… 331
- 5-9 面積分 …… 340
- 5-10 散度定理與史托克定理 …… 348

第 6 章　線性微分方程組 ········· 353

6-1　齊次線性微分方程組 ·········353
6-2　齊次線性微分方程組的解法 ·········361
6-3　非齊次線性微分方程組 ·········372

第 7 章　傅立葉級數與變換 ········· 379

7-1　傅立葉級數及歐勒公式 ·········379
7-2　半幅展開式 ·········397
7-3　傅立葉級數的應用 ·········404
7-4　傅立葉積分 ·········409
7-5　複數形式的傅立葉積分與變換 ·········419

第 1 章

一階常微分方程式與應用

1-1 引 言

微分方程式為數學之一分支，其應用範圍甚廣．因為在物理上，甚至於工程上，經常會碰到一些狀態，如自由落體運動、機械振動、電路問題等．當我們將這些狀態以數學之解析式表示時，往往會發現方程式中含有一未知函數與其導函數，而非一般的代數方程式．例如，解基本電路方程式：$L\dfrac{dI}{dt}+RI=E(t)$ (其中 L 為電感，R 為電阻，I 為電流，E 為電壓)．此一方程式為微分方程式．在幾何上，微分方程式 $\begin{cases} F(x,\ y,\ y')=0 \\ y(x_0)=y_0 \end{cases}$ 的解，表示平面坐標上以 y 為因變數且通過點 $(x_0,\ y_0)$ 的一條積分曲線．

1-2 何謂常微分方程式？

定義 1-2-1

凡含有自變數之未知函數的導函數或微分的方程式稱為常微分方程式．

我們可舉出一些常微分方程式如下：

(1) $\dfrac{dy}{dx}+xy=y^2$

(2) $y''+2y'+6y=e^x\cos x$

(3) $\left(\dfrac{d^3x}{dt^3}\right)^2+\left(\dfrac{d^2x}{dt^2}\right)^5+\dfrac{x}{t^2+1}=e^t+t$

1

(4) $xe^{x^2} dx + (y^5 - 1) dy = 0$

要想學好微分方程式，首先對於下列有關微分方程式常用的名詞應有所了解.

定義 1-2-2

(1) 常微分方程式的階 (order) 是定義為方程式中所出現最高階導函數之階數.
(2) 常微分方程式的次 (degree) 是定義為方程式中最高階導函數的次方為基準.

上列中 (1) 及 (4) 式為一階常微分方程式，(2) 為二階常微分方程式，(3) 為三階常微分方程式. 又 (1)、(2) 及 (4) 皆為一次，(3) 則為二次.

定義 1-2-3

一 n 階常微分方程式形如

$$F(x, y, y', y'', \cdots, y^{(n)}) = 0 \quad \text{(一般式)}$$

例如，一階微分方程式 $y' = f(x, y)$ 可以寫成

$$F(x, y, y') = 0$$

此處

$$F(x, y, y') = y' - f(x, y)$$

二階微分方程式 $y'' + a(x)y' + b(x)y = f(x)$ 可以寫成

$$F(x, y, y', y'') = y'' + a(x)y' + b(x)y - f(x) = 0.$$

定義 1-2-4

形如 $a_n(x)y^{(n)} + a_{n-1}(x)y^{(n-1)} + a_{n-2}(x)y^{(n-2)} + \cdots + a_1(x)y' + a_0(x)y = R(x)$ 的微分方程式稱為線性微分方程式 (linear differential equation)，否則，稱為非線性微分方程式 (nonlinear differential equation). 若 $R(x) = 0$，則稱為齊次微分方程式；若 $R(x) \neq 0$，則稱為非齊次微分方程式.

例如，$\dfrac{d^2y}{dx^2}+2\dfrac{dy}{dx}+6y=0$ 為二階線性微分方程式.

$3t^2\dfrac{d^3y}{dt^3}-(\sin t)\dfrac{d^2y}{dt^2}-(\cos t)y=0$ 為三階一次線性齊次微分方程式.

$\dfrac{d^2y}{dx^2}+\dfrac{dy}{dx}+\cos y=0$ 為二階一次非線性齊次微分方程式.

$\dfrac{d^2y}{dx^2}-3\dfrac{dy}{dx}+2y=4x^2$ 為二階線性非齊次微分方程式.

【例題 1】 試就下列所給定的微分方程式，

$$y^{(4)}+xy'''+x^2y''-xy'=xe^x$$

決定：

(1) 微分方程式的階數.

(2) 次數 (倘若可決定次數).

(3) 微分方程式是否為線性？

(4) 未知函數.

(5) 自變數.

【解】 (1) 四階微分方程式.

(2) 次數 1.

(3) 線性.

(4) y.

(5) x.

1-3 微分方程式的產生

一、消去方程式中的任意常數產生微分方程式

微分方程式可由原函數 (primitive) 利用微分而消去其中的常數而產生. 若想由原函數中消去一個任意常數，僅需做一次微分. 欲消去兩個任意常數，則需做二次微分. 當然，欲消去原函數中的任意 n 個常數，需做 n 次微分. 因此，原函數中的任意常數

個數應與所產生的微分方程式的階數相等.

【例題 2】 假設 a 為任意常數，試從 $(x-a)^2+y^2=a^2$ 中導出一最低階微分方程式.

【解】 將原方程式對 x 微分

$$2(x-a)+2yy'=0$$

解得 $a=x+yy'$，再代入原微分方程式，則

$$(yy')^2+y^2=(x+yy')^2$$
$$\Rightarrow y^2y'^2+y^2=x^2+2xyy'+y^2y'^2$$
$$\Rightarrow (x^2-y^2)+2xy\frac{dy}{dx}=0$$
$$\Rightarrow (x^2-y^2)\,dx+2xy\,dy=0$$

二、解析式產生微分方程式

【例題 3】 長度為 l 的單擺與垂直線的交角為 θ，如圖 1-3-1 所示，當其擺動時，運動方程式 (忽略空氣阻力及摩擦) 可表示為以時間 t 當作自變數的二階微分方程式

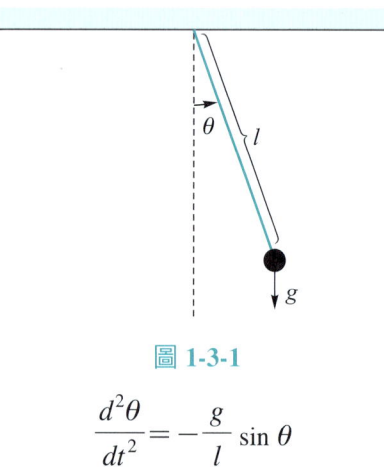

圖 1-3-1

$$\frac{d^2\theta}{dt^2}=-\frac{g}{l}\sin\theta$$

其中 g 為重力加速度.

【例題 4】 設質量為 m 的物體受外力 F 作用沿著一直線運動，其在時間 t 的位置為 x，如圖 1-3-2 所示，則依牛頓第二運動定律可寫出此物體運動的方程式為

$$m \frac{d^2 x}{dt^2} = F(x)$$

此為未知函數 x 的二階微分方程式.

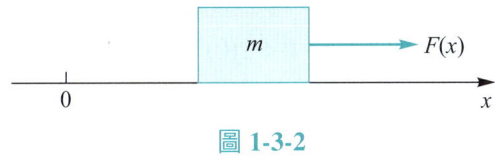

圖 1-3-2

1-4　微分方程式的解

在探討微分方程式的解之前，我們先考慮一函數 $y = \ln x$ 在無限區間 $(0, \infty)$ 上可滿足微分方程式 $xy'' + y' = 0$.

微分 $y = \ln x$，得 $y' = \dfrac{1}{x}$；$y'' = -\dfrac{1}{x^2}$.

則

$$xy'' + y' = x\left(-\frac{1}{x^2}\right) + \frac{1}{x} = -\frac{1}{x} + \frac{1}{x} = 0$$

故稱 $y = \ln x$ 為微分方程式 $xy'' + y' = 0$ 在無限區間 $(0, \infty)$ 的顯函數解.

定義 1-4-1

(1) 一 n 階微分方程式在區間 (a, b) 上的解為在 (a, b) 上滿足該微分方程式之一 n 次可微分函數.

(2) 一 n 階微分方程式 $F(x, y, y', y'', \cdots, y^{(n)}) = 0$ 之顯函數解為一定義在某區間 I 中並滿足

$$F(x, \phi(x), \phi'(x), \phi''(x), \cdots, \phi^{(n)}(x)) = 0, \ \forall x \in I$$

之一 n 次可微分函數 $\phi(x)$.

【例題 1】 $y(x)=1$ 是否為微分方程式 $y''+2y'+y=x$ 的解？

【解】 將 $y(x)=1$ 兩端對 x 微分，得

$$y'(x)=0 \quad \text{①}$$

① 式再對 x 微分，得

$$y''(x)=0$$

代入 $y''+2y'+y=x$ 中，得

$$y''+2y'+y=0+2(0)+1=1\neq x$$

於是 $y(x)=1$ 並非 $y''+2y'+y=x$ 的解.

【例題 2】 試證 $y=\ln x$ 為微分方程式 $xy''+y'=0$ 在 $I'(0,\infty)$ 的解，但並非在 $I(-\infty,\infty)$ 的解.

【解】 在 $I(0,\infty)$ 上，我們求得

$$y'=\frac{1}{x} \quad \text{①}$$

① 式再微分，得

$$y''=\frac{d}{dx}\left(\frac{1}{x}\right)=\frac{-1}{x^2} \quad \text{②}$$

① 與 ② 代入 $xy''+y'=0$ 中，求得

$$xy''+y'=x\left(-\frac{1}{x^2}\right)+\frac{1}{x}=-\frac{1}{x}+\frac{1}{x}=0$$

於是 $y=\ln x$ 為微分方程式 $xy''+y'=0$ 在 $I'(0,\infty)$ 的解，但 $y=\ln x$ 並非微分方程式 $xy''+y'=0$ 在 $I(-\infty,\infty)$ 的解，因為對數在負數與零均無定義.

【例題 3】 試證 $y=\int_1^x \frac{1}{t}dt+y_0$，$x>0$ 為微分方程式 $\frac{dy}{dx}=\frac{1}{x}$ 之顯函數解.

【解】 因

$$\frac{dy}{dx}=\frac{d}{dx}\left(\int_1^x \frac{1}{t}dt+y_0\right)=\frac{d}{dx}\int_1^x \frac{1}{t}dt+\frac{d}{dx}y_0$$

$$=\frac{1}{x}$$

此恰為原微分方程式.

故 $y = \int_1^x \frac{1}{t} dt + y_0$ 為微分方程式 $\frac{dy}{dx} = \frac{1}{x}$ 之顯函數解.

定義 1-4-2

已知一 n 階微分方程式，若一方程式 $\phi(x, y) = 0$ 對 x 隱微分 (往往視微分方程式所含導函數之階數而定)，並代入該微分方程式而能滿足該微分方程式，則稱 $\phi(x, y) = 0$ 為已知微分方程式的隱函數解.

【例題 4】 試證方程式 $xy - \ln|y| - x^2 = 0$ 為微分方程式

$$\frac{dy}{dx} = \frac{2xy - y^2}{xy - 1}$$

之隱函數解.

【解】 將方程式 $xy - \ln|y| - x^2 = 0$ 對 x 隱微分，得

$$\frac{d}{dx}(xy - \ln|y| - x^2) = \frac{d}{dx}(0)$$

得

$$x\frac{dy}{dx} + y - \frac{1}{y}\frac{dy}{dx} - 2x = 0$$

故

$$\left(x - \frac{1}{y}\right)\frac{dy}{dx} = 2x - y$$

$$\frac{xy - 1}{y}\frac{dy}{dx} = 2x - y$$

$$\frac{dy}{dx} = \frac{y(2x - y)}{xy - 1} = \frac{2xy - y^2}{xy - 1}$$

此恰為原微分方程式，故 $xy - \ln|y| - x^2 = 0$ 為微分方程式之隱函數解.

由以上的討論，得知微分方程式的解可用顯函數解 $y = \phi(x)$ 或隱函數解 $\phi(x, y) = 0$ 來表示，它們皆是微分方程式的解. 一般而言，常微分方程式的解所含任意常數的數目等於該微分方程式的階數. n 階常微分方程式的解若包含 n 個任意常數，則稱

為該微分方程式的通解 (general solution)。若由通解中指定任意常數的值，則所得的解稱為微分方程式的特解 (particular solution)。一階常微分方程式的通解可以寫成

$$y=f(x, c) \quad 或 \quad F(x, y, c)=0 \tag{1-4-1}$$

c 為任意常數。凡是自通解中求特解，需另外再加一個條件，例如

$$y(x_0)=y_0 \tag{1-4-2}$$

式中 x_0 與 y_0 為已知值，式 (1-4-2) 表示"當 $x=x_0$ 時，$y=y_0$"。利用式 (1-4-2)，可由式 (1-4-1) 中求得 c 的值，故式 (1-4-2) 稱為初期條件 (initial condition)。凡是滿足初期條件的微分方程式，就稱之為初期值問題 (initial value problem)。例如

$$\begin{cases} F(x, y, y')=0 \\ y(x_0)=y_0 \end{cases} \tag{1-4-3}$$

則為一初期值問題。但對一個二階的微分方程式，如果所附加上去的條件牽連到二個不等的 x 值時 (我們稱為邊界條件)，例如

$$\begin{cases} F(x, y, y', y'')=0 \\ y(x_0)=y_0 \\ y(x_1)=y_1 \end{cases} \tag{1-4-4}$$

則為二點的邊界值問題 (boundary-value problem)。有時，微分方程式的解除通解及特解之外，另外存在一種解，而此種解不能從通解中利用初期條件來確定，這樣的解稱為微分方程式的奇異解 (singular solution)。

我們從上面的討論可知，常微分方程式的特解是一函數，它的圖形稱為積分曲線，而通解稱為積分曲線族。

【例題 5】 試證 $y=4e^{2x}+2e^{-3x}$ 為初期值問題

$$\begin{cases} y''+y'-6y=0 \\ y(0)=6 \\ y'(0)=2 \end{cases}$$

的解。

【解】 因 $y = 4e^{2x} + 2e^{-3x}$，故

$$y' = 8e^{2x} - 6e^{-3x}$$
$$y'' = 16e^{2x} + 18e^{-3x}$$

代入已知微分方程式的左邊，則

$$\frac{d^2y}{dx^2} + \frac{dy}{dx} - 6y = 16e^{2x} + 18e^{-3x} + 8e^{2x} - 6e^{-3x} - 24e^{2x} - 12e^{-3x} = 0$$

又 $y(0) = 4 + 2 = 6$，且 $y'(0) = 8 - 6 = 2$，因而 $y = 4e^{2x} + 2e^{-3x}$ 除可以滿足微分方程式之外，又可滿足初期條件，故為初期值問題的解．

【例題 6】 試決定 c_1 與 c_2，使得 $y = c_1 \sin 2x + c_2 \cos 2x + 1$ 滿足初期條件 $y\left(\frac{\pi}{8}\right) = 0$ 與 $y'\left(\frac{\pi}{8}\right) = \sqrt{2}$．

【解】 由 $y = c_1 \sin 2x + c_2 \cos 2x + 1$，可得

$$y' = 2c_1 \cos 2x - 2c_2 \sin 2x$$

將初期條件代入上面二式中，可得

$$y\left(\frac{\pi}{8}\right) = c_1 \sin \frac{\pi}{4} + c_2 \cos \frac{\pi}{4} + 1$$
$$= \frac{\sqrt{2}}{2} c_1 + \frac{\sqrt{2}}{2} c_2 + 1$$
$$= 0$$

即 $\qquad c_1 + c_2 = -\sqrt{2}$ ……………………………………①

又 $\qquad y'\left(\frac{\pi}{8}\right) = 2c_1 \cos \frac{\pi}{4} - 2c_2 \sin \frac{\pi}{4}$
$$= 2c_1\left(\frac{\sqrt{2}}{2}\right) - 2c_2\left(\frac{\sqrt{2}}{2}\right)$$
$$= \sqrt{2} c_1 - \sqrt{2} c_2$$
$$= \sqrt{2}$$

即 $\qquad c_1 - c_2 = 1$ ………………………………………………②

聯立解①與②式，可得

$$c_1 = -\frac{1}{2}(\sqrt{2}-1), \qquad c_2 = -\frac{1}{2}(\sqrt{2}+1)$$

【例題 7】 若微分方程式的通解為 $y = c_1 \sin 2x + c_2 \cos 2x$，且邊界值問題為

$$\begin{cases} \dfrac{d^2 y}{dx^2} + 4y = 0 \\ y\left(\dfrac{\pi}{8}\right) = 0 \\ y\left(\dfrac{\pi}{6}\right) = 1 \end{cases}$$

求其解.

【解】 將兩個邊界條件代入微分方程式的通解中，可得

$$y\left(\frac{\pi}{8}\right) = c_1 \sin \frac{\pi}{4} + c_2 \cos \frac{\pi}{4}$$

$$= c_1 \frac{\sqrt{2}}{2} + c_2 \frac{\sqrt{2}}{2} = 0 \quad \cdots\cdots ①$$

又

$$y\left(\frac{\pi}{6}\right) = c_1 \sin \frac{\pi}{3} + c_2 \cos \frac{\pi}{3}$$

$$= c_1 \left(\frac{\sqrt{3}}{2}\right) + c_2 \left(\frac{1}{2}\right) = 1 \quad \cdots\cdots ②$$

聯立解①與②式，得到 $c_1 = -c_2 = \dfrac{2}{\sqrt{3}-1}$

故

$$y(x) = \frac{2}{\sqrt{3}-1}(\sin 2x - \cos 2x)$$

此為邊界值問題的解.

習題 1-1

1. 就下列微分方程式，決定 (a) 階數，(b) 次數，(c) 線性，(d) 非線性.

    (1) $y''' - 5xy' = e^x + 1$

    (2) $t \dfrac{d^2y}{dt^2} + t^2 \dfrac{dy}{dt} - (\sin t)\sqrt{y} = t^2 - t + 1$

    (3) $y \dfrac{d^2x}{dy^2} = y^2 + 1$

    (4) $(y'')^3 + y = x$

    (5) $y^{(4)} + 3(\cos x)y''' + y' = 0$

2. 試證下列左邊各函數為右邊微分方程式的解.

    (1) $y = c_1 e^x + c_2 e^{2x}$, $\dfrac{d^2y}{dx^2} - 3\dfrac{dy}{dx} + 2y = 0$

    (2) $y = c_1 x^2 + 2x + c_2$, $\dfrac{d^2y}{dx^2} - \dfrac{1}{x}\dfrac{dy}{dx} + \dfrac{2}{x} = 0$

    (3) $y = c_1 \cos(2x + c_2)$, $\dfrac{d^2y}{dx^2} + 4y = 0$

3. 試證函數 $y(x) = 2x^{1/2} - x^{1/2} \ln x$ 為微分方程式 $4x^2 y'' + y = 0$ 在區間 $(0, \infty)$ 的顯函數解.

4. 試證 $x^3 + 3xy^2 = 1$ 為微分方程式 $2xy\dfrac{dy}{dx} + x^2 + y^2 = 0$ 在區間 $(0, 1)$ 的隱函數解.

5. 對某些常數 m，函數 $f(x) = e^{mx}$ 為微分方程式 $\dfrac{d^3y}{dx^3} - 3\dfrac{d^2y}{dx^2} - 4\dfrac{dy}{dx} + 12y = 0$ 的解，試決定 m 的值.

6. 試證函數 $f(x) = 3e^{2x} - 2xe^{2x} - \cos 2x$ 滿足微分方程式 $\dfrac{d^2y}{dx^2} - 4\dfrac{dy}{dx} + 4y = -8\sin 2x$，其中初期條件為 $f(0) = 2$ 與 $f'(0) = 4$.

7. 已知微分方程式 $\dfrac{dy}{dx} + y = 2xe^{-x}$ 的通解可以寫成 $y = (x^2 + c)e^{-x}$，試解下列初期值問題：

(1) $\begin{cases} \dfrac{dy}{dx}+y=2xe^{-x} \\ y(0)=2 \end{cases}$　　　(2) $\begin{cases} \dfrac{dy}{dx}+y=2xe^{-x} \\ y(-1)=e+3 \end{cases}$

8. 已知微分方程式 $\dfrac{d^2y}{dx^2}-\dfrac{dy}{dx}-12y=0$ 的通解可寫成 $y=c_1e^{4x}+c_2e^{-3x}$，試解下列初期值問題：

(1) $\begin{cases} \dfrac{d^2y}{dx^2}-\dfrac{dy}{dx}-12y=0 \\ y(0)=5 \\ y'(0)=6 \end{cases}$　　　(2) $\begin{cases} \dfrac{d^2y}{dx^2}-\dfrac{dy}{dx}-12y=0 \\ y(0)=-2 \\ y'(0)=6 \end{cases}$

1-5　變數分離法

當我們將一階微分方程式

$$F(x,\ y,\ y')=0 \tag{1-5-1}$$

化成下列的任一形式：

$$P(x)\,dx+Q(y)\,dy=0 \tag{1-5-2}$$

或

$$\dfrac{dy}{dx}=f(x)\,g(y),\ \ g(y)\neq 0 \tag{1-5-3}$$

則我們稱其為 變數可分離的微分方程式．此種微分方程式的通解只需要分別積分即可，因而可求得

$$\int P(x)\,dx+\int Q(y)\,dy=c \tag{1-5-4}$$

或

$$\int \dfrac{dy}{g(y)}=\int f(x)\,dx+c \tag{1-5-5}$$

式中 c 為任意積分常數．如果為初期值問題：

$$\begin{cases} P(x)\,dx + Q(y)\,dy = 0 \\ y(x_0) = y_0 \end{cases} \tag{1-5-6}$$

則其特解為

$$\int_{x_0}^{x} P(x)\,dx + \int_{y_0}^{y} Q(y)\,dy = 0 \tag{1-5-7}$$

【例題 1】 試解微分方程式 $(1+x^2)\dfrac{dy}{dx} + xy = 0$.

【解】 原式等號兩端乘以 dx，變成

$$(1+x^2)\,dy + xy\,dx = 0$$

兩邊各項除以 $(1+x^2)\,y$，得

$$\dfrac{x}{1+x^2}\,dx + \dfrac{dy}{y} = 0$$

積分之，$\dfrac{1}{2}\int \dfrac{2x}{1+x^2}\,dx + \int \dfrac{dy}{y} = C^*$

$$\dfrac{1}{2}\ln(1+x^2) + \ln|y| = C^*$$

或 $\quad \ln(|y|\sqrt{1+x^2}) = C^*$

即 $\quad |y|\sqrt{1+x^2} = e^{C^*}$

故 $\quad y = \pm e^{C^*}(1+x^2)^{-1/2} = C(1+x^2)^{-1/2} \quad (\diamondsuit\, C = \pm e^{C^*})$

【例題 2】 試解微分方程式 $(1+\cos x)\,dy = y\sin x\,dx$.

【解】 分離變數，等號兩端同除以 $y(1+\cos x)$，則

$$\dfrac{dy}{y} - \dfrac{\sin x}{1+\cos x}\,dx = 0$$

$$\Rightarrow \int \dfrac{dy}{y} - \int \dfrac{\sin x}{1+\cos x}\,dx = c_1$$

$$\Rightarrow \ln|y| + \ln|1+\cos x| = \ln|c| \quad (\diamondsuit\, c_1 = \ln|c|)$$

$$\Rightarrow \ln|y(1+\cos x)| = \ln|c|$$

$$\Rightarrow y(1+\cos x) = c$$

故
$$y = \frac{c}{1+\cos x}$$

【例題 3】 試解初期值問題：

$$\begin{cases} \dfrac{dy}{dx} = \dfrac{y+1}{x-3} \\ y(1)=0 \end{cases}.$$

【解】 分離變數得

$$\frac{dy}{y+1} = \frac{dx}{x-3}$$

積分之，

$$\int \frac{dy}{y+1} = \int \frac{dx}{x-3}$$

$$\ln|y+1| = \ln|x-3| + C$$

$$\ln\left|\frac{y+1}{x-3}\right| = C$$

$$\left|\frac{y+1}{x-3}\right| = e^C = K$$

則
$$y+1 = \pm K(x-3) = L(x-3) \quad (\diamondsuit L = \pm K)$$

$$y = L(x-3) - 1$$

此處 C，K，L 皆為任意常數．現將初期條件 $x=1$，$y=0$ 代入，得

$$0 = L(1-3) - 1 \quad 或 \quad L = -\frac{1}{2}$$

故得初期值問題之解為 $y = -\dfrac{1}{2}x + \dfrac{1}{2}$．

【例題 4】 試解初期值問題：

$$\begin{cases} \dfrac{dy}{dx}=xy^2e^x \\ y(0)=2 \end{cases}.$$

【解】 分離變數，得

$$y^{-2}\,dy=xe^x\,dx$$

令 $u=x$，$dv=e^x\,dx$，則 $du=dx$，$v=e^x$，等號右端之積分為

$$\int xe^x\,dx=xe^x-\int e^x\,dx=xe^x-e^x$$

故通解為

$$-\dfrac{1}{y}=xe^x-e^x+c$$

令 $x=0$，$y=2$，得

$$-\dfrac{1}{2}=0-1+c$$

$$c=\dfrac{1}{2}$$

故初期值問題的特解為

$$-\dfrac{1}{y}=xe^x-e^x+\dfrac{1}{2}$$

解 y 得

$$y=\dfrac{2}{2e^x-2xe^x-1}$$

【例題 5】 試解初期值問題：

$$\begin{cases} x\cos x\,dx+(1-6y^5)\,dy=0 \\ y(\pi)=0 \end{cases}.$$

【解】 因係初期值問題，故其特解為

$$\int_{\pi}^{x} x\cos x\,dx+\int_{0}^{y}(1-6y^5)\,dy=0$$

現以分部積分法求 $\int_{\pi}^{x} x \cos x \, dx$,

令 $u = x$, $dv = \cos x \, dx$, 則 $du = dx$, $v = \sin x$

$$\int_{\pi}^{x} x \cos x \, dx = x \sin x \Big|_{\pi}^{x} - \int_{\pi}^{x} \sin x \, dx$$

$$= x \sin x - \pi \sin \pi + \cos x \Big|_{\pi}^{x}$$

$$= x \sin x + \cos x + 1$$

故　$x \sin x + \cos x + 1 + \int_{0}^{y} (1 - 6y^5) \, dy = 0$

$$x \sin x + \cos x + 1 + (y - y^6) \Big|_{0}^{y} = 0$$

即　　　　　$x \sin x + \cos x + 1 = y^6 - y$

習題 1-2

1. 試求下列各微分方程式的通解.

   (1) $y' = \dfrac{x+1}{y^4 + 1}$

   (2) $xy \, dx - (1 + x^2) \, dy = 0$

   (3) $y' = \dfrac{\cos x}{3y^2 + e^y}$

   (4) $x(y+1) \, dx + y(x-1) \, dy = 0$

   (5) $(1 + y^2) \, dx - (1 + x^2) \, dy = 0$

2. 試解下列初期值問題.

   (1) $\begin{cases} xe^{x^2} \, dx + (y^5 - 1) \, dy = 0 \\ y(0) = 0 \end{cases}$

   (2) $\begin{cases} (x^2 + 1) \, dx + \dfrac{1}{y} \, dy = 0 \\ y(-1) = 1 \end{cases}$

   (3) $\begin{cases} (y+2) y' = \sin x \\ y(0) = 0 \end{cases}$

   (4) $\begin{cases} \cos y \, dx + (1 + e^{-x}) \sin y \, dy = 0 \\ y(0) = \dfrac{\pi}{4} \end{cases}$

1-6 齊次微分方程式 (可化成變數分離的微分方程式)

我們先考慮一變數不可分離的微分方程式如下：

$$(2x^2+y^2)\,dx - xy\,dy = 0$$

並將微分方程式整理成下列之形式，

$$\frac{dy}{dx} = \frac{2x^2+y^2}{xy} = 2\left(\frac{x}{y}\right)+\left(\frac{y}{x}\right)$$

上式中令商式 $\frac{y}{x}=v$，則 $y=vx$ 微分，得

$$y' = v + v'x$$

代入微分方程式中，求得

$$v + x\frac{dv}{dx} = \frac{2}{v} + v$$

或

$$x\frac{dv}{dx} = \frac{2}{v}$$

此為一變數 v 與 x 可分離的微分方程式，並分離變數

$$v\,dv = \frac{2}{x}\,dx$$

積分得

$$\frac{1}{2}v^2 = 2\ln|x| + \ln c_1$$

或

$$v^2 = \ln cx^4 \quad (令\ c = c_1^2)$$

將 $v=\frac{y}{x}$ 代回上式，得通解為

$$\frac{y^2}{x^2} = \ln cx^4$$

或

$$y^2 = x^2 \ln cx^4$$

要了解齊次微分方程式的解法，首先要認識齊次函數，齊次函數之定義如下：

定義 1-6-1

一函數 $f(x, y)$ 稱之為 x 與 y 之 n 次齊次函數，若對於每一 λ，

$$f(\lambda x, \lambda y) = \lambda^n f(x, y)$$

成立，此處 λ 為實參數.

【例題 1】 (1) $f(x, y) = x^2 + xy$ 為二次齊次函數，因為

$$f(\lambda x, \lambda y) = (\lambda x)^2 + (\lambda x)(\lambda y) = \lambda^2 (x^2 + xy) = \lambda^2 f(x, y)$$

(2) $f(x, y) = e^{x/y}$ 為零次齊次函數，因為

$$f(\lambda x, \lambda y) = e^{\lambda x / \lambda y} = \lambda^0 e^{x/y}$$

【例題 2】 函數 $f(x, y) = 1 + x^2 + y^2$ 為一非齊次函數，因 $f(\lambda x, \lambda y) \neq \lambda^2 f(x, y)$. 若 $f(x, y)$ 為 n 次齊次函數，則可以寫成

$$f(x, y) = x^n f\left(1, \frac{y}{x}\right)$$

與

$$f(x, y) = y^n f\left(\frac{x}{y}, 1\right)$$

【例題 3】 $f(x, y) = x^2 + 3xy + y^2 = x^2 \left[1 + 3\left(\frac{y}{x}\right) + \left(\frac{y}{x}\right)^2\right]$

$$= x^2 f\left(1, \frac{y}{x}\right)$$

$$f(x, y) = y^2 \left[\left(\frac{x}{y}\right)^2 + 3\left(\frac{x+1}{y}\right)\right]$$

$$= y^2 f\left(\frac{x}{y}, 1\right)$$

定義 1-6-2　齊次微分方程式

一階微分方程式

$$M(x,y)\,dx + N(x,y)\,dy = 0$$

稱之為齊次微分方程式，如果 $M(x,y)$ 與 $N(x,y)$ 皆為同次齊次函數.

【例題 4】 試證 $(2x^2+y^2)\,dx - xy\,dy = 0$ 為齊次微分方程式.

【解】 令 $M(x,y)=2x^2+y^2$, $N(x,y)=-xy$, 所以,

$$M(\lambda x, \lambda y) = 2\lambda^2 x^2 + \lambda^2 y^2 = \lambda^2(2x^2+y^2) = \lambda^2 M(x,y)$$

且 $N(\lambda x, \lambda y) = -(\lambda x)(\lambda y) = -\lambda^2 xy = \lambda^2 N(x,y)$

$M(x,y)$ 與 $N(x,y)$ 皆為二次齊次函數，故微分方程式為齊次微分方程式.

定理 1-6-1

若 $M(x,y)\,dx + N(x,y)\,dy = 0$ 為 n 次齊次微分方程式，則令 $y=vx$ 的代換可將已知微分方程式轉換為以 v 及 x 為變數的可分離微分方程式.

證　將已知的齊次微分方程式寫成

$$\frac{dy}{dx} = -\frac{M(x,y)}{N(x,y)}$$

令 $y=vx$，則

$$\frac{d}{dx}(vx) = -\frac{M(x,vx)}{N(x,vx)} = -\frac{x^n M(1,v)}{x^n N(1,v)}$$

故

$$v + x\frac{dv}{dx} = -\frac{M(1,v)}{N(1,v)}$$

上式右邊為 v 的函數，令 $f(v) = -\dfrac{M(1,v)}{N(1,v)}$

並寫成

$$v + x\frac{dv}{dx} = f(v)$$

分離變數可得
$$\frac{dx}{x}+\frac{dv}{v-f(v)}=0 \qquad (1\text{-}6\text{-}1)$$

將式 (1-6-1) 等號兩邊積分，再以 $v=\dfrac{y}{x}$ 代入，即可求得原微分方程式的解．

【例題 5】 試解微分方程式 $xy'=xe^{-y/x}+y$，$x>0$．

【解】 將等號兩端同除以 x，得
$$y'=\frac{xe^{-y/x}+y}{x}$$

分子與分母皆為一次齊次函數，令 $y=vx$，微分，得
$$y'=v+xv'$$

代入已知微分方程式中，得
$$v+xv'=e^{-v}+v$$
$$xv'=e^{-v}$$

分離變數，得
$$e^v\,dv=\frac{dx}{x}$$

積分，得
$$e^v=\ln x+\ln c=\ln cx$$

代入 $v=\dfrac{y}{x}$，得
$$e^{y/x}=\ln cx$$

解 y，得
$$y=x\ln|\ln cx|$$

【例題 6】 試解微分方程式 $\dfrac{dy}{dx}=\sqrt{1-\left(\dfrac{y}{x}\right)^2}+\dfrac{y}{x}$

【解】 該微分方程式為零次齊次函數，令 $y=vx$，則
$$\frac{dy}{dx}=v+x\frac{dv}{dx}$$

代入原微分方程式，得

$$v + x\frac{dv}{dx} = \sqrt{1-v^2} + v$$

分離變數再積分，得

$$\int \frac{dv}{\sqrt{1-v^2}} = \int \frac{dx}{x}$$

故 $\sin^{-1} v = \ln|x| + C$ 或 $\sin^{-1}\left(\frac{y}{x}\right) = \ln|x| + C$ 為所求.

【例題7】 試解微分方程式 $\dfrac{dy}{dx} = \dfrac{2xy}{x^2 - y^2}$.

【解】 令 $y = vx$，得

$$\frac{dy}{dx} = v + x\frac{dv}{dx}$$

代入微分方程式中，得

$$v + x\frac{dv}{dx} = \frac{2x(vx)}{x^2 - (vx)^2}$$

化簡得

$$x\frac{dv}{dx} = -\frac{v(v^2+1)}{v^2-1}$$

或

$$\frac{1}{x}dx + \frac{v^2-1}{v(v^2+1)}dv = 0 \quad\cdots\cdots\cdots\text{①}$$

利用部分分式積分法公式，可將①式化成

$$\frac{1}{x}dx + \left(-\frac{1}{v} + \frac{2v}{v^2+1}\right)dv = 0$$

$$\Rightarrow \int \frac{dx}{x} + \int \left(-\frac{1}{v} + \frac{2v}{v^2+1}\right)dv = C$$

$$\Rightarrow \ln|x| - \ln|v| + \ln(v^2+1) = C \quad\cdots\cdots\cdots\text{②}$$

②式可化簡為

$$x(v^2+1) = kv \quad (C = \ln|k|)$$

代入 $v=\dfrac{y}{x}$，得齊次微分方程式之解為

$$x^2+y^2=ky.$$

【例題 8】　試利用代換 $x=vy$，解微分方程式

$$xy\,dx-(2x^2+y^2)\,dy=0$$

【解】　因 $M(x,y)=xy$, $N(x,y)=-(2x^2+y^2)$ 皆為二次齊次函數，故微分方程式為齊次微分方程式．將原微分方程式改寫為

$$\frac{dx}{dy}=\frac{2x^2+y^2}{xy}$$

因 $x=vy$，則 $\dfrac{dx}{dy}=v+y\dfrac{dv}{dy}$，代入上式得

$$v+y\frac{dv}{dy}=\frac{2(vy)^2+y^2}{(vy)y}=\frac{2v^2+1}{v}$$

或

$$y\frac{dv}{dy}=\frac{2v^2+1}{v}-v=\frac{v^2+1}{v}$$

分離變數，得

$$\frac{v}{v^2+1}\,dv=\frac{dy}{y}$$

積分，得

$$\ln(v^2+1)=2\ln|y|+\ln c$$
$$v^2+1=cy^2$$

代入 $v=\dfrac{x}{y}$，得

$$x^2+y^2=cy^4$$

習題 1-3

1. 試判斷下列齊次函數的次數.

   (1) $f(x, y) = x^2 + y^2 - 8xy$

   (2) $f(x, y) = e^{y/x} + \tan \dfrac{y}{x}$

   (3) $f(x_1, x_2, x_3) = (x_1^2 + x_2^2 + x_3^2)^{-1/3}$

   (4) $f(x, y) = \dfrac{1}{(x/y)^2} + \tan \dfrac{x}{y} + \ln \left(\dfrac{2x}{y} + 1 \right)$

2. 試解下列各微分方程式.

   (1) $(y^2 - x^2) dx - 2xy\, dy = 0$

   (2) $y' = \dfrac{y}{x + \sqrt{xy}}$

   (3) $2x^3 y\, dx + (x^4 + y^4) dy = 0$

   (4) $2x^2 \dfrac{dy}{dx} = x^2 + y^2$

   (5) $xyy' = x^2 + y^2$

   (6) $x\, dy - y\, dx - \sqrt{x^2 - y^2}\, dx = 0$

1-7　正合 (恰當) 微分方程式

在微積分中我們曾討論過兩個變數函數 $\phi(x, y)$ 之全微分為

$$d\phi = \dfrac{\partial \phi}{\partial x} dx + \dfrac{\partial \phi}{\partial y} dy$$

例如，兩變數函數 $\phi(x, y) = x^2 y^3$，則 ϕ 的全微分為

$$d\phi = 2xy^3\, dx + 3x^2 y^2\, dy.$$

【例題 1】　已知某函數之全微分為

$$d\phi = 3x(xy - 2)dx + (y^3 + 2y)\, dy$$

　　　　　試求 $\phi(x, y)$.

【解】　因為 $d\phi$ 為 ϕ 的全微分，我們得知，

$$\frac{\partial \phi}{\partial x} = 3x(xy-2) = 3x^2y - 6x$$

與
$$\frac{\partial \phi}{\partial y} = x^3 + 2y$$

第一個式子對 x 積分，視 y 為常數，得

$$\phi(x, y) = x^3 y - 3x^2 + c(y)$$

此處 $c(y)$ 表 y 之任意函數，因為 y 在偏反導數中視為常數．

利用 $\frac{\partial \phi}{\partial y} = x^3 + 2y$ 可以求得 $c(y)$，

$$\frac{\partial \phi}{\partial y} = \frac{\partial}{\partial y}[x^3 y - 3x^2 + c(y)] = x^3 + c'(y)$$
$$= x^3 + 2y$$

則 $c'(y) = 2y$，故 $c(y) = y^2 + K$，所以，

$$\phi(x, y) = x^3 y - 3x^2 + y^2 + K$$

定義 1-7-1　正合微分方程式

一階微分方程式

$$M(x, y)\,dx + N(x, y)\,dy = 0$$

稱之為正合 (exact)，若 $M(x, y)\,dx + N(x, y)\,dy$ 為某函數 $\phi(x, y)$ 的全微分．

由於正合微分方程式可以寫成 $d\phi = 0$ 之形式，其解為隱函數解，可以寫成 $\phi(x, y) = c$ 之形式．問題是在於求函數 $\phi(x, y)$．讀者應注意 $\phi(x, y)$ 並不是 $d\phi = 0$ 的解，當令 $\phi(x, y)$ 等於 c 時，則定義為正合微分方程式之隱函數解．

定理 1-7-1

若 $M(x, y)$、$N(x, y)$、$\dfrac{\partial M}{\partial y}$ 與 $\dfrac{\partial N}{\partial x}$ 均為連續函數，則微分方程式

$$M(x, y)\,dx + N(x, y)\,dy = 0 \tag{1-7-1}$$

為正合的充要條件為

$$\dfrac{\partial M}{\partial y} = \dfrac{\partial N}{\partial x} \tag{1-7-2}$$

證 (1) 首先證明必要條件，若已知微分方程式 (1-7-1) 為正合，則存在一函數 $\phi(x, y)$ 使得方程式之左端為 $\dfrac{\partial \phi}{\partial x}dx + \dfrac{\partial \phi}{\partial y}dy$ 的形式. 於是，

$$M = \dfrac{\partial \phi}{\partial x} \quad \text{與} \quad N = \dfrac{\partial \phi}{\partial y}$$

所以

$$\dfrac{\partial M}{\partial y} = \dfrac{\partial}{\partial y}\left(\dfrac{\partial \phi}{\partial x}\right) = \dfrac{\partial^2 \phi}{\partial y\,\partial x}, \quad \dfrac{\partial N}{\partial x} = \dfrac{\partial}{\partial x}\left(\dfrac{\partial \phi}{\partial y}\right) = \dfrac{\partial^2 \phi}{\partial x\,\partial y}$$

由於 $\dfrac{\partial M}{\partial y}$ 與 $\dfrac{\partial N}{\partial x}$ 為連續函數，所以二階偏導函數 $\dfrac{\partial^2 \phi}{\partial y\,\partial x}$、$\dfrac{\partial^2 \phi}{\partial x\,\partial y}$ 為連續且相等，因此，

$$\dfrac{\partial^2 \phi}{\partial y\,\partial x} = \dfrac{\partial^2 \phi}{\partial x\,\partial y}$$

於是，若已知微分方程式為正合，則

$$\dfrac{\partial M}{\partial y} = \dfrac{\partial N}{\partial x}$$

(2) 現在證明充分條件，意即若式 (1-7-2) 成立，則可證明存在一個函數 $\phi(x, y)$ 滿足

$$\dfrac{\partial \phi}{\partial x} = M \tag{1-7-3}$$

$$\dfrac{\partial \phi}{\partial y} = N \tag{1-7-4}$$

由式 (1-7-3) 等號兩邊對 x 偏積分，並視 y 為常數，則得 $\phi(x, y)$ 如下：

$$\phi(x, y) = \int^{(x)} M(x, y)\, dx + c(y) \tag{1-7-5}$$

$c(y)$ 以後再決定.

由式 (1-7-5) 對 y 偏微分，求得 $\dfrac{\partial \phi}{\partial y}$ 如下：

$$\begin{aligned}\frac{\partial \phi}{\partial y} &= \frac{\partial}{\partial y}\left[\int^{(x)} M(x, y)\, dx + c(y)\right] \\ &= \frac{\partial}{\partial y}\int^{(x)} M(x, y)\, dx + c'(y) \\ &= N(x, y)\end{aligned} \tag{1-7-6}$$

所以，$c'(y)$ 可由下式決定，

$$c'(y) = N(x, y) - \frac{\partial}{\partial y}\int^{(x)} M(x, y)\, dx \tag{1-7-7}$$

若 $c'(y)$ 與 x 無關，則

$$\begin{aligned}\frac{\partial}{\partial x}\left[N(x, y) - \frac{\partial}{\partial y}\int^{(x)} M(x, y)\, dx\right] &= \frac{\partial N}{\partial x} - \frac{\partial}{\partial x}\frac{\partial}{\partial y}\int^{(x)} M(x, y)\, dx \\ &= \frac{\partial N}{\partial x} - \frac{\partial M}{\partial y} = 0\end{aligned}$$

因而我們證得在式 (1-7-2) 滿足的條件下，可存在一函數

$$\phi(x, y) = \int^{(x)} M(x, y)\, dx + c(y)$$

滿足式 (1-7-3) 與式 (1-7-4) 的條件，故證得充分條件.

在實際求解正合微分方程式時並不需要強記公式，只要依下面的方法及步驟即可.

一、解正合微分方程式的步驟

(一) 解法 1

1. 首先將微分方程式整理成 $M(x, y)\,dx + N(x, y)\,dy = 0$ 的形式.

2. 驗算 $\dfrac{\partial M}{\partial y} = \dfrac{\partial N}{\partial x}$ 是否成立？

3. 假設 $\dfrac{\partial \phi}{\partial x} = M(x, y)$ (適用於對 x 積分較容易時)，視 M 中的 y 為常數，對 x 偏積分，可求得

$$\phi(x, y) = \int^{(x)} M(x, y)\,dx + c(y) \tag{1-7-8}$$

此處函數 $c(y)$ 為<u>任意積分常數</u>.

4. 將式 (1-7-8) 對 y 偏微分，並令 $\dfrac{\partial \phi}{\partial y} = N(x, y)$，則

$$\dfrac{\partial \phi}{\partial y} = \dfrac{\partial}{\partial y} \int^{(x)} M(x, y)\,dx + c'(y) = N(x, y)$$

即

$$c'(y) = N(x, y) - \dfrac{\partial}{\partial y} \int^{(x)} M(x, y)\,dx \tag{1-7-9}$$

5. 將式 (1-7-9) 對 y 積分，且將其結果代入式 (1-7-8)，則求得正合微分方程式之通解為 $\phi(x, y) = c$.

(二) 解法 2

1. 首先將微分方程式整理成 $M(x, y)\,dx + N(x, y)\,dy = 0$ 之形式.

2. 驗算 $\dfrac{\partial M}{\partial y} = \dfrac{\partial N}{\partial x}$ 是否成立？

3. 假設 $\dfrac{\partial \phi}{\partial y} = N(x, y)$ (適用於對 y 積分較容易時)，視 N 中的 x 為常數，對 y 偏積分，可求得

$$\phi(x, y) = \int^{(y)} N(x, y)\,dy + h(x) \tag{1-7-10}$$

此處函數 $h(x)$ 為任意積分常數.

4. 將式 (1-7-10) 對 x 偏微分，並令 $\dfrac{\partial \phi}{\partial x} = M(x, y)$，則

$$\frac{\partial \phi}{\partial x} = \frac{\partial}{\partial x} \int^{(y)} N(x, y)\, dy + h'(x) = M(x, y)$$

即

$$h'(x) = M(x, y) - \frac{\partial}{\partial x} \int^{(y)} N(x, y)\, dy \qquad (1\text{-}7\text{-}11)$$

5. 將式 (1-7-11) 對 x 積分，且將其結果代入式 (1-7-10)，則求得正合微分方程式之通解為 $\phi(x, y) = c$.

【例題 2】 微分方程式 $(x + \sin y)\, dx + (x \cos y - 2y)\, dy = 0$ 是否為正合？

【解】 令 $M(x, y) = x + \sin y$，$N(x, y) = x \cos y - 2y$，則

$$\frac{\partial M}{\partial y} = \cos y = \frac{\partial N}{\partial x}$$

故此微分方程式為正合.

【例題 3】 試決定一函數 $M(x, y)$，使

$$M(x, y)\, dx + (3xy^2 + 2y \cos x)\, dy = 0$$

為正合微分方程式.

【解】 令 $N(x, y) = 3xy^2 + 2y \cos x$，則

$$\frac{\partial N}{\partial x} = 3y^2 - 2y \sin x$$

因而

$$\frac{\partial M}{\partial y} = 3y^2 - 2y \sin x$$

故

$$M(x, y) = \int^{(y)} (3y^2 - 2y \sin x)\, dy$$

$$= y^3 - y^2 \sin x + h(x)$$

【例題 4】 已知微分方程式為

$$(2x+3y-2)\,dx+(3x-4y+1)\,dy=0$$

(1) 驗證此微分方程式的正合性.

(2) 求此微分方程式的通解.

【解】 (1) $\dfrac{\partial M}{\partial y}=\dfrac{\partial}{\partial y}(2x+3y-2)=3$, $\dfrac{\partial N}{\partial x}=\dfrac{\partial}{\partial x}(3x-4y+1)=3$

因 $\dfrac{\partial M}{\partial y}=\dfrac{\partial N}{\partial x}$，故原式為正合微分方程式.

(2) 由 $\dfrac{\partial \phi}{\partial x}=M(x,\,y)=2x+3y-2$，可得

$$\phi(x,\,y)=\int^{(x)}(2x+3y-2)\,dx=x^2+3xy-2x+c(y)$$

而 $\quad\dfrac{\partial \phi}{\partial y}=3x+c'(y)=3x-4y+1$

$$c'(y)=-4y+1$$

可得 $\quad c(y)=-2y^2+y$

故通解為 $\quad x^2+3xy-2x-2y^2+y=c$

【例題 5】 試解微分方程式 $xy(x\,dy+y\,dx)=(1+y)\,dy$.

【解】 首先將原方程式整理為

$$xy^2\,dx+(x^2y-y-1)\,dy=0 \quad\cdots\cdots①$$

$\dfrac{\partial M}{\partial y}=\dfrac{\partial}{\partial y}(xy^2)=2xy$, $\quad\dfrac{\partial N}{\partial x}=\dfrac{\partial}{\partial x}(x^2y-y-1)=2xy$

因 $\dfrac{\partial M}{\partial y}=\dfrac{\partial N}{\partial x}$，故 ① 式為正合微分方程式. 由 $\dfrac{\partial \phi}{\partial x}=M(x,\,y)=xy^2$，可得

$$\phi(x,\,y)=\int^{(x)}xy^2\,dx=\dfrac{1}{2}x^2y^2+c(y)$$

而 $$\frac{\partial \phi}{\partial y} = x^2 y + c'(y) = x^2 y - y - 1$$

$$c'(y) = -(y+1)$$

可得 $$c(y) = -\left(\frac{1}{2}y^2 + y\right)$$

故通解為 $$x^2 y^2 - y^2 - 2y = c$$

【例題 6】 試解微分方程式

$$(y\cos x + 2xe^y)\,dx + (\sin x + x^2 e^y + 2)\,dy = 0.$$

【解】 令 $M(x, y) = y\cos x + 2xe^y$，$N(x, y) = \sin x + x^2 e^y + 2$

$$\frac{\partial M}{\partial y} = \cos x + 2xe^y, \qquad \frac{\partial N}{\partial x} = \cos x + 2xe^y$$

因 $\dfrac{\partial M}{\partial y} = \dfrac{\partial N}{\partial x}$，故微分方程式為正合.

由 $$\frac{\partial \phi}{\partial x} = M(x, y) = y\cos x + 2xe^y$$

可得 $$\phi(x, y) = \int^{(x)} (y\cos x + 2xe^y)\,dx = y\sin x + x^2 e^y + c(y)$$

而 $$\frac{\partial \phi}{\partial y} = \sin x + x^2 e^y + c'(y) = \sin x + x^2 e^y + 2$$

$$c'(y) = 2$$

得 $$c(y) = 2y$$

故通解為 $$y\sin x + x^2 e^y + 2y = c$$

上面所討論的解法為正合微分方程式的標準解法；然而，對許多正合微分方程式而言，只要將原式展開並作適當的重組，然後積分即可得其通解，非常方便. 請看下面的例題.

【例題 7】 試解微分方程式 $\begin{cases} \left(\dfrac{3-y}{x^2}\right)dx + \left(\dfrac{y^2-2x}{xy^2}\right)dy = 0 \\ y(-1) = 2 \end{cases}$.

【解】 令 $M(x, y) = \dfrac{3-y}{x^2}$, $N(x, y) = \dfrac{y^2-2x}{xy^2}$

$$\dfrac{\partial M}{\partial y} = \dfrac{\partial}{\partial y}\left(\dfrac{3-y}{x^2}\right) = -\dfrac{1}{x^2}$$

$$\dfrac{\partial N}{\partial x} = \dfrac{\partial}{\partial x}\left(\dfrac{y^2-2x}{xy^2}\right) = \dfrac{\partial}{\partial x}\left(\dfrac{1}{x} - \dfrac{2}{y^2}\right) = -\dfrac{1}{x^2}$$

因 $\dfrac{\partial M}{\partial y} = \dfrac{\partial N}{\partial x}$，故原微分方程式為正合微分方程式.

將原式展開並重組，可得

$$\left(\dfrac{1}{x}dy - \dfrac{y}{x^2}dx\right) + \dfrac{3}{x^2}dx - \dfrac{2}{y^2}dy = 0$$

即

$$d\left(\dfrac{y}{x}\right) + 3d\left(-\dfrac{1}{x}\right) - d\left(-\dfrac{2}{y}\right) = 0$$

積分，得

$$\int d\left(\dfrac{y}{x}\right) - 3\int d\left(-\dfrac{1}{x}\right) + \int d\left(\dfrac{2}{y}\right) = C$$

故通解為

$$\dfrac{y-3}{x} + \dfrac{2}{y} = C$$

將 $x = -1$, $y = 2$ 代入通解中，得

$$\dfrac{2-3}{-1} + \dfrac{2}{2} = C$$

故 $\dfrac{y-3}{x} + \dfrac{2}{y} = 2$ 為所求.

習題 1-4

1. 試決定函數 $M(x, y)$ 使得

$$M(x, y)\,dx + \left(xe^{xy} + 2xy + \frac{1}{x}\right)dy = 0$$

為正合微分方程式.

2. 試解下列各微分方程式.
   (1) $(3x^2 + 4xy)\,dx + (2x^2 + 2y)\,dy = 0$
   (2) $(e^{2y} - y\cos xy)\,dx + (2xe^{2y} - x\cos xy + 2y)\,dy = 0$
   (3) $(2x + ye^{xy})\,dx + (xe^{xy})\,dy = 0$
   (4) $2x(ye^{x^2} - 1)\,dx + e^{x^2}\,dy = 0$
   (5) $(\cos y + y\cos x)\,dx + (\sin x - x\sin y)\,dy = 0$
   (6) $(y^2 + e^x \sin y)\,dx + (2xy + e^x \cos y)\,dy = 0$

3. 試解下列初期值問題.
   (1) $(y^3 - y^2 \sin x - x)\,dx + (3xy^2 + 2y\cos x)\,dy = 0$
   (2) $\begin{cases} (2y\sin x \cos x + y^2 \sin x)\,dx + (\sin^2 x - 2y\cos x)\,dy = 0 \\ y(0) = 3 \end{cases}$
   (3) $\begin{cases} y' = \dfrac{-2xy}{1+x^2} \\ y(2) = -5 \end{cases}$

1-8　積分因子；一階線性微分方程式

一、積分因子

一階微分方程式不一定皆為正合微分方程式. 若微分方程式

$$M(x, y)\,dx + N(x, y)\,dy = 0 \tag{1-8-1}$$

不能滿足 $\dfrac{\partial M}{\partial y} = \dfrac{\partial N}{\partial x}$ 的關係，則式 (1-8-1) 並非正合微分方程式. 要想檢定一微分方

程式是否為正合，得依靠下列積分因子之定義.

定義 1-8-1　積分因子

令 $M(x, y)$ 與 $N(x, y)$ 皆為連續函數，如果對所有 (x, y) 存在一函數 $\mu(x, y) \neq 0$，使得 $\mu M\, dx + \mu N\, dy = 0$ 為正合微分方程，則 $\mu(x, y)$ 為式 (1-8-1) 之積分因子 (integrating factor)．

【例題 1】　試證 $\mu(x, y) = x$ 為微分方程式 $(y^2 + x)\, dx + xy\, dy = 0$ 之積分因子．

【解】　因原微分方程式非正合，故以 $\mu(x, y) = x$ 乘微分方程式之每一項，得

$$x[(y^2 + x)\, dx + xy\, dy] = 0$$

即

$$(y^2 x + x^2)\, dx + x^2 y\, dy = 0$$

而

$$\frac{\partial}{\partial y}(y^2 x + x^2) = 2yx = \frac{\partial}{\partial x}(x^2 y)$$

故 $x(y^2 + x)\, dx + x^2 y\, dy = 0$ 為正合微分方程式．

所以 $\mu(x, y) = x$ 為 $(y^2 + x)\, dx + xy\, dy = 0$ 之積分因子．

式 (1-8-1) 的積分因子有很多個，求積分因子通常無一般的方法或公式．今假設

$$M(x, y)\, dx + N(x, y)\, dy = 0$$

不為正合，則 $\mu(x, y)$ 為其積分因子的充要條件為

$$\frac{\partial}{\partial y}(\mu M) = \frac{\partial}{\partial x}(\mu N) \tag{1-8-2}$$

二、我們可求得下列情形之積分因子

1. 若 $\dfrac{\dfrac{\partial M}{\partial y} - \dfrac{\partial N}{\partial x}}{N} = f(x)$，則 $\mu(x) = e^{\int f(x)\, dx}$ 為一積分因子．

　　證　設 $\mu = \mu(x)$ 為式 (1-8-1) 之一積分因子，則由式 (1-8-2) 可得

$$\mu \frac{\partial M}{\partial y} - \mu \frac{\partial N}{\partial x} - N \frac{d\mu}{dx} = 0$$

或

$$\frac{d\mu}{\mu} = \frac{\frac{\partial M}{\partial y} - \frac{\partial N}{\partial x}}{N} dx$$

因

$$\frac{\frac{\partial M}{\partial y} - \frac{\partial N}{\partial x}}{N} = f(x)$$

可得

$$\frac{d\mu}{\mu} = f(x)\, dx$$

積分

$$\ln |\mu| = \int f(x)\, dx$$

故 $\mu(x) = e^{\int f(x)dx}$ 為式 (1-8-1) 之一積分因子.

2. 若 $\dfrac{\frac{\partial M}{\partial y} - \frac{\partial N}{\partial x}}{M} = f(y)$，則 $\mu(y) = e^{-\int f(y)dy}$ 為一積分因子.

證 設 $\mu = \mu(y)$ 為式 (1-8-1) 之一積分因子，則由式 (1-8-2) 可得

$$\mu \frac{\partial M}{\partial y} + M \frac{d\mu}{dy} = \mu \frac{\partial N}{\partial x}$$

或

$$\frac{d\mu}{\mu} = \frac{\frac{\partial N}{\partial x} - \frac{\partial M}{\partial y}}{M} dy$$

因

$$\frac{\frac{\partial M}{\partial y} - \frac{\partial N}{\partial x}}{M} = f(y)$$

可得

$$\frac{d\mu}{\mu} = -f(y)\, dy$$

積分

$$\ln |\mu| = -\int f(y)\, dy$$

故 $\mu(y)=e^{-\int f(y)dy}$ 為一積分因子.

【例題 2】 首先證明 $(e^x-\sin y)\,dx+\cos y\,dy=0$ 不為正合微分方程式，然後再求其積分因子.

【解】 令 $M(x,\ y)=e^x-\sin y$，$N(x,\ y)=\cos y$，則

$$\frac{\partial M}{\partial y}=-\cos y,\qquad \frac{\partial N}{\partial x}=0$$

因 $\dfrac{\partial M}{\partial y}\neq\dfrac{\partial N}{\partial x}$，故原式不為正合微分方程式.

但 $\dfrac{\dfrac{\partial M}{\partial y}-\dfrac{\partial N}{\partial x}}{N}=\dfrac{-\cos y-0}{\cos y}=-1=f(x)$

得知 $\mu(x)=e^{\int f(x)dx}=e^{-x}$ 為原式之一積分因子.

【例題 3】 試解微分方程式 $(3x^2-y^2)\,dy-2xy\,dx=0.$

【解】 令 $M(x,\ y)=-2xy$，$N(x,\ y)=3x^2-y^2$，則

$$\frac{\partial M}{\partial y}=-2x,\qquad \frac{\partial N}{\partial x}=6x$$

因 $\dfrac{\partial M}{\partial y}\neq\dfrac{\partial N}{\partial x}$，故原微分方程式並非正合微分方程式.

而 $\dfrac{\dfrac{\partial M}{\partial y}-\dfrac{\partial N}{\partial x}}{M}=\dfrac{-2x-6x}{-2xy}=\dfrac{4}{y}=f(y)$

得知 $\mu(y)=e^{-\int f(y)dy}=e^{-\int \frac{4}{y}dy}=e^{-4\ln y}=y^{-4}$ 為原微分方程式之積分因子，

故 $\left(\dfrac{3x^2-y^2}{y^4}\right)dy-\dfrac{2x}{y^3}dx=0$ 為正合微分方程式.

則 $\dfrac{\partial \phi}{\partial x}=-\dfrac{2x}{y^3}$，可求得

$$\phi(x, y) = -\int^{(x)} \frac{2x}{y^3} dx + c(y) = -\frac{x^2}{y^3} + c(y)$$

而
$$\frac{\partial \phi}{\partial y} = \frac{\partial}{\partial y}\left(-\frac{x^2}{y^3} + c(y)\right) = \frac{3x^2}{y^4} + c'(y) = \frac{3x^2}{y^4} - \frac{1}{y^2}$$

$$c'(y) = -\frac{1}{y^2}, \quad 可得 c(y) = \frac{1}{y}$$

故 $\frac{1}{y} - \frac{x^2}{y^3} = c$ 為所求，其中 c 為常數．

三、一階線性微分方程式

我們先考慮一變數可分離之一階線性微分方程式如下：

$$\frac{dy}{dx} - 2xy = 0$$

變數分離，得

$$\frac{dy}{y} = 2x\, dx$$

積分
$$\ln|y| = x^2 + c_1$$
$$|y| = e^{x^2 + c_1} = e^{c_1} \cdot e^{x^2}$$
$$= \pm e^{c_1} e^{x^2}$$
$$y = ce^{x^2} \quad (令 c = \pm e^{c_1})$$

若將該線性微分方程式推廣為下列之形式，我們定義一階線性微分方程式之範式如下：

定義 1-8-2

形如

$$\frac{dy}{dx} + P(x)y = Q(x) \tag{1-8-3}$$

的微分方程式稱為 y 的**一階線性微分方程式**．

定義 1-8-3

形如

$$\frac{dx}{dy} + H(y)x = K(y) \tag{1-8-4}$$

的微分方程式稱為 x 的**一階線性微分方程式**.

現在我們來討論式 (1-8-3) 的解法，首先將式 (1-8-3) 整理成

$$[P(x)y - Q(x)]\,dx + dy = 0 \tag{1-8-5}$$

現在 $\dfrac{\partial}{\partial y}[P(x)y - Q(x)] = P(x)$，而 $\dfrac{\partial}{\partial y}(1) = 0$

故式 (1-8-5) 不為正合微分方程式，除非 $P(x) = 0$. 若當 $P(x) = 0$ 時，則式 (1-8-3) 就變成變數可分離的微分方程式. 然而，式 (1-8-5) 確實具有一個積分因子 $\mu(x)$，現以 $\mu(x)$ 乘式 (1-8-5) 各項，可得

$$[\mu(x)P(x)y - \mu(x)Q(x)]\,dx + \mu(x)\,dy = 0 \tag{1-8-6}$$

式 (1-8-6) 應為正合微分方程式. 依正合的條件，可得

$$\frac{\partial}{\partial y}[\mu(x)P(x)y - \mu(x)Q(x)] = \frac{\partial}{\partial x}\mu(x)$$

故

$$\mu(x)P(x) = \frac{d\mu(x)}{dx}$$

即

$$\frac{d\mu(x)}{\mu(x)} = P(x)\,dx$$

可得

$$\ln \mu(x) = \int P(x)\,dx$$

或

$$\mu(x) = e^{\int P(x)\,dx} \tag{1-8-7}$$

式 (1-8-7) 確為只含 x 的函數，由於積分因子只需一個，式中已取積分常數為零. 將此積分因子乘式 (1-8-7)，可得

$$e^{\int P(x)\,dx}\frac{dy}{dx}+e^{\int P(x)\,dx}P(x)y=Q(x)e^{\int P(x)\,dx}$$

或

$$\frac{d}{dx}\left(e^{\int P(x)\,dx}y\right)=Q(x)\,e^{\int P(x)\,dx}$$

故

$$e^{\int P(x)\,dx}y=\int e^{\int P(x)\,dx}Q(x)\,dx+c$$

即

$$y=e^{-\int P(x)\,dx}\left[\int e^{\int P(x)\,dx}Q(x)\,dx+c\right]$$

定理 1-8-1

一階線性微分方程式

$$\frac{dy}{dx}+P(x)y=Q(x)$$

之積分因子為 $\mu(x)=e^{\int P(x)\,dx}$，其通解為

$$y=e^{-\int P(x)\,dx}\left[\int e^{\int P(x)\,dx}Q(x)\,dx+c\right]. \tag{1-8-8}$$

定理 1-8-2

一階線性微分方程式

$$\frac{dx}{dy}+H(y)x=K(y)$$

之積分因子為 $\mu(y)=e^{\int H(y)\,dy}$，其通解為

$$x=e^{-\int H(y)\,dy}\left[\int e^{\int H(y)\,dy}K(y)\,dy+c\right]. \tag{1-8-9}$$

【例題 4】 試解微分方程式 $\frac{dy}{dx}-3y=0$.

【解】 利用式 (1-8-8)，由於 $Q(x)=0$，故直接求得

$$y=ce^{-\int(-3)\,dx}=ce^{3x}.$$

【例題 5】 試解微分方程式 $\dfrac{dy}{dx}+(\cot x)y=2x\csc x$.

【解】 利用式 (1-8-8)，代入 $P(x)=\cot x$, $Q(x)=2x\csc x$，得

$$y=e^{-\int \cot x\,dx}\left[\int e^{\int \cot x\,dx}\cdot 2x\csc x\,dx+c\right]$$

$$=e^{-\ln|\sin x|}\left[\int e^{\ln|\sin x|}\cdot 2x\csc x\,dx+c\right]$$

$$=\dfrac{1}{|\sin x|}\left[\int 2x\,|\sin x|\,\csc x\,dx+c\right]$$

$$=x^2\csc x+c\csc x,\ \text{其中 } c \text{ 為常數.}$$

【例題 6】 試解微分方程式 $x\dfrac{dy}{dx}-4y=x^6 e^x$.

【解】 因 $\dfrac{dy}{dx}$ 前面之係數不為 1，故原微分方程式變成

$$\dfrac{dy}{dx}-\dfrac{4}{x}y=x^5 e^x$$

利用式 (1-8-8)，可得

$$y=e^{\int \frac{4}{x}\,dx}\left(\int e^{-\int \frac{4}{x}\,dx}x^5 e^x\,dx+c\right)$$

$$=e^{4\ln|x|}\left(\int e^{-4\ln|x|}x^5 e^x\,dx+c\right)$$

$$=x^4\left(\int xe^x\,dx+c\right)\quad(\text{令 } u=x,\ dv=e^x\,dx,\ \text{則 } du=dx,\ v=e^x)$$

$$=x^4\left(xe^x-\int e^x\,dx+c\right)$$

$$=x^4(xe^x-e^x+c)$$

【例題 7】 試解初期值問題：
$$\begin{cases} \dfrac{dy}{dx}+2xy=x \\ y(0)=-3 \end{cases}.$$

【解】 利用式 (1-8-8)，可得

$$y=e^{-\int 2x\,dx}\left(\int e^{\int 2x\,dx}\,x\,dx+c\right)=e^{-x^2}\left(\int xe^{x^2}\,dx+c\right)$$

$$=e^{-x^2}\left(\frac{1}{2}\int e^{x^2}\,d(x^2)+c\right)=e^{-x^2}\left(\frac{1}{2}e^{x^2}+c\right)$$

$$=\frac{1}{2}+ce^{-x^2}$$

當 $x=0$ 時，$y=-3$，可得 $c=-\dfrac{7}{2}$，故微分方程式的解為

$$y=\frac{1}{2}-\frac{7}{2}e^{-x^2}$$

其解曲線之圖形如圖 1-8-1 所示.

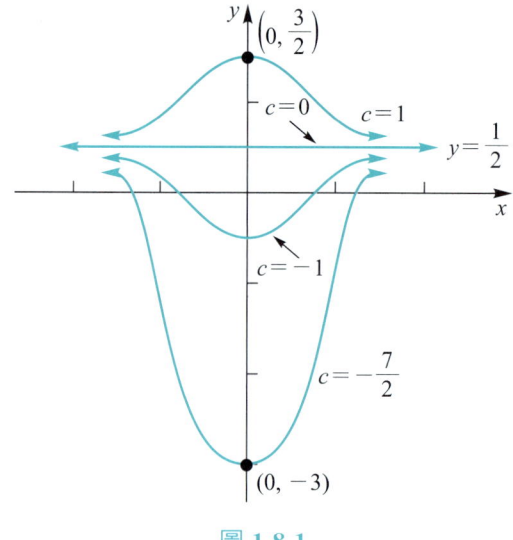

圖 1-8-1

習題 1-5

1. 試證 $-\dfrac{1}{x^2}$ 為微分方程式 $y\,dx - x\,dy = 0$ 之積分因子.

2. 試證：對任意實數 n，$\dfrac{1}{(xy)^n}$ 為微分方程式 $y\,dx + x\,dy = 0$ 之積分因子.

試解下列各微分方程式.

3. $(x^2 + y^2 + x)\,dx + xy\,dy = 0$

4. $\dfrac{dx}{dy} = \dfrac{1}{x^2(1-3y)}$

5. $\dfrac{dy}{dx} = \dfrac{1}{2xy}$

6. $3y\,dx + x(2+y^3)\,dy = 0$

7. $2y^2\,dx + (2x + 3xy)\,dy = 0$

8. $xy^3\,dx + (x^2y^2 - 1)\,dy = 0$

9. $\dfrac{dy}{dx} + y = \sin x$

10. $\dfrac{dy}{dx} - 2xy = x$

11. $(x^2 + 1)\dfrac{dy}{dx} + 4xy = x$

12. $y^2\,dx + (3x - 1)\,dy = 0$

13. $(\cos^2 x - y \cos x)\,dx - (1 + \sin x)\,dy = 0$

14. $\dfrac{dy}{dx} + (\tan x)y = \cos x$

15. $y\dfrac{dx}{dy} + \dfrac{x}{\ln y} = 1$

16. $\dfrac{dy}{dx} + (\tan x)y = \sin 2x$

17. $2xy\dfrac{dy}{dx} + 2y^2 = 3x - 6$

18. $\begin{cases} x\dfrac{dy}{dx} - 2y = 2x^4 \\ y(2) = 8 \end{cases}$

1-9 可化成線性的微分方程式 (柏努利微分方程式)

　　某些非線性的微分方程式經過適當的變數變換後，便可化成線性微分方程式. 我們現在討論一種典型的非線性微分方程式.

定義 1-9-1

形如

$$\frac{dy}{dx}+P(x)y=Q(x)y^n,\quad n\neq 0 \text{ 或 } 1 \tag{1-9-1}$$

之微分方程式稱為**柏努利方程式** (Bernoulli's equation).

當 $n=0$ 時，式 (1-9-1) 變成線性微分方程式．又 $n=1$ 時，則式 (1-9-1) 變成變數可分離的微分方程式．此種微分方程式，依變數變換可化成一階線性微分方程式，再利用積分因子即可求得其通解．

以 y^n 除式 (1-9-1)，可得

$$y^{-n}\frac{dy}{dx}+P(x)y^{-n+1}=Q(x) \tag{1-9-2}$$

令 $v=y^{-n+1}$，則

$$\frac{dv}{dx}=(-n+1)y^{-n}\frac{dy}{dx}$$

代入式 (1-9-2)，可得

$$\frac{1}{1-n}\frac{dv}{dx}+P(x)y^{1-n}=Q(x)$$

或

$$\frac{dv}{dx}+(1-n)P(x)v=(1-n)Q(x)$$

故

$$v=e^{-(1-n)\int P(x)\,dx}\left[\int (1-n)\,Q(x)\,e^{(1-n)\int P(x)\,dx}\,dx+c\right]$$

$$=e^{(n-1)\int P(x)\,dx}\left[c-(n-1)\int Q(x)\,e^{(1-n)\int P(x)\,dx}\,dx\right]$$

【例題 1】 試解微分方程式 $\dfrac{dy}{dx}+\dfrac{y}{x}=xy^2$.

【解】 將原方程式變成 $y^{-2}\dfrac{dy}{dx}+\dfrac{1}{x}y^{-1}=x$

令 $v=y^{-1}$，則 $\dfrac{dv}{dx}=-y^{-2}\dfrac{dy}{dx}$，代入上式可得

$$-\dfrac{dv}{dx}+\dfrac{1}{x}v=x \quad \text{或} \quad \dfrac{dv}{dx}-\dfrac{v}{x}=-x$$

因而
$$\begin{aligned}
v &= e^{\int \frac{1}{x}dx}\left[\int e^{-\int \frac{1}{x}dx}(-x)\,dx+c\right] \\
&= e^{\ln|x|}\left[\int e^{-\ln|x|}(-x)\,dx+c\right] \\
&= |x|\left(-\int x|x|^{-1}dx+c\right) \\
&= \begin{cases} x(-\int dx+c), & \text{若 } x>0 \\ -x(\int dx+c), & \text{若 } x<0 \end{cases} \\
&= \begin{cases} -x^2+cx, & \text{若 } x>0 \\ -x^2-cx, & \text{若 } x<0 \end{cases} \\
&= -x^2+cx \quad (\text{因 } c \text{ 為任意})
\end{aligned}$$

因 $v=y^{-1}$，故微分方程式的解為 $y=\dfrac{1}{-x^2+cx}$。

【例題2】 試解 $(y-x^2)\dfrac{dy}{dx}+xy=0$.

【解】 原方程式變成
$$\dfrac{dx}{dy}=-\dfrac{y-x^2}{xy}=-\dfrac{1}{x}+\dfrac{x}{y}$$

即
$$\dfrac{dx}{dy}-\dfrac{1}{y}x=-\dfrac{1}{x}$$

或
$$x\dfrac{dx}{dy}-\dfrac{1}{y}x^2=-1$$

令 $v=x^2$，則 $\dfrac{dv}{dy}=2x\dfrac{dx}{dy}$，代入上式可得

$$\frac{1}{2}\frac{dv}{dy} - \frac{1}{y}v = -1$$

或

$$\frac{dv}{dy} - \frac{2}{y}v = -2$$

因而

$$v = e^{\int \frac{2}{y}dy}\left(-2\int e^{-\int \frac{2}{y}dy}\,dy + c\right)$$

$$= e^{2\ln|y|}\left(-2\int e^{-2\ln|y|}\,dy + c\right)$$

$$= y^2\left(-2\int y^{-2}\,dy + c\right)$$

$$= y^2\left(\frac{2}{y} + c\right)$$

$$= y(2 + cy)$$

故原微分方程式的通解為 $x^2 = y(2 + cy)$.

習題 1-6

試解下列各微分方程式.

1. $\dfrac{dy}{dx} + xy = xy^2$

2. $\dfrac{dy}{dx} + \dfrac{1}{x}y = 3x^2y^3$

3. $\dfrac{dy}{dx} + y = xy^3$

4. $2xy' + y + 3x^2y^2 = 0$

5. $\dfrac{dy}{dx} + \dfrac{1}{3}y = \dfrac{1}{3}(1-2x)y^4$

6. $dx - (xy + x^2y^3)\,dy = 0$

試解下列初期值問題.

7. $\begin{cases} \dfrac{dy}{dx} + \dfrac{y}{2x} = \dfrac{x}{y^3} \\ y(1) = 2 \end{cases}$

8. $\begin{cases} x\dfrac{dy}{dx} + 4y = xy^{3/2} \\ y(1) = 4 \end{cases}$

1-10　一階微分方程式的應用

一、幾何問題

令
$$F(x, y, c) = 0 \tag{1-10-1}$$

為 xy-平面上具有一個參變數的曲線族，若一曲線與式 (1-10-1) 的曲線族正交，則稱它為已知曲線族的正交軌線 (orthogonal trajectory). 因此，若一曲線族的每一曲線皆與另一曲線族的每一曲線正交，則稱此兩曲線族互為正交軌線族. 正交軌線在物理學或工程應用上均甚常見，例如靜電學裡，電力線 (electric force line) 與等位線 (equipotential line) 互為正交軌線. 首先，我們來討論一種較簡單的正交軌線族. 設 c 為任意常數，則方程式

$$y = cx^2 \tag{1-10-2}$$

表一拋物線族，可得

$$y' = 2cx$$

又因 $c = \dfrac{y}{x^2}$，故

$$y' = 2\dfrac{y}{x} \tag{1-10-3}$$

我們想求與拋物線族式 (1-10-2) 成正交的曲線族，即此兩曲線族均彼此正交. 於是，由式 (1-10-3) 可知所求曲線族在點 (x, y) 之切線的斜率為

$$y' = -\dfrac{x}{2y} \tag{1-10-4}$$

此為變數可分離的微分方程式. 由式 (1-10-4) 可得

$$y^2 = -\dfrac{1}{2}x^2 + k$$

或

$$\dfrac{x^2}{2k} + \dfrac{y^2}{k} = 1$$

其中 $k > 0$，故我們所求的曲線族顯然為一橢圓族，如圖 1-10-1 所示.

令
$$F(x, y, c) = 0 \tag{1-10-5}$$

圖 1-10-1

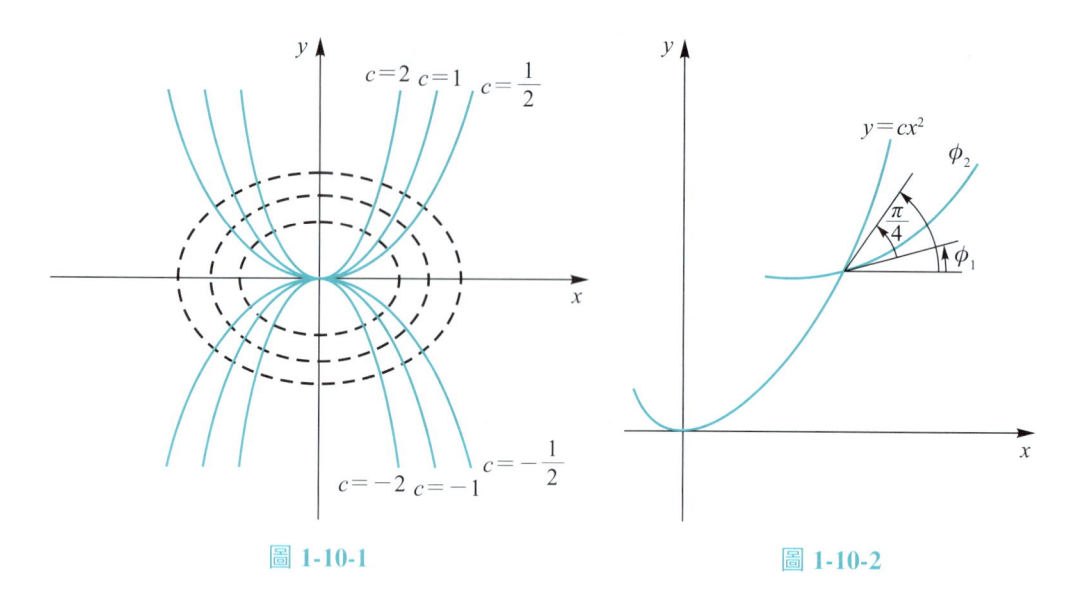

圖 1-10-2

為 xy-平面上具有一個參變數的曲線族，若一曲線與式 (1-10-5) 的曲線族相交成定角 $\alpha \neq \pi/2$，則稱它為已知曲線族的 斜交軌線 (oblique trajectory).

我們欲求與拋物線族式 (1-10-2) 相交成 $\pi/4$ 的曲線族，如圖 1-10-2 所示.

由圖可知
$$\tan(\phi_2 - \phi_1) = \tan\frac{\pi}{4}$$

即
$$\frac{\tan\phi_2 - \tan\phi_1}{1 + \tan\phi_2 \tan\phi_1} = \tan\frac{\pi}{4}$$

但 $\tan\phi_2 = \frac{2y}{x}$，若令 $\tan\phi_1 = y'$，則

$$\frac{\frac{2y}{x} - y'}{1 + \frac{2y}{x}y'} = 1$$

即
$$(2y + x)y' = 2y - x$$

上式為齊次微分方程式. 令 $y = vx$，則可化成

$$\frac{4v + 2}{2v^2 - v + 1}v' = -\frac{2}{x}$$

得
$$\int \frac{4v-1}{2v^2-v+1}dv + \int \frac{3}{2\left[\left(\frac{\sqrt{7}}{4}\right)^2+\left(v-\frac{1}{4}\right)^2\right]}dv = -\int \frac{2}{x}dx$$

故
$$\ln(2v^2-v+1) + \frac{3}{2} \cdot \frac{1}{\frac{\sqrt{7}}{4}} \tan^{-1}\frac{v-\frac{1}{4}}{\frac{\sqrt{7}}{4}} = -2\ln|x| + k$$

即
$$\ln\left(\frac{2y^2-xy+x^2}{x^2}\right) + \frac{6}{\sqrt{7}}\tan^{-1}\left(\frac{4y-x}{\sqrt{7}x}\right) = -\ln x^2 + k$$

所以，
$$\ln(2y^2-xy+x^2) + \frac{6}{\sqrt{7}}\tan^{-1}\left(\frac{4y-x}{\sqrt{7}x}\right) = k$$

為所求的曲線族.

【例題 1】 試求通過原點且圓心在 x-軸上之圓族曲線的正交軌線.

【解】 圖 1-10-3 之圓族方程式為
$$x^2+y^2=2kx \quad \cdots\cdots\cdots ①$$

上式可化簡為

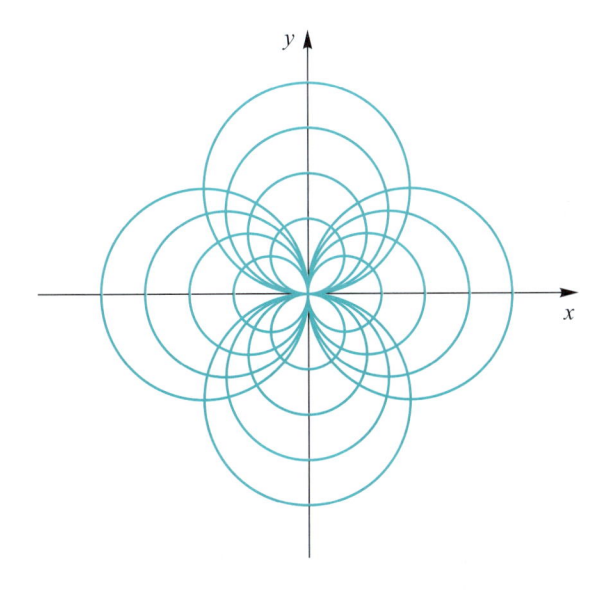

圖 1-10-3

$$(x-k)^2+y^2=k^2 \cdots\cdots\cdots\cdots\cdots\cdots\cdots\cdots\cdots\cdots\cdots\cdots\cdots\cdots\cdots ②$$

即為圓心在 $(k, 0)$ 上且通過原點之圓族方程式，其中 k 為參數，可以為正值或負值．微分 ② 式得

$$x+yy'=k$$

將上式代入 ① 式中，得

$$x^2+y^2=2x(x+yy')$$

或

$$y'=\frac{y^2-x^2}{2xy}$$

故此圓族之斜率為

$$\frac{dy}{dx}=y'=\frac{y^2-x^2}{2xy}$$

其負倒數為

$$\frac{2xy}{x^2-y^2}$$

即為與所給的圓垂直相交之所有曲線的斜率．要想求得正交軌線，只要解下列的微分方程式

$$\frac{dy}{dx}=\frac{2xy}{x^2-y^2}$$

或

$$(x^2-y^2)\,dy-2xy\,dx=0 \cdots\cdots\cdots\cdots\cdots\cdots\cdots\cdots\cdots\cdots\cdots ③$$

上式為二次齊次微分方程式，令 $y=vx$，則 $dy=v\,dx+x\,dv$，代入 ③ 式，得

$$(x^2-v^2x^2)(v\,dx+x\,dv)-2x^2v\,dx=0$$

展開化簡得

$$(1-v^2)x\,dv-v(1+v^2)\,dx=0$$

將上式分離變數後再積分得

$$\int\frac{1-v^2}{v(1+v^2)}\,dv-\int\frac{dx}{x}=\ln|c_1|$$

$$\int \left(\frac{1}{v} - \frac{2v}{1+v^2}\right)dv - \int \frac{dx}{x} = \ln|c_1|$$

即
$$\ln|v| - \ln|1+v^2| - \ln|x| = \ln|c_1|$$

$$\ln\left|\frac{v}{1+v^2}\right| = \ln|c_1 x|$$

令 $c_1 = \dfrac{1}{2c}$，則 $\dfrac{v}{1+v^2} = \dfrac{x}{2c}$．

再將 $y = vx$ 代入上式並重新組合，可得

$$\frac{\dfrac{y}{x}}{1+\dfrac{y^2}{x^2}} = \frac{x}{2c}$$

即
$$x^2 + y^2 = 2cy$$

上式為圓心在 y-軸上點 $(0, c)$ 處並通過原點之圓族方程式．兩圓族曲線永遠正交．

二、衰變問題

依據實驗得知，一種放射性物質在 t 時刻的衰變速率與該物質在 t 時刻的殘留量成正比，今若以 $x(t)$ 表此物質在 t 時刻的殘留量，則此物質在 t 時刻的衰變速率可以用一階微分方程式

$$\frac{dx}{dt} = -kx \tag{1-10-6}$$

表示之，其中 $k > 0$ 為比例常數，而負號則因 x 為遞減函數．利用變數分離，寫成

$$\frac{dx}{x} = -k\,dt$$

可得
$$\ln x = -kt + \ln c$$

或
$$x = ce^{-kt} \tag{1-10-7}$$

其中積分常數 c 必須由已知初期條件始能決定. 例如, 若 x_0 為該物質在 $t=0$ 時的殘留量, 則 $c=x_0$, 而式 (1-10-7) 變成

$$x(t)=x_0 e^{-kt} \qquad (1\text{-}10\text{-}8)$$

此時若 k 為已知, 則式 (1-10-8) 即表任意時刻 t 的殘留量, 但若 k 為未知時, 則需另加一條件始能確定. 例如, 假設 $x(t_1)=x_1$, 將其代入式 (1-10-8), 則

$$k=\frac{1}{t_1}\ln\frac{x_0}{x_1}$$

【例題 2】 某一放射性物質的衰變速率與當時該物質的存量成正比. 在開始 $t=0$ 時有 2 克的放射性物質, 試問在開始衰變以後的時間中, 其存量的變化如何？

【解】 令 $y(t)$ 表放射性物質在 t 時刻所具有的存留量, 則 $\dfrac{dy}{dt}$ 表存留量的變化速率. 依放射性理論, $\dfrac{dy}{dt}$ 與 y 成正比, 即

$$\frac{dy}{dt}\propto y$$

所以

$$\frac{dy}{dt}=ky$$

上式中, k 為一固定的物理常數, 其數值因不同的放射性物質而異. 因物質的存留量隨時間增加而減少, 故 $\dfrac{dy}{dt}$ 為負, 即 k 必為負值. 解上面微分方程式, 可得

$$\frac{dy}{y}=k\,dt$$

$$\ln|y|=\int k\,dt=kt+c_1$$

即

$$|y|=e^{kt+c_1}=e^{c_1}\cdot e^{kt}$$

故

$$y=ce^{kt}\quad(c=\pm e^{c_1})$$

今將初期條件 $y(0)=2$ 代入上式, 可得

$$y(0) = ce^0 = 2, \quad 即 \ c = 2$$

故特解為 $y = 2e^{kt}$.

依此特解可決定放射性物質在任意時刻 $t \geq 0$ 的存留量.

因物理常數 k 為負值，故 $y(t)$ 係隨時間 t 增加而減少，稱為 指數衰變 (exponential decay)，如圖 1-10-4 所示.

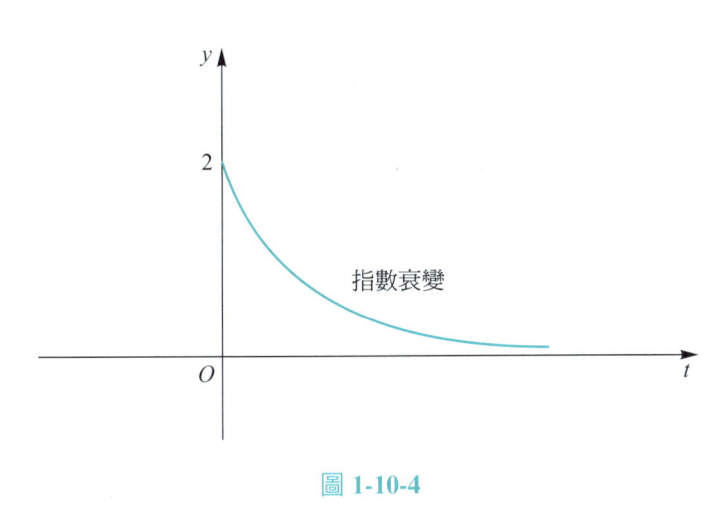

圖 1-10-4

三、冷卻問題

根據 牛頓冷卻定律 (Newton's law of cooling)，一物體冷卻的速率與其本身溫度與周圍溫度的差成正比. 因此，若 $T(t)$ 為某物體在 t 時刻的溫度，又若 T_0 (常數) 為其周圍環境的溫度，則該物體之溫度的時間變化率為 dT/dt，則牛頓冷卻定律可表成

$$\frac{dT}{dt} = -k(T - T_0) \tag{1-10-9}$$

或

$$\frac{dT}{dt} + kT = kT_0 \tag{1-10-10}$$

其中 $k > 0$ 為比例常數.

【例題 3】 一物體在溫度為 50°F 時置於戶外，其戶外溫度為 100°F. 如果 5 分鐘後物體的溫度變成 60°F，試求：(1) 此物體的溫度要到達 75°F 時，需要多久？(2) 20 分鐘以後，此物體的溫度如何？

【解】 利用式 (1-10-10)，以 $T_0 = 100$ 代入，我們求得

$$\frac{dT}{dt} + kT = 100k$$

此微分方程式為 T 之一階線性微分方程式，其通解為

$$T = e^{-\int k\,dt}\left[\int e^{\int k\,dt} 100k\,dt + c\right]$$

$$= e^{-kt}\left[\int e^{kt} 100k\,dt + c\right]$$

$$= e^{-kt}[100e^{kt} + c]$$

$$= ce^{-kt} + 100$$

因為當 $t = 0$ 時，$T = 50$，代入通解中可得

$$50 = ce^{-k(0)} + 100 \quad \text{或} \quad c = -50$$

或

$$T = -50e^{-kt} + 100$$

在 $t = 5$ 時，$T = 60$，代入上式可得

$$60 = -50e^{-5k} + 100$$

即

$$-40 = -50e^{-5k}$$

或

$$k = \frac{-1}{5}\ln\frac{40}{50} = -\frac{1}{5}(-0.223) = 0.045$$

代入上式，可得物體在任何時刻 t 的溫度為

$$T = -50e^{-0.045t} + 100$$

(1) 將 $T = 75$ 代入上式，可得

$$75 = -50e^{-0.045t} + 100$$

或

$$e^{-0.045t} = \frac{1}{2}$$

$$-0.045t = \ln\frac{1}{2}$$

故

$$t = 15.4 \text{ 分鐘}$$

(2) 將 $t=20$ 代入

$$75 = -50e^{-0.045t} + 100$$

中，可得

$$T = -50e^{(-0.045)(20)} + 100 = -50(0.41) + 100 = 79.5°F$$

四、化學溶液問題

【例題 4】 一水池原盛鹽水 100 加侖，每加侖含鹽 1 磅，今以每加侖含鹽 2 磅之鹽水，每分鐘注入池中 5 加侖，然後隨時將池中鹽水加以攪勻，另有一出水管將此均勻的鹽水以每分鐘 5 加侖 (即使池中容量永遠保有 100 加侖) 放出，求此項注放行動開始後，池中食鹽在任何時間的總量及鹽量增至 150 磅所需的時間.

【解】 令　　$t =$ 注放行動同時開始所經歷的時間 (自變數)，以分為單位

　　　　　　$Q =$ 在任何時間 t 池內含鹽總量 (因變數)，以磅為單位

則　　$dt =$ 時間的增量

$dQ =$ 在 dt 時間內總鹽量的增量

每分鐘由注入所增加的鹽量 $= 2 \times 5 = 10$ 磅

每分鐘由放出所損失的鹽量 $= 5 \times \dfrac{Q}{100} = \dfrac{Q}{20}$ 磅

水池內每分鐘淨增的鹽量 $= 10 - \dfrac{Q}{20}$

故在 dt 時間內池中所增加的總鹽量必為

$$dQ = \left(10 - \dfrac{Q}{20}\right) dt$$

上式為變數可分離的微分方程式，化成

$$\dfrac{dQ}{Q-200} = -\dfrac{dt}{20}$$

可得　　　　$\ln|Q-200| = -\dfrac{t}{20} + c_1$

即 $\quad |Q-200| = e^{-\frac{t}{20}+c_1} = e^{c_1} e^{-\frac{t}{20}}$

故 $\quad Q-200 = ce^{-\frac{t}{20}}$，其中 $c = \pm e^c$

以 $Q=100$，$t=0$ 代入上式，可得 $c=-100$，

故該微分方程式的特解為 $Q = 200 - 100e^{-\frac{t}{20}}$.

欲求含鹽量增至 150 磅的時間，可在上式中令 $Q=150$，而解出 t 即可，

$$150 = 200 - 100e^{-\frac{t}{20}}$$

$$100e^{-\frac{t}{20}} = 50$$

故 $\quad t = -20 \ln\left(\frac{1}{2}\right) = 20 \ln 2 = 13.9$

即注放 13.9 分鐘後，池中鹽量即達 150 磅.

當 $t=0$ 時，$Q = 200 - 100 = 100$，即注放開始時，池中總鹽量恰為 100 磅 (無誤).

五、直線運動問題

【例題 5】 自一建築物以 48 呎/秒的速度向上投擲一球，設此建築物係位於地面上方 64 呎，試求

(1) 此球將上升多高？

(2) 此球將經歷多少時間始落至地面？

(3) 觸及地面時，此球的速度為何？

【解】 依題意知，球向上投擲的加速度為

$$\frac{d^2 y}{dt^2} = -g \quad (y \text{ 為位置函數})$$

因假設向上為正，而地心引力是向下的，故上式右端附以負號. 為方便起見，取 $g = 32$ 呎/秒^2，

$$\frac{d^2 y}{dt^2} = -32$$

$$v = \frac{dy}{dt} = -32t + c_1$$

```
                    y = 64
         地面                    y = 0
```

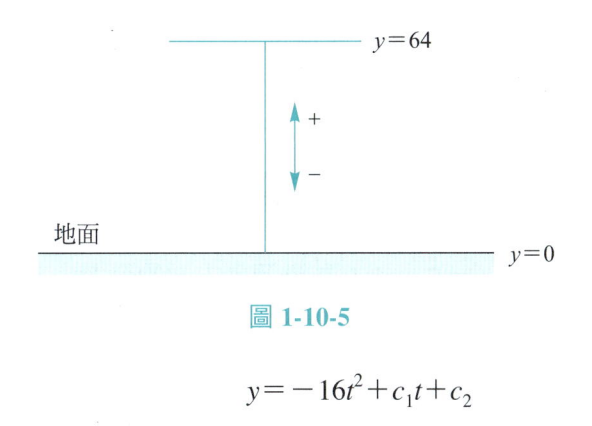

圖 1-10-5

$$y = -16t^2 + c_1 t + c_2$$

如圖 1-10-5 所示，若地面位置為原點，則初期條件為 $t=0$，$y=64$，$v=48$，將此條件代入上面兩式，可得 $c_1=48$ 及 $c_2=64$，將 c_1 及 c_2 值代入，則

$$y = -16t^2 + 48t + 64$$
$$v = -32t + 48$$

$v=0$ 時，$t=1.5$

$$y = -16(1.5)^2 + 48(1.5) + 64 = 100$$

故此球將上升至地面上方 100 呎的高度.

當球落至地面時，$y=0$，故

$$-16t^2 + 48t + 64 = 0$$
$$t^2 - 3t - 4 = 0$$
$$t = 4 \quad 或 \quad t = -1 \text{ (不合)}$$

故球將經歷 4 秒鐘始落至地面，此時球的速度為

$$v = (-32)4 + 48 = -80 \text{ 呎/秒}$$

其負號係表此球向下運動.

六、斜面上的運動問題

【例題 6】 設一質量為 m 的物體，在傾角為 θ 的斜面上從頂端由靜止開始下滑，試求下列各情況下之速度變化.

(1) 假設不計摩擦力 (絕對平滑) 和空氣阻力.

(2) 假設考慮摩擦力 (摩擦係數為 μ) 而不計空氣阻力.

(3) 假設又有摩擦力 (摩擦係數為 μ)，又有空氣阻力，其大小與速度成正比 (比例係數為 n).

【解】(1) 依據牛頓第二運動定律，首先建立物體運動的微分方程式.

$$m\frac{dv}{dt}=F \quad (F \text{ 為沿運動方向的合力})$$

由於物體只受由重力所產生的下滑分力，故

$$F=mg\sin\theta \quad (\text{與運動方向一致})$$

如圖 1-10-6 所示.

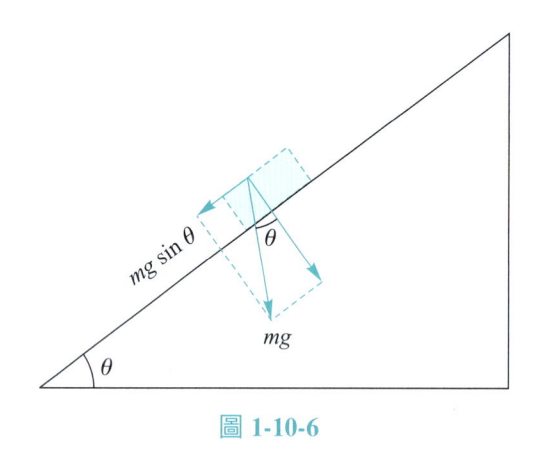

圖 1-10-6

於是，求得初期值問題為

$$\begin{cases} m\dfrac{dv}{dt}=mg\sin\theta \\ v(0)=0 \end{cases}$$

其解即為質量為 m 的物體，沿斜面下滑的速度變化為

$$v(t)=g\sin\theta\, t$$

(2) 將重力 mg 分解為下滑分力 F_1 和物體作用在斜面上之垂直壓力 P，則有

$$F_1=mg\sin\theta, \quad P=mg\cos\theta$$

摩擦力 F_2 與垂直壓力 P 成正比，應有

$$F_2 = \mu P = \mu mg \cos\theta \quad \text{(與運動方向相反)}$$

如圖 1-10-7 所示.

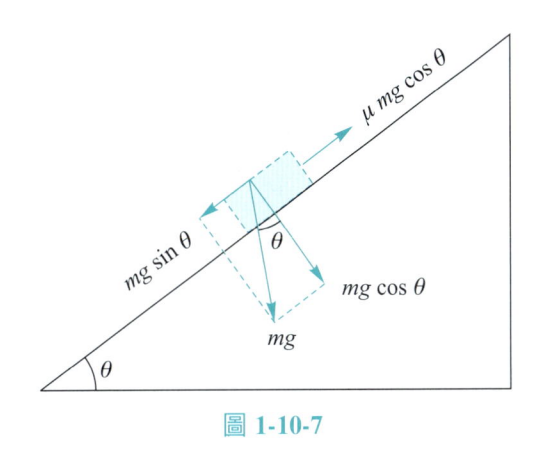

圖 1-10-7

物體所受之合力 (淨力) 為

$$F = F_1 - F_2 = mg \sin\theta - \mu mg \cos\theta$$

於是求得初期值問題為

$$\begin{cases} m\dfrac{dv}{dt} = mg \sin\theta - \mu mg \cos\theta \\ v(0) = 0 \end{cases}$$

其解即為物體沿斜面下滑的速度變化

$$v(t) = (g \sin\theta - \mu g \cos\theta)\, t$$

註：在這種情況下須有 $\tan\theta > \mu$，才能下滑.

(3) 物體沿運動方向所受合力應為

$$F = 下滑力 - 空氣阻力 - 摩擦力$$

即 $\qquad F = mg \sin\theta - nv - \mu mg \cos\theta$

如圖 1-10-8 所示.

於是求得初期值問題為

图 1-10-8

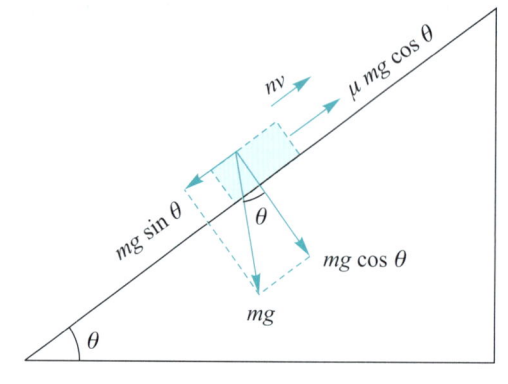

$$\begin{cases} m\dfrac{dv}{dt}=mg\sin\theta-nv-\mu mg\cos\theta \\ v(0)=0 \end{cases}$$

即

$$\begin{cases} \dfrac{dv}{dt}+\dfrac{n}{m}v=g\sin\theta-\mu g\cos\theta \\ v(0)=0 \end{cases}$$

解此一階線性微分方程式，得

$$v(t)=e^{-\int \frac{n}{m}dt}\left[\int e^{\int \frac{n}{m}dt}(g\sin\theta-\mu g\cos\theta)\,dt+c\right]$$

$$=e^{-\frac{n}{m}t}\left[\int e^{\frac{n}{m}t}(g\sin\theta-\mu g\cos\theta)\,dt+c\right]$$

$$=e^{-\frac{n}{m}t}\left[\dfrac{mg}{n}(\sin\theta-\mu\cos\theta)e^{\frac{n}{m}t}+c\right]$$

由 $v(0)=0$，得

$$c=-\dfrac{mg}{n}(\sin\theta-\mu\cos\theta)$$

最後求得物體沿斜面下滑的速度變化為

$$v(t)=\dfrac{mg}{n}(\sin\theta-\mu\cos\theta)(1-e^{-\frac{n}{m}t})$$

七、電路問題

電路中最重要的觀念為電流，所謂電流即單位時間內流過導體之電荷，其單位為安培，1 安培等於 1 庫侖/秒. 由電流之定義，可得下式

$$I = \frac{dQ}{dt} \tag{1-10-11}$$

或

$$Q = \int_0^t I\, dt \tag{1-10-12}$$

在電路中，單位正電荷 (庫侖) 由一個位置移動至另一位置所作的功或能量，稱為兩位置間的電位差 (potential difference) 或電壓 (voltage)，電壓之單位為伏特 (volt). 在一個簡單的 RL 電路或 RC 電路中，最重要的元件為電阻器 (R)、電感器 (L)，及電容器 (C)，此三元件對電壓及電流的關係說明如下：

1. 電阻器

跨於一電阻器 (resistor) 兩端的電位差或電壓降 E_R 與流經其上之電流成正比，即

$$E_R = RI \tag{1-10-13}$$

R 為比例常數，即電阻器的電阻值，式 (1-10-13) 亦稱為歐姆定理 (Ohm's law)，R 之單位為歐姆，簡稱 Ω.

2. 電感器

跨於一電感器 (inductor) 兩端的電壓與流經其上之電流隨時間之變化率成正比，即

$$E_L = L\frac{dI}{dt} \tag{1-10-14}$$

式 (1-10-14) 中之 L 為比例常數，即電感器的電感 (inductance)，單位為亨利 (Henry). 若將式 (1-10-14) 寫成積分型態，若時間由 $t=0$ 開始，則

$$I = \frac{1}{L}\int_0^t E_L\, dt \tag{1-10-15}$$

3. 電容器

跨於一電容器 (capacitor) 兩端之電壓與電容器上所儲存之電荷 Q 成正比，若時間由 $t=0$ 開始，則

$$E_C = \frac{1}{C} Q = \frac{1}{C} \int_0^t I \, dt \tag{1-10-16}$$

式 (1-10-16) 中之 C 為比例常數，即電容器的電容 (capacitance)，單位為法拉 (farad)。

【例題 7】 在一個串聯電路中，用一恆定電感 L、恆定電阻 R，及恆定電壓 V。又該電路中的電流，係由下列的微分方程式所控制：

$$L \frac{dI}{dt} + RI = V$$

試求電流 I 的方程式，又電流是時間 t 的函數，求 $\lim\limits_{t \to \infty} I(t)$ 之值。

【解】 將上列的方程式改寫成

$$\frac{dI}{dt} + \frac{R}{L} I = \frac{V}{L} \quad \cdots\cdots (*)$$

此為一階線性微分方程式，令 $P(t) = \frac{R}{L}$，$Q(t) = \frac{V}{L}$。

積分因子為 $\mu(t) = e^{\int P(t) \, dt} = e^{\left(\frac{R}{L}\right)t}$，以積分因子乘 (*) 式等號兩端，得

$$e^{\left(\frac{R}{L}\right)t} \frac{dI}{dt} + e^{\left(\frac{R}{L}\right)t} \frac{R}{L} I = \frac{V}{L} e^{\left(\frac{R}{L}\right)t}$$

則

$$\frac{d}{dt} \left(I e^{\left(\frac{R}{L}\right)t} \right) = \frac{V}{L} e^{\left(\frac{R}{L}\right)t}$$

$$\Rightarrow I e^{\left(\frac{R}{L}\right)t} = \int \frac{V}{L} e^{\left(\frac{R}{L}\right)t} \, dt = \frac{V}{L} \cdot \frac{L}{R} e^{\left(\frac{R}{L}\right)t} + c$$

$$\Rightarrow I e^{\left(\frac{R}{L}\right)t} = \frac{V}{R} e^{\left(\frac{R}{L}\right)t} + c$$

假如沒有初始電流，我們可假設，當 $t=0$ 時，$I=0$，於是得

$$0 \cdot e^{\left(\frac{R}{L}\right)t \cdot 0} = \frac{V}{R} e^{\left(\frac{R}{L}\right)t \cdot 0} + c$$

$$0 = \frac{V}{R} + c$$

或

$$c = -\frac{V}{R}$$

最後，我們解得 I：

$$Ie^{\left(\frac{R}{L}\right)t} = \frac{V}{R} e^{\left(\frac{R}{L}\right)t} - \frac{V}{R}$$

$$I = \frac{\frac{V}{R}\left(e^{\left(\frac{R}{L}\right)t} - 1\right)}{e^{\left(\frac{R}{L}\right)t}} \quad \text{或} \quad I = \frac{V}{R}\left(1 - e^{-\left(\frac{R}{L}\right)t}\right)$$

當 $t \to \infty$ 時，$e^{-\left(\frac{R}{L}\right)t} \to 0$，故 $\lim\limits_{t \to \infty} I = \frac{V}{R}$。如圖 1-10-9 所示。

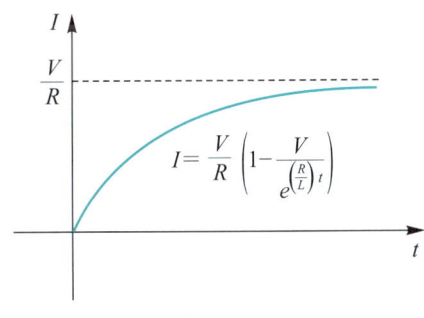

圖 1-10-9

在電流 I 的方程式中，包含了兩項 $\frac{V}{R}$ 與 $\left(\frac{V}{R}\right)e^{-\left(\frac{R}{L}\right)t}$。此 $\frac{V}{R}$ 項稱為穩態解 (steady state solution)，表示沒有電感存在時的解 $(RI=V)$。另一項 $\left(\frac{V}{R}\right)e^{-\left(\frac{R}{L}\right)t}$ 代表電感的影響，加上了這一項，就稱之為暫態解 (transient state solution)。

【例題 8】 下式為一基本電路方程式：

$$L\frac{dI}{dt}+RI=E(t) \quad \cdots\cdots\cdots\cdots\cdots\cdots\cdots\cdots\cdots\cdots ①$$

其中 L 為電感，R 為電阻，I 為電流，E 為電壓，如圖 1-10-10 所示．求在 $E(t)=E_0=$ 常數及 $t=0$ 時，$I=I_0$ 的條件下，方程式 ① 之解為何？(L、R 設為常數)

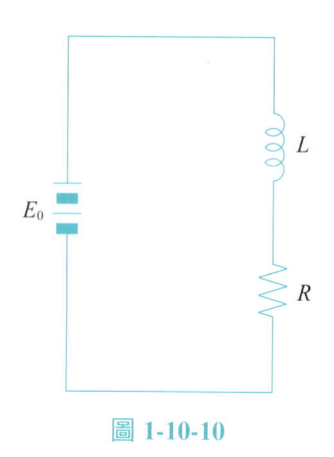

圖 1-10-10

【解】 由已知條件 $E(t)=E_0=$ 常數，代入 ① 式，可得

$$L\frac{dI}{dt}+RI=E_0$$

或

$$\frac{dI}{dt}+\frac{R}{L}I=\frac{E_0}{L}$$

此為線性微分方程式，故

$$I(t)=e^{-\int\left(\frac{R}{L}\right)dt}\left(\int e^{\left(\frac{R}{L}\right)t}\frac{E_0}{L}dt+c\right)$$

$$=e^{-\left(\frac{R}{L}\right)t}\left(\frac{E_0}{R}e^{\left(\frac{R}{L}\right)t}+c\right)=\frac{E_0}{R}+ce^{-\left(\frac{R}{L}\right)t} \quad \cdots\cdots\cdots\cdots\cdots ②$$

將 $t=0$，$I=I_0$ 代入 ② 式，得

$$c=I_0-\frac{E_0}{R}$$

$$I=\frac{E_0}{R}\left(1-e^{-\frac{R}{L}t}\right)+I_0e^{-\left(\frac{R}{L}\right)t}$$

當 $t \to \infty$ 時，② 式之最後一項趨近於零，故 $I(t) \to \dfrac{E_0}{R}$，亦即在一段長時間之後，I 趨近常數. 如果設 $I(0)=0$，則 $c=-\dfrac{E_0}{R}$，① 式之特解為

$$I(t)=\frac{E_0}{R}\left(1-e^{-\left(\frac{R}{L}\right)t}\right)=\frac{E_0}{R}\left(1-e^{-\frac{t}{\tau_L}}\right)$$

其中 $\tau_L=\dfrac{L}{R}$ 稱為電感時間常數. 如果 ① 式中之 $E(t)=E_0\sin\omega t$，即週期變化的電動勢，則

$$I(t)=e^{-\int\left(\frac{R}{L}\right)dt}\left(\frac{E_0}{L}\int e^{\left(\frac{R}{L}\right)t}\sin\omega t\,dt+c\right)$$

$$=ce^{-\left(\frac{R}{L}\right)dt}+\frac{E_0}{L}e^{-\left(\frac{R}{L}\right)dt}\int e^{\left(\frac{R}{L}\right)dt}\sin\omega t\,dt$$

現在利用公式 $\displaystyle\int e^{ax}\sin bx\,dx=\frac{e^{ax}}{a^2+b^2}(a\sin bx-b\cos bx)$

在該式中，a 以 $\dfrac{R}{L}$ 代入，b 以 ω 代入，得

$$I(t)=ce^{-\left(\frac{R}{L}\right)t}+\frac{E_0}{L}e^{-\left(\frac{R}{L}\right)t}\int e^{\left(\frac{R}{L}\right)t}\sin\omega t\,dt$$

$$=ce^{-\left(\frac{R}{L}\right)t}+\frac{E_0}{L}e^{-\left(\frac{R}{L}\right)t}\frac{e^{\left(\frac{R}{L}\right)t}}{\left(\frac{R}{L}\right)^2+\omega^2}\left(\frac{R}{L}\sin\omega t-\omega\cos\omega t\right)$$

$$=ce^{-\left(\frac{R}{L}\right)t}+\frac{E_0}{L}\frac{L^2}{R^2+L^2\omega^2}\left(\frac{R\sin\omega t-L\omega\cos\omega t}{L}\right)$$

$$=ce^{-\left(\frac{R}{L}\right)t}+\frac{E_0}{R^2+L^2\omega^2}(R\sin\omega t-L\omega\cos\omega t)$$

$$=ce^{-\left(\frac{R}{L}\right)t}+\frac{E_0}{\sqrt{R^2+\omega^2L^2}}\sin(\omega t-\delta)\quad\cdots\cdots\cdots\cdots\cdots\text{③}$$

其中，$\delta = \tan^{-1} \dfrac{\omega L}{R}$.

當 $t \to \infty$ 時，③ 式的第一項趨近零，亦即在足夠長的時間之後，$I(t)$ 實際上為簡諧振動，相角 δ 為 $\dfrac{\omega L}{R}$ 的函數，如圖 1-10-11 所示. 若 $L=0$，則 $\delta=0$，故 $I(t)$ 的振動與 $E(t)$ 同相.

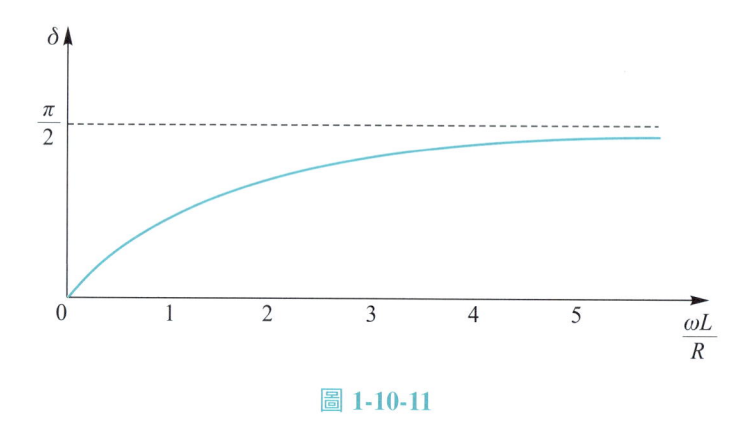

圖 1-10-11

在 $E(t) = E_0 = $ 常數與 $E(t) = E_0 \sin \omega t$ 之兩情況中，② 式的前一項及 ③ 式的後一項稱為穩態解 (steady state solution)，亦即不會隨著時間的變化而改變；② 式的後一項及 ③ 式的前一項則稱為暫態解 (transient state solution). 因此我們可知在線路達到穩態之前，需有一短暫的暫態時期，當時間足夠長時方可趨於穩定.

【例題 9】 試求圖 1-10-12 裡 RC 串聯電路中之 $I(t)$ 值的大小，其中外加電壓為 $E(t) = E$.

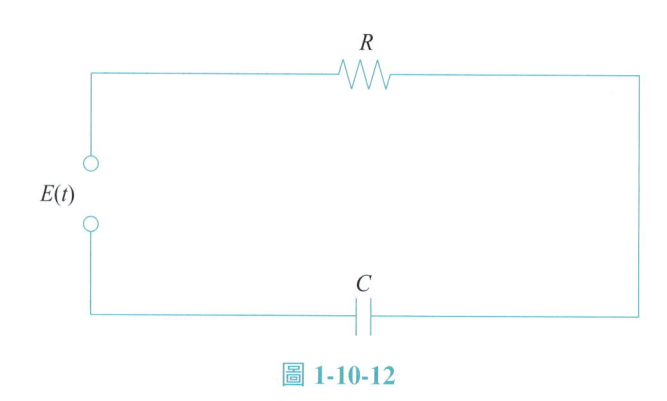

圖 1-10-12

【解】 由克希荷夫電壓定律得知，

$$RI + \frac{1}{C}\int I\,dt = E$$

將上式對 t 微分，則

$$R\frac{dI}{dt} + \frac{1}{C}I = 0$$

全式除以 R，得

$$\frac{dI}{dt} + \frac{1}{RC}I = 0$$

該式為齊次線性微分方程式，但亦可用分離變數法解之，故將上式分離變數，則

$$\frac{1}{I}dI + \frac{1}{RC}dt = 0$$

得

$$\int \frac{1}{I}dI + \int \frac{1}{RC}dt = K_1$$

故

$$\ln I = -\frac{1}{RC}t + K_1$$

即

$$I = e^{-\left(\frac{1}{RC}\right)t + K_1} = e^{K_1} \cdot e^{-\left(\frac{1}{RC}\right)t}$$

故

$$I(t) = Ke^{-\left(\frac{1}{RC}\right)t}, \text{ 其中 } K = e^{K_1} \quad \cdots\cdots ①$$

當 $t = 0$ 時，電容器視為短路，故 $I(0) = \dfrac{E}{R}$，代入①式中，得

$$\frac{E}{R} = Ke^0 = K$$

故

$$I(t) = \frac{E}{R}e^{-\left(\frac{1}{RC}\right)t} \quad \cdots\cdots ②$$

當 $t \to \infty$ 時，$I(t) \to 0$，即表示穩態電流為零，故對直流電壓 E 加於本例題之 RC 電路中時，電容器可視為開路. ②式電流之圖形如圖 1-10-13 所示.

圖 1-10-13

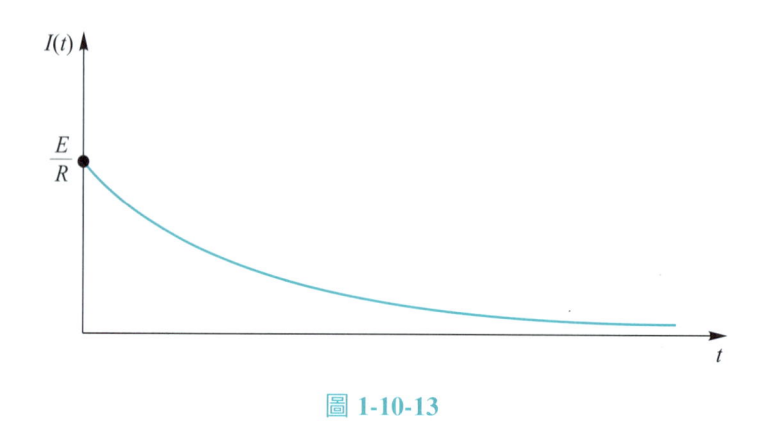

習題 1-7

1. 試求直線族 $y = x + k$ 的正交軌線族.
2. 試求圓族 $x^2 + (y-c)^2 = c^2$ 的正交軌線族.
3. 試求拋物線族 $y^2 = kx$ 的正交軌線族.
4. 試求等軸雙曲線 $x^2 - y^2 = c$ 的正交軌線族.
5. 試求與直線族 $y = cx$ 交成 45° 角的斜交軌線族.
6. 試求與曲線族 $y = \dfrac{c}{x-1}$ 交成 45° 的斜交軌線族.
7. 試求雙曲線族 $xy = c$ 的正交軌線族.
8. 最初培養數目 N_0 的細菌，於 $t = 1$ 小時量得細菌的數目為 $\left(\dfrac{3}{2}\right) N_0$，若生長律定義為 $\dfrac{dx}{dt} = kx$，試決定細菌的數目為最初的三倍時所需的時間.
9. 放射性元素的衰變速率與其殘留量成正比，若一鈾同位素，在 20 天中其衰變量為原有量之一半，求其殘留量與時間的關係式.
10. 根據牛頓冷卻定律，物體散熱之速率，即溫度之改變，與該物體和其周圍介質之溫度差成正比：
$$\dfrac{dT}{dt} = -k(T - T_0)$$

其中 T 為物體之溫度，T_0 為周圍介質之溫度，t 為時間．試證明 $T-T_0=(T_1-T_0)e^{-kt}$，T_1 為 $t=0$ 時之 T 值．

11. 一金屬棒之溫度為 100°C 時置於室溫恆為 0°C 之房間內．如果 20 分鐘後，金屬棒溫度為 50°C．求

    (1) 金屬棒溫度降為 25°C 所需之時間．　　(2) 金屬棒在 10 分鐘後的溫度．

12. 一水槽貯存有 100 加侖的鹽水，其最初溶有的鹽為 50 磅，設每加侖含 1 磅鹽的鹽水以 3 加侖/分的速率流進水槽，而混合溶液則以 2 加侖/分的速率流出水槽，問 30 分鐘之後，槽中的鹽尚有多少？

13. 一質量為 m 之物體以初速 v_0 垂直向上拋，如果物體所遭遇空氣阻力與它的速度成正比，求

    (1) 物體的運動方程式．
    (2) 物體的速度表示式．
    (3) 物體到達最大高度所需之時間．

14. 有一 RL 電路，外加電壓 5 伏特，其電阻 50 歐姆，電感量為 1 亨利，$t=0$ 時，$I=0$，求在時間 t 時的電流 I．

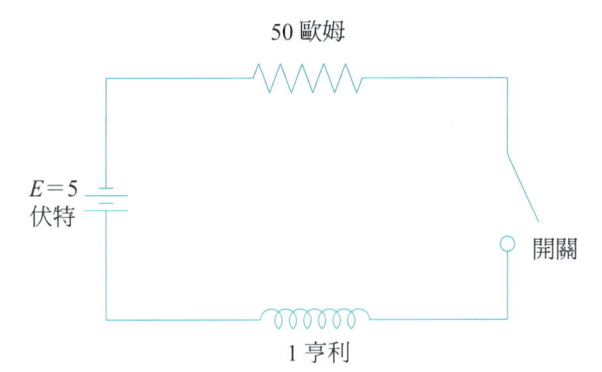

15. 若有一 RL 電路如下圖所示，當開關由位置 2 移至位置 1 後，求在時間 t 時的電流 I．此處假設開關移動的時間與電流函數中的暫態時間相比可以忽略不計，而其時間參考點 $t=0$ 為連通的瞬間．

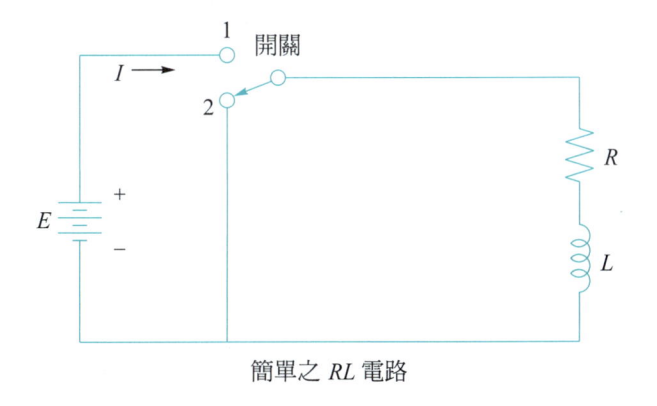

簡單之 RL 電路

16. 假設一簡單之 RL 電路如下圖所示，電阻為 12 歐姆，電感量為 4 亨利，如果電池供應一固定電壓 60 伏特且當 t＝0 時開關是關閉的，故起始時之電流為 I(0)＝0，試求 (1) I(t)，(2) 1 秒鐘以後之電流，(3) 電流之極限值.

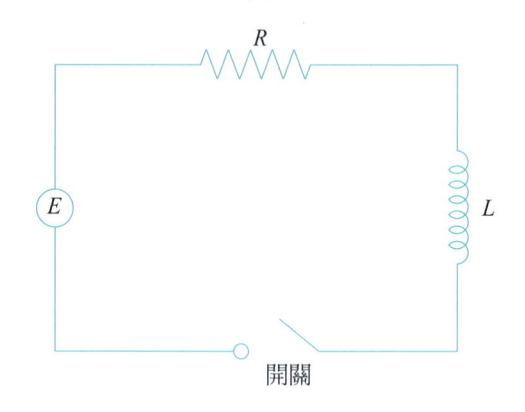

17. 假設上一題之 RL 電路中電阻與電感量均保持不變，我們用一發電機可產生一變動電壓 E(t)＝60 sin 30 t 伏特來取代電池，試求 I(t).

18. 下圖為一 RC 電路包含一電動勢，電容量為 C 法拉之電容器與一 R 歐姆電阻之電阻器. 跨於電容器之電壓降為 $\frac{Q}{C}$，此處 Q 為電荷 (以庫侖為單位)，故由克希荷夫定律知

$$RI + \frac{Q}{C} = E(t)$$

但 $I = \frac{dQ}{dt}$，故我們得知

$$R\frac{dQ}{dt} + \frac{1}{C}Q = E(t)$$

今假設電阻為 5 歐姆，電容量為 0.05 法拉，有一電池供應 60 伏特之固定電壓，且起始電荷為 Q(0)＝0. 試求在時間 t 時之電荷與電流.

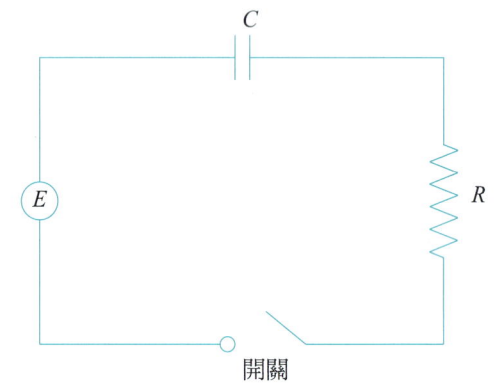

第 2 章

高階線性微分方程式

　　我們在科學與工程應用方面，經常會遇到線性微分方程式，而即使微分方程式不是線性，亦有可能被化為線性，所以線性微分方程式在實用上非常重要. 本章主要的焦點大部分集中在探討二階 (含) 以上的常係數線性微分方程式.

2-1 基本理論與二階變係數齊次線性微分方程式之解法

　　形如

$$a_n(x)y^{(n)} + a_{n-1}(x)y^{(n-1)} + \cdots + a_1(x)y' + a_0(x)y = f(x) \tag{2-1-1}$$

(其中係數函數 a_0, a_1, $\cdots$, a_n 與 f 在某開區間 I 皆為連續函數，$a_n(x) \neq 0$) 的微分方程式稱為 *n* 階線性微分方程式 (nth-order linear differential equation). 在式 (2-1-1) 中，若 $f(x) = 0$，即

$$a_n(x)y^{(n)} + a_{n-1}(x)y^{(n-1)} + \cdots + a_1(x)y' + a_0(x)y = 0 \tag{2-1-2}$$

則式 (2-1-2) 稱為齊次 (homogeneous)；否則稱為非齊次 (nonhomogeneous). 此時所謂的齊次與一階微分方程式中所提的齊次無關，而是指式 (2-1-1) 的等號右邊為零函數. 我們又稱式 (2-1-2) 為式 (2-1-1) 的補充方程式 (complementary equation).

　　例如，方程式 $xy'' + 3xy' + x^3y = 0$ 為二階齊次線性微分方程式，而方程式 $y''' + xy'' - 3x^2y' - 5y = e^x$ 與 $y''' - 6y'' + 11y' - 6y = \sin x$ 皆為三階非齊次線性微分方程式.

　　我們現在給出 *n* 階線性微分方程式的初值問題.

定理 2-1-1　存在唯一定理

設函數 a_0, a_1, $\cdots$, a_n 與 f 在包含點 x_0 的某開區間 I 皆為連續函數，且 y_0, y_1, $\cdots$, y_{n-1} 為 n 個任意實數，則 n 階線性微分方程式

$$a_n(x)y^{(n)}+a_{n-1}(x)y^{(n-1)}+\cdots+a_1(x)y'+a_0(x)y=f(x)$$

在 I 中恰有一個解滿足 n 個初期條件

$$y(x_0)=y_0, \quad y'(x_0)=y_1, \quad \cdots, \quad y^{(n-1)}(x_0)=y_{n-1}$$

在定理 2-1-1 中，n 階線性微分方程式與 n 個初期條件構成一個 **n 階初期值問題**：

$$\begin{cases} a_n(x)y^{(n)}+a_{n-1}(x)y^{(n-1)}+\cdots+a_1(x)y'+a_0(x)y=f(x) \\ y(x_0)=y_0 \\ y'(x_0)=y_1 \\ \quad\vdots \\ y^{(n-1)}(x_0)=y_{n-1} \end{cases}$$

【例題 1】　考慮初期值問題：

$$\begin{cases} y''+3xy'+x^3y=e^x \\ y(1)=2 \\ y'(1)=-5 \end{cases}$$

可知係數函數 1, $3x$, x^3 與函數 e^x 在區間 $(-\infty, \infty)$ 皆為連續函數．點 $x_0=1$ 在 $(-\infty, \infty)$ 內，$y_0=2$, $y_1=-5$．依定理 2-1-1，我們確定此問題在 $(-\infty, \infty)$ 中有唯一解．

定義 2-1-1

已知 n 個函數 f_1, f_2, f_3, $\cdots$, f_n，且 c_1, c_2, c_3, $\cdots$, c_n 為 n 個常數，則

$$c_1f_1+c_2f_2+c_3f_3+\cdots+c_nf_n$$

稱為 f_1, f_2, f_3, $\cdots$, f_n 的**線性組合** (linear combination)．

定義 2-1-2

若 n 個函數 f_1, f_2, f_3, $\cdots$, f_n 定義在區間 I，且存在 n 個不全為零的常數 c_1, c_2, c_3, $\cdots$, c_n，使得在 I 中，

$$c_1 f_1 + c_2 f_2 + c_3 f_3 + \cdots + c_n f_n = 0$$

則稱此 n 個函數在 I 為線性相依 (linearly dependent)。如果上式只在 $c_1 = c_2 = c_3 = \cdots = c_n = 0$ 時才成立，則稱此 n 個函數為線性獨立 (linearly independent) (即非線性相依)。

【例題 2】 函數 $f_1(x) = 1 - x$, $f_2(x) = 1 + x$, $f_3(x) = 1 - 3x$ 在區間 $(-\infty, \infty)$ 是否為線性相依？

【解】 我們考慮方程式

$$c_1(1-x) + c_2(1+x) + c_3(1-3x) = 0 \cdots\cdots\cdots\cdots (*)$$

並將 (*) 式改寫成

$$(-c_1 + c_2 - 3c_3)x + (c_1 + c_2 + c_3) = 0$$

此方程式僅在 $-c_1 + c_2 - 3c_3 = 0$ 與 $c_1 + c_2 + c_3 = 0$ 時，對所有 x 而言恆成立.

解聯立方程式 $\begin{cases} -c_1 + c_2 - 3c_3 = 0 \\ c_1 + c_2 + c_3 = 0 \end{cases}$

可得 $c_1 = -2c_3$, $c_2 = c_3$, c_3 可為任意常數. 若選擇 $c_3 = 1$，則可求得一組不為零的常數，$c_1 = -2$、$c_2 = 1$ 與 $c_3 = 1$，而能使 (*) 式成立，故函數 $1-x$, $1+x$, $1-3x$ 為線性相依.

【例題 3】 函數 x、x^2 與 x^3 在 $[0, 1]$ 為線性獨立，因為對所有 $x \in [0, 1]$，由 $c_1 x + c_2 x^2 + c_3 x^3 = 0$ 可得 $c_1 = 0$, $c_2 = 0$, $c_3 = 0$. (何故？)

有時候，利用定義 2-1-2 去證明 n 個已知函數是線性獨立會出現冗長的計算，因而不是很方便. 為了解決這個問題，我們可以考慮一種行列式，稱為朗士基行列式 (Wronskian).

定義 2-1-3

設 n 個函數 $f_1, f_2, \cdots, f_n$ 皆為 $n-1$ 次可微分，則行列式

$$W(f_1, f_2, \cdots, f_n) = \begin{vmatrix} f_1 & f_2 & \cdots & f_n \\ f_1' & f_2' & \cdots & f_n' \\ f_1'' & f_2'' & \cdots & f_n'' \\ \vdots & \vdots & & \vdots \\ f_1^{(n-1)} & f_2^{(n-1)} & \cdots & f_n^{(n-1)} \end{vmatrix}$$

稱為這 n 個函數的**朗士基行列式**.

假設 n 個函數 $f_1, f_2, \cdots, f_n$ 在某區間 I 為線性相依，則存在 n 個不全為零的常數 $c_1, c_2, \cdots, c_n$，使得

$$c_1 f_1 + c_2 f_2 + c_3 f_3 + \cdots + c_n f_n = 0$$

將此式依序微分 $n-1$ 次，並連同此式可得齊次線性方程組：

$$c_1 f_1 + c_2 f_2 + c_3 f_3 + \cdots + c_n f_n = 0$$
$$c_1 f_1' + c_2 f_2' + c_3 f_3' + \cdots + c_n f_n' = 0$$
$$c_1 f_1'' + c_2 f_2'' + c_3 f_3'' + \cdots + c_n f_n'' = 0$$
$$\vdots$$
$$c_1 f_1^{(n-1)} + c_2 f_2^{(n-1)} + \cdots + c_n f_n^{(n-1)} = 0$$

其中常數 $c_1, c_2, \cdots, c_n$ 為未知數，而係數行列式就是朗士基行列式 $W(f_1, f_2, \cdots, f_n)$. 因為至少有一個常數不等於零，所以朗士基行列式等於零.

定理 2-1-2

設 n 個函數 $f_1, f_2, \cdots, f_n$ 在某區間 I 皆為 $n-1$ 次可微分，若 $W(f_1, f_2, \cdots, f_n) \neq 0$，則此 n 個函數在 I 為線性獨立.

【例題 4】 試問 e^x、e^{-x} 與 e^{2x} 在任何區間是否為線性獨立？

【解】
$$W(e^x,\ e^{-x},\ e^{2x}) = \begin{vmatrix} e^x & e^{-x} & e^{2x} \\ e^x & -e^{-x} & 2e^{2x} \\ e^x & e^{-x} & 4e^{2x} \end{vmatrix} = e^{2x}\begin{vmatrix} 1 & 1 & 1 \\ 1 & -1 & 2 \\ 1 & 1 & 4 \end{vmatrix} = -6e^{2x} \neq 0$$

所以，此三個函數在任何區間為線性獨立．

定理 2-1-3

n 階齊次線性微分方程式恆有 n 個線性獨立解．若 y_1, y_2, …, y_n 為該微分方程式在某區間 I 中的 n 個線性獨立解，則 $y = c_1 y_1 + c_2 y_2 + \cdots + c_n y_n$ 亦為該微分方程式在 I 中的解(稱為**通解**)，其中 c_1, c_2, …, c_n 皆為任意常數．

【例題 5】 (1) 因 $\sin x$ 與 $\cos x$ 為 $y'' + y = 0$ 在區間 $(-\infty,\ \infty)$ 中的線性獨立解，故此微分方程式的通解為 $y = c_1 \sin x + c_2 \cos x$．

(2) 因 e^x、e^{-x} 與 e^{2x} 為 $y''' - 2y'' - y' + 2y = 0$ 在 $(-\infty,\ \infty)$ 中的線性獨立解，故此微分方程式的通解為 $y = c_1 e^x + c_2 e^{-x} + c_3 e^{2x}$．

若已知 n 階變係數齊次線性微分方程式如下：
$$a_n(x)y^{(n)} + a_{n-1}(x)y^{(n-1)} + \cdots + a_1(x)y' + a_0(x)y = 0$$

設 y_1 為上式的一個非零解，則利用變換 $y = y_1(x)v(x)$ 可將上式化成以 v' 為因變數的 $n-1$ 階齊次線性微分方程式．這種將原微分方程式化成降低一階的新微分方程式的方法稱為**降階法** (method of reduction of order)．

現在，我們考慮二階變係數齊次線性微分方程式
$$a_2(x)y'' + a_1(x)y' + a_0(x)y = 0 \tag{2-1-3}$$

已知 y_1 為式 (2-1-3) 的一個非零解，令 $y_2 = y_1 v$，其中 v 為 x 的函數，則
$$y_2' = y_1 v' + y_1' v$$
$$y_2'' = y_1 v'' + 2y_1' v' + y_1'' v$$

可得 $\quad a_2(x)(y_1 v'' + 2y_1' v' + y_1'' v) + a_1(x)(y_1 v' + y_1' v) + a_0(x) y_1 v = 0$

即
$$a_2(x)y_1v'' + [2a_2(x)y_1' + a_1(x)y_1]v' + [a_2(x)y_1'' + a_1(x)y_1' + a_0(x)y_1]v = 0$$

因 y_1 為式 (2-1-3) 的一解，可知 v 的係數為零，
故上式化成
$$a_2(x)y_1v'' + [2a_2(x)y_1' + a_1(x)y_1]v' = 0$$

此處，$a_2(x) \neq 0$，$y_1 \neq 0$.
令 $w = v'$，則此式可變成
$$a_2(x)y_1w' + [2a_2(x)y_1' + a_1(x)y_1]w = 0 \tag{2-1-4}$$

又因 $w' = \dfrac{dw}{dx}$，$y_1' = \dfrac{dy_1}{dx}$，將式 (2-1-4) 等號兩端各項同除以 $a_2(x)y_1$，則得，

$$w' + \left[\frac{2y_1'}{y_1} + \frac{a_1(x)}{a_2(x)}\right]w = 0$$

或
$$\frac{dw}{w} = -\left[\frac{2y_1'}{y_1} + \frac{a_1(x)}{a_2(x)}\right]dx$$

上式等號兩端積分，可得
$$\ln|w| = -\ln y_1^2 - \int \frac{a_1(x)}{a_2(x)} dx + \ln|c|$$

即
$$w = \frac{ce^{-\int \frac{a_1(x)}{a_2(x)} dx}}{y_1^2}$$

此為式 (2-1-4) 的通解；取 $c = 1$，並利用 $w = v'$，可得
$$v = \int \frac{e^{-\int \frac{a_1(x)}{a_2(x)} dx}}{y_1^2} dx$$

故
$$y_2 = y_1 \int \frac{e^{-\int \frac{a_1(x)}{a_2(x)} dx}}{y_1^2} dx$$

又
$$W(y_1, y_2) = \begin{vmatrix} y_1 & y_2 \\ y_1' & y_2' \end{vmatrix} = \begin{vmatrix} y_1 & y_1v \\ y_1' & y_1v' + y_1'v \end{vmatrix} = y_1^2 v' = e^{-\int \frac{a_1(x)}{a_2(x)} dx} \neq 0$$

可知 y_1 與 y_2 為兩個線性獨立解.

定理 2-1-4

已知二階齊次線性微分方程式

$$a_2(x)y'' + a_1(x)y' + a_0(x)y = 0$$

的一解為 y_1，則另一線性獨立解為

$$y_2 = y_1 \int \frac{e^{-\int \frac{a_1(x)}{a_2(x)} dx}}{y_1^2} dx$$

通解為 $y = c_1 y_1 + c_2 y_2$.

【例題 6】 已知 $y_1 = x$ 為微分方程式

$$(x^2 + 1)y'' - 2xy' + 2y = 0$$

之一解，求此微分方程式的另一線性獨立解，並寫出微分方程式的通解.

【解】 另一線性獨立解為

$$y_2 = x \int \frac{e^{-\int \frac{-2x}{x^2+1} dx}}{x^2} dx = x \int \frac{e^{\ln(x^2+1)}}{x^2} dx = x \int \frac{x^2+1}{x^2} dx$$

$$= x \int (1 + x^{-2}) dx = x \left(x - \frac{1}{x} \right)$$

$$= x^2 - 1$$

故原微分方程式的通解為 $y = c_1 x + c_2(x^2 - 1)$.

【例題 7】 微分方程式

$$x^2 y'' + xy' + (x^2 - \alpha^2)y = 0$$

稱為 α 階貝索方程式 (Bessel's equation of order α)，此處 α 為參數. 已知當 $\alpha = \frac{1}{2}$ 時，$y_1(x) = \frac{\sin x}{\sqrt{x}}$ $(x > 0)$ 為其一解，試求另一線性獨立解.

【解】 另一線性獨立解為

$$y_2(x) = \frac{\sin x}{\sqrt{x}} \int \frac{e^{-\int \frac{x}{x^2} dx}}{\left(\frac{\sin x}{\sqrt{x}}\right)^2} dx = \frac{\sin x}{\sqrt{x}} \int \frac{e^{-\ln x}}{\frac{\sin^2 x}{x}} dx$$

$$= \frac{\sin x}{\sqrt{x}} \int x^{-1} \cdot \frac{x}{\sin^2 x} dx = \frac{\sin x}{\sqrt{x}} \int \csc^2 x \, dx$$

$$= \frac{\sin x}{\sqrt{x}} (-\cot x)$$

$$= -\frac{\cos x}{\sqrt{x}}$$

【例題 8】 已知 $y_1 = e^{2x}$ 為微分方程式 $(2x+1)y'' - 4(x+1)y' + 4y = 0$ 之一解,試求此微分方程式的線性獨立解,並寫出其通解.

【解】 因 $y_1 = e^{2x}$ 為原微分方程式之一解,另一線性獨立解為

$$y_2 = e^{2x} \int \frac{e^{-\int \frac{-4(x+1)}{2x+1} dx}}{(e^{2x})^2} dx = e^{2x} \int \frac{e^{\int \frac{4(x+1)}{2x+1} dx}}{(e^{2x})^2} dx$$

$$= e^{2x} \int \frac{e^{\int \left(2 + \frac{2}{2x+1}\right) dx}}{(e^{2x})^2} dx = e^{2x} \int \frac{e^{2x + \ln(2x+1)}}{e^{4x}} dx$$

$$= e^{2x} \int \frac{e^{2x}(2x+1)}{e^{4x}} dx = e^{2x} \int (2xe^{-2x} + e^{-2x}) dx$$

$$= e^{2x} \left[\int 2xe^{-2x} dx - \frac{1}{2} e^{-2x}\right]$$

$$= e^{2x} \left[2 \int xe^{-2x} dx - \frac{1}{2} e^{-2x}\right]$$

令 $u = x$, $dv = e^{-2x} dx$, 則 $du = dx$, $v = -\frac{1}{2} e^{-2x}$

利用分部積分法,求得:

$$\int xe^{-2x} dx = x\left(-\frac{1}{2} e^{-2x}\right) - \int -\frac{1}{2} e^{-2x} dx$$

$$= -\frac{1}{2}xe^{-2x} + \frac{1}{2}\int e^{-2x}\,dx$$

$$= -\frac{1}{2}xe^{-2x} - \frac{1}{4}e^{-2x}$$

故
$$y_2 = e^{2x}\left[2\left(-\frac{1}{2}xe^{-2x}\right) - 2\cdot\frac{1}{4}e^{-2x}\right] - \frac{1}{2}e^{2x}\cdot e^{-2x}$$

$$= e^{2x}\left(-xe^{-2x} - \frac{1}{2}e^{-2x}\right) - \frac{1}{2} = -x - 1$$

原微分方程式的通解為 $y = c_1 e^{2x} + c_2(-x-1)$.

已知一 n 階非齊次線性微分方程式

$$a_n(x)y^{(n)} + a_{n-1}(x)y^{(n-1)} + \cdots + a_1(x)y' + a_0(x)y = f(x) \tag{2-1-5}$$

與式 (2-1-5) 所對應的齊次線性微分方程式或補充方程式

$$a_n(x)y^{(n)} + a_{n-1}(x)y^{(n-1)} + \cdots + a_1(x)y' + a_0(x)y = 0 \tag{2-1-6}$$

則

1. 式 (2-1-6) 的通解稱為式 (2-1-5) 的補充函數 (complementary function)，記為 y_c.
2. 式 (2-1-5) 的任何一個不含任意常數的特解稱為式 (2-1-5) 的特別積分 (particular integral)，記為 y_p.
3. $y_c + y_p$ 稱為式 (2-1-5) 的通解.

習題 2-1

1. 試判斷下列各組函數為線性相依或線性獨立.

    (1) 1, $\cos x$, $\sin x$, $-\infty < x < \infty$

    (2) 1, x, x^2, $-\infty < x < \infty$

    (3) $\ln x$, $\ln x^2$, $\ln x^3$, $0 < x < \infty$

2. 已知微分方程式 $x^2 y'' + xy' - 4y = 0$.

    (1) 試證 x^2 與 $\dfrac{1}{x^2}$ 為此方程式在區間 $(0, \infty)$ 上的線性獨立解.

(2) 試寫出已知微分方程式的通解.

(3) 試求滿足初期條件 $y(2)=3$ 與 $y'(2)=-1$ 的特解.

3. 已知微分方程式 $\dfrac{d^2y}{dx^2}-5\dfrac{dy}{dx}+6y=0$.

(1) 試證 e^{2x} 與 e^{3x} 為此方程式在區間 $(-\infty,\infty)$ 的線性獨立解.

(2) 試寫出該已知方程式的通解.

(3) 試求該微分方程式的解，使其滿足初期條件 $y(0)=2$，$y'(0)=3$.

4. 已知 $y_1=\dfrac{\sin x}{x}$ 為 $y''+\dfrac{2}{x}y'+y=0$ 之一解，試求另一線性獨立解.

5. 已知 $y_1=\dfrac{e^x}{x}$ 為 $xy''+2y'-xy=0$ 之一解，試求另一線性獨立解.

6. 已知 $y_1=e^{-2x}$ 為 $(2x+1)y''+4xy'-4y=0$ 之一解，試求另一線性獨立解.

7. 已知 $y_1=e^{2x}$ 為微分方程式 $y''-4y'+4y=0$ 之一解，試求此微分方程式之通解.

8. 已知 $y_1=x^2$ 為 $x^2y''-3xy'+4y=0$ 之一解，試求另一線性獨立解，並寫出其通解.

9. 已知可微分函數 $f(x)$ 滿足方程式：

$$\int_0^x (1+x^2)f''(t)\,dt = 2xf(x)-2\int_0^x f(t)\,dt$$

且 $f(0)=1$，$f'(0)=3$，試求 $f(x)$.

10. 試解 $y''-\dfrac{y'}{x}+\dfrac{y}{x^2}=1$.

2-2　常係數齊次線性微分方程式

若微分方程式中未知函數及其導函數的係數皆為常數，則稱為常係數線性微分方程式 (linear differential equation with constant coefficients).

在本節中，我們將探討 n 階常係數齊次線性微分方程式

$$a_n y^{(n)} + a_{n-1} y^{(n-1)} + \cdots + a_1 y' + a_0 y = 0$$

其中 $a_0, a_1, \cdots, a_n$ 皆為實常數，$a_n \neq 0$.

首先，我們考慮二階常係數齊次線性微分方程式

$$a_2 y'' + a_1 y' + a_0 y = 0 \tag{2-2-1}$$

式 (2-2-1) 指出 y 之導函數的常數倍相加為零函數. 因 e^{rx} 的導函數為 e^{rx} 的常數倍, 故假設

$$y = e^{rx}$$

為式 (2-2-1) 之一解, 則

$$y' = re^{rx}, \qquad y'' = r^2 e^{rx}$$

代入式 (2-2-1) 中, 可得

$$a_2 r^2 e^{rx} + a_1 r e^{rx} + a_0 e^{rx} = 0$$

或

$$e^{rx}(a_2 r^2 + a_1 r + a_0) = 0$$

因 $e^{rx} \neq 0$, 故

$$a_2 r^2 + a_1 r + a_0 = 0 \tag{2-2-2}$$

式 (2-2-2) 稱為式 (2-2-1) 的輔助方程式 (auxiliary equation) 或特徵方程式 (characteristic equation).

現在, 我們就輔助方程式的根來討論式 (2-2-1) 的解.

1. 若式 (2-2-2) 有相異兩實根 r_1 與 r_2, 則我們可求得式 (2-2-1) 的兩解: $y_1 = e^{r_1 x}$ 與 $y_2 = e^{r_2 x}$, 且 y_1 與 y_2 在區間 $(-\infty, \infty)$ 為線性獨立, 故其線性組合

$$y = c_1 e^{r_1 x} + c_2 e^{r_2 x}$$

為式 (2-2-1) 的通解.

2. 若式 (2-2-2) 有兩個相等的實根, 即 $r_1 = r_2 = r$, 則我們僅能得到一個指數函數解 $y_1 = e^{rx}$. 然而, 可由 2-1 節所討論的方法求得另一個線性獨立解, 故

$$y_2 = e^{rx} \int \frac{e^{-\int \frac{a_1}{a_2} dx}}{e^{2rx}} dx$$

但由二次方程式根的公式, 我們得知當兩根相等時, 其應具備的充要條件為

$$a_1^2 - 4a_2 a_0 = 0$$

故

$$r = \frac{-a_1 \pm \sqrt{a_1^2 - 4a_2 a_0}}{2a_2} = -\frac{a_1}{2a_2}$$

$$y_2 = e^{rx} \int \frac{e^{\int 2r \, dx}}{e^{2rx}} dx = x e^{rx}$$

故式 (2-2-1) 的通解為 $y=(c_1+c_2x)e^{rx}$.

3. 若式 (2-2-2) 有共軛複數根：$r_1=\alpha+i\beta$ 與 $r_2=\alpha-i\beta$，此處 α 與 β 皆為實數，且 $i^2=-1$，則式 (2-2-1) 的兩個線性獨立解為 $e^{(\alpha+i\beta)x}$ 與 $e^{(\alpha-i\beta)x}$. 同時，這兩個解的線性組合亦為式 (2-2-1) 的解，故式 (2-2-1) 的通解為

$$y=Ae^{(\alpha+i\beta)x}+Be^{(\alpha-i\beta)x}$$

茲依歐勒公式 (Euler's formula)：

$$e^{i\theta}=\cos\theta+i\sin\theta$$

此處 θ 為任意實數，將 $e^{i\beta x}$ 與 $e^{-i\beta x}$ 分別化成

$$e^{i\beta x}=\cos\beta x+i\sin\beta x$$

與

$$e^{-i\beta x}=\cos\beta x-i\sin\beta x$$

故

$$\begin{aligned}y&=Ae^{(\alpha+i\beta)x}+Be^{(\alpha-i\beta)x}\\&=e^{\alpha x}(Ae^{i\beta x}+Be^{-i\beta x})\\&=e^{\alpha x}[A(\cos\beta x+i\sin\beta x)+B(\cos\beta x-i\sin\beta x)]\\&=e^{\alpha x}[(A+B)\cos\beta x+(Ai-Bi)\sin\beta x]\end{aligned}$$

因 $e^{\alpha x}\cos\beta x$ 與 $e^{\alpha x}\sin\beta x$ 在區間 $(-\infty,\infty)$ 為微分方程式的兩個線性獨立解，而令 $c_1=A+B$ 與 $c_2=i(A-B)$，故式 (2-2-1) 的通解為

$$y=e^{\alpha x}(c_1\cos\beta x+c_2\sin\beta x)$$

其次，我們推廣到 n 階常係數齊次線性微分方程式的解法. 對下面的 n 階常係數齊次線性微分方程式

$$a_ny^{(n)}+a_{n-1}y^{(n-1)}+\cdots+a_1y'+a_0y=0 \tag{2-2-3}$$

我們必須解 n 次方程式

$$a_nr^n+a_{n-1}r^{n-1}+\cdots+a_1r+a_0=0 \tag{2-2-4}$$

現在，我們依照下列三種情況討論之.

1. 若輔助方程式 (2-2-4) 的根為 n 個相異實根 r_1, r_2, $\cdots$, r_n，則式 (2-2-3) 的 n 個線性獨立解為

$$y_1 = e^{r_1 x}, \quad y_2 = e^{r_2 x}, \quad \cdots, \quad y_n = e^{r_n x}$$

故式 (2-2-3) 的通解為

$$y = c_1 e^{r_1 x} + c_2 e^{r_2 x} + \cdots + c_n e^{r_n x}$$

2. 若輔助方程式 (2-2-4) 有 k 個相等實根 r ($k \leq n$)，則對應於此 k 個重根，式 (2-2-3) 通解的一部分為

$$(c_1 + c_2 x + c_3 x^2 + \cdots + c_k x^{k-1}) e^{rx}$$

若式 (2-2-4) 的解另外尚有 $(n-k)$ 個不等的實根，$r_{k+1}, r_{k+2}, \cdots, r_n$，則式 (2-2-3) 的通解為

$$y = (c_1 + c_2 x + c_3 x^2 + \cdots + c_k x^{k-1}) e^{rx} + c_{k+1} e^{r_{k+1} x} + c_{k+2} e^{r_{k+2} x} + \cdots + c_n e^{r_n x}$$

3. 若輔助方程式 (2-2-4) 有 k 對重複的共軛複數根 $\left(k \leq \dfrac{n}{2}\right)$，$\alpha \neq i\beta$，則對應於此 k 對共軛複數根，式 (2-2-3) 之通解的一部分為

$$e^{\alpha x} [(c_1 + c_2 x + c_3 x^2 + \cdots + c_k x^{k-1}) \cos \beta x + (c_{k+1} + c_{k+2} x + \cdots + c_{2k} x^{k-1}) \sin \beta x]$$

為了讓讀者對上述的討論能夠一目了然，且方便理解，今列出一覽表．

n 階常係數齊次線性微分方程式 $a_n y^{(n)} + a_{n-1} y^{(n-1)} + \cdots + a_1 y' + a_0 y = 0$ 輔助方程式 $a_n r^n + a_{n-1} r^{n-1} + \cdots + a_1 r + a_0 = 0$	
輔助方程式之根的性質	微分方程式的通解
n 個相異實根 $r_1, r_2, \cdots, r_n$．	$y = c_1 e^{r_1 x} + c_2 e^{r_2 x} + \cdots + c_n e^{r_n x}$
k 個相等實根 r 及 $(k-r)$ 個相異實根 $r_{k+1}, r_{k+2}, \cdots, r_n$．	$y = (c_1 + c_2 x + \cdots + c_k x^{k-1}) e^{rx} + c_{k+1} e^{r_{k+1} x}$ $\quad + c_{k+2} e^{r_{k+2} x} + \cdots + c_n e^{r_n x}$
n 個相等實根 r	$y = (c_1 + c_2 x + \cdots + c_n x^{n-1}) e^{rx}$
k 對重複的共軛複數根 $\alpha \pm i\beta$ 及 $(n-2k)$ 個相異實根 $r_{2k+1}, r_{2k+2}, \cdots, r_n$．	$y = e^{\alpha x} [(c_1 + c_2 x + \cdots + c_k x^{k-1}) \cos \beta x$ $\quad + (c_{k+1} + c_{k+2} x + \cdots + c_{2k} x^{k-1}) \sin \beta x]$ $\quad + c_{2k+1} e^{r_{2k+1} x} + \cdots + c_n e^{r_n x}$
k 對重複的共軛複數根 $\alpha \pm i\beta$ 及 $(n-2k)$ 個相異實根 r	$y = e^{\alpha x} [(c_1 + c_2 x + \cdots + c_k x^{k-1}) \cos \beta x$ $\quad + (c_{k+1} + c_{k+2} x + \cdots + c_{2k} x^{k-1}) \sin \beta x]$ $\quad + (c_{2k+1} + c_{2k+2} x + \cdots + c_n x^{n-2k-1}) e^{rx}$
$k \left(= \dfrac{n}{2}\right)$ 對重複的共軛複數根 $\alpha \pm i\beta$．	$y = e^{\alpha x} [(c_1 + c_2 x + \cdots + c_k x^{k-1}) \cos \beta x$ $\quad + (c_{k+1} + c_{k+2} x + \cdots + c_{2k} x^{k-1}) \sin \beta x]$

【例題 1】 試解 $y'' + y' - 6y = 0$.

【解】 輔助方程式 $r^2 + r - 6 = 0$ 有兩相異實根 2 與 -3，故微分方程式的通解為
$$y = c_1 e^{2x} + c_2 e^{-3x}$$

【例題 2】 試解 $y'' - 10y' + 25y = 0$.

【解】 輔助方程式 $r^2 - 10r + 25 = 0$ 有兩相等實根 5，故微分方程式的通解為
$$y = (c_1 + c_2 x) e^{5x}$$

【例題 3】 解初期值問題：
$$\begin{cases} y'' - 4y' + 13y = 0 \\ y(0) = -1 \\ y'(0) = 2 \end{cases}$$

【解】 輔助方程式為 $r^2 - 4r + 13 = 0$，其兩根分別為
$$r_1 = 2 + 3i \quad 與 \quad r_2 = 2 - 3i$$

故
$$y = e^{2x}(c_1 \cos 3x + c_2 \sin 3x)$$

代入初期條件 $y(0) = -1$，可得
$$c_1 = -1$$

所以
$$y = e^{2x}(-\cos 3x + c_2 \sin 3x)$$

又
$$y' = e^{2x}(3 \sin 3x + 3c_2 \cos 3x) + 2(-\cos 3x + c_2 \sin 3x)e^{2x}$$

代入 $y'(0) = 2$，可得
$$2 = 3c_2 - 2$$
$$c_2 = \frac{4}{3}$$

因此，
$$y = e^{2x}\left(-\cos 3x + \frac{4}{3} \sin 3x\right)$$

【例題 4】 試解 $y''' - 4y'' + y' + 6y = 0$.

【解】 輔助方程式為

$$r^3-4r^2+r+6=0$$

即
$$(r+1)(r-2)(r-3)=0$$

其三個不等的實根分別為 -1，2，3.

故微分方程式的通解為
$$y=c_1e^{-x}+c_2e^{2x}+c_3e^{3x}$$

【例題 5】 試解 $y'''+3y''-4y=0$.

【解】 輔助方程式為
$$r^3+3r^2-4=0$$

即
$$(r-1)(r+2)^2=0$$

解得其根分別為 1，-2，-2.

故微分方程式的通解為
$$y=c_1e^x+(c_2+c_3x)e^{-2x}$$

【例題 6】 試解 $y^{(5)}-3y^{(4)}+3y^{(3)}-y^{(2)}=0$.

【解】 輔助方程式為
$$r^5-3r^4+3r^3-r^2=0$$
$$r^2(r^3-3r^2+3r-1)=0$$
$$r^2(r-1)^3=0$$
$$r=0 \text{（重根）}, \qquad m=1 \text{（三重根）}$$

故微分方程式的通解為
$$y=c_1+c_2x+c_3e^x+c_4xe^x+c_5x^2e^x$$

習題 2-2

試解下列各微分方程式.

1. $y''-y'-42y=0$
2. $y''+4y'-4y=0$
3. $y''+\sqrt{3}y'+7y=0$
4. $y''+9y=0$

5. $2y'' - 3y' + 4y = 0$
6. $y'' - 4y' + 5y = 0$
7. $y'' + 4y' + 4y = 0$
8. $y''' - y'' + y' - y = 0$
9. $y''' + y'' - 2y = 0$
10. $y''' - 5y'' + 7y' - 3y = 0$
11. $y''' - 6y'' + 12y' - 8y = 0$
12. $y^{(4)} - 7y'' - 18y = 0$
13. $y^{(4)} + 2y'' + y = 0$
14. $y^{(4)} + y''' + y'' = 0$
15. $3y''' - 19y'' + 36y' - 10y = 0$

試解下列各初期值問題.

16. $\begin{cases} y''' - 6y'' + 11y' - 6y = 0 \\ y(0) = 0 \\ y'(0) = 0 \\ y''(0) = 2 \end{cases}$

17. $\begin{cases} y''' - 2y'' + 4y' - 8y = 0 \\ y(0) = 2 \\ y'(0) = 0 \\ y''(0) = 0 \end{cases}$

18. $\begin{cases} y'' - 2y' + 10y = 0 \\ y(0) = 4 \\ y'(0) = 1 \end{cases}$

2-3 常係數非齊次線性微分方程式之解法 (含未定係數法與參數變化法)

現在，我們來討論非齊次常係數線性微分方程式的特別積分 (特解) 的解法：未定係數法 (method of undetermined coefficients) 與參數變化法 (method of variation of parameters).

一、未定係數法

此種方法是先假定所求特別積分的形式，稱為試驗解 (trial solution)，然後求出試驗解中的未定係數，就可得到欲求之解. 然而，本方法只能用在函數 $f(x)$ 為一些特殊的函數，如多項式函數、正弦函數、餘弦函數、指數函數，或以上函數的組合等等. 若 $f(x)$ 為其他函數，則本方法不適用. 假設試驗解的形式需視 $f(x)$ 的形式而定，現列於下表中.

$f(x)$ 的形式	試驗解 y_p 的形式
$f(x)=a_n x^n + a_{n-1} x^{n-1} + \cdots + a_1 x + a_0$	$y_p = A_n x^n + A_{n-1} x^{n-1} + \cdots + A_1 x + A_0$
$f(x) = ce^{\alpha x}$	$y_p = A e^{\alpha x}$
$f(x) = c \sin \beta x$	$y_p = A \cos \beta x + B \sin \beta x$
$f(x) = c \cos \beta x$	$y_p = A \cos \beta x + B \sin \beta x$

註：若 $f(x)$ 含有表中所列某些型的和 (或乘積)，則試驗解的形式為各對應型的和 (或乘積)．

讀者必須注意，當我們求得特別積分時，實際上必須注意特別積分是否與補充函數中某項有同形式的項．如果相同，則以此特別積分去試，一定不會適合這個非齊次微分方程式，因為補充函數的形式能適合齊次微分方程式，必定不能適合非齊次微分方程式，所以我們要避免同形項的出現，可利用下列的規則：

1. 若 $f(x)$ 所設的試驗解與補充函數中某項有同形項，則其試驗解必須乘以 x^r，而 r 為齊次微分方程式的輔助方程式所含重根的個數．
2. 當 $f(x)$ 為 $x^m g(x)$ 的形式時，如 $g(x)$ 與補充函數有同形項，則以 $x^{m+r} f(x)$ 的形式來設試驗解 (r 為重根的個數)．

【例題 1】 試解 $y'' - 2y' - 3y = 2x$．

【解】 補充方程式的輔助方程式為 $r^2 - 2r - 3 = 0$，解得 $r = 3, -1$．

故原微分方程式的補充函數為

$$y_c = c_1 e^{3x} + c_2 e^{-x}$$

令試驗解的形式為 $y_p = A + Bx$，則

$$y_p' = B, \qquad y_p'' = 0$$

將這些值代入原方程式，可得

$$0 - 2B - 3(A + Bx) = 2x$$

比較等號兩端的係數，可知

$$\begin{cases} -2B - 3A = 0 \\ -3B = 2 \end{cases}$$

解得
$$A=\frac{4}{9}, \qquad B=-\frac{2}{3}$$

因而
$$y_p=\frac{4}{9}-\frac{2}{3}x$$

故微分方程式的通解為
$$y=y_c+y_p=c_1e^{3x}+c_2e^{-x}+\frac{4}{9}-\frac{2}{3}x$$

【例題 2】 試解 $y'''+4y''+4y'=-3xe^x+\sin x$.

【解】 補充方程式的輔助方程式為 $r^3+4r^2+4r=0$，解得 $r=0,\ -2,\ -2$.

故原微分方程式的補充函數為
$$y_c=c_1+c_2e^{-2x}+c_3xe^{-2x}$$

令試驗解的形式為
$$y_p=Axe^x+Be^x+C\sin x+D\cos x$$

則 $y_p'''+4y_p''+4y_p'=9Axe^x+(15A+9B)e^x+(-4C-3D)\sin x+(3C-4D)\cos x$
$$=-3xe^x+\sin x$$

比較等號兩端的係數，可知
$$\begin{cases}9A=-3\\15A+9B=0\\-4C-3D=1\\3C-4D=0\end{cases}$$

解得 $A=-\dfrac{1}{3},\ B=\dfrac{5}{9},\ C=-\dfrac{4}{25},\ D=-\dfrac{3}{25}$

故微分方程式的通解為
$$\begin{aligned}y&=y_c+y_p\\&=c_1+c_2e^{-2x}+c_3xe^{-2x}-\frac{1}{3}xe^x+\frac{5}{9}e^x-\frac{4}{25}\sin x-\frac{3}{25}\cos x\end{aligned}$$

【例題 3】 試解 $y'' - 2y' + y = e^x + x$.

【解】 補充方程式的輔助方程式為 $r^2 - 2r + 1 = 0$，解得 $r = 1, 1$.
故原微分方程式的補充函數為

$$y_c = (c_1 + c_2 x)e^x$$

今欲求特別積分，先就微分方程式右端之各項分別考慮.
方程式右端的 x 項提示 y_p 中需含有 $Ax + B$ 項；輔助方程式之重根 1 的個數為 2，則對應於方程式右端的 e^x 項，y_p 中應取 $Cx^2 e^x$ 而非 Ce^x. 令試驗解的形式為

$$y_p = Ax + B + Cx^2 e^x$$

則

$$y_p'' - 2y_p' + y_p = Cx^2 e^x + 4Cxe^x + 2Ce^x - 2(A + Cx^2 e^x + 2Cxe^x) + Ax + B + Cx^2 e^x$$
$$= e^x + x$$

即 $\quad 2Ce^x + Ax + (-2A + B) = e^x + x$

比較等號兩端的係數，可知

$$\begin{cases} 2C = 1 \\ A = 1 \\ -2A + B = 0 \end{cases}$$

解得 $\quad A = 1, \ B = 2, \ C = \dfrac{1}{2}$

故微分方程式的通解為

$$y = y_c + y_p = (c_1 + c_2 x)e^x + x + 2 + \frac{1}{2}x^2 e^x$$

二、參數變化法

此種方法係將補充函數中的常數視為 x 的未定函數，而使此修正後之補充函數代入方程式的左端，恰等於右端 $f(x)$ 而不再為零. 為簡明計，我們僅就二階非齊次線性微分方程式討論此法，至於高階非齊次線性微分方程式，可從而推廣.

設二階非齊次線性微分方程式為

$$a_2(x)y'' + a_1(x)y' + a_0(x)y = f(x) \tag{2-3-1}$$

若 y_1 與 y_2 為補充方程式的線性獨立解，則式 (2-3-1) 的補充函數應為

$$y_c = c_1 y_1 + c_2 y_2$$

此處 c_1 與 c_2 為任意兩常數。若想求式 (2-3-1) 的解，我們可假設兩函數 $v_1 = v_1(x)$ 及 $v_2 = v_2(x)$ 分別代替 c_1 及 c_2，故式 (2-3-1) 的特別積分設為

$$y_p = v_1 y_1 + v_2 y_2$$

則

$$y_p' = v_1 y_1' + v_2 y_2' + (v_1' y_1 + v_2' y_2)$$

令

$$v_1' y_1 + v_2' y_2 = 0 \tag{2-3-2}$$

則

$$y_p' = v_1 y_1' + v_2 y_2'$$

$$y_p'' = v_1 y_1'' + v_1' y_1' + v_2 y_2'' + v_2' y_2'$$

可得

$$a_2(x)(v_1 y_1'' + v_1' y_1' + v_2 y_2'' + v_2' y_2') + a_1(x)(v_1 y_1' + v_2 y_2') + a_0(x)(v_1 y_1 + v_2 y_2) = f(x)$$

即

$$[a_2(x)y_1'' + a_1(x)y_1' + a_0(x)y_1]v_1 + [a_2(x)y_2'' + a_1(x)y_2' + a_0(x)y_2]v_2 + v_1' a_2(x)y_1' + v_2' a_2(x)y_2' = f(x)$$

因 y_1 與 y_2 為齊次微分方程式的解，可知

$$a_2(x)y_1'' + a_1(x)y_1' + a_0(x)y_1 = 0$$

$$a_2(x)y_2'' + a_1(x)y_2' + a_0(x)y_2 = 0$$

故

$$v_1' y_1' + v_2' y_2' = \frac{f(x)}{a_2(x)} \tag{2-3-3}$$

式 (2-3-2) 與式 (2-3-3) 聯立，

$$\begin{cases} v_1' y_1 + v_2' y_2 = 0 \\ v_1' y_1' + v_2' y_2' = \dfrac{f(x)}{a_2(x)} \end{cases} \tag{2-3-4}$$

$$v_1' = \frac{\begin{vmatrix} 0 & y_2 \\ \dfrac{f(x)}{a_2(x)} & y_2' \end{vmatrix}}{W(y_1, y_2)} = -\frac{y_2(x)f(x)}{a_2(x)W(y_1, y_2)}$$

$$v_2' = \frac{\begin{vmatrix} y_1 & 0 \\ y_1' & \dfrac{f(x)}{a_2(x)} \end{vmatrix}}{W(y_1, y_2)} = \frac{y_1(x)f(x)}{a_2(x)W(y_1, y_2)}$$

故

$$v_1 = -\int \frac{y_2(x)f(x)}{a_2(x)W(y_1, y_2)} dx$$

$$v_2 = \int \frac{y_1(x)f(x)}{a_2(x)W(y_1, y_2)} dx$$

定理 2-3-1

若 y_1 與 y_2 為二階非齊次線性微分方程式

$$a_2(x)y'' + a_1(x)y' + a_0(x)y = f(x) \tag{2-3-5}$$

所對應的齊次微分方程式

$$a_2(x)y'' + a_1(x)y' + a_0(x)y = 0$$

的兩個線性獨立解，則式 (2-3-5) 的特別積分為

$$y_p = -y_1(x)\int \frac{y_2(x)f(x)}{a_2(x)W(y_1, y_2)} dx + y_2(x)\int \frac{y_1(x)f(x)}{a_2(x)W(y_1, y_2)} dx \tag{2-3-6}$$

【例題 4】 試解 $y'' + 4y = 12$.

【解】 補充方程式的輔助方程式為 $r^2 + 4 = 0$, $r = \pm 2i$.

原微分方程式的補充函數為

$$y_c = c_1 \cos 2x + c_2 \sin 2x$$

假設原微分方程式的特別積分為

$$y_p = v_1(x) \cos 2x + v_2(x) \sin 2x$$

而 $\qquad y_1(x) = \cos 2x, \qquad y_2(x) = \sin 2x$

$$W(y_1, y_2) = \begin{vmatrix} y_1 & y_2 \\ y_1' & y_2' \end{vmatrix} = \begin{vmatrix} \cos 2x & \sin 2x \\ -2\sin 2x & 2\cos 2x \end{vmatrix}$$

$$= 2(\cos^2 2x + \sin^2 2x) = 2$$

可得 $\qquad v_1(x) = -\int \dfrac{y_2(x)f(x)}{a_2(x)W(y_1, y_2)} dx$

$$= -6\int \sin 2x \, dx = 3\cos 2x$$

$$v_2(x) = \int \dfrac{y_1(x)f(x)}{a_2(x)W(y_1, y_2)} dx$$

$$= 6\int \cos 2x \, dx = 3\sin 2x$$

因而 $\qquad y_p = 3\cos^2 2x + 3\sin^2 2x = 3$

故原微分方程式的通解為

$$y = y_c + y_p = c_1 \cos 2x + c_2 \sin 2x + 3$$

【例題 5】 試解 $y'' + y = \sec x$.

【解】 原微分方程式的補充函數為

$$y_c = c_1 \cos x + c_2 \sin x$$

假設原微分方程式的特別積分為

$$y_p = v_1(x) \cos x + v_2(x) \sin x$$

而 $\qquad y_1(x) = \cos x, \qquad y_2(x) = \sin x$

$$W(y_1, y_2) = \begin{vmatrix} y_1 & y_2 \\ y_1' & y_2' \end{vmatrix} = \begin{vmatrix} \cos x & \sin x \\ -\sin x & \cos x \end{vmatrix} = 1$$

可得
$$v_1(x) = -\int \frac{y_2(x)f(x)}{a_2(x)W(y_1, y_2)} dx = -\int \sin x \sec x \, dx$$
$$= \ln|\cos x|$$
$$v_2(x) = -\int \frac{y_1(x)f(x)}{a_2(x)W(y_1, y_2)} dx = \int \cos x \sec x \, dx = x$$

因而
$$y_p = \cos x \ln|\cos x| + x \sin x$$

故原微分方程式的通解為
$$y = y_c + y_p = c_1 \cos x + c_2 \sin x + \cos x \ln|\cos x| + x \sin x$$

【例題 6】 試解 $y'' - 4y' + 4y = (x+1)e^{2x}$.

【解】 原微分方程式的補充函數為 $y_c = c_1 e^{2x} + c_2 x e^{2x}$.

假設原微分方程式的特別積分為
$$y_p = v_1(x)e^{2x} + v_2(x)xe^{2x}$$

而
$$y_1(x) = e^{2x}, \qquad y_2(x) = xe^{2x}$$

$$W(y_1, y_2) = \begin{vmatrix} y_1 & y_2 \\ y_1' & y_2' \end{vmatrix} = \begin{vmatrix} e^{2x} & xe^{2x} \\ 2e^{2x} & 2xe^{2x}+e^{2x} \end{vmatrix} = e^{4x}$$

可得
$$v_1(x) = -\int \frac{y_2(x)f(x)}{a_2(x)W(y_1, y_2)} dx$$
$$= -\int \frac{xe^{2x}(x+1)e^{2x}}{e^{4x}} dx = -\int (x^2+x) \, dx$$
$$= -\frac{x^3}{3} - \frac{x^2}{2}$$

$$v_2(x) = \int \frac{y_1(x)f(x)}{a_2(x)W(y_1, y_2)} dx = \int \frac{e^{2x}(x+1)e^{2x}}{e^{4x}} dx$$
$$= \frac{x^2}{2} + x$$

因而
$$y_p = \left(-\frac{x^3}{3} - \frac{x^2}{2}\right)e^{2x} + \left(\frac{x^2}{2} + x\right)xe^{2x}$$
$$= \left(\frac{x^3}{6} + \frac{x^2}{2}\right)e^{2x}$$

故原微分方程式的通解為
$$y = y_c + y_p = c_1 e^{2x} + c_2 x e^{2x} + \left(\frac{x^3}{6} + \frac{x^2}{2}\right)e^{2x}$$

以上是二階非齊次線性微分方程式的參數變化法，我們可以推廣到 n 階非齊次線性微分方程式：

$$a_n(x)y^{(n)} + a_{n-1}(x)y^{(n-1)} + \cdots + a_1(x)y' + a_0(x)y = f(x) \tag{2-3-7}$$

設式 (2-3-7) 的特別積分為
$$y_p = v_1(x)y_1 + v_2(x)y_2 + \cdots + v_n(x)y_n$$

此處 $y_i = y_i(x)$ ($i = 1, 2, \cdots, n$) 為 x 的可微函數，則

$$\begin{cases} v_1'y_1 + v_2'y_2 + \cdots + v_n'y_n = 0 \\ v_1'y_1' + v_2'y_2' + \cdots + v_n'y_n' = 0 \\ v_1'y_1'' + v_2'y_2'' + \cdots + v_n'y_n'' = 0 \\ \vdots \qquad \vdots \qquad \vdots \qquad \vdots \\ v_1'y_1^{(n-2)} + v_2'y_2^{(n-2)} + \cdots + v_n'y_n^{(n-2)} = 0 \\ v_1'y_1^{(n-1)} + v_2'y_2^{(n-1)} + \cdots + v_n'y_n^{(n-1)} = f(x)/a_n(x) \end{cases} \tag{2-3-8}$$

【例題 7】 試解 $y''' + y' = 4\cos x$.

【解】 補充方程式的輔助方程式為
$$r^3 + r = 0$$
即
$$r(r^2 + 1) = 0$$
$$r = 0, \pm i.$$

原微分方程式的補充函數為
$$y_c = c_1 + c_2 \cos x + c_3 \sin x$$

$$y_p = v_1(x)(1) + v_2(x)\cos x + v_3(x)\sin x$$

而 $\quad y_1(x) = 1, \qquad y_2(x) = \cos x, \qquad y_3(x) = \sin x$

利用式 (2-3-8)，取 $n = 3$，可知

$$\begin{cases} v_1' + v_2' \cos x + v_3' \sin x = 0 \\ -v_2' \sin x + v_3' \cos x = 0 \\ -v_2' \cos x - v_3' \sin x = 4\cos x \end{cases}$$

$$W(y_1, y_2, y_3) = \begin{vmatrix} 1 & \cos x & \sin x \\ 0 & -\sin x & \cos x \\ 0 & -\cos x & -\sin x \end{vmatrix}$$

$$= \sin^2 x + \cos^2 x = 1$$

分别求得

$$v_1' = \frac{\begin{vmatrix} 0 & \cos x & \sin x \\ 0 & -\sin x & \cos x \\ 4\cos x & -\cos x & -\sin x \end{vmatrix}}{W(y_1, y_2, y_3)}$$

$$= 4\cos^3 x + 4\cos x \sin^2 x$$

$$v_1 = 4\int (\cos^3 x + \cos x \sin^2 x)\, dx$$

$$= 4\int \cos x(\cos^2 x + \sin^2 x)\, dx$$

$$= 4\int \cos x\, dx = 4\sin x$$

$$v_2' = \frac{\begin{vmatrix} 1 & 0 & \sin x \\ 0 & 0 & \cos x \\ 0 & 4\cos x & -\sin x \end{vmatrix}}{W(y_1, y_2, y_3)}$$

$$= -4\cos^2 x$$

$$v_2 = -4\int \cos^2 x\, dx = -4\int \frac{1+\cos 2x}{2}\, dx$$

$$= -4\left(\frac{x}{2} + \frac{1}{4}\sin 2x\right) = -2x - \sin 2x$$

$$v_3' = \frac{\begin{vmatrix} 1 & \cos x & 0 \\ 0 & -\sin x & 0 \\ 0 & -\cos x & 4\cos x \end{vmatrix}}{W(y_1, y_2, y_3)}$$

$$= -4\sin x \cos x$$

$$v_3 = -4\int \sin x \cos x\, dx = -4\left(\frac{\sin^2 x}{2}\right) = -2\sin^2 x$$

$$y_p = 4\sin x + (-2x - \sin 2x)\cos x + (-2\sin^2 x)\sin x$$

$$= 4\sin x - 2x\cos x - \sin 2x \cos x - 2\sin^3 x$$

$$= 4\sin x - 2x\cos x - 2\sin x \cos^2 x - 2\sin x(1-\cos^2 x)$$

$$= 4\sin x - 2x\cos x - 2\sin x \cos^2 x - 2\sin x + 2\sin x \cos^2 x$$

$$= 2\sin x - 2x\cos x$$

故原微分方程式的通解為

$$y = y_c + y_p = c_1 + c_2 \cos x + c_3 \sin x + 2\sin x - 2x\cos x$$

$$= c_1 + c_2 \cos x + c_3' \sin x - 2x\cos x \qquad (c_3' = c_3 + 2)$$

習題 2-3

1. 已知微分方程式

$$\frac{d^2y}{dx^2} - 3\frac{dy}{dx} + 2y = 4x^2$$

(1) 試證 e^x 與 e^{2x} 為微分方程式

$$\frac{d^2y}{dx^2} - 3\frac{dy}{dx} + 2y = 0$$

的線性獨立解.

(2) 試寫出已知非齊次微分方程式的補充函數.

(3) 試證 $2x^2+6x+7$ 為已知微分方程式的特別積分.

(4) 試寫出已知非齊次微分方程式的通解.

試利用未定係數法解下列各微分方程式.

2. $y''+y=3x+\cos x$

3. $y''-3y'+2y=e^{3x}+4x$

4. $y''+y'-2y=2\sin 2x$

5. $y''+4y=8\sin 2x$

6. $y''+4y'+4y=3xe^{-2x}$

7. $y''-y'+2y=x^2 e^{2x}$

8. $y''+2y'-8y=e^x \cos x$

9. $y''-4y'+4y=e^{2x}+e^x+1$

10. $y'''-y''-8y'+12y=7e^{2x}$

試利用參數變化法解下列各微分方程式.

11. $y''-2y'=e^x \sin x$

12. $y'''+y'=\csc x$

13. $y'''-6y''+11y'-6y=e^x$

14. $4y''+36y=\csc 3x$

15. $y''+y=\tan x$

16. $y'''+2y'+y=e^{-x}\ln x$

17. $y''-2y'+y=\dfrac{e^x}{x}$

18. $y'''+y'=\tan x$

2-4 二階微分方程式的應用

常係數線性微分方程式在工程及物理方面之應用最為廣泛，茲將有關的應用問題，列舉若干具有代表性者加以研討.

一、機械振動問題

我們若想明瞭機械系統的運動情形，必須討論一物體在其運動過程中所受到的外力作用情形，然後建立表示物體運動的微分方程式，再解此微分方程式即可求得位移與時間二者的函數關係. 如圖 2-4-1 所示，其表一彈簧系統 (機械系統)，彈簧垂直懸掛著，頂端固定，並於其下端懸掛一質量為 m 的物體，由於物體的重量遠超過彈簧本身重量，故彈簧重量可忽略不計. 今拉物體使彈簧向下伸長一段距離，然後再放開，我們來研究此彈簧系統的運動情形.

図 2-4-1　彈簧振動系統

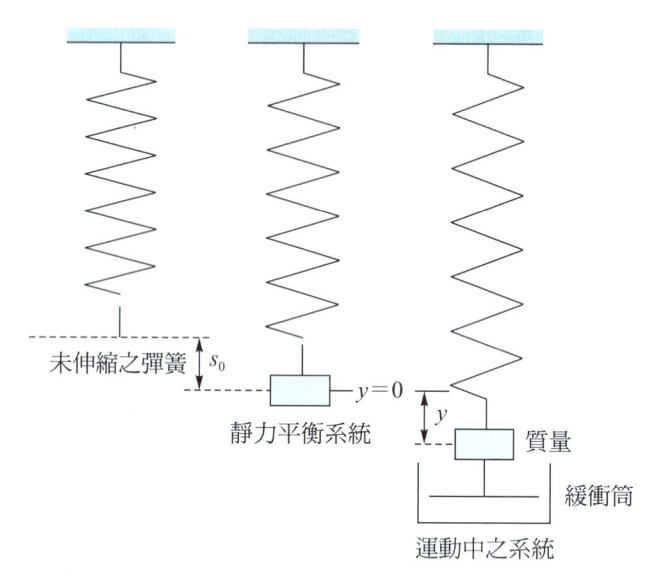

　　現在選定 y-軸 (物體的運動方向) 向下為正，向上為負，原點在平衡位置. 作用於彈簧系統的外力為重力或地心引力，即

$$F_1 = mg$$

另外，彈簧所產生的彈簧力之大小係與彈簧伸縮量成正比，即

$$F = ks$$

其中 s 表彈簧的伸縮量，k 為**彈簧常數** (spring constant). 物體處在靜止時的位置稱為**靜力平衡位置** (static equilibrium position). 彈簧處於此位置時具有一伸長量 s_0，以致向上作用之彈簧力與向下作用的重力互相抵消，而其總和等於零，此時我們有下面的平衡條件：

$$ks_0 = mg \tag{2-4-1}$$

今令 $y = y(t)$ 為物體在任何時刻 t 對於靜力平衡位置所發生的位移，其為時間 t 的函數. 依虎克定律得知，對應於位移 y 的彈簧力為

$$F_2 = -ks_0 - ky$$

上式中，$-ks_0$ 表靜力平衡時彈簧所生的作用力，$-ky$ 為彈簧再伸長 y 時所增加的作用力. 若 $y > 0$，則 $-ky < 0$，表一向上作用的彈簧力；若 $y < 0$，則 $-ky > 0$，表一向下作用的彈簧力. 作用於該物體的合力，乃質量 m 所產生的重力與彈簧所產生的彈

簧力之和，故得

$$F_1+F_2=mg-ks_0-ky \tag{2-4-2}$$

1. 無阻系統

若此彈簧系統的阻力甚小，而可以忽略不計，則物體所受的總合力為 $-ky$，此種彈簧系統稱為一無阻系統 (undamped system)．此時該系統運動之微分方程式可利用牛頓第二定律而產生，即

$$ma=F=F_1+F_2=-ky$$

上式中，$F=F_1+F_2=-ky$ 表物體於運動瞬間所承受的總合力．

又因物體運動的加速度為 $a=\dfrac{d^2y}{dt^2}$，故得此無阻系統運動的微分方程式為

$$m\dfrac{d^2y}{dt^2}=-ky \tag{2-4-3}$$

式 (2-4-3) 為常係數線性微分方程式，其輔助方程式為

$$mr^2+k=0$$

所以
$$r_1=\sqrt{\dfrac{k}{m}}\,i \quad 及 \quad r_2=-\sqrt{\dfrac{k}{m}}\,i$$

故式 (2-4-3) 的通解為

$$y(t)=A\cos\omega_0 t+B\sin\omega_0 t,\quad \omega_0=\sqrt{\dfrac{k}{m}} \tag{2-4-4}$$

此通解所代表的運動稱為簡諧運動 (simple harmonic motion)．$\omega_0=\sqrt{\dfrac{k}{m}}$ 稱為此彈簧系統的圓周頻率 (circular frequency)，而自然頻率為

$$f=\dfrac{\omega_0}{2\pi}=\dfrac{1}{2\pi}\sqrt{\dfrac{k}{m}} \tag{2-4-5}$$

週期為
$$T=\dfrac{1}{f}=\dfrac{2\pi}{\omega_0} \tag{2-4-6}$$

由 $\omega_0=\sqrt{\dfrac{k}{m}}$ 可知，k 值愈大，頻率愈高，此即意味彈簧韌性大，可使物體運動 (振

動) 快. 有時，為了方便起見，式 (2-4-4) 的 y(t) 可寫成另一形式：

$$y(t) = \beta \cos(\omega_0 t - \delta) \qquad (2-4-7)$$

其中 $\beta = \sqrt{A^2 + B^2}$，$\cos\delta = \dfrac{A}{\beta}$，$\sin\delta = \dfrac{B}{\beta}$，$\beta$ 稱為振動的**振幅** (amplitude)，而 δ 稱為**相角** (phase angle).

$y(t) = \beta \cos(\omega_0 t - \delta)$ 之圖形如圖 2-4-2 所示，餘弦波的**振幅**為 β，週期為 $\dfrac{2\pi}{\omega_0}$，相角向右移位 $\dfrac{\delta}{\omega_0}$.

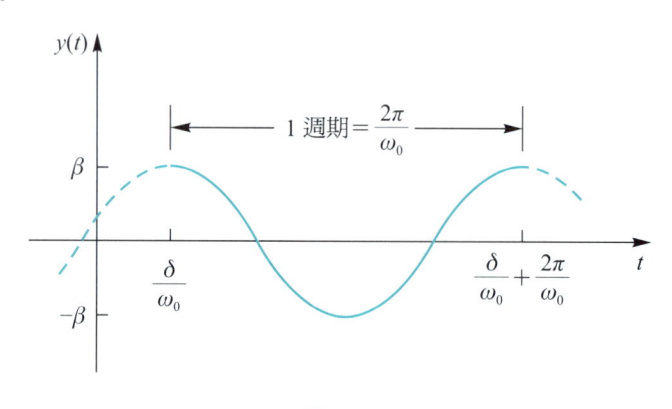

圖 2-4-2

另外，式 (2-4-4) 對應於各種不同初期條件之典型的運動狀態，可用圖 2-4-3 表示.

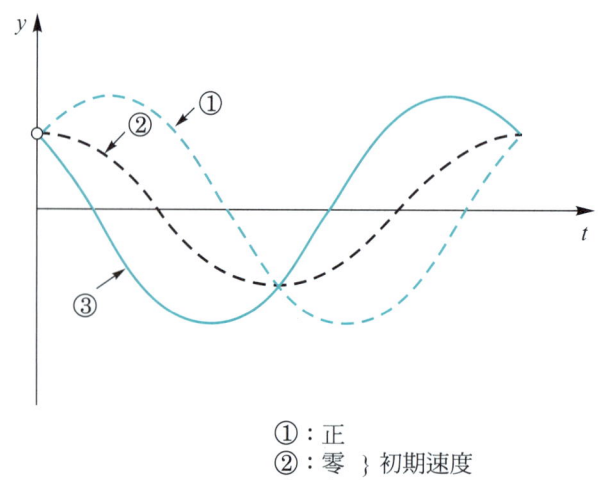

① : 正
② : 零 } 初期速度
③ : 負

圖 2-4-3　簡諧運動

【例題 1】 一彈簧之質量為 2 仟克，其長度為 0.5 米，需 25.6 牛頓的力始能將彈簧拉長 0.7 米．如果在彈簧達到 0.7 米的長度時，以初速度 0 放開彈簧，試求彈簧的運動方程式．

【解】 依虎克定律知，$k(0.2)=25.6$，故得彈簧係數為

$$k=\frac{25.6}{0.2}=128$$

今將 $m=2$，$k=128$ 代入式 (2-4-3) 中，得

$$2\frac{d^2y}{dt^2}=-128y$$

或

$$2\frac{d^2y}{dt^2}+128y=0$$

故上式之通解為 $y(t)=c_1\cos 8t+c_2\sin 8t$ ……………………①

由初期條件 $y(0)=0.2$，但是，由 ① 式知，$y(0)=c_1$．
故 $c_1=0.2$，微分 ① 式，得

$$y'(t)=-8c_1\sin 8t+8c_2\cos 8t$$

由於初速為 $y'(0)=0$，我們得 $c_2=0$，故彈簧之運動方程式為

$$y(t)=\frac{1}{5}\cos 8t$$

彈簧之運動方程式其圖形如圖 2-4-4 所示．此方程式說明，振動之振幅為 $\frac{1}{5}$ 米，且週期為 $T=\frac{2\pi}{8}=\frac{\pi}{4}$ 秒．

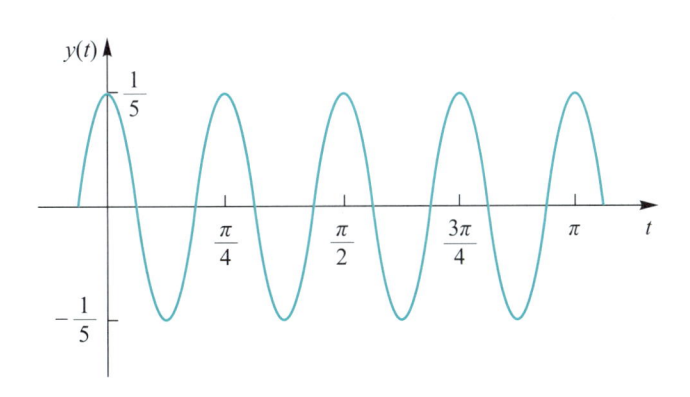

$$y(t)=\frac{1}{5}\cos 8t$$

圖 2-4-4　有阻振動系統

2. 有阻系統

事實上，振動並非繼續不斷的發生．因為對振動運動有抵抗力存在．此抵抗力的效應稱為 阻尼效應 (damping effect)．此類阻力，如摩擦力，將使振動停止．如果對機械系統運動時將產生不可忽略的 黏滯性阻力 (viscous damping)，則稱此系統為 有阻系統 (damped system)．此時物體的運動系統，係由彈簧、物體及緩衝筒組成，如圖 2-4-5 所示．設彈簧的重量為 w，質量為 m，彈簧常數 k (磅/呎)，緩衝筒所產生的黏滯性阻力之作用方向係與瞬時運動的方向相反，在低速情況下，可假設阻力大小與運動速度 dy/dt 成正比，其比值稱為 阻尼常數 (damping constant)，記為 c (磅/秒)．若 F_3 表黏滯性阻力，則

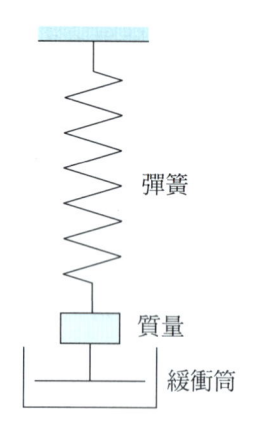

$$F_3 = -c\frac{dy}{dt}$$

圖 2-4-5 有阻振動系統

在上式中，若 $\dfrac{dy}{dt} > 0$，則物體向下運動，而 $-c\dfrac{dy}{dt}$ 表一向上作用之力，故 $-c\dfrac{dy}{dt} < 0$，即 $c > 0$．若 $\dfrac{dy}{dt} < 0$，則物體向上運動，而 $-c\dfrac{dy}{dt}$ 表一向下作用之力，故 $-c\dfrac{dy}{dt} > 0$，亦即 $c > 0$．由此可知，c 必恆為正．此時作用於物體的總合力為

$$F_1 + F_2 + F_3 = -ky - c\frac{dy}{dt}$$

依牛頓第二運動定律，可得

$$m\frac{d^2y}{dt^2} = -ky - c\frac{dy}{dt}$$

故在有阻尼(力)的機械系統中，運動方程式為

$$m\frac{d^2y}{dt^2} + c\frac{dy}{dt} + ky = 0 \qquad (2\text{-}4\text{-}8)$$

輔助方程式為 $mr^2 + cr + k = 0$，解得

$$r = \frac{-c \pm \sqrt{c^2 - 4mk}}{2m}$$

式 (2-4-8) 的形式係依阻尼 (力) 之情況而定，有阻系統的阻尼 (力) 大小，可分下列三種情況討論之.

(1) 超阻情況 ($c^2 > 4mk$)：對於此情況，r 的值為相異實數，

$$r = -a \pm b$$

此處

$$a = \frac{c}{2m}, \qquad b = \sqrt{\left(\frac{c}{2m}\right)^2 - \frac{k}{m}}$$

式 (2-4-8) 的通解為

$$y(t) = c_1 e^{-(a-b)t} + c_2 e^{-(a+b)t} \tag{2-4-9}$$

或

$$y(t) = e^{-at}\left[c_1 e^{\sqrt{\left(\frac{c}{2m}\right)^2 - \frac{k}{m}}\,t} + c_2 e^{-\sqrt{\left(\frac{c}{2m}\right)^2 - \frac{k}{m}}\,t}\right] \tag{2-4-10}$$

由上兩式知，因不含正弦函數與餘弦函數，故 $y(t)$ 無正負的循環變化，而無振動發生. 又式 (2-4-9) 之二指數皆為負值，故當 $t \to \infty$ 時，$y(t)$ 的極限為零. 實際上，該物體經過一段相當長的時間之運動後，就趨近靜止平衡位置 ($y=0$). 在數種典型的初期條件下之超阻尼運動情形，如圖 2-4-6 所示.

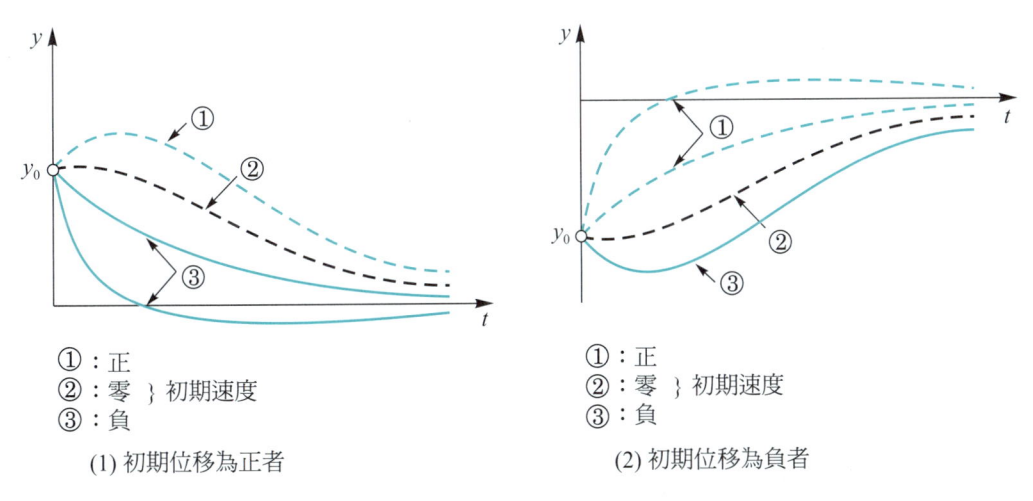

①：正
②：零 } 初期速度
③：負

(1) 初期位移為正者

①：正
②：零 } 初期速度
③：負

(2) 初期位移為負者

圖 2-4-6　數種典型的超阻運動

(2) 臨界阻情況 $(c^2 = 4mk)$：對於此種情況，輔助方程式有重根 $r = -c/2m$，則式 (2-4-8) 的解為

$$y(t) = e^{\left(-\frac{c}{2m}\right)t}(c_1 + c_2 t) \tag{2-4-11}$$

由上式知 $e^{(-c/2m)t} \neq 0$，且 t 至多僅有一正值 (t_0)，而使 $c_1 + c_2 t_0 = 0$，故該運動至多僅能通過靜力平衡點 $(y = 0)$ 一次．若初期條件之 c_1、c_2 同號，則物體絕無通過平衡點之可能，此因 t 為正時，$c_1 + c_2 t$ 不可能為零．此種運動情況與情況 (1) 極相似．在數種典型的初期條件下，臨界阻情況的運動情形，如圖 2-4-7 所示．

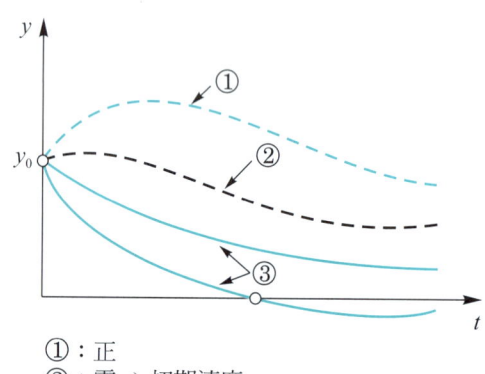

① : 正
② : 零 } 初期速度
③ : 負

圖 2-4-7 臨界阻運動

(3) 低阻情況 $(c^2 < 4mk)$：在此情況下，r 之值為共軛複數 $r = -\alpha \pm \beta i$，此處

$$\alpha = \frac{c}{2m}, \qquad \beta = \sqrt{\frac{k}{m} - \left(\frac{c}{2m}\right)^2} = \sqrt{\omega_0^2 - \alpha^2}$$

則式 (2-4-8) 的通解為

$$y(t) = e^{-\alpha t}(c_1 \cos \beta t + c_2 \sin \beta t) \tag{2-4-12}$$

或

$$y(t) = A e^{-\alpha t} \cos(\beta t - \delta) \tag{2-4-13}$$

其中

$$A^2 = c_1^2 + c_2^2, \qquad \tan \delta = \frac{c_2}{c_1}$$

式 (2-4-13) 乃表一**有阻尼的振動** (damped oscillation)．因其所含之 $\cos(\beta t - \delta)$ 介於 -1 與 $+1$ 間變化，故所得積分曲線在 $y = ce^{-\alpha t}$ 與 $y = -ce^{-\alpha t}$ 間變化，且當 $\beta t - \delta$ 等於 π

之整數倍時，恰與其接觸，如圖 2-4-8 所示．此振動之頻率為每秒 $\beta/2\pi$ 週，因正弦與餘弦函數的週期皆為 2π．當 $c\,(>0)$ 值愈小，則 β 值愈大，因而頻率愈高，意即振動愈快．若 c 趨近零，則 β 即趨近式 (2-4-4) 的 $\omega_0 = \sqrt{k/m}$．

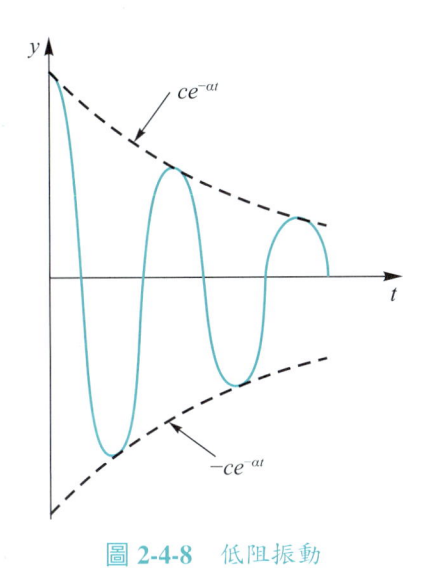

圖 2-4-8 低阻振動

【例題 2】 假設上一題的彈簧浸入一阻尼常數為 40 之液體中．若彈簧由平衡位置開始且給予向上 0.6 公尺/秒之初速．試求彈簧之運動方程式．

【解】 由例題 1 中知，$m=2$，彈簧係數 $k=128$，代入式 (2-4-8) 中，得

$$2\frac{d^2y}{dt^2} + 40\frac{dy}{dt} + 128y = 0$$

或

$$\frac{d^2y}{dt^2} + 20\frac{dy}{dt} + 64y = 0$$

故上式之通解為 $\quad y(t) = c_1 e^{-4t} + c_2 e^{-16t}$ ……………………①

已知初期條件 $\quad y(0) = 0$

故 $\quad c_1 + c_2 = 0$ ……………………②

微分 ① 式，得 $\quad y'(t) = -4c_1 e^{-4t} - 16c_2 e^{-16t}$

故 $\quad y'(0) = -4c_1 - 16c_2 = 0.6$ ……………………③

② 與 ③ 式聯立，得

$$\begin{cases} c_1 + c_2 = 0 \\ -4c_1 - 16c_2 = 0.6 \end{cases}$$

解得 $c_1 = 0.05$, $c_2 = -0.05$

故彈簧之運動方程式為 $y(t) = 0.05(e^{-4t} - e^{-16t})$

【例題 3】 若阻尼常數 $c=1$，試求出並繪圖表示 $m\dfrac{d^2y}{dt^2} + c\dfrac{dy}{dt} + ky = 0$ 所描述的機械系統之運動 $y(t)$，其中假設 $m=1$，$k=1$，初位移為 1，且初速為零．

【解】 將 $c=1$，$m=1$，$k=1$ 代入微分方程式中，得

$$\dfrac{d^2y}{dt^2} + \dfrac{dy}{dt} + y = 0$$

故

$$y(t) = e^{-\frac{t}{2}}\left(A\cos\dfrac{\sqrt{3}}{2}t + B\sin\dfrac{\sqrt{3}}{2}t\right) \quad \cdots\cdots\cdots ①$$

而

$$y'(t) = -\dfrac{1}{2}e^{-\frac{t}{2}}\left(A\cos\dfrac{\sqrt{3}}{2}t + B\sin\dfrac{\sqrt{3}}{2}t\right)$$

$$+ e^{-\frac{t}{2}}\left(-\dfrac{\sqrt{3}}{2}A\sin\dfrac{\sqrt{3}}{2}t + \dfrac{\sqrt{3}}{2}B\cos\dfrac{\sqrt{3}}{2}t\right) \cdots ②$$

將初期條件 $y(0)=1$ 與 $y'(0)=0$ 代入 ① 與 ② 式，可得

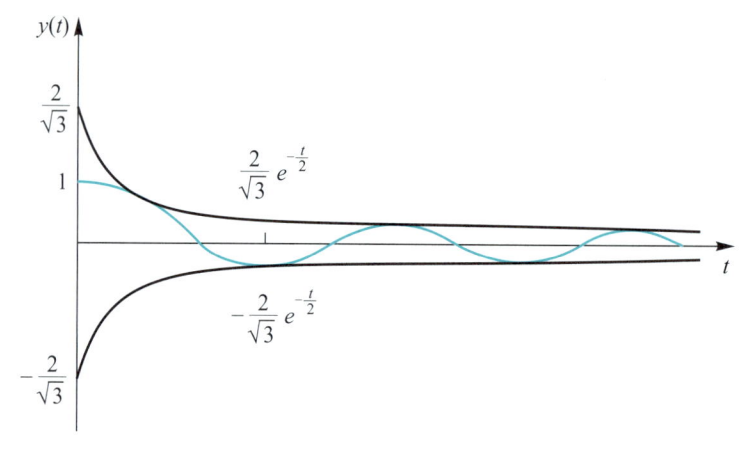

圖 2-4-9

$$A=1, \qquad B=\frac{1}{\sqrt{3}}$$

故
$$y(t)=\frac{2}{\sqrt{3}} e^{-\frac{t}{2}}\left(\cos\frac{\sqrt{3}}{2}t+\frac{1}{\sqrt{3}}\sin\frac{\sqrt{3}}{2}t\right)$$

$$=\frac{2}{\sqrt{3}} e^{-\frac{t}{2}} \cos\left(\frac{\sqrt{3}}{2}t-\frac{\pi}{6}\right)$$

二、電路問題

我們已在前面討論了機械系統，現在討論基本網路所構成的電路問題，並希望藉數學方法統一若干完全不同的自然現象或物理系統，進而得到相同形式的微分方程式．在這一節中，我們將討論機械系統與電路系統間的對應關係．例如，某一機械系統可對應於一個電路系統，使其電流的大小恰可代表已知機械系統內的位移值，惟需給予適當的單位因數修正之．此種類比關係可建立一個已知機械系統的電路類比模式，以模仿並了解其特性．

由電阻器 (*R*)、電感器 (*L*) 及電容器 (*C*) 所組成的串聯或並聯電路，依克希荷夫定律所寫出的方程式，必然為常係數二階微分方程式，如圖 2-4-10 所示為 *RLC* 串聯電路．該電路方程式可寫成

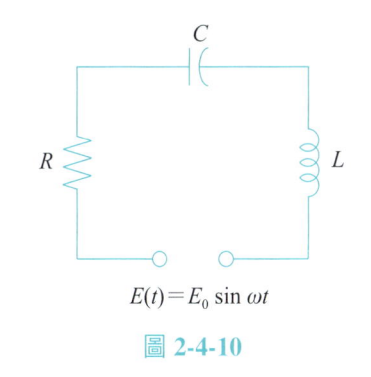

圖 2-4-10

$$L\frac{dI}{dt}+RI+\frac{1}{C}\int I\,dt=E(t)=E_0\sin\omega t \qquad (2\text{-}4\text{-}14)$$

式 (2-4-14) 對 *t* 微分，可得

$$L\frac{d^2I}{dt^2}+R\frac{dI}{dt}+\frac{1}{C}I=E_0\omega\cos\omega t \qquad (2\text{-}4\text{-}15)$$

上式為常係數二階線性微分方程式，其中補充函數代表暫態 (transient state)，特別積分代表穩態 (steady state)．式 (2-4-15) 的形式與

$$m\frac{d^2y}{dt^2}+c\frac{dy}{dt}+ky=F_0\omega\cos\omega t$$

註：[在機械系統的強迫振動中，$F(t)=F_0\cos\omega t$ 或 $F(t)=F_0\sin\omega t$ 表一可變外力，其為時間 *t* 的函數，稱為驅動力 (driving force) 或輸入 (input)].

相同，故 *RLC* 電路係類比於機械振動系統. 茲將電路系統與機械振動系統之間的各種相似性質，列舉於下表.

電路系統與機械振動系統的相對類比量

電路系統	機械振動系統
電感 L	質量 $m = \dfrac{w}{g}$
電阻 R	阻尼常數 c
最大電壓 E_0	最大外力 E_0
電容的倒數 $\dfrac{1}{C}$	彈簧常數 k
電流 $I(t)$ 或電荷 Q	位移 $y(t)$ (輸出)
電動勢的導函數 $E_0\,\omega \cos \omega t$	驅動力 $F_0 \cos \omega t$ (輸入)

因式 (2-4-15) 為常係數線性微分方程式，故可利用未定係數法求得其一特解 $I_p(t)$，設為

$$I_p(t) = a \cos \omega t + b \sin \omega t \tag{2-4-16}$$

將式 (2-4-16) 代入式 (2-4-15)，可得

$$a = -\frac{E_0 S}{R^2 + S^2}, \qquad b = \frac{E_0 R}{R^2 + S^2} \tag{2-4-17}$$

$S = \omega L - (1/\omega C)$ 稱為 電抗 (reactance).

在實際情況下，$R \neq 0$，因此式 (2-4-17) 的分母不等於零. 將 a、b 代入 $I_p(t)$ 中，即得其特解. 此項特解若引用下列三角函數關係式：

$$A \cos \alpha + B \sin \alpha = \sqrt{A^2 + B^2}\, \sin(\alpha \pm \delta)$$

與

$$\tan \delta = \frac{\sin \delta}{\cos \delta} = \pm \frac{A}{B}$$

則可改寫成

$$I_p(t) = I_0 \sin(\omega t - \theta)$$

上式中 $I_0 = \sqrt{a^2+b^2} = \dfrac{E_0}{\sqrt{R^2+S^2}}$，$\tan\theta = -\dfrac{a}{b} = \dfrac{S}{R}$，$\sqrt{R^2+S^2}$ 即所謂阻抗 (impedance)。

式 (2-4-15) 所對應的齊次微分方程式的輔助方程式為

$$r^2 + \frac{R}{L}r + \frac{1}{LC} = 0$$

其二根分別為 $r_1 = -\alpha + \beta$ 及 $r_2 = -\alpha - \beta$，其中

$$\alpha = \frac{R}{2L}, \quad \beta = \frac{1}{2L}\sqrt{R^2 - \frac{4L}{C}}$$

若 $R > 0$，則當 t 足夠大的時候，齊次微分方程式的通解 $I_C(t)$ 趨近零，故全態電流 $I = I_C + I_p$ 趨近穩態電流 I_p，而所得的輸出實際上是一個與輸入頻率相同的簡諧運動 $I_p = I_0 \sin(\omega t - \theta)$。如果我們定義臨界電阻 (critical resistance) 為 R_{crit} (類比於臨界阻尼常數 $c_{\text{crit}} = 2\sqrt{mk}$)，則得下面的結論：

1. 超阻：$R^2 - 4\dfrac{L}{C} > 0$

2. 臨界阻：$R^2 = \dfrac{4L}{C}$，$R_{\text{crit}} = 2\sqrt{\dfrac{L}{C}}$

3. 低阻：$R^2 - \dfrac{4L}{C} < 0$

【例題 4】 一電路的電感 L 為 0.05 亨利，電阻 R 為 20 歐姆，電容 C 為 100×10^{-6} 法拉，且電動勢 E 為 100 伏特，若初期條件為 $t = 0$ 時，$Q = 0$，$I = 0$，則電流 I 與電荷 Q 各為何？

【解】 依題意

$$L\frac{dI}{dt} + RI + \frac{Q}{C} = E(t)$$

將 $$I = \frac{dQ}{dt}, \quad \frac{dI}{dt} = \frac{d^2Q}{dt^2}$$

代入上式，可得

$$L\frac{d^2Q}{dt^2} + R\frac{dQ}{dt} + \frac{Q}{C} = E(t)$$

因此 $$0.05\frac{d^2Q}{dt^2}+20\frac{dQ}{dt}+\frac{Q}{100\times 10^{-6}}=100$$

或 $$\frac{d^2Q}{dt^2}+400\frac{dQ}{dt}+200000Q=2000$$

解得
$$Q=e^{-200t}(A\cos 400t+B\sin 400t)+0.01$$

將上式對 t 微分，

$$I=\frac{dQ}{dt}=200e^{-200t}[(-A+2B)\cos 400t+(-B-2A)\sin 400t]$$

利用初期條件可得 $A=-0.01$，$B=-0.005$，故

$$Q=e^{-200t}(-0.01\cos 400t-0.005\sin 400t)+0.01$$
$$I=5e^{-200t}\sin 400t$$

【例題 5】 求如圖 2-4-11 所示 RLC 電路的穩態電流，其中 $R=20$ 歐姆，$L=10$ 亨利，$C=0.05$ 法拉，$E=50\sin t$ 伏特.

【解】 由式 (2-4-15) 可得

$$10\frac{d^2I}{dt^2}+20\frac{dI}{dt}+20I=50\cos t$$

上式所對應齊次微分方程式的輔助方程式為

$$10r^2+20r+20=0$$

令 $I_p(t)=A\cos t+B\sin t$，則

$$(10A+20B)\cos t+(10B-20A)\sin t=50\cos t$$

解得 $A=1$，$B=2$，所以，$I_p(t)=\cos t+2\sin t$.

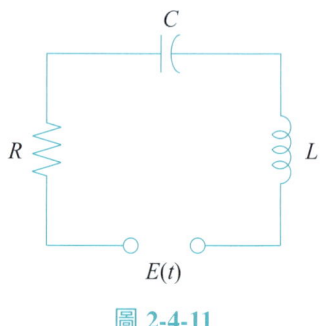

▲ 圖 2-4-11

【例題 6】 求上一題圖 2-4-11 所示 RLC 電路的全態電流，其中 $R=200$ 歐姆，$L=100$ 亨利，$C=5\times 10^{-3}$ 法拉，$E=2500\sin t$ 伏特.

【解】 由式 (2-4-15) 可得

$$100 \frac{d^2 I}{dt^2} + 200 \frac{dI}{dt} + 200 I = 2500 \cos t$$

上式所對應齊次微分方程式的輔助方程式為

$$r^2 + 2r + 2 = 0, \quad r = -1 \pm i$$

故 $I_C(t) = e^{-t}(c_1 \cos t + c_2 \sin t)$

令 $I_p(t) = A \cos t + B \sin t$ 代入原式，可得

$$\begin{cases} A + 2B = 25 \\ -2A + B = 0 \end{cases}$$

解得 $A = 5$，$B = 10$，故全態電流為

$$I = I_C + I_p = e^{-t}(c_1 \cos t + c_2 \sin t) + 5 \cos t + 10 \sin t$$

習題 2-4

1. 若一彈簧加上 20 牛頓的重量 (約 4.5 磅) 會伸長 2 厘米，試問其對應的簡諧運動的頻率為何？週期為何？

2. 有一 $\frac{49}{8}$ 公斤重 (kgw) 的物體掛在彈簧下端，其彈簧係數為 40 kgw/m.

   (1) 將彈簧拉長 $\frac{50}{3}$ cm 後釋放； (2) 將彈簧縮短 $\frac{50}{3}$ cm 後釋放；

   釋放時給予向下 2 m/sec 的初速，試求二種情況的物體運動情形 (假設無阻力).

3. 有一 3 磅重的物體掛在彈簧下端，會使其拉長 1 吋，現在換吊上 32 磅重的物體，並且浸入石油槽中，會使其產生阻力，其阻尼常數為 12 磅·sec/呎. 現將物體往上提高 6 吋後釋放，試求物體運動的變化且繪出其運動方程式之圖形.

4. 若一彈簧的彈簧常數 $k = 16$，試畫出簡諧運動式 (2-4-4) 的圖形. 假設質量為 1 且由 $y = 1$ 開始運動，其初速為零，則頻率為何？

5. 已知一彈簧 ($k = 48$ 磅/呎) 垂直懸掛著，並使其上端固定，下端繫一重 16 磅的物體，如圖所示. 彈簧保持靜止後，該物體被拉下 2 吋，然後放鬆，不計空氣阻

力，試討論該物體所發生的運動.

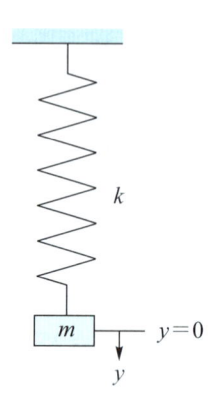

6. 試求出並繪圖表示 $m\dfrac{d^2y}{dt^2}+c\dfrac{dy}{dt}+ky=0$ 所描述的機械系統之運動 $y(t)$，其中假設 $m=1$，$c=2$，$k=1$，初位移為 1，且初速度為 0.

7. 有一 RLC 串聯電路如下圖所示. 若 $R=40$ 歐姆，$L=1$ 亨利，$C=16\times 10^{-4}$ 法拉，$E(t)=100\cos 10t$ 伏特，且 $Q(0)=0$，$I(0)=0$，試求此 RLC 串聯電路在時間為 t 時之電荷與電流.

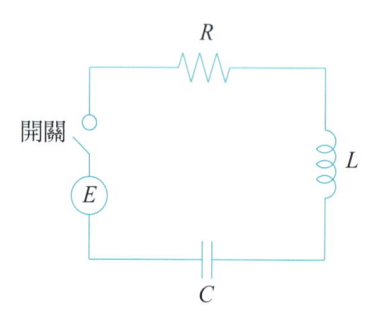

8. 試求下圖所示 RLC 電路中的全態電流及穩態電流，其中 $R=20$ 歐姆，$L=5$ 亨利，$C=10^{-2}$ 法拉，$E(t)=85\sin 4t$ 伏特.

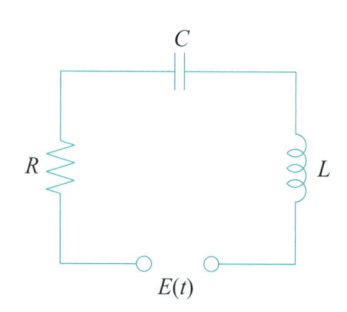

9. 有一串聯 LC 電路，如下圖所示．若 $L=2$ 亨利，$C=\dfrac{1}{2}$ 法拉，外加交流電壓 $E(t)=2\sin 2t$ 伏特，$I(0)=0$，$Q(0)=1$ 庫侖，求 $Q(t)$．

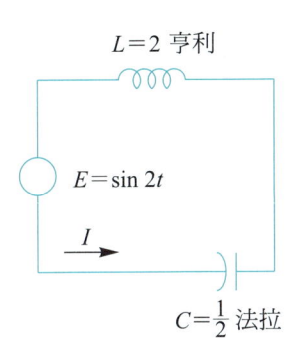

$L=2$ 亨利

$E=\sin 2t$

I

$C=\dfrac{1}{2}$ 法拉

第 3 章

拉普拉斯變換

3-1 拉普拉斯變換

在本章中，我們將介紹工程上最簡單且應用最廣的一種變換，就是拉普拉斯變換 (Laplace transform)，簡稱拉氏變換。

定義 3-1-1

設函數 $f(t)$ 定義在區間 $[0, \infty)$，則 $f(t)$ 的拉氏變換定義為

$$\mathcal{L}\{f(t)\} = \int_0^\infty e^{-st} f(t)\, dt = F(s)$$

此處假定 s 為實變數，且瑕積分存在。符號 $\mathcal{L}$ 稱為拉氏變換算子。

一、一些基本函數之拉氏變換

【例題 1】 試求 $\mathcal{L}\{1\}$。

【解】 $\mathcal{L}\{1\} = \displaystyle\int_0^\infty e^{-st}(1)\, dt = \lim_{h \to \infty} \int_0^h e^{-st}\, dt = \lim_{h \to \infty} \left[-\frac{e^{-st}}{s} \bigg|_0^h \right]$

$\qquad\qquad = \displaystyle\lim_{h \to \infty} \frac{-e^{-sh} + 1}{s}$

$\qquad\qquad = \dfrac{1}{s} \qquad (s > 0)$

【例題 2】 設 $f(t)=k$, $t \geq 0$, k 為常數. 依拉氏變換的定義,

$$\mathcal{L}\{k\} = \int_0^\infty e^{-st} k\, dt = k \int_0^\infty e^{-st}\, dt$$

$$= k \lim_{h \to \infty} \int_0^h e^{-st}\, dt = k \lim_{h \to \infty} \left(-\frac{1}{s} e^{-st} \Big|_0^h \right)$$

$$= k \lim_{h \to \infty} \left(-\frac{1}{s} e^{-st} + \frac{1}{s} \right)$$

若 $s > 0$, 則 $\displaystyle\lim_{h \to \infty} \frac{1}{s} e^{-sh} = 0$

故 $\mathcal{L}\{k\} = \dfrac{k}{s}$　　$(s > 0)$

【例題 3】 設 $f(t)=e^{at}$, $t \geq 0$. 依定義,

$$\mathcal{L}\{e^{at}\} = \int_0^\infty e^{-st} e^{at}\, dt = \lim_{h \to \infty} \int_0^h e^{-(s-a)t}\, dt$$

$$= \lim_{h \to \infty} \left[\frac{-1}{s-a} e^{-(s-a)t} \Big|_0^h \right]$$

$$= \lim_{h \to \infty} \left[\frac{-1}{s-a} e^{-(s-a)h} + \frac{1}{s-a} \right]$$

當 $s > a$ 時, $\displaystyle\lim_{h \to \infty} \left[\frac{-1}{s-a} e^{-(s-a)h} \right] = 0$

故 $\mathcal{L}\{e^{at}\} = \dfrac{1}{s-a}$　　$(s > a)$

【例題 4】 試求 $\mathcal{L}\{t\}$.

【解】 $\mathcal{L}\{t\} = \displaystyle\int_0^\infty e^{-st} t\, dt = \lim_{h \to \infty} \int_0^h e^{-st} t\, dt$

$$\left(\text{令 } u = t,\ dv = e^{-st} dt,\ \text{則 } du = dt,\ v = -\frac{1}{s} e^{-st} \right)$$

$$= \lim_{h \to \infty} \left[-\frac{t}{s} e^{-st} \Big|_0^h + \frac{1}{s} \int_0^h e^{-st} dt \right]$$

$$= -\lim_{h \to \infty} \frac{h}{s} e^{-sh} + \frac{1}{s} \int_0^\infty e^{-st} dt$$

$$= -\frac{1}{s} \lim_{h \to \infty} h e^{-sh} + \frac{1}{s} \mathscr{L}\{1\} \quad (s > 0)$$

$$= -\frac{1}{s} \cdot 0 + \frac{1}{s} \left(\frac{1}{s} \right)$$

$$= \frac{1}{s^2} \quad (s > 0)$$

【例題 5】 設 $f(t) = t^n$, $t \geq 0$, n 為正整數，則

$$\mathscr{L}\{t^n\} = \int_0^\infty e^{-st} t^n dt = \lim_{h \to \infty} \int_0^h e^{-st} t^n dt$$

$$= \lim_{h \to \infty} \left(-\frac{t^n}{s} e^{-st} \Big|_0^h \right) + \frac{n}{s} \int_0^\infty e^{-st} t^{n-1} dt$$

$$= \frac{n}{s} \mathscr{L}\{t^{n-1}\} \quad (s > 0)$$

同理，$\mathscr{L}\{t^{n-1}\} = \frac{n-1}{s} \mathscr{L}\{t^{n-2}\}$

依此類推，可得

$$\mathscr{L}\{t^n\} = \frac{n(n-1) \cdot \cdots \cdot 2 \cdot 1}{s^n} \mathscr{L}\{t^0\}$$

$$= \frac{n(n-1) \cdot \cdots \cdot 2 \cdot 1}{s^n} \mathscr{L}\{1\}$$

$$= \frac{n(n-1) \cdot \cdots \cdot 2 \cdot 1}{s^{n+1}}$$

$$= \frac{n!}{s^{n+1}} \quad (s > 0)$$

【例題 6】 試求 (1) $\mathscr{L}\{te^{-2t}\}$; (2) $\mathscr{L}\{t^2e^{-2t}\}$

【解】 (1) $\mathscr{L}\{te^{-2t}\} = \int_0^\infty e^{-st} te^{-2t} dt = \int_0^\infty e^{-(s+2)t} t\, dt$

$$= \lim_{h\to\infty} \int_0^h e^{-(s+2)t} t\, dt$$

$$\left(\text{令 } u=t,\ dv=e^{-(s+2)t}dt,\ \text{則 } du=dt,\ v=\frac{-1}{s+2}e^{-(s+2)t}\right)$$

$$= \lim_{h\to\infty}\left[\frac{-t}{s+2}e^{-(s+2)t}\bigg|_0^h + \frac{1}{s+2}\lim_{h\to\infty}\int_0^h e^{-(s+2)t}dt\right] \quad (s>-2)$$

$$= \frac{1}{s+2}\lim_{h\to\infty}\frac{-h}{e^{(s+2)h}} + \frac{1}{s+2}\lim_{h\to\infty}\int_0^h e^{-(s+2)t}dt \quad (s>-2)$$

$$= \frac{1}{s+2}\cdot 0 + \frac{-1}{(s+2)^2}\lim_{h\to\infty}\int_0^h e^{-(s+2)t}d(-(s+2)t) \quad (s>-2)$$

$$= \frac{-1}{(s+2)^2}\lim_{h\to\infty}\left(e^{-(s+2)t}\bigg|_0^h\right)$$

$$= \frac{-1}{(s+2)^2}\lim_{h\to\infty}(e^{-(s+2)h} - e^0)$$

$$= \frac{1}{(s+2)^2} \quad (s>-2)$$

(2) $\mathscr{L}\{t^2 e^{-2t}\} = \int_0^\infty e^{-st} t^2 e^{-2t} dt = \int_0^\infty e^{-(s+2)t} t^2 dt$

$$= \lim_{h\to\infty}\int_0^h e^{-(s+2)t} t^2 dt$$

$$\left(\text{令 } u=t^2,\ dv=e^{-(s+2)t}dt,\ \text{則 } du=2t\,dt,\ v=\frac{-1}{s+2}e^{-(s+2)t}\right)$$

$$= \lim_{h\to\infty}\left[\frac{-t^2 e^{-(s+2)t}}{s+2}\bigg|_0^h + \frac{2}{s+2}\int_0^h e^{-(s+2)t} t\, dt\right]$$

$$= \frac{1}{s+2}\lim_{h\to\infty}\frac{-h^2}{e^{(s+2)h}} + \frac{2}{s+2}\int_0^\infty e^{-(s+2)t} t\, dt \quad (s>-2)$$

$$= \frac{1}{s+2} \cdot 0 + \frac{2}{s+2} \int_0^\infty e^{-st}(te^{-2t})\,dt$$

$$= \frac{2}{s+2} \mathcal{L}\{te^{-2t}\}$$

$$= \frac{2}{s+2}\left(\frac{1}{(s+2)^2}\right)$$

$$= \frac{2}{(s+2)^3} \qquad (s > -2)$$

【例題 7】 試求 $\mathcal{L}\{\sin at\}$.

【解】 $\mathcal{L}\{\sin at\} = \displaystyle\int_0^\infty e^{-st}\sin at\,dt$

依瑕積分之定義 $\displaystyle\int_0^\infty e^{-st}\sin at\,dt = \lim_{h\to 0}\int_0^h e^{-st}\sin at\,dt$

$\left(\text{令 } u = \sin at,\ dv = e^{-st}dt,\ \text{則 } du = a\cos at,\ v = \dfrac{-1}{s}e^{-st}\right)$

$= \displaystyle\lim_{h\to\infty}\left[-\frac{1}{s}e^{-st}\sin at\,\Big|_0^h + \frac{a}{s}\int_0^h e^{-st}\cos at\,dt\right]$

$\left(\text{令 } u = \cos at,\ dv = e^{-st}dt,\ \text{則 } du = -a\sin at,\ v = \dfrac{-1}{s}e^{-st}\right)$

$= \displaystyle\lim_{h\to\infty}\left[-\frac{1}{s}e^{-st}\sin at\,\Big|_0^h + \frac{a}{s}\left(-\frac{1}{s}e^{-st}\cos at\,\Big|_0^h - \frac{a}{s}\int_0^h e^{-st}\sin at\,dt\right)\right]$

$= \displaystyle\lim_{h\to\infty}\left[-\frac{1}{s}e^{-st}\sin at - \frac{a}{s^2}e^{-st}\cos at\,\Big|_0^h\right] - \frac{a^2}{s^2}\int_0^\infty e^{-st}\sin at\,dt$

$= \displaystyle\lim_{h\to\infty}\left[-\frac{1}{s}e^{-sh}\sin ah - \frac{a}{s^2}e^{-sh}\cos ah + \frac{a}{s^2}\right] - \frac{a^2}{s^2}\int_0^\infty e^{-st}\sin at\,dt$

上式化成 $\left(1 + \dfrac{a^2}{s^2}\right)\displaystyle\int_0^\infty e^{-st}\sin at\,dt = \dfrac{a}{s^2}$

即 $\displaystyle\int_0^\infty e^{-st}\sin at\,dt=\frac{a}{s^2+a^2}\quad (s>0)$

故 $\mathscr{L}\{\sin at\}=\dfrac{a}{s^2+a^2}\quad (s>0)$

【例題 8】 試求 $\mathscr{L}\{\sin(at+b)\}$.

【解】 $\mathscr{L}\{\sin(at+b)\}=\displaystyle\lim_{h\to\infty}\int_0^h e^{-st}\sin(at+b)\,dt$

$=\displaystyle\lim_{h\to\infty}\left[\dfrac{-se^{-st}\sin(at+b)-ae^{-st}\cos(at+b)}{s^2+a^2}\bigg|_0^h\right]$

$=\displaystyle\lim_{h\to\infty}\left[\dfrac{-se^{-sh}\sin(ah+b)-ae^{-sh}\cos(ah+b)}{s^2+a^2}+\dfrac{s\sin b+a\cos b}{s^2+a^2}\right]$

$=\dfrac{s\sin b+a\cos b}{s^2+a^2}\quad (s>0)$

【例題 9】 試求 $\mathscr{L}\{\cos at\}$.

【解】 $\mathscr{L}\{\cos at\}=\displaystyle\int_0^\infty e^{-st}\cos at\,dt=\lim_{h\to\infty}\int_0^h e^{-st}\cos at\,dt$

$\left(\text{利用公式}\displaystyle\int e^{at}\cos bt\,dt=\dfrac{e^{at}}{a^2+b^2}(a\cos bt+b\sin bt),\right.$

$\left.a\text{ 代入 }-s,\ b\text{ 代入 }a\right)$

$=\displaystyle\lim_{h\to\infty}\left[\dfrac{e^{-st}}{s^2+a^2}(-s\cos at+a\sin at)\bigg|_0^h\right]$

$=\displaystyle\lim_{h\to\infty}\left[\dfrac{e^{-sh}}{s^2+a^2}(-s\cos ah+a\sin ah)+\dfrac{s}{s^2+a^2}\right]$

$=\dfrac{s}{s^2+a^2}\quad (s>0)$

綜合以上之例題，我們列出一些重要的基本函數拉氏變換表如下：

基本函數	拉氏變換
$f(t)$	$f(s)$
1	$\dfrac{1}{s},\ s>0$
t^n，n 是正整數	$\dfrac{n!}{s^{n+1}},\ s>0$
e^{kt}	$\dfrac{1}{s-k},\ s>k$
$t^n e^{kt}$	$\dfrac{n!}{(s-k)^{n+1}},\ s>k$
$\sin kt$	$\dfrac{k}{s^2+k^2},\ s>0$
$\cos kt$	$\dfrac{s}{s^2+k^2},\ s>0$
$\sinh kt$	$\dfrac{k}{s^2-k^2},\ s>|k|$
$\cosh kt$	$\dfrac{s}{s^2-k^2},\ s>|k|$

二、哪一類型的函數具有拉氏變換？

1. 分段連續

定義 3-1-2

一函數 f 稱之為在整個閉區間 $a\le t\le b$ 為**分段連續**，倘若能將區間分割成有限個開子區間 $c<t<d$，使得

(1) 函數 f 在每一個子區間 $c<t<d$ 上為連續。

(2) 當 t 由區間內部趨近於每一個端點時，函數 f 具有定極限，即 $\lim\limits_{t\to c^+} f(t)$ 與 $\lim\limits_{t\to d^-} f(t)$ 存在。

【例題 10】 設函數 $f(t)=\begin{cases} t, & 0 \leq t < 1 \\ 1, & t \geq 1 \end{cases}$，圖形如圖 3-1-1 所示，試求 $\mathscr{L}\{f(t)\}$.

【解】 $\mathscr{L}\{f(t)\} = \int_0^\infty e^{-st} f(t)\,dt = \int_0^1 te^{-st}\,dt + \int_1^\infty e^{-st}\,dt$

$$\left(令 u=t,\ dv=e^{-st}\,dt,\ 則\ du=dt,\ v=-\frac{1}{s}e^{-st}\right)$$

$$\int_0^1 te^{-st}\,dt = -\frac{te^{-st}}{s}\bigg|_0^1 - \frac{1}{s^2}e^{-st}\bigg|_0^1$$

$$= -\frac{e^{-s}}{s} - \frac{e^{-s}}{s^2} + \frac{1}{s^2}$$

$$= \frac{1-e^{-s}}{s^2} - \frac{e^{-s}}{s}$$

又 $\mathscr{L}\{f(t)\} = \int_1^\infty e^{-st} f(t)\,dt = \lim_{h\to\infty} \int_1^h e^{-st} \cdot 1\,dt$

$$= \lim_{h\to\infty} \int_1^h \left(-\frac{1}{s}\right) e^{-st}\,d(-st) = \frac{e^{-s}}{s} \quad (s>0)$$

故 $\mathscr{L}\{f(t)\} = \frac{1-e^{-s}}{s^2} - \frac{e^{-s}}{s} + \frac{e^{-s}}{s} = \frac{1-e^{-s}}{s^2} \quad (s>0)$

圖 3-1-1

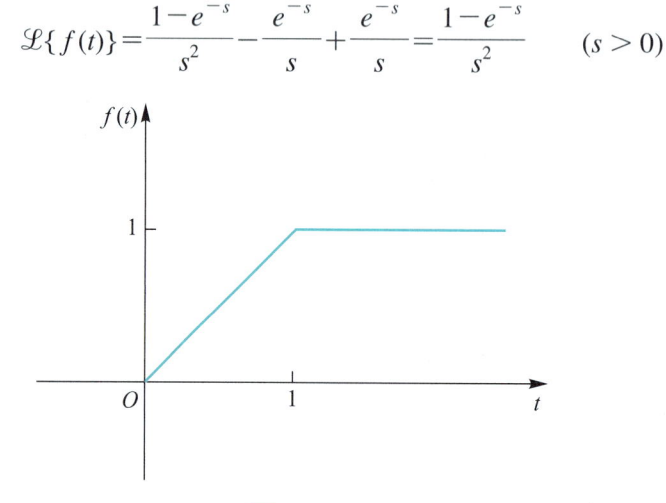

在定義 3-1-2 中的第二個條件說明一分段連續函數 f 可包含有限個跳躍不連續. 圖 3-1-2 說明一些重要的分段連續函數之圖形.

方形波　　　　　　　鋸齒波　　　　　　　樓梯波

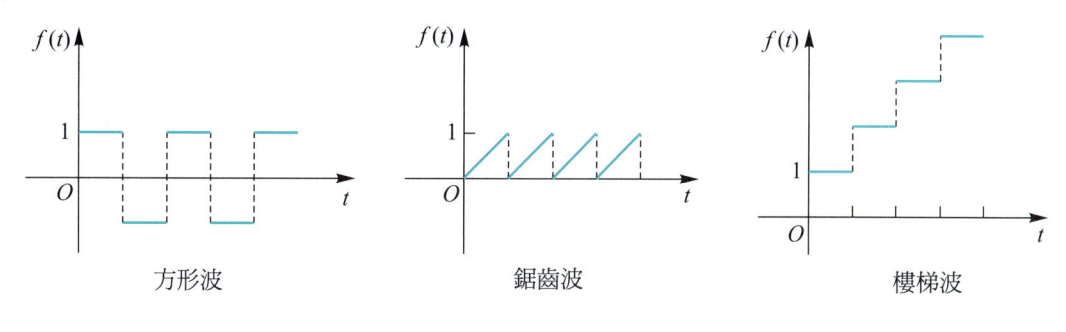

圖 3-1-2

【例題 11】　函數 $h(t)$ 如圖 3-1-3 所示，且定義為

$$h(t) = \begin{cases} t, & 0 \le t < 2 \\ 3, & t > 2 \end{cases}$$

在 $t=2$ 具有一不連續點，因為 $h(2)$ 無定義．然而，函數在區間 $t \ge 0$ 為分段連續，因為它在開子區間 $0 < t < 2$ 與 $t > 2$ 為連續，而且 $\lim_{t \to 2^-} h(t) = 2$ 且 $\lim_{t \to 2^+} h(t) = 3$．

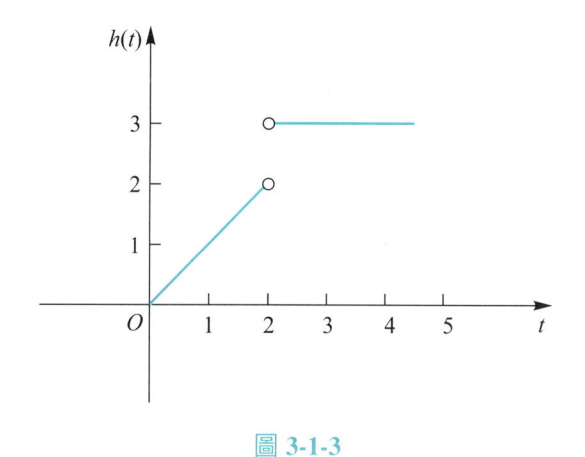

圖 3-1-3

【例題 12】　試求分段連續函數：

$$h(t) = \begin{cases} 2t, & 0 \le t < 3 \\ -1, & t > 3 \end{cases}$$

之拉氏變換．

【解】　利用拉氏變換之定義，並將積分分成二個部分：

$$\mathcal{L}\{h(t)\} = \int_0^\infty e^{-st} h(t)\, dt = \int_0^3 e^{-st} 2t\, dt + \int_3^\infty e^{-st}(-1)\, dt$$

$$= \left[-\frac{2te^{-st}}{s} - \frac{2e^{-st}}{s^2}\right]_0^3 + \left[\frac{1}{s}e^{-st}\right]_3^\infty$$

當 $t \to \infty$ 時，$\frac{1}{s}e^{-st}$ 收斂於 0，如果 $s > 0$。所以

$$\mathcal{L}\{h(t)\} = \left[-\frac{6}{s}e^{-3s} - \frac{2}{s^2}e^{-3s}\right] - \left[0 - \frac{2}{s^2}\right] + \left[0 - \frac{1}{s}e^{-3s}\right]$$

$$= \frac{2}{s^2} - \frac{2e^{-3s}}{s^2} - \frac{7e^{-3s}}{s} \quad (s > 0)$$

2. 指數位

定義 3-1-3　指數位

一函數 f，若存在常數 α 與 $M > 0$，使得

$$|f(t)| \leq Me^{\alpha t}, \quad t \geq 0$$

則稱 $f(t)$ 具有指數位 α。

　　讀者應注意，並非所有函數的拉氏變換皆存在，而拉氏變換存在的條件為：(1) 函數 f 為分段連續，(2) 函數具有指數位 (exponential order)。

三、反拉氏變換

若已知 $f(t) = t^2$，則

$$\mathcal{L}\{f(t)\} = \frac{2!}{s^3} \Leftrightarrow \mathcal{L}^{-1}\left\{\frac{2!}{s^3}\right\} = t^2$$

故 $F(s) = \frac{2!}{s^3}$ 的反拉氏變換為

$$f(t) = t^2$$

定義 3-1-4 反拉氏變換

若存在一函數 $f(t)$ 使得 $\mathcal{L}\{f(t)\}=F(s)$，則 $f(t)$ 稱之為 $F(s)$ 的反拉氏變換．我們以符號 $\mathcal{L}^{-1}$ 表示之，並寫成

$$f(t)=\mathcal{L}^{-1}\{F(s)\}$$

且 $\quad\mathcal{L}\{f(t)\}=F(s)\Leftrightarrow\mathcal{L}^{-1}\{F(s)\}=f(t).$

【例題 13】 試求 $\mathcal{L}^{-1}\left\{\dfrac{1}{s^2+4}\right\}$.

【解】 $\mathcal{L}^{-1}\left\{\dfrac{1}{s^2+4}\right\}=\dfrac{1}{2}\mathcal{L}^{-1}\left\{\dfrac{2}{s^2+2^2}\right\}=\dfrac{1}{2}\sin 2t.$

【例題 14】 試求 $\mathcal{L}^{-1}\left\{\dfrac{1}{s+2}\right\}$.

【解】 因為 $\quad\mathcal{L}\{e^{-2t}\}=\dfrac{1}{s+2}$

所以， $\quad\mathcal{L}^{-1}\left\{\dfrac{1}{s+2}\right\}=e^{-2t}.$

讀者應注意，一個變換式的反拉氏變換並不唯一，亦即，一些不同的函數，其拉氏變換可能會相同。例如，$f(t)=t,\ t\geq 0$，與 $g(t)=\begin{cases}t, & 0\leq t<1 \text{ 或 } t>1 \\ 0, & t=1\end{cases}$ 的拉氏變換均為 $\dfrac{1}{s^2}$，即

$$\mathcal{L}\{f(t)\}=\mathcal{L}\{t\}=\dfrac{1}{s^2}$$

$$\mathcal{L}\{g(t)\}=\int_0^1 te^{-st}\,dt+\int_1^\infty te^{-st}\,dt=\dfrac{1}{s^2}\quad(s>0)$$

其圖形分別如圖 3-1-4 與圖 3-1-5．

圖 3-1-4

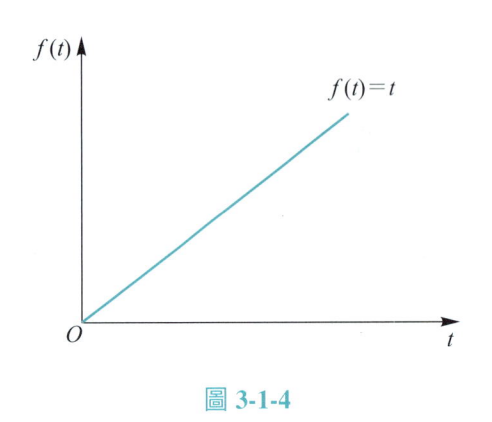

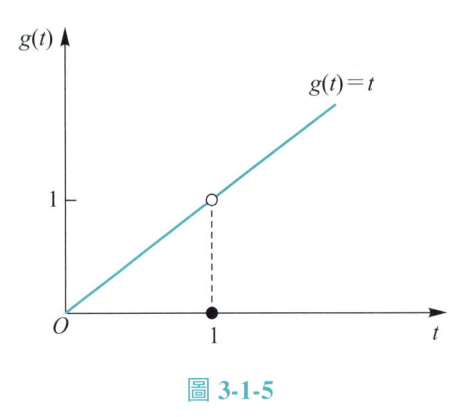

圖 3-1-5

習題 3-1

1. 試求下列各函數的拉氏變換.

   (1) $f(t)=\begin{cases} -1, & 0 \leq t \leq 4 \\ 1, & t > 4 \end{cases}$

   (2) $f(t)=\begin{cases} 5, & 0 \leq t < 3 \\ 0, & t \geq 3 \end{cases}$

   (3) $f(t)=\begin{cases} \sin t, & 0 \leq t < \pi \\ 0, & t \geq \pi \end{cases}$

   (4) $f(t)=\begin{cases} 3, & 0 \leq t \leq 2 \\ -1, & 2 < t < 4 \\ 0, & t \geq 4 \end{cases}$

   (5) $f(t)=\sin(at+b)$，其中 a 與 b 皆為常數.

   (6) $f(t)=\cos(at+b)$，其中 a 與 b 皆為常數.

2. gamma 函數 $\Gamma(x)$ 的定義如下：

   $$\Gamma(x)=\int_0^\infty t^{x-1} e^{-t} dt, \quad x>0$$

   (1) 試利用分部積分法證明：$\Gamma(x+1)=x\,\Gamma(x)$.

   (2) 試證明：$\Gamma(1)=1$，$\Gamma(n+1)=n!$，$n=1, 2, \cdots$ (gamma 函數又稱為廣義階乘函數).

   (3) 設 $I=\int_0^\infty e^{-x^2} dx$，則可得

   $$I^2=\left(\int_0^\infty e^{-x^2} dx\right)\left(\int_0^\infty e^{-y^2} dy\right)=\int_0^\infty \int_0^\infty e^{-(x^2+y^2)} dx\, dy$$

計算上式的積分，試證明 $I = \dfrac{\sqrt{\pi}}{2}$.

(4) 由 (3) 的結果，試證明：$\Gamma\left(\dfrac{1}{2}\right) = \sqrt{\pi}$.

3. 依 gamma 函數的定義，$\Gamma(x)$ 必須當 x 為正數時才有意義，當 x 為負時，我們利用上題 (1) 的等式來定義

$$\Gamma(x) = \dfrac{\Gamma(x+1)}{x}$$

試求：(1) $\Gamma\left(-\dfrac{1}{2}\right)$，(2) $\Gamma\left(-\dfrac{3}{2}\right)$，(3) $\Gamma\left(-\dfrac{5}{2}\right)$.

4. (1) 試證明：$\mathscr{L}\{t^\alpha\} = \dfrac{\Gamma(\alpha+1)}{s^{\alpha+1}}$, $\alpha > -1$, $s < 0$.

(2) 試求 $\mathscr{L}\{t^{-1/2}\}$.

(3) 試求 $\mathscr{L}\{\sqrt{t}\}$.

5. 試求下列反拉氏變換.

(1) $\mathscr{L}^{-1}\left\{\dfrac{s}{s^2+4}\right\}$ 　　　　(2) $\mathscr{L}^{-1}\left\{\dfrac{2}{(s-2)^3}\right\}$

(3) $\mathscr{L}^{-1}\left\{\dfrac{1}{s+2}\right\}$ 　　　　(4) $\mathscr{L}^{-1}\left\{\dfrac{1}{(s+1)^2}\right\}$

3-2　基本性質

在本節中所要介紹的是拉氏變換的一般性質. 因拉氏變換是由積分來定義的，而積分具有線性性質，故可知拉氏變換也具有線性性質.

定理 3-2-1　線性變換

若 $\mathscr{L}\{f(t)\} = F(s)$, $\mathscr{L}\{g(t)\} = G(s)$，則

$$\mathscr{L}\{af(t) + bg(t)\} = a\mathscr{L}\{f(t)\} + b\mathscr{L}\{g(t)\} = aF(s) + bG(s)$$

其中 a、b 為任意常數.

證 $\mathcal{L}\{af(t)+bg(t)\} = \int_0^\infty e^{-st}(af(t)+bg(t))\,dt$

$$= a\int_0^\infty e^{-st}f(t)\,dt + b\int_0^\infty e^{-st}g(t)\,dt$$

$$= a\mathcal{L}\{f(t)\} + b\mathcal{L}\{g(t)\}$$

$$= aF(s) + bG(s)$$

本定理若以反拉氏變換算子來表示，則可寫成

$$\mathcal{L}^{-1}\{aF(s)+bG(s)\} = af(t)+bg(t)$$
$$= a\mathcal{L}^{-1}\{F(s)\} + b\mathcal{L}^{-1}\{G(s)\}$$

由此可知，反拉氏變換也具有線性性質.

【例題 1】 試求 $\mathcal{L}\{t^2-4t+3\}$.

【解】 $\mathcal{L}\{t^2-4t+3\} = \mathcal{L}\{t^2\} - 4\mathcal{L}\{t\} + \mathcal{L}\{3\}$

$$= \frac{2}{s^3} - \frac{4}{s^2} + \frac{3}{s}$$

【例題 2】 試求 $\mathcal{L}\{\sin^2 t\}$.

【解】 $\mathcal{L}\{\sin^2 t\} = \mathcal{L}\left\{\dfrac{1-\cos 2t}{2}\right\} = \mathcal{L}\left\{\dfrac{1}{2}\right\} - \mathcal{L}\left\{\dfrac{\cos 2t}{2}\right\}$

$$= \frac{1}{2}\mathcal{L}\{1\} - \frac{1}{2}\mathcal{L}\{\cos 2t\}$$

$$= \frac{1}{2} \cdot \frac{1}{s} - \frac{1}{2} \cdot \frac{s}{s^2+4}$$

$$= \frac{2}{s(s^2+4)}$$

【例題 3】 試求 $\mathcal{L}\{e^{2t-3}+\cos^2 t\}$.

【解】 因 $\cos^2 t = \dfrac{1+\cos 2t}{2}$，故

$$\mathcal{L}\{e^{2t-3}+\cos^2 t\} = \mathcal{L}\{e^{2t}\cdot e^{-3}\} + \frac{1}{2}\mathcal{L}\{1+\cos 2t\}$$

$$= e^{-3}\mathcal{L}\{e^{2t}\} + \frac{1}{2}\mathcal{L}\{1\} + \frac{1}{2}\mathcal{L}\{\cos 2t\}$$

$$= \frac{1}{s-2}e^{-3} + \frac{1}{2}\cdot\frac{1}{s} + \frac{1}{2}\cdot\frac{s}{s^2+4}$$

$$= \frac{1}{s-2}e^{-3} + \frac{1}{2}\left[\frac{1}{s}+\frac{s}{s^2+4}\right]$$

【例題 4】 試求 $\mathcal{L}\{6\cos 4x - 3\sin(-5x)\}$.

【解】 $\mathcal{L}\{6\cos 4x - 3\sin(-5x)\} = 6\mathcal{L}\{\cos 4x\} - 3\mathcal{L}\{\sin(-5x)\}$

$$= \frac{6s}{s^2+16} - \frac{-15}{s^2+25}$$

$$= \frac{6s}{s^2+16} + \frac{15}{s^2+25}$$

【例題 5】 試求 $\mathcal{L}^{-1}\left\{\dfrac{2s+18}{s^2+25}\right\}$.

【解】 $\mathcal{L}^{-1}\left\{\dfrac{2s+18}{s^2+25}\right\} = 2\mathcal{L}^{-1}\left\{\dfrac{s}{s^2+25}\right\} + \dfrac{18}{5}\mathcal{L}^{-1}\left\{\dfrac{5}{s^2+25}\right\}$

$$= 2\cos 5t + \frac{18}{5}\sin 5t$$

【例題 6】 試求 $\mathcal{L}^{-1}\left\{\dfrac{8-6s}{16s^2+9}\right\}$.

【解】 $\mathcal{L}^{-1}\left\{\dfrac{8-6s}{16s^2+9}\right\} = \dfrac{1}{16}\mathcal{L}^{-1}\left\{\dfrac{8-6s}{s^2+9/16}\right\}$

$$= \frac{2}{3}\mathcal{L}^{-1}\left\{\frac{3/4}{s^2+(3/4)^2}\right\} - \frac{3}{8}\mathcal{L}^{-1}\left\{\frac{s}{s^2+(3/4)^2}\right\}$$

$$= \frac{2}{3}\sin\frac{3t}{4} - \frac{3}{8}\cos\frac{3t}{4}$$

定理 3-2-2

若 $\mathscr{L}\{f(t)\}=F(s)$，則

$$\mathscr{L}\{f(at)\}=\frac{1}{a}F\left(\frac{s}{a}\right) \qquad (a>0).$$

證 依定義，

$$\mathscr{L}\{f(at)\}=\int_0^\infty e^{-st}f(at)\,dt$$

令 $x=at$，則

$$\mathscr{L}\{f(at)\}=\int_0^\infty e^{-\left(\frac{s}{a}\right)x}f(x)\frac{1}{a}\,dx$$

$$=\frac{1}{a}\int_0^\infty e^{-\left(\frac{s}{a}\right)x}f(x)\,dx$$

$$=\frac{1}{a}F\left(\frac{s}{a}\right)$$

【例題 7】 已知 $\mathscr{L}\{\sin t\}=\dfrac{1}{s^2+1}=F(s)$，利用定理 3-2-2，不需積分即可求出 $\sin at$ 的拉氏變換，

$$\mathscr{L}\{\sin at\}=\frac{1}{a}F\left(\frac{s}{a}\right)=\frac{1}{a}\cdot\frac{1}{\left(\frac{s}{a}\right)^2+1}=\frac{a}{s^2+a^2}$$

定理 3-2-3　第一移位定理

若 $F(s)=\mathscr{L}\{f(t)\}$，則

$$\mathscr{L}\{e^{at}f(t)\}=F(s-a)$$

其中 a 為任意常數.

證 $\mathscr{L}\{e^{at}f(t)\}=\int_0^\infty e^{-st}[e^{at}f(t)]\,dt=\int_0^\infty e^{-(s-a)t}f(t)\,dt=F(s-a)$

【例題 8】 試求 $\mathscr{L}\{e^{5t} t^3\}$．

【解】 因 $\mathscr{L}\{t^3\} = \dfrac{3!}{s^4}$，故

$$\mathscr{L}\{e^{5t} t^3\} = \dfrac{3!}{(s-5)^4} = \dfrac{6}{(s-5)^4}$$

【例題 9】 已知 $\mathscr{L}\{\sin bt\} = \dfrac{b}{s^2 + b^2} = F(s)$，由第一移位定理，

$$\mathscr{L}\{e^{at} \sin bt\} = F(s-a) = \dfrac{b}{(s-a)^2 + b^2}$$

同理，
$$\mathscr{L}\{e^{at} \cos bt\} = \dfrac{s-a}{(s-a)^2 + b^2}$$

$$\mathscr{L}\{t^n e^{at}\} = \dfrac{n!}{(s-a)^{n+1}}$$

由例題 9，可得出下列有用的公式：

$$\mathscr{L}^{-1}\left\{\dfrac{1}{(s-a)^2 + b^2}\right\} = \dfrac{1}{b} e^{at} \sin bt$$

$$\mathscr{L}^{-1}\left\{\dfrac{s-a}{(s-a)^2 + b^2}\right\} = e^{at} \cos bt$$

$$\mathscr{L}^{-1}\left\{\dfrac{1}{(s-a)^{n+1}}\right\} = \dfrac{1}{n!} t^n e^{at}$$

【例題 10】 試求 $\mathscr{L}^{-1}\left\{\dfrac{s-3}{s^2 + 2s + 5}\right\}$．

【解】
$$\mathscr{L}^{-1}\left\{\dfrac{s-3}{s^2+2s+5}\right\} = \mathscr{L}^{-1}\left\{\dfrac{s-3}{(s+1)^2+4}\right\} = \mathscr{L}^{-1}\left\{\dfrac{(s+1)-4}{(s+1)^2+2^2}\right\}$$

$$= \mathscr{L}^{-1}\left\{\dfrac{s+1}{(s+1)^2+2^2}\right\} - \mathscr{L}^{-1}\left\{\dfrac{4}{(s+1)^2+2^2}\right\}$$

$$= e^{-t} \cos 2t - 2e^{-t} \sin 2t$$

$$= e^{-t}(\cos 2t - 2 \sin 2t)$$

定理 3-2-4　微分的拉氏變換

若一函數 f 為連續函數，對 $t \geq 0$ 時具有指數位 α，且對 $t \geq 0$ 時，若 f' 為分段連續，則 f' 之拉氏變換存在且為

$$\mathcal{L}\{f'(t)\} = s\mathcal{L}\{f(t)\} - f(0)$$

證 由拉氏變換之定義知

$$\mathcal{L}\{f'(t)\} = \int_0^\infty e^{-st} f'(t)\, dt \quad \cdots\cdots\cdots ①$$

利用分部積分法，令 $u = e^{-st}$, $dv = f'(t)\, dt$，則 $du = -se^{-st}\, dt$, $v = f(t)$，代入①式中，得

$$\mathcal{L}\{f'(t)\} = f(t) e^{-st} \Big|_0^\infty + s\int_0^\infty e^{-st} f(t)\, dt$$

因為 $f(t)$ 具有指數位，當 t 無限制的遞增時，$f(t) e^{-st}$ 趨近於 0 (假設 $s > 0$)．又，等號右端之積分恰為 $f(t)$ 之拉氏變換，所以，$\mathcal{L}\{f'(t)\}$ 如下式：

$$\mathcal{L}\{f'(t)\} = s\mathcal{L}\{f(t)\} - f(0)$$

故得證．

同理，我們可以令 $g(t) = f'(t)$，則 $g'(t) = f''(t)$，而求得 $\mathcal{L}\{f''(t)\}$．故

$$\begin{aligned}
\mathcal{L}\{f''(t)\} &= \mathcal{L}\{g'(t)\} = s\mathcal{L}\{g(t)\} - g(0) \\
&= s\mathcal{L}\{f'(t)\} - f'(0) \\
&= s[s\mathcal{L}\{f(t)\} - f(0)] - f'(0) \\
&= s^2 \mathcal{L}\{f(t)\} - sf(0) - f'(0)
\end{aligned} \quad (3\text{-}2\text{-}1)$$

定理 3-2-4 可推廣為：對 $t \geq 0$，若 $f(t)$, $f'(t)$, $f''(t)$, $\cdots$, $f^{(n-1)}(t)$ 為連續且具有指數位，且對 $t \geq 0$，若 $f^{(n)}(t)$ 為分段連續，則

$$\mathcal{L}\{f^{(n)}(t)\} = s^n \mathcal{L}\{f(t)\} - s^{n-1}f(0) - s^{n-2}f'(0) - \cdots - f^{(n-1)}(0) \quad (3\text{-}2\text{-}2)$$

【例題 11】 若 $\mathcal{L}\{1\}=\dfrac{1}{s}$，試求 $\mathcal{L}\{t\}$．

【解】 令 $f(t)=t$，則 $f'(t)=1$ 且 $f(0)=0$，利用定理 3-2-4，取 $n=1$，

$$\mathcal{L}\{1\}=s\,\mathcal{L}\{t\}-f(0)$$

故

$$\mathcal{L}\{t\}=\dfrac{1}{s}\mathcal{L}\{1\}=\dfrac{1}{s^2}.$$

【例題 12】 若 $\mathcal{L}\{\cos t\}=\dfrac{s}{s^2+1}$，試求 $\mathcal{L}\{\sin t\}$．

【解】 令 $f(t)=\cos t$，$f'(t)=-\sin t$，$f(0)=1$

$$\mathcal{L}\{-\sin t\}=s\,\mathcal{L}\{\cos t\}-f(0)$$

$$-\mathcal{L}\{\sin t\}=s\,\mathcal{L}\{\cos t\}-1$$

$$\mathcal{L}\{\sin t\}=-[s\,\mathcal{L}\{\cos t\}-1]=-\left[\dfrac{s^2}{s^2+1}-1\right]=\dfrac{1}{s^2+1}$$

【例題 13】 試求 $\mathcal{L}\{t\sin t\}$．

【解】 令 $f(t)=t\sin t$，則

$$f'(t)=t\cos t+\sin t,\quad f(0)=f'(0)=0$$

$$f''(t)=-t\sin t+\cos t+\cos t=2\cos t-t\sin t$$

因

$$\mathcal{L}\{f''(t)\}=s^2\,\mathcal{L}\{f(t)\}-s\,f(0)-f'(0)$$

故

$$\mathcal{L}\{2\cos t-t\sin t\}=s^2\,\mathcal{L}\{t\sin t\}$$

而

$$\mathcal{L}\{2\cos t-t\sin t\}=2\,\mathcal{L}\{\cos t\}-\mathcal{L}\{t\sin t\}$$

$$=\dfrac{2s}{s^2+1}-\mathcal{L}\{t\sin t\}$$

所以

$$(1+s^2)\,\mathcal{L}\{t\sin t\}=\dfrac{2s}{s^2+1}$$

故

$$\mathcal{L}\{t\sin t\}=\dfrac{2s}{(s^2+1)^2}$$

定理 3-2-5　積分的拉氏變換

設函數 $f(t)$ 為具有指數位 α 的分段連續函數，則

$$\int_0^t f(u)\, du$$

亦具有指數位 α，且

$$\mathscr{L}\left\{\int_0^t f(u)\, du\right\} = \frac{1}{s}\mathscr{L}\{f(t)\} = \frac{1}{s}F(s).$$

證　令 $g(t) = \int_0^t f(u)\, du$，則 $g(t)$ 為連續函數，首先證明函數 g 亦有指數位 α。已知 $f(t)$ 具有指數位 α，可得

$$|g(t)| = \left|\int_0^t f(u)\, du\right| \leq \int_0^t |f(u)|\, du \leq M\int_0^t e^{\alpha u}\, du$$

$$= \frac{M}{\alpha}(e^{\alpha t} - 1)$$

故函數 g 亦具有指數位 α。

又除函數 f 的不連續點外，均有 $g'(t) = f(t)$，可知 $g'(t)$ 為分段連續函數，所以

$$\mathscr{L}\{f(t)\} = \mathscr{L}\{g'(t)\} = s\mathscr{L}\{g(t)\} - g(0)$$

上式中

$$g(0) = \int_0^0 f(u)\, du = 0$$

故

$$\mathscr{L}\{g(t)\} = \frac{1}{s}\mathscr{L}\{f(t)\} = \frac{1}{s}F(s)$$

定理 3-2-5 亦可推廣至 n 重積分

$$\mathscr{L}\left\{\underbrace{\int_0^t \int_0^t \cdots \int_0^t}_{n} f(t)\, dt \cdots dt\right\} = \frac{1}{s^n}\mathscr{L}\{f(t)\} = \frac{1}{s^n}F(s).$$

【例題 14】 設 $f(t)=\int_0^t x\sin x\,dx$，試求 $\mathscr{L}\{f(t)\}$．

【解】 由 3-2 節的例題 13 知

因 $$\mathscr{L}\{t\sin t\}=\frac{2s}{(s^2+1)^2}=F(s)$$

故 $$\mathscr{L}\{f(t)\}=\frac{1}{s}F(s)=\frac{1}{s}\frac{2s}{(s^2+1)^2}=\frac{2}{(s^2+1)^2}$$

【例題 15】 設 $f(t)=\int_0^t (7+5e^{-4t})\,dt$，試求 $\mathscr{L}\{f(t)\}$．

【解】 因 $\mathscr{L}\{7+5e^{-4t}\}=\mathscr{L}\{7\}+5\,\mathscr{L}\{e^{-4t}\}=7\,\mathscr{L}\{1\}+5\,\mathscr{L}\{e^{-4t}\}$

$$=\frac{7}{s}+\frac{5}{s+4}=\frac{12s+28}{s(s+4)}$$

$$=F(s)$$

故 $$\mathscr{L}\{f(t)\}=\frac{1}{s}F(s)=\frac{12s+28}{s^2(s+4)}$$

【例題 16】 試求 $\mathscr{L}^{-1}\left\{\dfrac{1}{s(s^2+1)}\right\}$．

【解】 $\mathscr{L}^{-1}\left\{\dfrac{1}{s(s^2+1)}\right\}=\mathscr{L}^{-1}\left\{\dfrac{1}{s}\cdot\dfrac{1}{s^2+1}\right\}=\int_0^t \sin u\,du$

$$=-\cos u\Big|_0^t=1-\cos t$$

習題 3-2

1. 試求下列各函數的拉氏變換．

   (1) $2t^2-3t+4$ 　　　　　　(2) t^3+3t-2

   (3) $9x^4+6x^2-16$ 　　　　　(4) 10^t+2e^{-t}

   (5) $10\cos 10x-\sin(-10x)$ 　(6) $\sin^2 2x$

   (7) $\cos^2 t$ 　　　　　　　　(8) $\sin t\cos t$

(9) $\cos t \cos 2t$

(10) $t^2 e^{3t}$

(11) $e^{-2x} \sin 5x$

(12) $e^{-2t}(3\cos 6t - 5\sin 6t)$

(13) $2^t \cos 3t$

(14) $e^{-4x}\sqrt{x}$

(15) $\dfrac{e^{2t}}{\sqrt{t}}$

2. 試求下列各式的反拉氏變換.

(1) $\dfrac{6}{2s-3}$

(2) $\dfrac{2s+3}{s^2+1}$

(3) $\dfrac{2s-18}{s^2+9}$

(4) $\dfrac{2s+3}{4s^2+20}$

(5) $\dfrac{3s+2}{(s-1)^5}$

(6) $\dfrac{s-1}{s^2-2s+3}$

(7) $\dfrac{6s-4}{s^2-4s+20}$

(8) $\dfrac{s+3}{4s^2+4s+1}$

(9) $\dfrac{1}{s(s-1)^2}$

(10) $\dfrac{1}{s^2(s+1)}$

3-3　利用部分分式法求反拉氏變換

在 3-1 節中已經知道，$\mathscr{L}^{-1}\left\{\dfrac{1}{s}\right\}=1$，$\mathscr{L}^{-1}\left\{\dfrac{1}{s+1}\right\}=e^{-t}$，但 $F(s)=\left\{\dfrac{1}{s(s+1)}\right\}$ 的反拉氏變換如何求出呢？在此，我們要提出一個很簡單，但是非常有用的方法來求 $F(s)$ 的反拉氏變換，這就是 部分分式法.

變換式 $F(s)=\mathscr{L}\{f(t)\}$ 常常是一個有理函數的形式，其分子的次數比分母的次數要低，即

$$F(s)=\dfrac{P(s)}{Q(s)}$$

$P(s)$ 與 $Q(s)$ 都是多項式函數，且 $P(s)$ 比 $Q(s)$ 的次數要低. 對於這一類型的變換式，可以表示成部分分式的和.

現在，我們列舉一些例子來說明．

【例題 1】　試求 $\mathscr{L}^{-1}\left\{\dfrac{1}{s(s+1)}\right\}$．

【解】　令 $\dfrac{1}{s(s+1)}=\dfrac{A}{s}+\dfrac{B}{s+1}$，則 $1=A(s+1)+Bs$．

以 $s=0$ 代入，可得 $A=1$．

以 $s=-1$ 代入，可得 $1=-B$，即 $B=-1$．故

$$\mathscr{L}^{-1}\left\{\dfrac{1}{s(s+1)}\right\}=\mathscr{L}^{-1}\left\{\dfrac{1}{s}-\dfrac{1}{s+1}\right\}$$

$$=\mathscr{L}^{-1}\left\{\dfrac{1}{s}\right\}-\mathscr{L}^{-1}\left\{\dfrac{1}{s+1}\right\}=1-e^{-t}$$

【例題 2】　試求 $\mathscr{L}^{-1}\left\{\dfrac{3s^2+2}{s(s-1)(s+2)}\right\}$．

【解】　令 $\dfrac{3s^2+2}{s(s-1)(s+2)}=\dfrac{A}{s}+\dfrac{B}{s-1}+\dfrac{C}{s+2}$，則

$$3s^2+2=A(s-1)(s+2)+Bs(s+2)+Cs(s-1)$$

以 $s=0$ 代入，可得 $A=-1$；以 $s=1$ 代入，可得 $B=\dfrac{5}{3}$；

以 $s=-2$ 代入，可得 $C=\dfrac{7}{3}$．故

$$\mathscr{L}^{-1}\left\{\dfrac{3s^2+2}{s(s-1)(s+2)}\right\}=\mathscr{L}^{-1}\left\{-\dfrac{1}{s}+\dfrac{5}{3}\left(\dfrac{1}{s-1}\right)+\dfrac{7}{3}\left(\dfrac{1}{s+2}\right)\right\}$$

$$=-\mathscr{L}^{-1}\left\{\dfrac{1}{s}\right\}+\dfrac{5}{3}\mathscr{L}^{-1}\left\{\dfrac{1}{s-1}\right\}+\dfrac{7}{3}\mathscr{L}^{-1}\left\{\dfrac{1}{s+2}\right\}$$

$$=-1+\dfrac{5}{3}e^{t}+\dfrac{7}{3}e^{-2t}$$

【例題 3】　試求 $\mathscr{L}^{-1}\left\{\dfrac{1}{s(s^2+9)}\right\}$．

【解】 令
$$\frac{1}{s(s^2+9)} = \frac{A}{s} + \frac{Bs+C}{s^2+9}$$

則
$$A(s^2+9) + s(Bs+C) = 1$$

可知
$$\begin{cases} A+B=0 \\ C=0 \\ 9A=1 \end{cases}$$

解得 $A = \dfrac{1}{9}$, $B = \dfrac{-1}{9}$, $C = 0$.

故
$$\mathscr{L}^{-1}\left\{\frac{1}{s(s^2+9)}\right\} = \mathscr{L}^{-1}\left\{\frac{1}{9}\left(\frac{1}{s}\right) - \frac{1}{9}\left(\frac{s}{(s^2+9)}\right)\right\}$$

$$= \frac{1}{9}\mathscr{L}^{-1}\left\{\frac{1}{s} - \frac{s}{(s^2+9)}\right\}$$

$$= \frac{1}{9}(1 - \cos 3t)$$

【例題 4】 試求 $\mathscr{L}^{-1}\left\{\dfrac{3s+2}{(s-1)^5}\right\}$.

【解】
$$\mathscr{L}^{-1}\left\{\frac{3s+2}{(s-1)^5}\right\} = \mathscr{L}^{-1}\left\{\frac{3(s-1)+5}{(s-1)^5}\right\}$$

$$= 3\mathscr{L}^{-1}\left\{\frac{1}{(s-1)^4}\right\} + 5\mathscr{L}^{-1}\left\{\frac{1}{(s-1)^5}\right\}$$

$$= \frac{3}{3!}\mathscr{L}^{-1}\left\{\frac{3!}{(s-1)^4}\right\} + \frac{5}{4!}\mathscr{L}^{-1}\left\{\frac{4!}{(s-1)^5}\right\}$$

$$= \frac{1}{2}t^3 e^t + \frac{5}{24}t^4 e^t$$

【例題 5】 試求 $\mathscr{L}^{-1}\left\{\dfrac{s-3}{s^2+2s+5}\right\}$.

【解】
$$\mathscr{L}^{-1}\left\{\frac{s-3}{s^2+2s+5}\right\} = \mathscr{L}^{-1}\left\{\frac{(s+1)-4}{(s+1)^2+2^2}\right\}$$

$$= \mathscr{L}^{-1}\left\{\frac{s+1}{(s+1)^2+2^2}\right\} - \mathscr{L}^{-1}\left\{\frac{4}{(s+1)^2+2^2}\right\}$$

$$=e^{-t}\cos 2t - 2e^{-t}\sin 2t$$
$$=e^{-t}(\cos 2t - 2\sin 2t)$$

習題 3-3

試求下列各式的反拉氏變換.

1. $\dfrac{1}{s^2-6s+5}$

2. $\dfrac{3s^2-1}{(s-2)(s-1)(s+1)}$

3. $\dfrac{s+1}{s(s^2+4)}$

4. $\dfrac{s-3}{s(s+2)^2}$

5. $\dfrac{5s+4}{s^2(s+1)}$

6. $\dfrac{s}{(s+1)^4}$

7. $\dfrac{s+1}{(s-2)^2(s-1)^2}$

8. $\dfrac{s^2-2}{s(s^2-4)}$

9. $\dfrac{s^2-s-2}{(s+2)(s^2+4)}$

10. $\dfrac{1}{(s-1)(s^2+2s-3)}$

3-4 拉氏變換的微分與積分

本節中要討論對拉氏變換式的微分與積分. 下列定理告訴我們, 對變換式 $F(s)$ 微分, 相當於將 $-t$ 與 $f(t)$ 相乘, 再求其拉氏變換. 利用這些特性, 可以很容易的將一些複雜函數的拉氏變換求出來.

定理 3-4-1 拉氏變換的微分

設 $f(t)$ 在 $t\geq 0$ 為具有指數位 a 的分段連續函數, 若 $\mathscr{L}\{f(t)\}=F(s)$, 則

$$\frac{d}{ds}F(s)=-\mathscr{L}\{tf(t)\} \qquad (s>a).$$

證　$\dfrac{d}{ds}F(s)=\dfrac{d}{ds}\displaystyle\int_0^\infty e^{-st}f(t)\,dt=\int_0^\infty \left(\dfrac{\partial}{\partial s}e^{-st}\right)f(t)\,dt$

$$= \int_0^\infty e^{-st}[-tf(t)]\,dt = \mathcal{L}\{-tf(t)\}$$

在此,我們假設上式中,積分與微分順序可以調換. 事實上可以證明,當 f 為具有指數位的分段連續函數時,積分與微分順序可以調換.

【例題 1】 $\mathcal{L}\{te^{2t}\} = -\dfrac{d}{ds}\mathcal{L}\{e^{2t}\} = -\dfrac{d}{ds}\left(\dfrac{1}{s-2}\right) = \dfrac{1}{(s-2)^2}$

應用第一移位定理也可得出相同的結果.

【例題 2】 試求 $\mathcal{L}\{t\sin t\}$.

【解】 $\mathcal{L}\{t\sin t\} = -\dfrac{d}{ds}\mathcal{L}\{\sin t\} = -\dfrac{d}{ds}\left(\dfrac{1}{s^2+1}\right) = \dfrac{2s}{(s^2+1)^2}$

【例題 3】 試求 $\mathcal{L}\{t\cos 2t\}$.

【解】 $\mathcal{L}\{t\cos 2t\} = -\dfrac{d}{ds}\mathcal{L}\{\cos 2t\} = -\dfrac{d}{ds}\left(\dfrac{s}{s^2+4}\right) = \dfrac{s^2-4}{(s^2+4)^2}$

【例題 4】 試求 $\mathcal{L}\{te^{-t}\cos t\}$.

【解】 $\mathcal{L}\{t\cos t\} = -\dfrac{d}{ds}\left(\dfrac{s}{s^2+1}\right) = \dfrac{s^2-1}{(s^2+1)^2}$

故 $\mathcal{L}\{te^{-t}\cos t\} = \dfrac{(s+1)^2-1}{[(s+1)^2+1]^2} = \dfrac{s(s+2)}{(s^2+2s+2)^2}$

定理 3-4-1 可推廣如下:

定理 3-4-2

對 $n=1, 2, 3, \cdots$

$$\mathcal{L}\{t^n f(t)\} = (-1)^n \dfrac{d^n}{ds^n}\mathcal{L}\{f(t)\} = (-1)^n \dfrac{d^n}{ds^n} F(s)$$

此處 $F(s) = \mathcal{L}\{f(t)\}$.

【證】 $\dfrac{d}{ds}F(s) = \dfrac{d}{ds}\int_0^\infty e^{-st}f(t)\,dt$

$$= \int_0^\infty \frac{\partial}{\partial s}[e^{-st}f(t)\,dt] = -\int_0^\infty e^{-st}tf(t)\,dt = -\mathcal{L}\{tf(t)\}$$

故 $$\mathcal{L}\{tf(t)\} = -\frac{d}{ds}\mathcal{L}\{f(t)\}$$

同理 $$\mathcal{L}\{t^2 f(t)\} = \mathcal{L}\{t \cdot tf(t)\} = -\frac{d}{ds}\mathcal{L}\{tf(t)\}$$

$$= -\frac{d}{ds}\left(-\frac{d}{ds}\mathcal{L}\{f(t)\}\right) = \frac{d^2}{ds^2}\mathcal{L}\{f(t)\}$$

$$\vdots$$

$$\mathcal{L}\{t^n f(t)\} = (-1)^n \frac{d^n}{ds^n}\mathcal{L}\{f(t)\} = (-1)^n \frac{d^n}{ds^n}F(s)$$

【例題 5】 試求 $\mathcal{L}\{t^2 \sin t\}$.

【解】 $\mathcal{L}\{t^2 \sin t\} = (-1)^2 \dfrac{d^2}{ds^2}\mathcal{L}\{\sin t\} = \dfrac{d^2}{ds^2}\left(\dfrac{1}{s^2+1}\right)$

$$= \frac{d}{ds}\left[-\frac{2s}{(s^2+1)^2}\right] = \frac{2(3s^2-1)}{(s^2+1)^3}$$

下列定理說明，在區間 $[s, \infty)$ 對拉氏變換式 $F(s)$ 積分，相當於將 $f(t)$ 除以 t，再求其拉氏變換.

定理 3-4-3　拉氏變換的積分

設 $f(t)$ 為具指數位 α 的分段連續函數，且 $F(s) = \mathcal{L}\{f(t)\}$. 若 $\lim\limits_{t \to 0^+}\dfrac{f(t)}{t}$ 存在，則

$$\int_0^\infty F(u)\,du = \mathcal{L}\left\{\frac{f(t)}{t}\right\} \quad (s > \alpha).$$

證 $\displaystyle\int_s^\infty F(u)\,du = \int_s^\infty \left[\int_0^\infty e^{-ut}f(t)\,dt\right]du = \int_0^\infty f(t)\left[\int_s^\infty e^{-ut}\,du\right]dt$

$$= \int_0^\infty f(t)\left[-\frac{1}{t}\lim_{h\to\infty}e^{-ut}\Big|_s^h\right]dt$$

$$= \int_0^\infty f(t)\left[-\frac{1}{t}\lim_{h\to\infty}(e^{-ht}-e^{-st})\right]dt$$

$$= \int_0^\infty \frac{f(t)}{t} e^{-st}\,dt$$

$$= \mathscr{L}\left\{\frac{f(t)}{t}\right\}$$

【例題 6】 試求 $\mathscr{L}\left\{\dfrac{\sin 2t}{t}\right\}$.

【解】 令 $\quad F(s)=\mathscr{L}\{\sin 2t\}=\dfrac{2}{s^2+4}$

依定理 3-4-3,

$$\mathscr{L}\left\{\frac{\sin 2t}{t}\right\}=\int_s^\infty F(u)\,du=\int_s^\infty \frac{2}{u^2+4}\,du$$

$$=\lim_{h\to\infty}\int_s^h \frac{2}{u^2+4}\,du=\lim_{h\to\infty}\left(\tan^{-1}\frac{u}{2}\bigg|_s^h\right)$$

$$=\frac{\pi}{2}-\tan^{-1}\frac{s}{2}$$

$$=\cot^{-1}\frac{s}{2}$$

【例題 7】 試求 $\mathscr{L}^{-1}\left\{\ln\left(\dfrac{s+a}{s+b}\right)\right\}$.

【解】 令 $G(s)=\ln\left(\dfrac{s+a}{s+b}\right)=\ln|s+a|-\ln|s+b|$, 則

$$\frac{d}{ds}G(s)=\frac{1}{s+a}-\frac{1}{s+b}=F(s)=\mathscr{L}\{e^{-at}-e^{-bt}\}$$

$$=\mathscr{L}\{f(t)\}$$

依 $\displaystyle\int_s^\infty F(u)\,du=\mathscr{L}\left\{\dfrac{f(t)}{t}\right\}$, 可得

$$\mathcal{L}\left\{\frac{e^{-at}-e^{-bt}}{t}\right\} = \int_s^\infty \left(\frac{1}{u+a} - \frac{1}{u+b}\right) du$$

$$= \lim_{h\to\infty} \int_s^h \left(\frac{1}{u+a} - \frac{1}{u+b}\right) du$$

$$= \lim_{h\to\infty} \left[\ln|u+a| - \ln|u+b|\ \Big|_s^h\right]$$

$$= \lim_{h\to\infty} \left[\ln\left|\frac{h+a}{h+b}\right| - \ln\left|\frac{s+a}{s+b}\right|\right]$$

$$= -\ln\left|\frac{s+a}{s+b}\right|$$

$$= -\ln\left(\frac{s+a}{s+b}\right) \qquad \left(因\ \frac{s+a}{s+b} > 0\right)$$

故 $\quad \mathcal{L}^{-1}\left\{\ln\left(\frac{s+a}{s+b}\right)\right\} = \frac{e^{-bt}-e^{-at}}{t}$

定理 3-4-3 可推廣如下：

$$\underbrace{\int_s^\infty \int_s^\infty \cdots \int_s^\infty}_{n} F(s)\,ds \cdots ds = \mathcal{L}\left\{\frac{f(t)}{t^n}\right\}$$

習題 3-4

1. 試求下列函數的拉氏變換．

(1) $te^{-t}\cos t$ (2) $t^2 e^t$

(3) $t^2 \sin at$ (4) $t^2 \cos at$

(5) $t^3 e^{4t}$ (6) $x^{7/2}$

(7) $t^2 e^{-t} \sin 3t$ (8) $\dfrac{1-e^{-t}}{t}$

2. 試求下列各式的反拉氏變換．

(1) $\dfrac{1}{(s-2)^2}$ (2) $\dfrac{s^3}{(s^2+1)^2}$

(3) $\dfrac{2s}{(s^2-4)^2}$ (4) $\cot^{-1}(s-1)$

3-5　利用拉氏變換解微分方程式

在討論過微分與積分的拉氏變換，以及許多拉氏變換的公式後，本節中要應用這些公式來解一些特殊類型的微分方程式．一般來說，附有初期條件的常係數線性微分方程式，可以利用拉氏變換與反拉氏變換直接求出特解，不必像一般的微分方程式解法，需先求出通解，再由通解中找出適合初期條件的特解，這是拉氏變換解法的優越處．

利用拉氏變換求解微分方程式，大致上可分為下列四個步驟：

1. 對微分方程式等號兩邊同時取拉氏變換．
2. 將初期條件代入．
3. 解出 $\mathscr{L}\{y\}$．
4. 求 $\mathscr{L}\{y\}$ 的反拉氏變換．

現在，我們舉一些例子來加以說明．

【例題 1】　試解 $y'-5y=e^{5x}$；$y(0)=2$．

【解】　將微分方程式等號兩邊同時取拉氏變換，

$$\mathscr{L}\{y'-5y\}=\mathscr{L}\{e^{5x}\}$$

$$\mathscr{L}\{y'\}-5\mathscr{L}\{y\}=\dfrac{1}{s-5}$$

令 $Y(s)=\mathscr{L}\{y\}$，則

$$sY(s)-y(0)-5Y(s)=\dfrac{1}{s-5}$$

將初期條件 $y(0)=2$ 代入，

$$sY(s)-2-5Y(s)=\dfrac{1}{s-5}$$

解得
$$Y(s) = \frac{2}{s-5} + \frac{1}{(s-5)^2}$$

故
$$y = \mathcal{L}^{-1}\{Y(s)\} = \mathcal{L}^{-1}\left\{\frac{2}{s-5} + \frac{1}{(s-5)^2}\right\}$$
$$= 2\mathcal{L}^{-1}\left\{\frac{1}{s-5}\right\} + \mathcal{L}^{-1}\left\{\frac{1}{(s-5)^2}\right\}$$
$$= 2e^{5x} + xe^{5x}$$

【例題 2】 試解 $y'' - 2y' + y = \sin t$；$y(0) = y'(0) = 1$.

【解】 $\mathcal{L}\{y''\} - 2\mathcal{L}\{y'\} + \mathcal{L}\{y\} = \mathcal{L}\{\sin t\}$

$$[s^2 Y(s) - s y(0) - y'(0)] - 2[s Y(s) - y(0)] + Y(s) = \frac{1}{s^2+1}$$

將初期條件 $y(0) = y'(0) = 1$ 代入，解得

$$Y(s) = \frac{1}{s-1} + \frac{1}{(s-1)^2(s^2+1)}$$
$$= \frac{1}{2}\left[\frac{1}{s-1} + \frac{1}{(s-1)^2} + \frac{s}{s^2+1}\right]$$

所以
$$y(t) = \mathcal{L}^{-1}\{Y(s)\}$$
$$= \frac{1}{2}\left(\mathcal{L}^{-1}\left\{\frac{1}{s-1}\right\} + \mathcal{L}^{-1}\left\{\frac{1}{(s-1)^2}\right\} + \mathcal{L}^{-1}\left\{\frac{s}{s^2+1}\right\}\right)$$
$$= \frac{1}{2}(e^t + te^t + \cos t)$$

【例題 3】 試解 $\dfrac{d^2I}{dt^2} + 4\dfrac{dI}{dt} + 20I = 0$；$I(0) = 0$，$I'(0) = 2$.

【解】 $\mathcal{L}\left\{\dfrac{d^2I}{dt^2}\right\} + 4\mathcal{L}\left\{\dfrac{dI}{dt}\right\} + 20\mathcal{L}\{I\} = 0$

$$[s^2 \mathcal{L}\{I\} - s I(0) - I'(0)] + 4[s \mathcal{L}\{I\} - I(0)] + 20\mathcal{L}\{I\} = 0$$

$$s^2 \mathcal{L}\{I\} - 2 + 4s\mathcal{L}\{I\} + 20\mathcal{L}\{I\} = 0$$

可得
$$\mathcal{L}\{I\} = \frac{2}{s^2 + 4s + 20}$$

$$I = \mathcal{L}^{-1}\left\{\frac{2}{s^2+4s+20}\right\} = \frac{1}{2}\mathcal{L}^{-1}\left\{\frac{4}{(s+2)^2+4^2}\right\} = \frac{1}{2}e^{-2t}\sin 4t$$

【例題 4】 試解 $y''' - y' = \sin t$；$y(0) = 2$，$y'(0) = 0$，$y''(0) = 1$.

【解】 $\mathcal{L}\{y'''\} - \mathcal{L}\{y'\} = \mathcal{L}\{\sin t\}$

$$s^3 \mathcal{L}\{y\} - 2s^2 - 1 - (s\mathcal{L}\{y\} - 2) = \frac{1}{s^2+1}$$

可得
$$\mathcal{L}\{y\} = \frac{2s^2 - 1}{s^3 - s} + \frac{1}{(s^3-s)(s^2+1)} = \frac{2s^3 + s}{(s^2-1)(s^2+1)}$$

$$= \frac{3}{4}\left(\frac{1}{s-1}\right) + \frac{3}{4}\left(\frac{1}{s+1}\right) + \frac{1}{2}\left(\frac{s}{s^2+1}\right)$$

$$y = \frac{3}{4}e^t + \frac{3}{4}e^{-t} + \frac{1}{2}\cos t$$

拉氏變換也可以解聯立微分方程式，我們舉出下面例子作說明.

【例題 5】 試解聯立微分方程式

$$\begin{cases} x'(t) = 2x - 3y \\ y'(t) = -2x + y \end{cases} ; x(0) = 8, \; y(0) = 3.$$

【解】 對聯立微分方程式取拉氏變換，

$$\begin{cases} \mathcal{L}\{x'\} = 2\mathcal{L}\{x\} - 3\mathcal{L}\{y\} \\ \mathcal{L}\{y'\} = -2\mathcal{L}\{x\} + \mathcal{L}\{y\} \end{cases}$$

令 $X(s) = \mathcal{L}\{x\}$，$Y(s) = \mathcal{L}\{y\}$，則

$$\begin{cases} sX(s) - x(0) = 2X(s) - 3Y(s) \\ sY(s) - y(0) = -2X(s) + Y(s) \end{cases}$$

將初期條件 $x(0) = 8$，$y(0) = 3$ 代入，可得

$$\begin{cases} (2-s)X(s)-3Y(s)=-8 \\ -2X(s)+(1-s)Y(s)=-3 \end{cases}$$

利用**克雷莫法則** (Cramer's rule) 解得

$$X(s)=\frac{\begin{vmatrix} -8 & -3 \\ -3 & 1-s \end{vmatrix}}{\begin{vmatrix} 2-s & -3 \\ -2 & 1-s \end{vmatrix}}=\frac{8s-17}{s^2-3s-4}=\frac{5}{s+1}+\frac{3}{s-4}$$

$$Y(s)=\frac{\begin{vmatrix} 2-s & -8 \\ -2 & -3 \end{vmatrix}}{\begin{vmatrix} 2-s & -3 \\ -2 & 1-s \end{vmatrix}}=\frac{3s-22}{s^2-3s-4}=\frac{5}{s+1}-\frac{2}{s-4}$$

故 $x=\mathscr{L}^{-1}\{X(s)\}=\mathscr{L}^{-1}\left\{\dfrac{5}{s+1}+\dfrac{3}{s-4}\right\}=5e^{-t}+3e^{4t}$

$y=\mathscr{L}^{-1}\{Y(s)\}=\mathscr{L}^{-1}\left\{\dfrac{5}{s+1}-\dfrac{2}{s-4}\right\}=5e^{-t}-2e^{4t}$

【例題 6】 試解聯立微分方程式

$$\begin{cases} x'(t)=2x-2y+3z \\ y'(t)=x+y+z \\ z'(t)=x+3y-z \end{cases} ; x(0)=1, \ y(0)=z(0)=0.$$

【解】

$$\begin{cases} \mathscr{L}\{x'(t)\}=\mathscr{L}\{2x\}-\mathscr{L}\{2y\}+\mathscr{L}\{3z\} \\ \mathscr{L}\{y'(t)\}=\mathscr{L}\{x\}+\mathscr{L}\{y\}+\mathscr{L}\{z\} \\ \mathscr{L}\{z'(t)\}=\mathscr{L}\{x\}+\mathscr{L}\{3y\}-\mathscr{L}\{z\} \end{cases}$$

得

$$\begin{cases} sX(s)-1=2X(s)-2Y(s)+3Z(s) \\ sY(s)=X(s)+Y(s)+Z(s) \\ sZ(s)=X(s)+3Y(s)-Z(s) \end{cases}$$

$$\begin{cases} (s-2)X(s)+2Y(s)-3Z(s)=1 \\ -X(s)+(s-1)Y(s)-Z(s)=0 \\ -X(s)-3Y(s)+(s+1)Z(s)=0 \end{cases}$$

$$X(s) = \frac{\begin{vmatrix} 1 & 2 & -3 \\ 0 & s-1 & -1 \\ 0 & -3 & s+1 \end{vmatrix}}{\begin{vmatrix} s-2 & 2 & -3 \\ -1 & s-1 & -1 \\ -1 & -3 & s+1 \end{vmatrix}} = \frac{s^2-4}{s^3-2s^2-5s+6}$$

$$= \frac{s-2}{(s-3)(s-1)} = \frac{1}{2}\left(\frac{1}{s-3} + \frac{1}{s-1}\right)$$

$$Y(s) = \frac{\begin{vmatrix} s-2 & 1 & -3 \\ -1 & 0 & -1 \\ -1 & 0 & s+1 \end{vmatrix}}{\begin{vmatrix} s-2 & 2 & -3 \\ -1 & s-1 & -1 \\ -1 & -3 & s+1 \end{vmatrix}} = \frac{s+2}{s^3-2s^2-5s+6}$$

$$= \frac{1}{(s-3)(s-1)} = \frac{1}{2}\left(\frac{1}{s-3} - \frac{1}{s-1}\right)$$

$$Z(s) = \frac{\begin{vmatrix} s-2 & 2 & 1 \\ -1 & s-1 & 0 \\ -1 & -3 & 0 \end{vmatrix}}{\begin{vmatrix} s-2 & 2 & -3 \\ -1 & s-1 & -1 \\ -1 & -3 & s+1 \end{vmatrix}} = \frac{s+2}{s^3-2s^2-5s+6}$$

$$= \frac{1}{2}\left(\frac{1}{s-3} - \frac{1}{s-1}\right)$$

故

$$x = \mathscr{L}^{-1}\{X(s)\} = \frac{1}{2}(e^{3t} + e^t)$$

$$y = \mathscr{L}^{-1}\{Y(s)\} = \frac{1}{2}(e^{3t} - e^t)$$

$$z = \mathscr{L}^{-1}\{Z(s)\} = \frac{1}{2}(e^{3t} - e^t)$$

習題 3-5

試解下列各題.

1. $y' + y = \sin x$, $y(0) = 0$
2. $y' + 2y = e^{-2t}$, $y(0) = 1$
3. $\dfrac{dI}{dt} + 50I = 5$, $I(0) = 0$
4. $y'' - 4y = 8t^2 - 4$, $y(0) = 5$, $y'(0) = 10$
5. $y'' + y = 2\cos t$, $y(0) = 1$, $y'(0) = 0$
6. $y'' + 2y' + 10y = e^{-t} \sin t$, $y(0) = 0$, $y'(0) = 1$
7. $y'' + y = x$, $y(0) = 1$, $y'(0) = -2$
8. $\dfrac{d^2Q}{dt^2} + 8\dfrac{dQ}{dt} + 25Q = 150$, $Q(0) = 0$, $Q'(0) = 0$
9. $y''' - 3y'' + 3y' - y = te^t$, $y(0) = 0$, $y'(0) = -1$, $y''(0) = -1$
10. $\begin{cases} x'(t) = -x + y \\ y'(t) = -2x - 4y \end{cases}$, $x(0) = 1$, $y(0) = 0$
11. $\begin{cases} x' + y = 2\cos t \\ x + y' = 0 \end{cases}$, $x(0) = 0$, $y(0) = 1$

3-6　t-軸上的移位

在第一移位定理中，我們知道，若將變換式 $F(s)$ 中的 s 以 $s-a$ 取代，則恰好等於對函數 $e^{at} f(t)$ 取拉氏變換，即

$$\text{若 } F(s) = \mathcal{L}\{f(t)\}, \text{ 則 } F(s-a) = \mathcal{L}\{e^{at} f(t)\}$$

在本節中，我們要討論當函數 $f(t)$ 的 t 以 $t-a$ 取代時，其變換式會如何改變，這種在 t-軸上移位的特性，將以第二移位定理來說明.

下面先介紹一個非常有用的函數，稱為<u>單位階梯函數</u> (unit step function)，記為 $u(t)$，定義為

$$u(t)=\begin{cases} 0, & t<0 \\ 1, & t\geq 0 \end{cases}$$

其圖形如圖 3-6-1 所示.

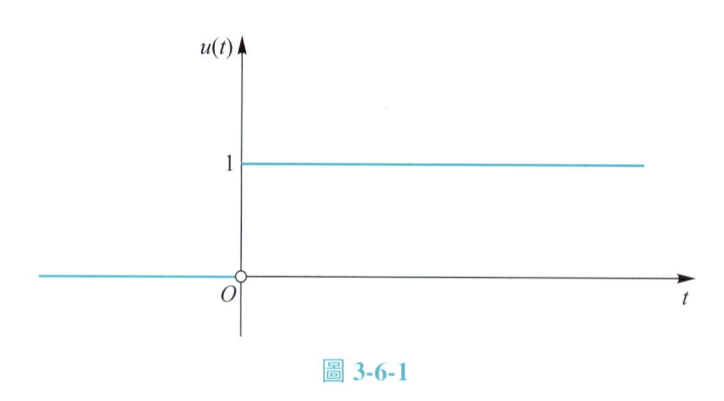

圖 3-6-1

參考圖 3-6-1，若考慮單位階梯函數往右移 a 單位距離，可表示如下：

$$u(t-a)=\begin{cases} 0, & t<a \\ 1, & t\geq a \end{cases} \quad (a\geq 0)$$

其圖形如圖 3-6-2 所示.

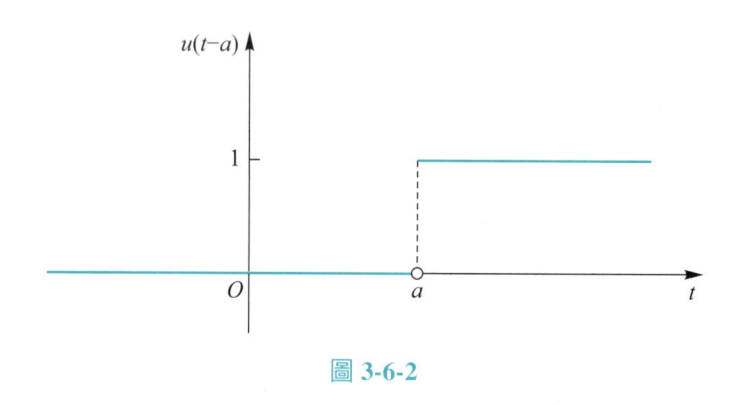

圖 3-6-2

根據單位階梯函數 $u(t-a)$，可得

$$1-u(t-a)=\begin{cases} 0, & t<a \\ 1, & t\geq a \end{cases}$$

其圖形如圖 3-6-3 所示.

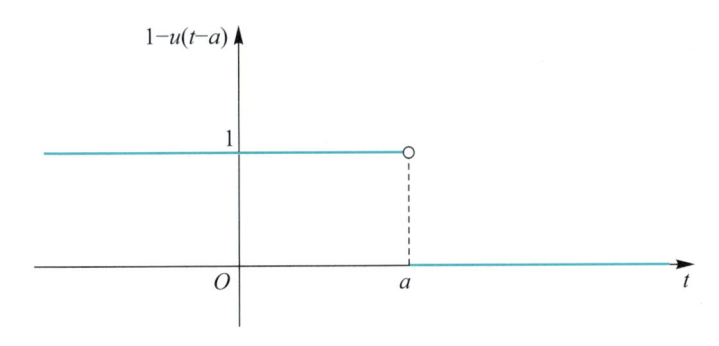

圖 3-6-3

若 $0 \leq a < b$, 則

$$u(t-a) - u(t-b) = \begin{cases} 1, & a \leq t < b \\ 0, & \text{其他} \end{cases}$$

其圖形如圖 3-6-4 所示.

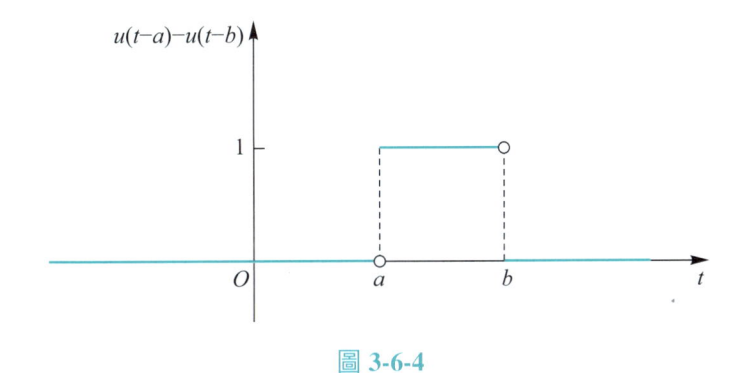

圖 3-6-4

【例題 1】 試利用單位階梯函數表出函數

$$f(t) = \begin{cases} 5, & t < 1 \\ 3, & t \geq 1 \end{cases}.$$

【解】 $f(t) = \begin{cases} 5, & t < 1 \\ 3, & t \geq 1 \end{cases} = 5 + \begin{cases} 0, & t < 1 \\ -2, & t \geq 1 \end{cases} = 5 - 2\begin{cases} 0, & t < 1 \\ 1, & t \geq 1 \end{cases}$

$= 5 - 2u(t-1)$

【例題 2】 試利用單位階梯函數表出函數

$$f(t) = \begin{cases} t, & 0 \leq t < 2 \\ 2, & t \geq 2 \end{cases}.$$

【解】 $f(t) = \begin{cases} t, & 0 \leq t < 2 \\ 2, & t \geq 2 \end{cases} = t \begin{cases} 1 \\ 0 \end{cases} + 2 \begin{cases} 0, & 0 \leq t < 2 \\ 1, & t \geq 2 \end{cases}$

$\quad = t[u(t) - u(t-2)] + 2u(t-2)$

$\quad = tu(t) + (2-t)u(t-2)$

設函數 f 的圖形如圖 3-6-5 所示.

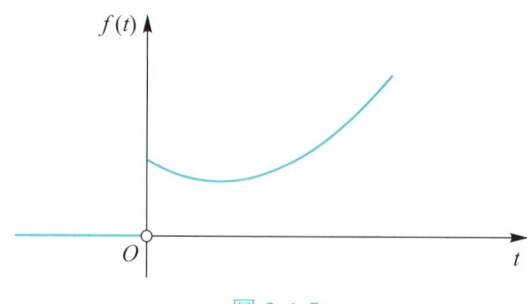

圖 3-6-5

則函數 $g(t) = \begin{cases} 0, & t < a \\ f(t-a), & t \geq a \end{cases}$

的圖形恰好是將 f 的圖形向右平移 a 單位，如圖 3-6-6 所示.

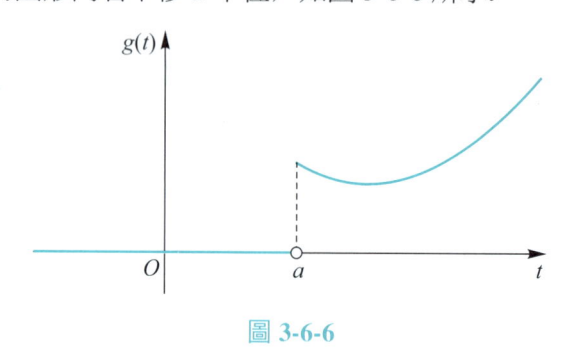

圖 3-6-6

函數 g 又可以用單位階梯函數寫成

$$g(t) = u(t-a)f(t-a)$$

即 $u(t-a)f(t-a) = \begin{cases} 0, & t < a \\ f(t-a), & t \geq a \end{cases}$

【例題 3】 試求 $\mathcal{L}\{u(t-a)\}$.

【解】 $\mathcal{L}\{u(t-a)\} = \int_0^\infty e^{-st} u(t-a)\, dt = \int_a^\infty e^{-st}\, dt = -\frac{1}{s} e^{-st} \Big|_a^\infty$

$$= \frac{1}{s} e^{-as}, \quad s > 0$$

由該例題知，當 $s > 0$ 時，可得

$$\mathcal{L}\{u(t-a)\} = \frac{1}{s} e^{-as} \Leftrightarrow \mathcal{L}^{-1}\left\{\frac{1}{s} e^{-as}\right\} = u(t-a)$$

又當 $a = 0$ 時，$\mathcal{L}\{u(t)\} = \frac{1}{s} \Leftrightarrow \mathcal{L}^{-1}\left\{\frac{1}{s}\right\} = u(t)$.

定理 3-6-1　第二移位定理

設 $F(s) = \mathcal{L}\{f(t)\}$，若 $g(t) = \begin{cases} 0, & t < a \\ f(t-a), & t \geq a \end{cases}$，則

$$\mathcal{L}\{g(t)\} = \mathcal{L}\{u(t-a) f(t-a)\} = e^{-as} F(s).$$

證 依定義，

$$\mathcal{L}\{g(t)\} = \int_0^\infty e^{-st} g(t)\, dt = \int_a^\infty e^{-st} f(t-a)\, dt$$

$$= e^{-as} \int_0^\infty e^{-su} f(u)\, du \quad (\diamondsuit\; u = t-a)$$

$$= e^{-as} F(s)$$

【例題 4】 試求 $\mathcal{L}\{(t-2)^3 u(t-2)\}$.

【解】 令 $a = 2$，由定理 3-6-1 知

$$\mathcal{L}\{(t-2)^3 u(t-2)\} = \mathcal{L}\{u(t-2)(t-2)^3\} = e^{-2s} \mathcal{L}\{t^3\}$$

$$= e^{-2s} \frac{3!}{s^4} = \frac{6 e^{-2s}}{s^4}.$$

註：此一結果相當於計算積分 $\int_2^\infty e^{-st}(t-2)^3\,dt.$

【例題 5】 設 $f(t)=\begin{cases} 0, & 0 \le t < \dfrac{\pi}{2} \\ \sin t, & t \ge \dfrac{\pi}{2} \end{cases}$，試求 $\mathcal{L}\{f(t)\}$.

【解】 因 $\sin t = \cos\left(t-\dfrac{\pi}{2}\right)$，故 $f(t)$ 可寫成

$$f(t)=\begin{cases} 0, & 0 < t < \dfrac{\pi}{2} \\ \cos\left(t-\dfrac{\pi}{2}\right), & t \ge \dfrac{\pi}{2} \end{cases}$$

所以 $\mathcal{L}\{f(t)\} = e^{-(\pi/2)s}\,\mathcal{L}\{\cos t\} = \dfrac{s e^{-(\pi/2)s}}{s^2+1}$

【例題 6】 試求 $\mathcal{L}\{\sin t\, u(t-2\pi)\}$.

【解】 令 $a=2\pi$，由定理 3-6-1 知

$\mathcal{L}\{\sin t\, u(t-2\pi)\} = \mathcal{L}\{\sin(t-2\pi)\,u(t-2\pi)\}$ （$\sin t$ 之週期為 2π）

$= e^{-2\pi s}\,\mathcal{L}\{\sin t\} = \dfrac{e^{-2\pi s}}{s^2+1}$

【例題 7】 試求下列函數圖形之拉氏變換.

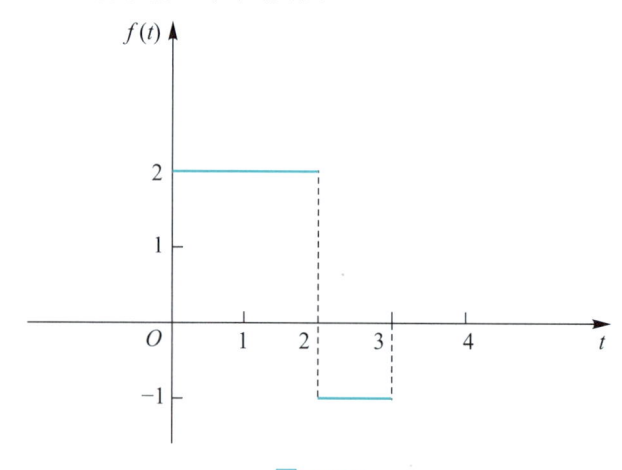

圖 3-6-7

【解】 此一函數圖形為階梯函數，故知

$$f(t) = 2 - 3u(t-2) + u(t-3)$$

$$\mathcal{L}\{f(t)\} = \mathcal{L}\{2\} - 3\mathcal{L}\{u(t-2)\} + \mathcal{L}\{u(t-3)\}$$

$$= \frac{2}{s} - 3 \cdot \frac{e^{-2s}}{s} + \frac{e^{-3s}}{s}$$

【例題 8】 設 $f(t) = t^2 - 2t + 4$，試求 $\mathcal{L}\{u(t-2)f(t)\}$.

【解】 利用泰勒級數，將 $f(t)$ 在 $t = 2$ 處展開，

$$f(t) = (t-2)^2 + 2(t-2) + 4$$

故 $\mathcal{L}\{u(t-2)f(t)\} = \mathcal{L}\{u(t-2)[(t-2)^2 + 2(t-2) + 4]\}$

$$= \mathcal{L}\{u(t-2)(t-2)^2\} + 2\mathcal{L}\{u(t-2)(t-2)\} + 4\mathcal{L}\{u(t-2)\}$$

$$= \frac{2e^{-2s}}{s^3} + 2\frac{e^{-2s}}{s^2} + 4\frac{e^{-2s}}{s}$$

$$= \frac{2e^{-2s}}{s}\left(\frac{1}{s^2} + \frac{1}{s} + 2\right)$$

習題 3-6

1. 試求下列各函數的拉氏變換.

(1) $f(t) = \begin{cases} 1, & 0 \leq t \leq 2 \\ 0, & t > 2 \end{cases}$

(2) $f(t) = \begin{cases} 0, & 0 \leq t \leq 1 \\ (t-1)^2, & t > 1 \end{cases}$

(3) $f(t) = \begin{cases} \cos t, & 0 \leq t \leq \pi \\ 0, & t > \pi \end{cases}$

(4) $f(t) = \begin{cases} \sin t, & 0 \leq t \leq \pi \\ t, & t > \pi \end{cases}$

(5) $u(t-2)t^2$

(6) $u(t-1)(2t^3 + 3t - 2)$

2. 試求下列各式的反拉氏變換.

(1) $\dfrac{e^{-4s}}{s^3}$

(2) $\dfrac{e^{-\pi s/3}}{s^2 + 1}$

(3) $\dfrac{se^{-2s}}{s^2 + 16}$

(4) $\dfrac{e^{-3s}}{s^2 + 6s + 10}$

3. 試解 $y'' + y = \begin{cases} 0, & x < 1 \\ 2, & x \geq 1 \end{cases}$，$y(0) = y'(0) = 0$.

3-7　週期函數的變換

定理 3-7-1　週期函數的拉氏變換

設 $\mathcal{L}\{f(t)\} = F(s)$，若函數 f 具有週期 T，則

$$F(s) = \frac{1}{1 - e^{-sT}} \int_0^T e^{-st} f(t)\, dt.$$

證　依拉氏變換的定義，

$$F(s) = \int_0^\infty e^{-st} f(t)\, dt$$

$$= \int_0^T e^{-st} f(t)\, dt + \int_T^{2T} e^{-st} f(t)\, dt + \cdots + \int_{nT}^{(n+1)T} e^{-st} f(t)\, dt + \cdots$$

$$= \sum_{n=0}^\infty \int_{nT}^{(n+1)T} e^{-st} f(t)\, dt$$

令 $u = t - nT$，則

$$\int_{nT}^{(n+1)T} e^{-st} f(t)\, dt = \int_0^T e^{-s(u+nT)} f(u+nT)\, du = e^{-nTs} \int_0^T e^{-su} f(u)\, du$$

故

$$F(s) = \sum_{n=0}^\infty e^{-nTs} \int_0^T e^{-su} f(u)\, du = \frac{1}{1 - e^{-sT}} \int_0^T e^{-su} f(u)\, du$$

$$= \frac{1}{1 - e^{-sT}} \int_0^T e^{-st} f(t)\, dt$$

【例題 1】　(方形波) 設函數 f 的圖形如圖 3-7-1 所示，試求 $\mathcal{L}\{f(t)\}$。

第 3 章　拉普拉斯變換　　155

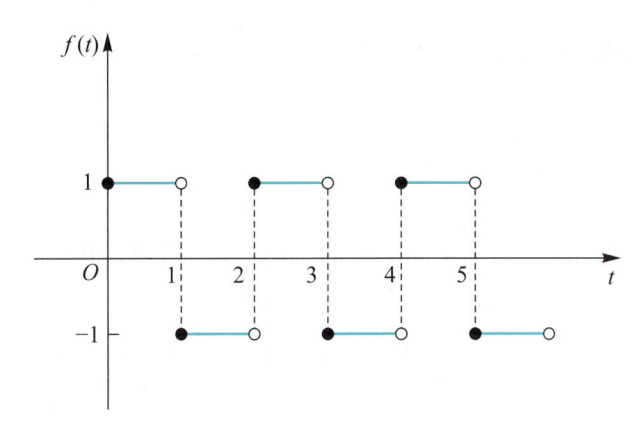

图 3-7-1

【解】　函數 f 的週期 $T=2$，依定理 3-7-1，

$$\int_0^2 e^{-st} f(t)\, dt = \int_0^1 e^{-st} \cdot 1\, dt + \int_1^2 e^{-st} \cdot (-1)\, dt$$

$$= \frac{-1}{s} e^{-st} \bigg|_0^1 + \frac{1}{s} e^{-st} \bigg|_1^2 = \frac{(1-e^{-s})^2}{s}$$

故

$$\mathscr{L}\{f(t)\} = \frac{1}{1-e^{-2s}} \int_0^2 e^{-st} f(t)\, dt$$

$$= \frac{1}{1-e^{-2s}} \left[\frac{(1-e^{-s})^2}{s} \right] = \frac{1}{s} \left(\frac{1-e^{-s}}{1+e^{-s}} \right)$$

【例題 2】　(鋸齒波) 週期函數 $f(t)$ 如圖 3-7-2 所示，試求其拉氏變換．

$$f(t) = \frac{t}{2\pi},\ 0 \leq t < 2\pi,\ \text{週期 } 2\pi.$$

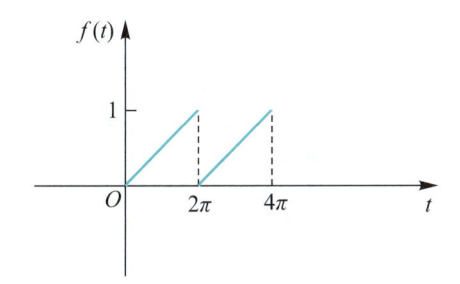

图 3-7-2

【解】 因 $f(t)$ 之週期為 2π，

$$\int_0^{2\pi} e^{-st}\left(\frac{t}{2\pi}\right)dt = \frac{1}{2\pi}\int_0^{2\pi} e^{-st}\, t\, dt$$

$$\left(令 u=t,\ dv=e^{-st}dt,\ 則\ du=dt,\ v=-\frac{1}{s}e^{-st}\right)$$

$$=\frac{1}{2\pi}\left[-\frac{t}{s}e^{-st}\Big|_0^{2\pi} + \frac{1}{s}\int_0^{2\pi} e^{-st}\,dt\right]$$

$$=\frac{1}{2\pi}\left[-\frac{2\pi}{s}e^{-2\pi s} - \frac{1}{s^2}\left(e^{-st}\Big|_0^{2\pi}\right)\right]$$

$$=\frac{1}{2\pi}\left[-\frac{2\pi}{s}e^{-2\pi s} - \frac{1}{s^2}e^{-2\pi s} + \frac{1}{s^2}\right]$$

$$=-\frac{e^{-2\pi s}}{s} - \frac{1}{2\pi s^2}(e^{-2\pi s}-1) \qquad (s>0)$$

故 $f(t)$ 之拉氏變換為

$$\mathscr{L}\{f(t)\} = \frac{1}{1-e^{-2\pi s}}\int_0^{2\pi} e^{-st} f(t)\, dt$$

$$= \frac{1}{1-e^{-2\pi s}}\left[-\frac{e^{-2\pi s}}{s} - \frac{1}{2\pi s^2}(e^{-2\pi s}-1)\right]$$

$$= \frac{1}{2\pi s^2} - \frac{e^{-2\pi s}}{s(1-e^{-2\pi s})} \qquad (s>0)$$

【例題 3】 (全波整流) 設 $f(t)=|\sin t|$，$t\geq 0$，圖形如圖 3-7-3 所示，試求 $\mathscr{L}\{f(t)\}$.

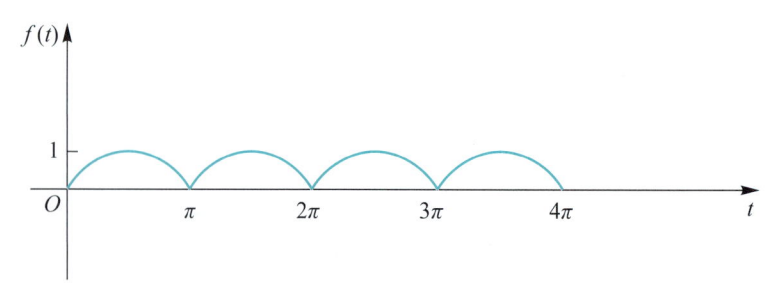

圖 3-7-3

【解】 函數 f 的週期 $T=\pi$,

$$\int_0^\pi e^{-st} f(t)\, dt = \int_0^\pi e^{-st} \sin t\, dt = \frac{1+e^{-\pi s}}{s^2+1}$$

故

$$\mathscr{L}\{f(t)\} = \frac{1}{1-e^{-\pi s}}\left(\frac{1+e^{-\pi s}}{s^2+1}\right) = \frac{1}{s^2+1} \coth \frac{\pi s}{2}$$

【例題 4】 已知某初期值問題如下：

$$y'' + 4\pi^2 y = f(x),\quad y(0)=0,\quad y'(0)=-2$$

其中 f 的週期為 1,

$$f(x) = \begin{cases} 2, & 0 \le x < \dfrac{1}{2} \\ -2, & \dfrac{1}{2} \le x < 1 \end{cases}$$

求其解的拉氏變換.

【解】

$$\int_0^1 e^{-sx} f(x)\, dx = \int_0^{1/2} 2e^{-sx}\, dx + \int_{1/2}^1 2e^{-sx}\, dx = \frac{2}{s}(e^{-s/2}-1)^2$$

$$\mathscr{L}\{f(t)\} = \frac{2(1-e^{-s/2})}{s(1+e^{-s/2})} = F(s)$$

$$s^2 Y(s) - sy(0) - y'(0) + 4\pi^2 Y(s) = F(s)$$

$$(s^2+4\pi^2)Y(s) + 2 = \frac{2(1-e^{-s/2})}{s(1+e^{-s/2})}$$

可得

$$Y(s) = \frac{2(1-e^{-s/2})}{s(s^2+4\pi^2)(1-e^{-s/2})} = \frac{2}{s^2+4\pi^2}$$

習題 3-7

試求下列各週期函數的拉氏變換.

1.

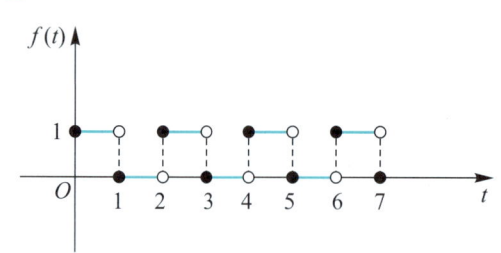

2.

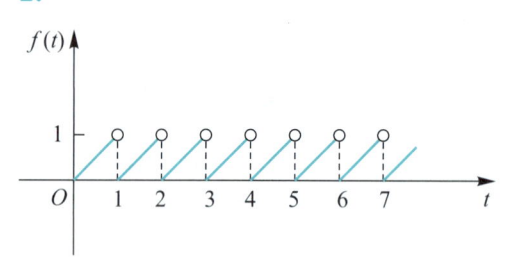

3.

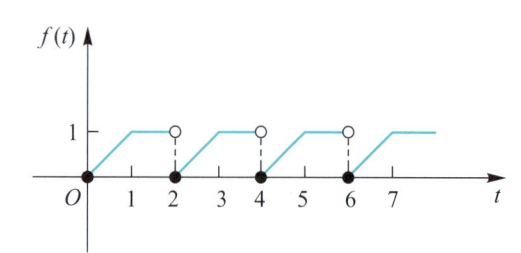

4.

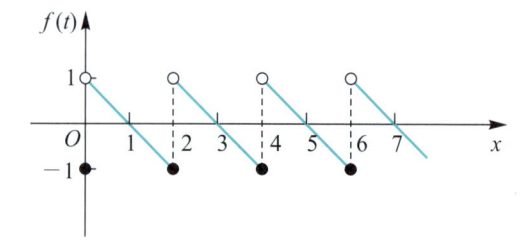

5.

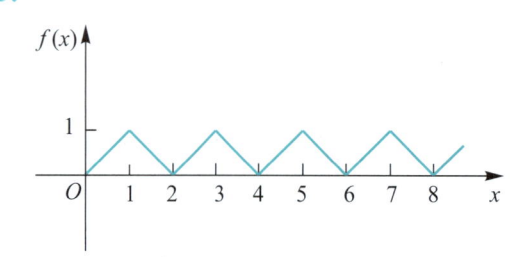

6. $f(t) = |\sin \omega t|$, $t \geq 0$

7. $f(t) = \begin{cases} \sin \omega t, & 0 \leq t < \dfrac{\pi}{\omega} \\ 0, & \dfrac{\pi}{\omega} \leq t < \dfrac{2\pi}{\omega} \end{cases}$

3-8　褶積定理

若函數 f 的拉氏變換 $F(s)$ 與函數 g 的拉氏變換 $G(s)$ 為已知，很自然的，我們有興趣知道變換式 $F(s)G(s)$ 是由何種函數變換而來？亦即，我們希望知道 $F(s)G(s)$ 的反拉氏變換為何？這個結果將在定理中予以說明，下面先介紹褶積 (convolution) 的概念.

定義 3-8-1

函數 f 與函數 g 的褶積，記為 $f*g$，定義如下：

$$f(t)*g(t)=\int_0^t f(t-\tau)\,g(\tau)\,d\tau \qquad (t>0).$$

將定義 3-8-1 中的積分作變數變換，令 $u=t-\tau$，則

$$f(t)*g(t)=\int_0^t f(t-\tau)\,g(\tau)\,d\tau=\int_t^0 f(u)\,g(t-u)\,(-du)$$

$$=\int_0^t g(t-u)\,f(u)\,du=g(t)*f(t)$$

由此可得，褶積運算具有交換性，亦即 $f*g=g*f$.

定理 3-8-1　(函數褶積的性質)

1. $(cf)*g=c(f*g)=f*(cg)$，c 為常數
2. $f*(g+h)=f*g+f*h$ （分配律）
3. $(f*g)*h=f*(g*h)$ （結合律）

【例題 1】　試計算 $t*\cos t$.

【解】　$t*\cos t=\displaystyle\int_0^t (t-\tau)\cos\tau\,d\tau=t\int_0^t \cos\tau\,d\tau-\int_0^t \tau\cos\tau\,d\tau$

$\qquad\qquad =t\sin t-\cos t-t\sin t+1$

$\qquad\qquad =1-\cos t$

定理 3-8-2　褶積定理

若 $\mathscr{L}\{f(t)\}=F(s)$，$\mathscr{L}\{g(t)\}=G(s)$，則

$$\mathscr{L}\{f(t)*g(t)\}=F(s)G(s).$$

證　$\mathscr{L}\{f(t)*g(t)\}=\int_0^\infty e^{-st}\left[\int_0^t f(t-\tau)\,g(\tau)\,d\tau\right]dt=\int_0^\infty\int_0^t e^{-st}f(t-\tau)\,g(\tau)\,d\tau\,dt$

上式的積分區域如圖 3-8-1 所示.

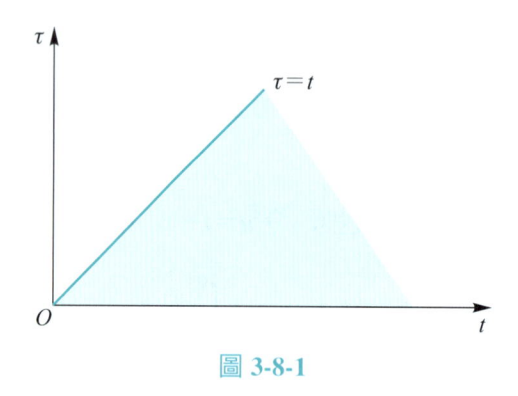

圖 3-8-1

將積分順序調換，再令 $t=u+\tau$，則 $dt=du$，故

$$\mathscr{L}\{f(t)*g(t)\}=\int_0^\infty\int_\tau^\infty e^{-st}f(t-\tau)\,g(\tau)\,dt\,d\tau$$

$$=\int_0^\infty g(\tau)\left[\int_\tau^\infty e^{-st}f(t-\tau)\,dt\right]d\tau$$

$$=\int_0^\infty g(\tau)\int_0^\infty e^{-s(u+\tau)}f(u)\,du\,d\tau$$

$$=\left(\int_0^\infty e^{-s\tau}g(\tau)\,d\tau\right)\left(\int_0^\infty e^{-su}f(u)\,du\right)$$

$$=\mathscr{L}\{g(t)\}\,\mathscr{L}\{f(t)\}$$

$$=F(s)G(s)$$

褶積定理在求一些變換式的反拉氏變換時非常有用，我們用下面的例題來說明．

【例題 2】 試求 $\mathscr{L}^{-1}\left\{\dfrac{1}{s(s^2+1)}\right\}$．

【解】 令 $F(s)=\dfrac{1}{s}$，$G(s)=\dfrac{1}{s^2+1}$，則 $\mathscr{L}^{-1}\left\{\dfrac{1}{s(s^2+1)}\right\}=\mathscr{L}^{-1}\{F(s)G(s)\}$．

因 $f(t)=1$，$g(t)=\sin t$，可得

$$\mathscr{L}^{-1}\{F(s)G(s)\}=f(t)*g(t)=\int_0^t 1\cdot\sin\tau\,d\tau=-\cos\tau\Big|_0^t=1-\cos t$$

故 $\mathscr{L}^{-1}\left\{\dfrac{1}{s(s^2+1)}\right\}=1-\cos t$

【例題 3】 試求 $\mathscr{L}^{-1}\left\{\dfrac{1}{(s^2+4)^2}\right\}$．

【解】
$$\mathscr{L}^{-1}\left\{\dfrac{1}{(s^2+4)^2}\right\}=\mathscr{L}^{-1}\left\{\dfrac{1}{s^2+4}\cdot\dfrac{1}{s^2+4}\right\}=\dfrac{1}{4}\mathscr{L}^{-1}\left\{\dfrac{2}{s^2+4}\cdot\dfrac{2}{s^2+4}\right\}$$

$$=\dfrac{1}{4}(\sin 2t*\sin 2t)=\dfrac{1}{4}\int_0^t \sin 2\tau\sin 2(t-\tau)\,d\tau$$

$$=\dfrac{1}{16}(\sin 2t-2t\cos 2t)$$

一些特殊形式的積分方程式也可以應用褶積定理來求解．

【例題 4】 計算 $\mathscr{L}\left\{\displaystyle\int_0^t e^\tau \sin(t-\tau)\,d\tau\right\}$．

【解】 令 $f(t)=e^t$，$g(t)=\sin t$，由定理 3-8-2 知

$$\mathscr{L}\left\{\int_0^t e^\tau \sin(t-\tau)\,d\tau\right\}=\mathscr{L}\{e^t\}\cdot\mathscr{L}\{\sin t\}=\dfrac{1}{s-1}\cdot\dfrac{1}{s^2+1}$$

$$=\dfrac{1}{(s-1)(s^2+1)}$$

【例題 5】 試解 $y(t) = 1 + \int_0^t \sin(t-\tau) y(\tau) \, d\tau$.

【解】 $\mathscr{L}\{y(t)\} = \mathscr{L}\{1\} + \mathscr{L}\left\{\int_0^t \sin(t-\tau) y(\tau) \, d\tau\right\} = \dfrac{1}{s} + \mathscr{L}\{\sin t * y(t)\}$

$$Y(s) = \dfrac{1}{s} + \dfrac{Y(s)}{s^2+1}$$

$$Y(s)\left(1 - \dfrac{1}{s^2+1}\right) = \dfrac{1}{s}$$

或 $$Y(s) = \dfrac{s^2+1}{s^3} = \dfrac{1}{s} + \dfrac{1}{s^3}$$

$$y(t) = \mathscr{L}^{-1}\left\{\dfrac{1}{s} + \dfrac{1}{s^3}\right\} = 1 + \dfrac{t^2}{2}$$

習題 3-8

1. 試利用褶積定理求反拉氏變換.

   (1) $\dfrac{1}{s^2(s^2+1)}$ (2) $\dfrac{1}{s(s^2+4)}$

   (3) $\dfrac{s}{(s^2+1)^2}$ (4) $\dfrac{1}{s^2(s+1)^2}$

試解下列各積分方程式.

2. $y(t) = 2 + \int_0^t y(\tau) \, d\tau$ 3. $y(t) = t - \int_0^t (t-\tau) y(\tau) \, d\tau$

4. $y(t) = t^2 + \int_0^t y(\tau) \sin(t-\tau) \, d\tau$ 5. $y(t) = \cos t + \int_0^t \sin(t-\tau) y(\tau) \, d\tau$

6. $y'(t) = \int_0^t y(\tau) \cos(t-\tau) \, d\tau, \quad y(0) = 1$

3-9 拉氏變換在工程上的應用

在工程上，常常會遇到一個系統受一不連續的外力或者衝擊力所作用，這種微分方程式若用前面所述的微分方程式解法來處理，則會相當麻煩，但拉氏變換在處理這類型問題有其獨到之處.

【例題 1】 設某振盪系統是由一彈簧與一物體構成，如圖 3-9-1 所示. 彈簧的彈簧常數為 k，物體的質量為 m，將物體拉到 b 點然後釋放，不計摩擦，但物體受一外力 f 的作用，$f(t)=\begin{cases} 0, & 0 \le t < a \\ F_0, & t \ge a \end{cases}$，試問其運動為何？

圖 3-9-1

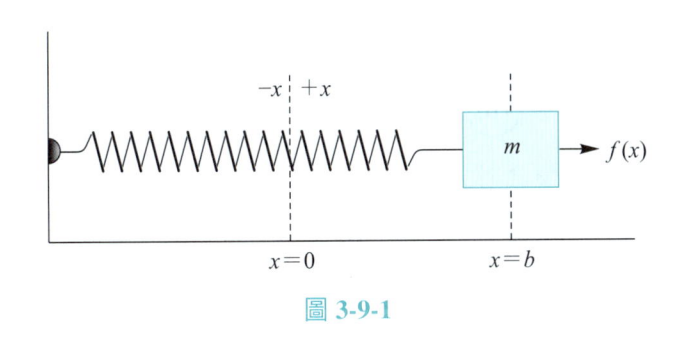

【解】 依虎克定律，彈簧的回復力為 $-kx$，由牛頓第二運動定律，可得出系統的微分方程式為

$$m\frac{d^2x(t)}{dt^2} = -kx(t) + f(t)$$

初期條件為 $x(0)=b$，$x'(0)=0$.

外力 $f(t)$ 可以用單位階梯函數表示成

$$f(t) = F_0 u(t-a)$$

將微分方程式取拉氏變換，再將初期條件代入，可得

$$ms^2 X(s) - bs = -kX(s) + F_0 \frac{e^{-as}}{s}$$

$$X(s) = \frac{bs}{ms^2+k} + \frac{F_0 e^{-as}}{s(ms^2+k)}$$

$$= \frac{bs}{ms^2+k} + \frac{F_0}{k} e^{-as}\left(\frac{1}{s} + \frac{ms}{ms^2+k}\right)$$

故 $x(t) = \mathcal{L}^{-1}\{X(s)\}$

$$= \frac{b}{m}\cos\sqrt{\frac{k}{m}}\,t + \frac{F_0}{k} u(t-a)\left[1 - \cos\sqrt{\frac{k}{m}}\,(t-a)\right]$$

【例題 2】 對 $t \geq 0$ 時，若驅動電壓為 $v = e^{-t}$ 且在電容器中之起始電荷為 0，試求 RC 串聯電路之電流，如圖 3-9-2 所示．

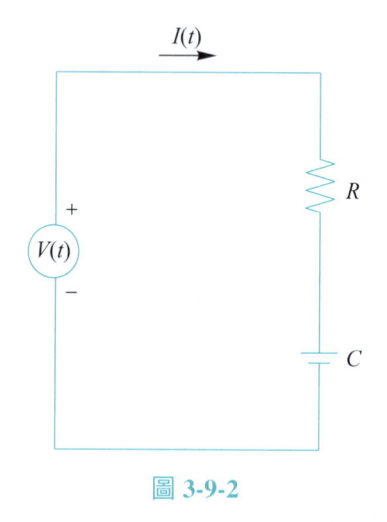

圖 3-9-2

【解】 依克希荷夫定律知，電流的方程式為

$$RI(t) + \frac{1}{C}\int_0^t I(x)\,dx = e^{-t},\quad q(0) = 0$$

上式等號兩端取拉氏變換且令 $\mathcal{L}\{I(t)\} = I(s)$，則

$$RI(s) + \frac{1}{Cs}I(s) = \frac{1}{s+1}$$

解出 $I(s)$，

$$I(s) = \frac{sC}{(RCs+1)(s+1)} = \frac{1}{R}\frac{s}{(s+1/RC)(s+1)}$$

利用部分分式，得

$$I(s) = \frac{-1}{R(RC-1)}\left[\frac{1}{s+1/RC}\right] + \frac{C}{RC-1}\left[\frac{1}{s+1}\right]$$

最後再利用反拉氏變換，得

$$I(t) = \frac{-1}{R(RC-1)}e^{-\frac{t}{RC}} + \frac{C}{RC-1}e^{-t}$$

【例題 3】 如圖 3-9-3 所示之 RC 串聯電路，在時間 $t=0$ 時開關開著，若 $R=5^3$ 歐姆，$C=5^{-3}$ 法拉，$V=5$ 伏特，試求電流 $I(t)=$？(安培)，並繪出 $I(t)$ 之波形．

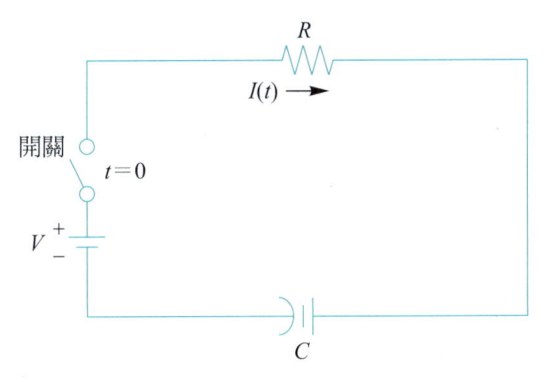

圖 3-9-3　*RC 串聯電路*

【解】 利用克希荷夫電壓定律得

$$V = v_R + v_C = R \cdot I(t) + \frac{1}{C}\cdot\int I(t)\,dt$$

上式取拉氏變換，並令 $\mathcal{L}\{I(t)\} = I(s)$，得

$$\mathcal{L}\{V\} = \mathcal{L}\{R \cdot I(t)\} + \mathcal{L}\left\{\frac{1}{C}\cdot\int I(t)\,dt\right\}$$

由於 R、C、V 與時間 t 無關，故可視為常數，則

$$V \cdot \mathcal{L}\{1\} = R\mathcal{L}\{I(t)\} + \frac{1}{C}\mathcal{L}\left\{\int I(t)\,dt\right\}$$

$$\frac{V}{s} = RI(s) + \frac{1}{C}\cdot\frac{I(s)}{s}$$

解得
$$I(s) = \frac{CV}{1+RCs}$$

上式取反拉氏變換，得

$$I(t) = \mathscr{L}^{-1}\left\{\frac{CV}{1+RCs}\right\} = \mathscr{L}^{-1}\left\{\frac{\dfrac{V}{R}}{s+\dfrac{1}{RC}}\right\}$$

$$= \frac{V}{R}\mathscr{L}^{-1}\left\{\frac{1}{s+\dfrac{1}{RC}}\right\} = \frac{V}{R}e^{-\frac{t}{RC}}$$

將電阻、電容與電動勢之數值代入，則求得電流

$$I(t) = \frac{5}{5^3}e^{-\frac{t}{5^0}} = \frac{1}{25}e^{-t} = 0.04e^{-t} \text{ (安培)}$$

在 $t=0^+$ 時電流最大為 0.04 安培，如圖 3-9-4 所示.

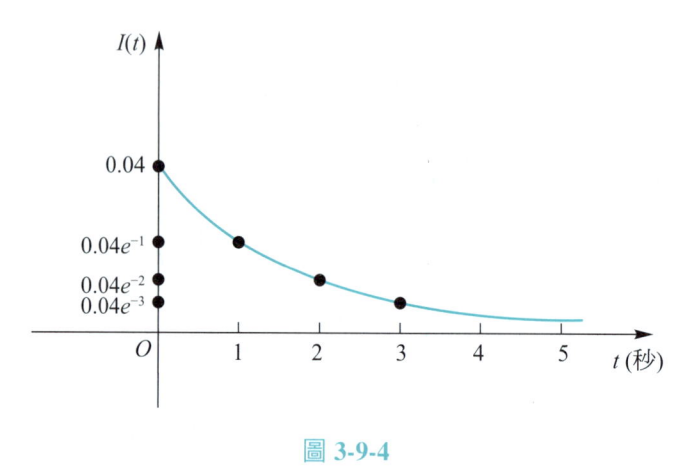

圖 3-9-4

【例題 4】 如圖 3-9-5 所示，在 RL 電路上加一電壓 $V(t)$，

$$V(t) = \frac{1}{2}(\sin \omega t + |\sin \omega t|) \quad (t \geq 0)$$

求電流 $I(t)$.

圖 3-9-5

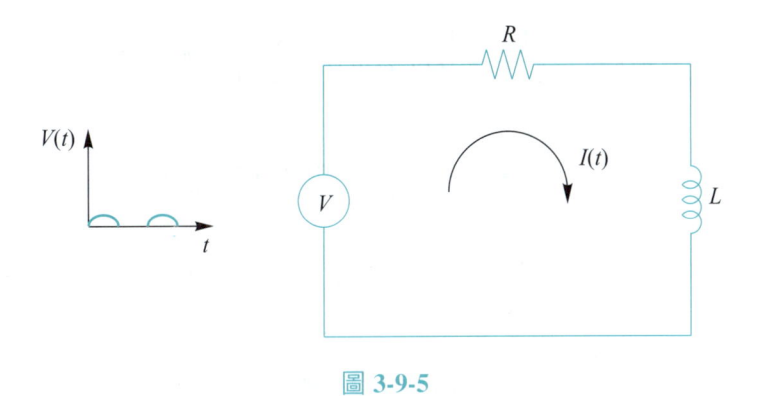

【解】 在電路元件電感上的電壓降為 $L\dfrac{dI}{dt}$，電阻上的電壓降為 RI，依克希荷夫電壓定律，

$$L\frac{dI}{dt}+RI=\frac{1}{2}(\sin\omega t+|\sin\omega t|)$$

將電壓 $V(t)$ 用單位階梯函數來表示，可得

$$\begin{aligned}V(t)&=\frac{1}{2}(\sin\omega t+|\sin\omega t|)\\&=u(t)\sin\omega t+u\left(t-\frac{\pi}{\omega}\right)\sin\omega\left(t-\frac{\pi}{\omega}\right)+u\left(t-\frac{2\pi}{\omega}\right)\sin\omega\left(t-\frac{2\pi}{\omega}\right)+\cdots\end{aligned}$$

將微分方程式取拉氏變換，因未加電壓時，電流為零，故 $I(0)=0$。

$$sLI(s)+RI(s)=\left(\frac{\omega}{s^2+\omega^2}\right)(1+e^{-\pi s/\omega}+e^{-2\pi s/\omega}+\cdots)$$

$$\begin{aligned}I(s)&=\frac{1}{Ls+R}\left(\frac{\omega}{s^2+\omega^2}\right)(1+e^{-\pi s/\omega}+e^{-2\pi s/\omega}+\cdots)\\&=\frac{1}{R^2+L^2\omega^2}\left(\frac{L\omega}{s+R/L}-\frac{L\omega s}{s^2+\omega^2}+\frac{R\omega}{s^2+\omega^2}\right)\cdot(1+e^{-\pi s/\omega}+e^{-2\pi s/\omega}+\cdots)\\&=\frac{1}{R^2+L^2\omega^2}\sum_{n=0}^{\infty}e^{-n\pi s/\omega}\left(\frac{L\omega}{s+R/L}-\frac{L\omega s}{s^2+\omega^2}+\frac{R\omega}{s^2+\omega^2}\right)\end{aligned}$$

可得

$$I(t) = \frac{1}{R^2 + L^2\omega^2}\left[L\omega \sum_{k=0}^{\infty} u\left(t - \frac{k\pi}{\omega}\right)e^{-(R/L)\left(t - \frac{k\pi}{\omega}\right)}\right.$$

$$-L\omega \sum_{k=0}^{\infty} u\left(t - \frac{k\pi}{\omega}\right)\cos\omega\left(t - \frac{k\pi}{\omega}\right)$$

$$\left.+R \sum_{k=0}^{\infty} u\left(t - \frac{k\pi}{\omega}\right)\sin\omega\left(t - \frac{k\pi}{\omega}\right)\right]$$

當 $\dfrac{n\pi}{\omega} \le t < \dfrac{(n+1)\pi}{\omega}$，電流 I 可表示成

$$I(t) = \frac{1}{R^2 + L^2\omega^2}\left[L\omega \sum_{k=0}^{n} e^{-(R/L)\left(t - \frac{k\pi}{\omega}\right)} - L\omega \sum_{k=0}^{n} \cos\omega\left(t - \frac{k\pi}{\omega}\right)\right.$$

$$\left.+R \sum_{k=0}^{n} \sin\omega\left(t - \frac{k\pi}{\omega}\right)\right]$$

$$=\frac{1}{R^2 + L^2\omega^2}\left[L\omega \cdot \frac{e^{-(R/L)t}(1 - e^{R(n+1)\pi/L\omega})}{1 - e^{R\pi/L\omega}}\right.$$

$$\left.-L\omega \sum_{k=0}^{n}(-1)^k \cos\omega t + R \sum_{k=0}^{n}(-1)^k \sin\omega t\right]$$

故

$$I(t) = \begin{cases} \dfrac{1}{R^2 + L^2\omega^2}\left[\dfrac{L\omega e^{-(R/L)t}(1 - e^{R(n+1)\pi/L\omega})}{1 - e^{R\pi/L\omega}}\right], & n \text{ 為正奇數} \\[2ex] \dfrac{1}{R^2 + L^2\omega^2}\left[\dfrac{L\omega e^{-(R/L)t}(1 - e^{R(n+1)\pi/L\omega})}{1 - e^{R\pi/L\omega}}\right. \\[2ex] \left.\quad -L\omega\cos\omega t + R\sin\omega t\right], & n \text{ 為非負偶數} \\[1ex] \dfrac{n\pi}{\omega} \le t < \dfrac{(n+1)\pi}{\omega} \end{cases}$$

在工程上，無可避免的，作用於某些系統的外力，是一個作用時間極短，或作用於一點，但是非常巨大的力，對這種型態的力，我們常稱為"衝擊". 例如：鐵鎚在時間 $t = t_0$ 瞬間的敲擊，或負載集中作用於一點等. 假設一力 f 作用於一物體，在時間 t_0 至 $t_0 + \varepsilon$ 之間，作用力的大小為 $1/\varepsilon$，在其他時間，其作用力均為零，如圖 3-9-6

图 3-9-6

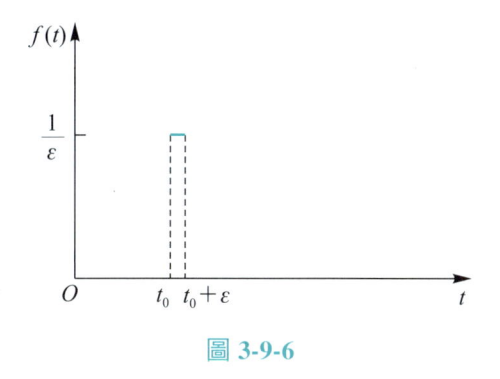

所示. 若令 $\varepsilon \to 0$，則可視物體僅有在時間 $t = t_0$ 時承受一非常巨大之力，而在其他時間，沒有任何力作用於此物體.

下面我們定義一個非常重要的函數：

$$\delta(t-t_0) = \begin{cases} 0, & t \neq t_0 \\ \infty, & t = t_0 \end{cases}$$

$$\int_{-\infty}^{\infty} \delta(t-t_0)\, dt = 1$$

如此定義的函數為 δ-函數 (dirac function) 或單位脈衝函數 (unit impulse function)，這個函數可看成是函數 f 的極限狀況，亦即

$$\delta(t-t_0) = \lim_{\varepsilon \to 0} f(t)$$

δ-函數通常用圖 3-9-7 的圖形來表示.

在數學上來說，這種函數並不存在，但就其物理意義來說，卻可用來解釋許多衝擊現象.

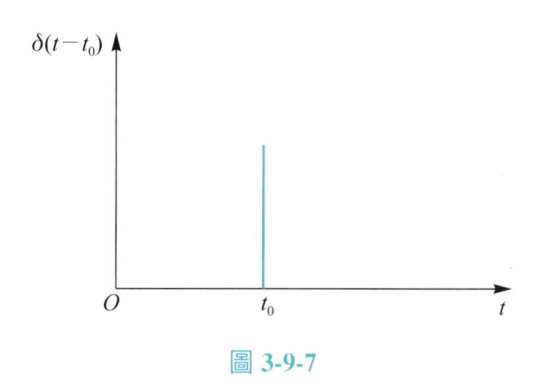

圖 3-9-7

δ-函數雖非指數位函數，但其拉氏變換存在，

$$\mathcal{L}\{\delta(t-t_0)\} = \int_0^\infty e^{-st}\delta(t-t_0)\,dt = \int_{t_0}^{t_0+\varepsilon} e^{-st}\left(\lim_{\varepsilon\to 0}\frac{1}{\varepsilon}\right)dt$$

$$= \lim_{\varepsilon\to 0}\int_{t_0}^{t_0+\varepsilon} e^{-st}\frac{1}{\varepsilon}\,dt = \frac{1}{s}e^{-t_0 s}\lim_{\varepsilon\to 0}\left(\frac{1-e^{-s\varepsilon}}{\varepsilon}\right)$$

$$= \frac{1}{s}e^{-t_0 s}\lim_{\varepsilon\to 0}\frac{se^{-\varepsilon s}}{1} = \frac{1}{s}e^{-t_0 s}\cdot s$$

$$= e^{-st_0}$$

習題 3-9

1. 在例題 3 中，若 $V(t)$ 如圖所示，試求 $I(t)$.

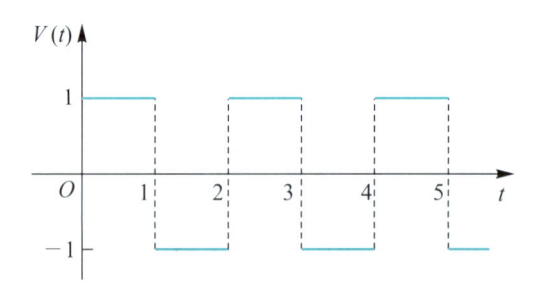

2. 已知一電路如下圖所示，若 $t=0$ 時，$I_1=0$，$I_2=0$. 試問 I_1 及 I_2 各為何？

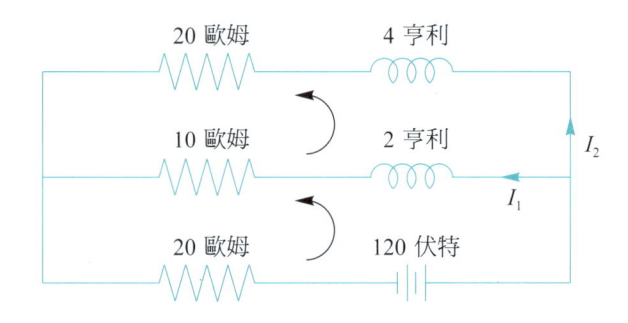

3. 解 $y'+y=3\delta(t-2)$，$y(0)=0$.

4. 解 $y''+y=\delta(t-1)$，$y(0)=y'(0)=0$.

3-10 拉氏變換表

原函數 $f(t)$	變換式 $F(s)$
1. $f(t)$	$\int_0^\infty e^{-st} f(t)\, dt$
2. $e^{at} f(t)$	$F(s-a)$
3. $f(at)$	$\dfrac{1}{a} F\left(\dfrac{s}{a}\right)$
4. $f'(t)$	$sF(s) - f(0)$
5. $f''(t)$	$s^2 F(s) - sf(0) - f'(0)$
6. $f^{(n)}(t)$	$s^n F(s) - s^{n-1} f(0) - s^{n-2} f'(0)$ $- \cdots - s f^{(n-2)}(0) - f^{(n-1)}(0)$
7. $\int_0^t f(\tau)\, d\tau$	$\dfrac{1}{s} F(s)$
8. $\underbrace{\int_0^t \int_0^t \cdots \int_0^t}_{n} f(t)\, dt \cdots dt$	$\dfrac{1}{s^n} F(s)$
9. $t^n f(t)$	$(-1)^n \dfrac{d^n}{ds^n} F(s)$
10. $\dfrac{f(t)}{t}$	$\int_s^\infty F(u)\, du$
11. $u(t-a) f(t-a)$	$e^{-as} F(s)$
12. $f(t+T) = f(t)$	$\dfrac{1}{1-e^{-sT}} \int_0^T e^{-st} f(t)\, dt$
13. $f(t) * g(t) = \int_0^t f(t-\tau) g(\tau)\, d\tau$	$F(s) G(s)$
14. 1	$\dfrac{1}{s}$
15. t^n, n 為正整數	$\dfrac{n!}{s^{n+1}}$

原函數 $f(t)$	變換式 $F(s)$
16. t^{α}, $\alpha > -1$	$\dfrac{\Gamma(\alpha+1)}{s^{\alpha+1}}$
17. e^{at}	$\dfrac{1}{s-a}$
18. $\sin at$	$\dfrac{a}{s^2+a^2}$
19. $\cos at$	$\dfrac{s}{s^2+a^2}$
20. $e^{at}\sin bt$	$\dfrac{b}{(s-a)^2+b^2}$
21. $e^{at}\cos bt$	$\dfrac{s-a}{(s-a)^2+b^2}$
22. $t^n e^{at}$	$\dfrac{n!}{(s-a)^{n+1}}$
23. $\sinh at$	$\dfrac{a}{s^2-a^2}$
24. $\cosh at$	$\dfrac{s}{s^2-a^2}$
25. $e^{at}\sinh bt$	$\dfrac{b}{(s-a)^2-b^2}$
26. $e^{at}\cosh bt$	$\dfrac{s-a}{(s-a)^2-b^2}$
27. $\dfrac{1}{2a}t\sin at$	$\dfrac{s}{(s^2+a^2)^2}$
28. $t\cos at$	$\dfrac{s^2-a^2}{(s^2+a^2)^2}$
29. $u(t-a)$	$\dfrac{e^{-as}}{s}$
30. $\delta(t-a)$	e^{-as}
31. $\delta(t)$	1

第 4 章

矩陣與線性方程組

4-1 矩陣的意義

矩陣在各方面的用途非常廣泛，舉凡電機、土木、機械、企業管理、經濟學等，均普遍會應用到矩陣的觀念．事實上，矩陣就是數字所排成的矩形陣列，如：

$$\begin{bmatrix} 40 & 10 & 115 \\ 20 & 3 & 60 \end{bmatrix}$$

定義 4-1-1

若有 $m \times n$ 個數 a_{ij} ($i=1, 2, 3, \cdots, m$；$j=1, 2, 3, \cdots, n$) 表成下列的形式：

$$A = \begin{bmatrix} a_{11} & a_{12} & \cdots & a_{1j} & \cdots & a_{1n} \\ a_{21} & a_{22} & \cdots & a_{2j} & \cdots & a_{2n} \\ \vdots & \vdots & & \vdots & & \vdots \\ a_{i1} & a_{i2} & \cdots & a_{ij} & \cdots & a_{in} \\ \vdots & \vdots & & \vdots & & \vdots \\ a_{m1} & a_{m2} & \cdots & a_{mj} & \cdots & a_{mn} \end{bmatrix} \begin{matrix} \leftarrow \text{第 1 列} \\ \\ \\ \leftarrow \text{第 } i \text{ 列} \\ \\ \leftarrow \text{第 } m \text{ 列} \end{matrix}$$

　　　　　　　　↑　　　　　↑　　↑
　　　　　　　第 1 行　　第 j 行　第 n 行

其中有 m 列 (row)、n 行 (column)，則它是由 a_{ij} 所組成的矩陣 (matrix)．矩陣中第 i 列第 j 行的數 a_{ij}，稱為此矩陣第 i 列第 j 行的元素 (entry)，故此矩陣中共有 $m \times n$ 個元素．

矩陣常以大寫英文字母 A、B、C、$\cdots$來表示，若已知一矩陣 A 有 m 列 n 行，則稱此矩陣 A 的大小 (size) 為 $m \times n$，以 $A = [a_{ij}]_{m \times n}$ 表示，其中 $1 \leq i \leq m$，$1 \leq j \leq n$.

【例題 1】 設 $A = \begin{bmatrix} 1 & 5 & 4 \\ -2 & 1 & 6 \end{bmatrix}$，$B = \begin{bmatrix} 3 & -1 & 0 \\ 4 & 1 & -1 \\ 5 & 6 & -1 \end{bmatrix}$，$C = \begin{bmatrix} 1 \\ 0 \\ 2 \end{bmatrix}$，$D = [-1 \ \ 0 \ \ 4]$

則 A 是 2×3 矩陣，且 $a_{11} = 1$，$a_{12} = 5$，$a_{13} = 4$，$a_{21} = -2$，$a_{22} = 1$，$a_{23} = 6$；
B 是 3×3 矩陣；C 是 3×1 矩陣；d 是 1×3 矩陣．

矩陣的形式

1. 方　陣

若列數 m 與行數 n 相等，則稱該矩陣為 n 階方陣，即

$$A = \begin{bmatrix} a_{11} & a_{12} & a_{13} & \cdots & a_{1n} \\ a_{21} & a_{22} & a_{23} & \cdots & a_{2n} \\ \vdots & \vdots & \vdots & & \vdots \\ a_{n1} & a_{n2} & a_{n3} & \cdots & a_{nn} \end{bmatrix} = [a_{ij}] \ ; \ 1 \leq i, \ j \leq n$$

2. 行矩陣與列矩陣

定義 4-1-2

凡是只有一行的矩陣，即 $m \times 1$ 矩陣，稱為行矩陣．
凡是只有一列的矩陣，即 $1 \times n$ 矩陣，稱為列矩陣．

例如，$\begin{bmatrix} 3 \\ 0 \\ 1 \end{bmatrix}$、$\begin{bmatrix} -1 \\ 4 \\ 5 \\ 6 \end{bmatrix}$ 為行向量．$[3, 0]$、$[-2, 1, 5]$ 為列向量．

一矩陣中的各元素均為 0，稱為零矩陣，以符號"$\mathbf{0}_{m \times n}$"表示各元素均為 0 的 $m \times n$ 矩陣．

例如，$\begin{bmatrix} 0 & 0 \\ 0 & 0 \end{bmatrix}$ 為零矩陣；$\mathbf{0}=\begin{bmatrix} 0 \\ 0 \\ 0 \end{bmatrix}$ 為零向量.

3. 對角線方陣

若一方陣 $A=[a_{ij}]$ 中除對角線上的元素外，其餘的元素皆為 0，即 $a_{ij}=0$ $(i\neq j)$，則稱它為對角線方陣 (diagonal matrix)，通常均以 $\text{diag}(a_{11}, a_{22}, a_{33}, \cdots, a_{nn})$ 表示之.

4. 單位方陣

若一方陣 $A=[a_{ij}]$ 中，除對角線上的元素為 1 外，其餘的元素皆為 0，即

$$a_{ij}=\begin{cases} 1, & i=j \\ 0, & i\neq j \end{cases} ; 1\leq i, j\leq n$$

則稱它為單位方陣 (unit matrix)，記為

$$I_n=\begin{bmatrix} 1 & 0 & 0 & \cdots & 0 \\ 0 & 1 & 0 & \cdots & 0 \\ \vdots & \vdots & \vdots & & \vdots \\ 0 & 0 & 0 & \cdots & 1 \end{bmatrix}$$

或 $\quad I_n=\text{diag}(1, 1, \cdots, 1).$

5. 上三角矩陣

在方陣 $A=[a_{ij}]$ 中，當 $i>j$ 時，$a_{ij}=0$，即

$$A=\begin{bmatrix} a_{11} & a_{12} & a_{13} & \cdots & a_{1n} \\ 0 & a_{22} & a_{23} & \cdots & a_{2n} \\ 0 & 0 & a_{33} & \cdots & a_{3n} \\ \vdots & \vdots & \vdots & & \vdots \\ 0 & 0 & 0 & \cdots & a_{nn} \end{bmatrix}$$

則稱 A 為上三角矩陣 (upper triangular matrix).

6. 下三角矩陣

在方陣 $A=[a_{ij}]$ 中，當 $i<j$ 時，$a_{ij}=0$，即

$$A=\begin{bmatrix} a_{11} & 0 & 0 & \cdots & 0 \\ a_{21} & a_{22} & 0 & \cdots & 0 \\ a_{31} & a_{32} & a_{33} & \cdots & 0 \\ \vdots & \vdots & \vdots & & \vdots \\ a_{n1} & a_{n2} & a_{n3} & \cdots & a_{nn} \end{bmatrix}$$

則稱 A 為下三角矩陣 (lower triangular matrix)。

7. 轉置矩陣

定義 4-1-3

已知 $A=[a_{ij}]_{m\times n}$，若 $a_{ij}^T=a_{ji}$ ($1\leq i\leq m$, $1\leq j\leq n$)，則矩陣 $A^T=[a_{ij}^T]_{n\times m}$ 稱為 A 的轉置矩陣。由此可知，A 的轉置是由 A 的行與列互換而得。

【例題 2】 若 $A=\begin{bmatrix} 1 & 4 \\ 7 & -1 \\ 0 & 1 \\ 4 & 3 \end{bmatrix}$，則 $A^T=\begin{bmatrix} 1 & 7 & 0 & 4 \\ 4 & -1 & 1 & 3 \end{bmatrix}$。

8. 斜對稱矩陣

定義 4-1-4

已知方陣 $A=[a_{ij}]_{n\times n}$，
(1) 若 $A=A^T$，即 $a_{ij}=a_{ji}$，$\forall\, i, j=1, 2, \cdots, n$，則稱 A 為對稱矩陣 (symmetric matrix)。
(2) 若 $A=-A^T$，則稱 A 為斜對稱矩陣 (skew-symmetric matrix)。

【例題 3】 $A=\begin{bmatrix} 1 & 2 & 3 \\ 2 & 4 & 5 \\ 3 & 5 & 6 \end{bmatrix}$ 與 $I_3=\begin{bmatrix} 1 & 0 & 0 \\ 0 & 1 & 0 \\ 0 & 0 & 1 \end{bmatrix}$ 為對稱矩陣.

【例題 4】 $A=\begin{bmatrix} 0 & 5 & 9 \\ -5 & 0 & -2 \\ -9 & 2 & 0 \end{bmatrix}$ 為斜對稱矩陣，因為此一方陣如果以對角線為對稱軸時，其相對應位置的元素相差一負號.

9. 子矩陣

定義 4-1-5

若 A 為一矩陣，則由 A 中去掉某些行及某些列後所剩下的部分所構成的矩陣稱為 A 的**子矩陣**.

【例題 5】 若 $A=\begin{bmatrix} 3 & 2 & 1 & 4 \\ 5 & -3 & 2 & 0 \\ 1 & 5 & 4 & 7 \end{bmatrix}$，則 $[-3]$、$\begin{bmatrix} 1 & 4 \\ 2 & 0 \end{bmatrix}$、$\begin{bmatrix} 3 & 1 & 4 \\ 5 & 2 & 0 \end{bmatrix}$、$\begin{bmatrix} 3 & 2 & 1 \\ 5 & -3 & 2 \\ 1 & 5 & 4 \end{bmatrix}$ 等等均是 A 的子矩陣，而且 A 也是其本身的子矩陣.

習題 4-1

1. 設 $A=[a_{ij}]$ 為四階方陣，且 $a_{ii}=1$, $(i=1, 2, 3, 4)$，當 $i \neq j$ 時，$a_{ij}=0$，試求 A.
2. 設 $A=[a_{ij}]_{3 \times 2}$，若 $a_{ij}=i^2+j^2-1$, $1 \leq i \leq 3$, $1 \leq j \leq 2$，試求 A.

3. 設 $A=[a_{ij}]_{3\times 3}$，且 $a_{ij}=\begin{cases} 1, & \text{當 } i=j \\ 2, & \text{當 } i>j \\ -2, & \text{當 } i<j \end{cases}$；試求 A 及 A^T.

4. 設 $A=\begin{bmatrix} 2 & 1 & 4 \\ 3 & 7 & 5 \\ 0 & -1 & 9 \end{bmatrix}$，試求 A^T.

5. 下列哪一個矩陣是斜對稱矩陣？

$$A=\begin{bmatrix} 0 & 1 & 3 \\ 1 & 0 & 4 \\ 3 & -4 & 0 \end{bmatrix}, \quad B=\begin{bmatrix} 0 & -1 & -2 & -5 \\ 1 & 0 & 6 & -1 \\ 2 & -6 & 0 & 3 \\ 5 & 1 & 3 & 0 \end{bmatrix}$$

$$C=\begin{bmatrix} 0 & 3 & -4 \\ -3 & 0 & 5 \\ -4 & -5 & 0 \end{bmatrix}, \quad D=\begin{bmatrix} 0 & 2 & 3 & -4 \\ -2 & 0 & 1 & -1 \\ -3 & -1 & 0 & 6 \\ 4 & 1 & -6 & 0 \end{bmatrix}$$

6. 若 $A=\begin{bmatrix} 1 & -1 & 2 & -3 \\ 0 & 2 & 1 & 9 \\ 3 & -4 & 5 & 7 \\ 2 & 1 & 0 & 3 \end{bmatrix}$，試求 $a_{11}+a_{22}+a_{33}+a_{44}$ 之值.

7. 設 $A=\begin{bmatrix} 1 & 3 \\ 2 & 4 \end{bmatrix}$，試求 A 的所有子矩陣.

4-2 矩陣的運算

為了要計算矩陣，並做其數學上的運算，它包含有矩陣的加、減、實數乘以矩陣及矩陣的乘法．首先，我們定義兩矩陣相等的觀念．

定義 4-2-1

設兩個大小相同的矩陣 $A=[a_{ij}]_{m\times n}$，$B=[b_{ij}]_{m\times n}$，$1\leq i\leq m$，$1\leq j\leq n$．若對於任意 i 與 j，$a_{ij}=b_{ij}$，則稱此兩矩陣為相等矩陣，以符號 $A=B$ 或 $[a_{ij}]_{m\times n}=[b_{ij}]_{m\times n}$ 表之．

【例題 1】 設 $A=\begin{bmatrix} 2x & 1 \\ y & x-1 \end{bmatrix}$，$B=\begin{bmatrix} 4 & z \\ 2y & 1 \end{bmatrix}$，若 $A=B$，求 x、y 與 z．

【解】 因 $A=B$，故

$$\begin{bmatrix} 2x & 1 \\ y & x-1 \end{bmatrix}=\begin{bmatrix} 4 & z \\ 2y & 1 \end{bmatrix}$$

即 $\begin{cases} 2x=4 \\ z=1 \\ y=2y \\ x-1=1 \end{cases}$，解得 $\begin{cases} x=2 \\ y=0 \\ z=1 \end{cases}$．

1. 矩陣的加法

定義 4-2-2

若 $A=[a_{ij}]_{m\times n}$ 且 $B=[b_{ij}]_{m\times n}$，則 $C=A+B$，此處 $C=[c_{ij}]_{m\times n}$，定義如下：

$$c_{ij}=a_{ij}+b_{ij} \quad (1\leq i\leq m,\ 1\leq j\leq n).$$

由此定義，可知兩個同階矩陣方能相加，否則無意義．

定理 4-2-1

若 $A=[a_{ij}]_{m\times n}$, $B=[b_{ij}]_{m\times n}$, $C=[c_{ij}]_{m\times n}$, 則下列的性質成立.

(1) $A+B=B+A$

(2) $(A+B)+C=A+(B+C)$

(3) $\mathbf{0}_{m\times n}+A=A+\mathbf{0}_{m\times n}=A$

(4) 對於任意的矩陣 A, 均存在矩陣 $-A$, 使得 $A+(-A)=(-A)+A=\mathbf{0}_{m\times n}$.

【例題 2】 設 $A=\begin{bmatrix} -1 & 2 & 3 \\ 0 & -1 & 4 \\ 1 & 3 & 2 \end{bmatrix}$, $B=\begin{bmatrix} 0 & -1 & 2 \\ 1 & 3 & 4 \\ -1 & 2 & -1 \end{bmatrix}$, 試求 $A+B$.

【解】
$$A+B=\begin{bmatrix} -1 & 2 & 3 \\ 0 & -1 & 4 \\ 1 & 3 & 2 \end{bmatrix}+\begin{bmatrix} 0 & -1 & 2 \\ 1 & 3 & 4 \\ -1 & 2 & -1 \end{bmatrix}$$

$$=\begin{bmatrix} -1+0 & 2+(-1) & 3+2 \\ 0+1 & -1+3 & 4+4 \\ 1+(-1) & 3+2 & 2+(-1) \end{bmatrix}=\begin{bmatrix} -1 & 1 & 5 \\ 1 & 2 & 8 \\ 0 & 5 & 1 \end{bmatrix}$$

2. 常數乘以矩陣

定義 4-2-3

若 $A=[a_{ij}]_{m\times n}$, 則定義數 α(有時稱為純量) 乘以矩陣的運算為 $B=\alpha A$, 其中

$$B=[b_{ij}]_{m\times n}=[\alpha a_{ij}]_{m\times n}$$

即 B 是由 A 的每一元素乘 α 而得.

定理 4-2-2

若 $A=[a_{ij}]_{m\times n}$，$B=[b_{ij}]_{m\times n}$，α、β 為二實數，則下列的性質成立：

(1) $\alpha(A+B)=\alpha A+\alpha B$

(2) $(\alpha+\beta)A=\alpha A+\beta A$

(3) $(\alpha\beta)A=\alpha(\beta A)=\beta(\alpha A)$

(4) $1A=A$

【例題 3】 設 $A=\begin{bmatrix} -1 & 1 & 2 \\ 0 & 1 & -1 \end{bmatrix}$，$B=\begin{bmatrix} 3 & 1 & 0 \\ 0 & 1 & 0 \end{bmatrix}$，試求一個 2×3 矩陣 X，使其滿足 $A-2B+3X=0$.

【解】 $3X=2B-A=2\begin{bmatrix} 3 & 1 & 0 \\ 0 & 1 & 0 \end{bmatrix} - \begin{bmatrix} -1 & 1 & 2 \\ 0 & 1 & -1 \end{bmatrix}$

$=\begin{bmatrix} 6 & 2 & 0 \\ 0 & 2 & 0 \end{bmatrix} - \begin{bmatrix} -1 & 1 & 2 \\ 0 & 1 & -1 \end{bmatrix}$

$=\begin{bmatrix} 7 & 1 & -2 \\ 0 & 1 & 1 \end{bmatrix}$

故 $X=\dfrac{1}{3}\begin{bmatrix} 7 & 1 & -2 \\ 0 & 1 & 1 \end{bmatrix} = \begin{bmatrix} \dfrac{7}{3} & \dfrac{1}{3} & -\dfrac{2}{3} \\ 0 & \dfrac{1}{3} & \dfrac{1}{3} \end{bmatrix}$

3. 矩陣的乘法

我們先定義 $1\times m$ 階列矩陣乘以 $m\times 1$ 階行矩陣之積. 令

$$A=[a_{11} \quad a_{12} \quad a_{13} \cdots a_{1m}], \quad B=\begin{bmatrix} b_{11} \\ b_{21} \\ b_{31} \\ \vdots \\ b_{m1} \end{bmatrix}$$

則 A 乘以 B，記為 AB，為一個 1×1 階的矩陣，如下式：

$$AB = [a_{11} \quad a_{12} \quad a_{13} \quad \cdots \quad a_{1m}] \begin{bmatrix} b_{11} \\ b_{21} \\ b_{31} \\ \vdots \\ b_{m1} \end{bmatrix}$$

$$= [a_{11}b_{11} + a_{12}b_{21} + a_{13}b_{31} + \cdots + a_{1m}b_{m1}]_{1 \times 1}$$

$$= \left[\sum_{p=1}^{m} a_{1p} b_{p1} \right]_{1 \times 1}$$

現在我們可將上式列矩陣與行矩陣之乘法，推廣至矩陣 A 與矩陣 B 相乘．若 A 為一 $m \times n$ 階矩陣，且 B 為一 $n \times l$ 階矩陣，則乘積 AB 為一 $m \times l$ 階矩陣，而 AB 的第 i 列第 j 行的元素為單獨提出 A 的第 i 列及 B 的第 j 行，將列與行相對應元素相乘，然後再將其各乘積相加．

定義 4-2-4

若 $A=[a_{ij}]_{m \times n}$，$B=[b_{jk}]_{n \times l}$，則定義矩陣 A 與 B 的乘積為 $AB=C=[c_{ik}]_{m \times l}$，其中

$$c_{ik} = \sum_{j=1}^{n} a_{ij} b_{jk}$$

$i=1, 2, \cdots, m$；$j=1, 2, \cdots, n$；$k=1, 2, \cdots, l$

$$\underset{m \times n}{\begin{bmatrix} a_{11} & a_{12} & \cdots & a_{1n} \\ \vdots & \vdots & & \vdots \\ a_{i1} & a_{i2} & \cdots & a_{in} \\ \vdots & \vdots & & \vdots \\ a_{m1} & a_{m2} & \cdots & a_{mn} \end{bmatrix}} \underset{n \times l}{\begin{bmatrix} b_{11} & \cdots & b_{1k} & \cdots & b_{1l} \\ b_{21} & \cdots & b_{2k} & \cdots & b_{2l} \\ \vdots & & \vdots & & \vdots \\ b_{n1} & \cdots & b_{nk} & \cdots & b_{nl} \end{bmatrix}} = \begin{bmatrix} c_{ik} \end{bmatrix}_{m \times l}$$

第 i 列 → ；第 k 行 ↑

註：**1.** A 的行數須與 B 的列數相等始可相乘，否則 AB 無意義.

2. 若 A 是 $m \times n$ 矩陣，B 是 $n \times l$ 矩陣，則 AB 是 $m \times l$ 矩陣.

我們現在提供一簡便的方法來決定兩矩陣之乘積是否有意義．寫下第一因子之階，以及在其右邊寫下第二因子之階，如圖 4-2-1 所示，若內層數值相等，則矩陣乘積有定義，而外層數值則可決定乘積矩陣之階.

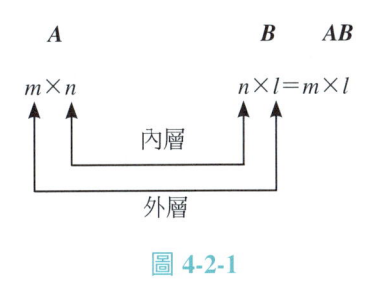

$$\begin{array}{ccc} A & B & AB \\ m \times n & n \times l & = m \times l \end{array}$$

內層
外層

圖 4-2-1

【例題 4】 假設 A 為 3×4 階矩陣，B 為 4×7 階矩陣，且 C 為 7×3 階矩陣. 則 AB 為可定義且為 3×7 階矩陣，CA 亦為可定義且為 7×4 階矩陣，BC 亦為可定義且為 4×3 階矩陣，但乘積 AC、CB 及 BA 卻皆無意義.

【例題 5】 若 $A = \begin{bmatrix} 1 & 3 \\ 2 & 4 \end{bmatrix}$，$B = \begin{bmatrix} -1 & 23 & 5 \\ 2 & 1 & -7 \end{bmatrix}$，試求 AB. 又 BA 是否可定義？

【解】 $AB = \begin{bmatrix} 1 & 3 \\ 2 & 4 \end{bmatrix} \begin{bmatrix} -1 & 23 & 5 \\ 2 & 1 & -7 \end{bmatrix}$

$= \begin{bmatrix} 1 \times (-1) + 3 \times 2 & 1 \times 23 + 3 \times 1 & 1 \times 5 + 3 \times (-7) \\ 2 \times (-1) + 4 \times 2 & 2 \times 23 + 4 \times 1 & 2 \times 5 + 4 \times (-7) \end{bmatrix}$

$= \begin{bmatrix} 5 & 26 & -16 \\ 6 & 50 & -18 \end{bmatrix}$

BA 無定義，因矩陣 B 的行數不等於矩陣 A 的列數.

【例題 6】 若 $A = \begin{bmatrix} 1 & 1 \\ 0 & 0 \end{bmatrix}$，$B = \begin{bmatrix} 1 & 1 \\ 1 & 0 \end{bmatrix}$，試求 AB 及 BA.

【解】 $AB = \begin{bmatrix} 1 & 1 \\ 0 & 0 \end{bmatrix} \begin{bmatrix} 1 & 1 \\ 1 & 0 \end{bmatrix} = \begin{bmatrix} 1\times1+1\times1 & 1\times1+1\times0 \\ 0\times1+0\times1 & 0\times1+0\times0 \end{bmatrix} = \begin{bmatrix} 2 & 1 \\ 0 & 0 \end{bmatrix}$

$BA = \begin{bmatrix} 1 & 1 \\ 1 & 0 \end{bmatrix} \begin{bmatrix} 1 & 1 \\ 0 & 0 \end{bmatrix} = \begin{bmatrix} 1\times1+1\times0 & 1\times1+1\times0 \\ 1\times1+0\times0 & 1\times1+0\times0 \end{bmatrix} = \begin{bmatrix} 1 & 1 \\ 1 & 1 \end{bmatrix}$

【例題 7】 若 $A = \begin{bmatrix} 1 & 2 & 4 \\ -3 & 1 & 0 \\ 2 & -1 & 4 \end{bmatrix}$, $B = \begin{bmatrix} 1 & -1 & 1 \\ -2 & 1 & 1 \\ 1 & 2 & -3 \end{bmatrix}$，試求 AB.

【解】 $AB = \begin{bmatrix} 1 & 2 & 4 \\ -3 & 1 & 0 \\ 2 & -1 & 4 \end{bmatrix} \begin{bmatrix} 1 & -1 & 1 \\ -2 & 1 & 1 \\ 1 & 2 & -3 \end{bmatrix}$

$= \begin{bmatrix} 1\times1+2\times(-2)+4\times1 & 1\times(-1)+2\times1+4\times2 & 1\times1+2\times1+4\times(-3) \\ (-3)\times1+1\times(-2)+0\times1 & (-3)\times(-1)+1\times1+0\times2 & (-3)\times1+1\times1+0\times(-3) \\ 2\times1+(-1)\times(-2)+4\times1 & 2\times(-1)+(-1)\times1+4\times2 & 2\times1+(-1)\times1+4\times(-3) \end{bmatrix}$

$= \begin{bmatrix} 1 & 9 & -9 \\ -5 & 4 & -2 \\ 8 & 5 & -11 \end{bmatrix}$

定理 4-2-3

設 A、B、C 為三個矩陣，且其加法與乘法的運算皆有意義，則下列的性質成立.

(1) $(AB)C = A(BC)$ （結合律）

(2) $A(B+C) = AB+AC$ （分配律）

(3) $(A+B)C = AC+BC$ （分配律）

(4) $\alpha(AB) = (\alpha A)B = A(\alpha B)$，$\alpha$ 為任意數.

(5) 若 A 是 $m\times n$ 矩陣，則 $AI_n = I_m A = A$.

【例題 8】 若 $A=\begin{bmatrix} 1 & 3 & 5 \\ 2 & 4 & 6 \end{bmatrix}$, $B=\begin{bmatrix} 0 & 1 & 1 & 1 \\ 1 & 0 & 1 & 1 \\ 2 & 0 & 1 & -1 \end{bmatrix}$, $C=\begin{bmatrix} 5 \\ 7 \\ 4 \\ 2 \end{bmatrix}$,

試證 $(AB)C=A(BC)$.

【解】 (i) $(AB)C = \left(\begin{bmatrix} 1 & 3 & 5 \\ 2 & 4 & 6 \end{bmatrix} \begin{bmatrix} 0 & 1 & 1 & 1 \\ 1 & 0 & 1 & 1 \\ 2 & 0 & 1 & -1 \end{bmatrix}\right) \begin{bmatrix} 5 \\ 7 \\ 4 \\ 2 \end{bmatrix}$

$= \begin{bmatrix} 13 & 1 & 9 & -1 \\ 16 & 2 & 12 & 0 \end{bmatrix} \begin{bmatrix} 5 \\ 7 \\ 4 \\ 2 \end{bmatrix} = \begin{bmatrix} 106 \\ 142 \end{bmatrix}$

(ii) $A(BC) = \begin{bmatrix} 1 & 3 & 5 \\ 2 & 4 & 6 \end{bmatrix} \left(\begin{bmatrix} 0 & 1 & 1 & 1 \\ 1 & 0 & 1 & 1 \\ 2 & 0 & 1 & -1 \end{bmatrix} \begin{bmatrix} 5 \\ 7 \\ 4 \\ 2 \end{bmatrix}\right)$

$= \begin{bmatrix} 1 & 3 & 5 \\ 2 & 4 & 6 \end{bmatrix} \begin{bmatrix} 13 \\ 11 \\ 12 \end{bmatrix} = \begin{bmatrix} 106 \\ 142 \end{bmatrix}$

由 (i)、(ii) 知 $(AB)C=A(BC)$.

4. 轉置矩陣

【例題 9】 設 $A=\begin{bmatrix} 1 & -1 \\ 2 & 3 \end{bmatrix}$, $B=\begin{bmatrix} -1 & 3 \\ 4 & 2 \end{bmatrix}$, 試證：

(1) $(A^T)^T = A$

(2) $(AB)^T = B^T A^T$

(3) $(A+B)^T = A^T + B^T$

【解】 (1) 因 $A^T = \begin{bmatrix} 1 & 2 \\ -1 & 3 \end{bmatrix}$, 故 $(A^T)^T = \begin{bmatrix} 1 & -1 \\ 2 & 3 \end{bmatrix} = A.$

(2) $AB = \begin{bmatrix} 1 & -1 \\ 2 & 3 \end{bmatrix} \begin{bmatrix} -1 & 3 \\ 4 & 2 \end{bmatrix} = \begin{bmatrix} -5 & 1 \\ 10 & 12 \end{bmatrix}$

$(AB)^T = \begin{bmatrix} -5 & 10 \\ 1 & 12 \end{bmatrix}$

又 $B^T A^T = \begin{bmatrix} -1 & 4 \\ 3 & 2 \end{bmatrix} \begin{bmatrix} 1 & 2 \\ -1 & 3 \end{bmatrix} = \begin{bmatrix} -5 & 10 \\ 1 & 12 \end{bmatrix}$

故 $(AB)^T = B^T A^T.$

(3) $A + B = \begin{bmatrix} 1 & -1 \\ 2 & 3 \end{bmatrix} + \begin{bmatrix} -1 & 3 \\ 4 & 2 \end{bmatrix} = \begin{bmatrix} 0 & 2 \\ 6 & 5 \end{bmatrix}$

$(A+B)^T = \begin{bmatrix} 0 & 6 \\ 2 & 5 \end{bmatrix}$

又 $A^T + B^T = \begin{bmatrix} 1 & 2 \\ -1 & 3 \end{bmatrix} + \begin{bmatrix} -1 & 4 \\ 3 & 2 \end{bmatrix} = \begin{bmatrix} 0 & 6 \\ 2 & 5 \end{bmatrix}$

故 $(A+B)^T = A^T + B^T.$

參考例題 9，我們有下面的定理．

定理 4-2-4　轉置的性質

假設 $A = [a_{ij}]_{m \times p}$, $B = [b_{ij}]_{p \times n}$, r 為實數，則

(1) $(A^T)^T = A$

(2) $(AB)^T = B^T A^T$

(3) $(rA)^T = rA^T$

(4) 若 A 與 B 皆為 $m \times p$ 矩陣，則 $(A+B)^T = A^T + B^T$, $(A-B)^T = A^T - B^T.$

定理 4-2-5

若 A 為一對稱方陣，則下列的性質成立.

(1) 若 α 為任意實數，則 αA 亦為對稱方陣.

(2) $AA^T = A^TA = A^2$，亦為對稱方陣.

定理 4-2-6

若 A 為一斜對稱方陣，則下列的性質成立.

(1) 若 α 為任意實數，則 αA 亦為斜對稱方陣.

(2) $AA^T = A^TA = -A^2$ 為對稱方陣，且 A^2 亦為對稱方陣.

【例題 10】 若 $A = [a_{ij}]_{n \times n}$，試證：

(1) AA^T 與 A^TA 皆為對稱.

(2) $A + A^T$ 為對稱.

(3) $A - A^T$ 為斜對稱.

【解】 (1) 因 $(AA^T)^T = (A^T)^T A^T = AA^T$，故 AA^T 為對稱.

因 $(A^TA)^T = A^T (A^T)^T = A^TA$，故 A^TA 為對稱.

(2) 因 $(A+A^T)^T = A^T + (A^T)^T = A^T + A = A + A^T$

故 $A + A^T$ 為對稱.

(3) 因 $(A-A^T)^T = A^T - (A^T)^T = A^T - A = -A + A^T = -(A - A^T)$

故 $A - A^T$ 為斜對稱.

習題 4-2

1. 設 $\begin{bmatrix} 2x^2+1 & 3x+4y \\ 4x+y & y^2 \end{bmatrix} = \begin{bmatrix} 3x+15 & 2y \\ -2x-3y & 9 \end{bmatrix}$，試求 x 及 y.

2. 若 $A = \begin{bmatrix} 1 & 5 & 0 \\ 2 & 6 & 7 \end{bmatrix}$，$B = \begin{bmatrix} -1 & 4 & 2 \\ 1 & -3 & 8 \end{bmatrix}$，$C = \begin{bmatrix} -7 & -22 & -31 \\ -11 & 3 & 101 \end{bmatrix}$，試求一個 2×3

階矩陣 X，使其滿足 $2A+4X=2B+C$.

3. 試求下列各矩陣之積.

(1) $\begin{bmatrix} 1 & 2 \\ -3 & 1 \end{bmatrix} \begin{bmatrix} 2 & 3 \\ 1 & -2 \end{bmatrix}$

(2) $\begin{bmatrix} 1 & 2 & 4 \\ -3 & 1 & 0 \\ 2 & -1 & 4 \end{bmatrix} \begin{bmatrix} 1 & -1 & 1 \\ -2 & 1 & 1 \\ 1 & 2 & -3 \end{bmatrix}$

(3) $\begin{bmatrix} 3 & 4 & -1 & 5 \\ -2 & 1 & 3 & 2 \\ 4 & 5 & 6 & 7 \end{bmatrix} \begin{bmatrix} 1 & 0 \\ 3 & 4 \\ -2 & 3 \\ -1 & 2 \end{bmatrix}$

4. 設 $A = B^T = \begin{bmatrix} 2 & -3 & 1 & 1 \\ -4 & 0 & 1 & 2 \\ -1 & 3 & 0 & 1 \end{bmatrix}$，試求 AB 與 BA.

5. 設 $A = \begin{bmatrix} 1 & -3 \\ 2 & 4 \end{bmatrix}$，$B = \begin{bmatrix} 5 & 6 \\ -3 & 4 \end{bmatrix}$，$C = \begin{bmatrix} 1 & 2 \\ 5 & 6 \end{bmatrix}$，試求 $(3A-4B)C$ 及 $3AC-4BC$.

兩者是否相等？

6. 令 $A = \begin{bmatrix} 2 & -1 & 3 \\ 0 & 4 & 5 \\ -2 & 1 & 4 \end{bmatrix}$，$B = \begin{bmatrix} 8 & -3 & -5 \\ 0 & 1 & 2 \\ 4 & -7 & 6 \end{bmatrix}$，$C = \begin{bmatrix} 0 & -2 & 3 \\ 1 & 7 & 4 \\ 3 & 5 & 9 \end{bmatrix}$

試證：(1) $(A+B)^T = A^T + B^T$

(2) $(AB)^T = B^T A^T$

7. 試解下列矩陣方程式中的 X.

$$X \begin{bmatrix} 1 & -1 & 2 \\ 3 & 0 & 1 \end{bmatrix} = \begin{bmatrix} -5 & -1 & 0 \\ 6 & -3 & 7 \end{bmatrix}$$

8. 設 A、B 是對稱方陣，

(1) 試證 $A+B$ 為對稱.

(2) 試證 $AB=BA \Leftrightarrow AB$ 為對稱.

9. 若 $A=\begin{bmatrix} 1 & -1 \\ 0 & 1 \end{bmatrix}$, $B=\begin{bmatrix} 1 & 2 \\ 1 & 1 \end{bmatrix}$, 試驗證下面二式：

    (1) $(A+B)^2 \neq A^2+2AB+B^2$

    (2) $(A+B)(A-B) \neq A^2-B^2$

10. 設 A、B 均為 n 階方陣，則 $(AB)^2=A^2B^2$ 恆成立嗎？試驗證你的答案.

11. 若 $AB=BA$，且 n 為非負整數，試證 $(AB)^n=A^nB^n$.

12. 試證 $\begin{bmatrix} \lambda & 1 \\ 0 & \lambda \end{bmatrix}^n = \begin{bmatrix} \lambda^n & n\lambda^{n-1} \\ 0 & \lambda^n \end{bmatrix}$.

13. 設 A 為 n 階方陣，試證：

    (1) $\frac{1}{2}(A+A^T)$ 為對稱方陣.　　　(2) $\frac{1}{2}(A-A^T)$ 為斜對稱方陣.

    (3) A 可以表為一對稱方陣與一斜對稱方陣的和.

14. 若 $A=\begin{bmatrix} 1 & 2 & 3 \\ -1 & 4 & 1 \\ 2 & 5 & 6 \end{bmatrix}$，試驗證第 13 題中的 (1)、(2) 與 (3).

4-3　逆方陣

對於每一個不等於零的數均會存在一乘法反元素，但是在矩陣之運算中，對於一非零矩陣是否會存在一矩陣，而使得此兩矩陣相乘為單位矩陣呢？這就產生了逆方陣的觀念了. 我們看下面的定義.

定義 4-3-1

若 $A=[a_{ij}]_{n \times n}$，並存在另一方陣 $B=[b_{ij}]_{n \times n}$，使得 $AB=BA=I_n$ 時，則稱 B 為 A 的逆方陣或反方陣 (inverse matrix)，此時，A 稱為可逆方陣 (invertiable matrix) 或非奇異方陣，通常以 A^{-1} 表示 A 的逆方陣. 反之，若不存在這樣的方陣 B，則稱 A 為奇異方陣 (singular matrix).

【例題 1】 矩陣 $A = \begin{bmatrix} 1 & 2 \\ 4 & 9 \end{bmatrix}$ 的逆方陣為 $B = \begin{bmatrix} 9 & -2 \\ -4 & 1 \end{bmatrix}$，因為

$$AB = \begin{bmatrix} 1 & 2 \\ 4 & 9 \end{bmatrix} \begin{bmatrix} 9 & -2 \\ -4 & 1 \end{bmatrix} = \begin{bmatrix} 1 & 0 \\ 0 & 1 \end{bmatrix} = I_2$$

$$BA = \begin{bmatrix} 9 & -2 \\ -4 & 1 \end{bmatrix} \begin{bmatrix} 1 & 2 \\ 4 & 9 \end{bmatrix} = \begin{bmatrix} 1 & 0 \\ 0 & 1 \end{bmatrix} = I_2$$

【例題 2】 若 $A = \begin{bmatrix} 1 & 2 \\ 3 & 4 \end{bmatrix}$，則 A 的逆方陣是否存在？

【解】 為了求 A 的逆方陣，我們設其逆方陣為

$$A^{-1} = \begin{bmatrix} a & b \\ c & d \end{bmatrix}$$

可得 $$AA^{-1} = \begin{bmatrix} 1 & 2 \\ 3 & 4 \end{bmatrix} \begin{bmatrix} a & b \\ c & d \end{bmatrix} = \begin{bmatrix} 1 & 0 \\ 0 & 1 \end{bmatrix}$$

所以 $$\begin{bmatrix} a+2c & b+2d \\ 3a+4c & 3b+4d \end{bmatrix} = \begin{bmatrix} 1 & 0 \\ 0 & 1 \end{bmatrix}$$

上式等號兩端的矩陣相等，故其對應元素應相等，可得下列方程組：

$$\begin{cases} a+2c = 1 \\ 3a+4c = 0 \end{cases} \quad \text{與} \quad \begin{cases} b+2d = 0 \\ 3b+4d = 1 \end{cases}$$

解上面方程組，可得 $a = -2$, $c = \dfrac{3}{2}$, $b = 1$, $d = -\dfrac{1}{2}$。

又因為方陣

$$\begin{bmatrix} a & b \\ c & d \end{bmatrix} = \begin{bmatrix} -2 & 1 \\ \dfrac{3}{2} & -\dfrac{1}{2} \end{bmatrix}$$

亦滿足下列性質：

$$\begin{bmatrix} -2 & 1 \\ \dfrac{3}{2} & -\dfrac{1}{2} \end{bmatrix} \begin{bmatrix} 1 & 2 \\ 3 & 4 \end{bmatrix} = \begin{bmatrix} 1 & 0 \\ 0 & 1 \end{bmatrix}$$

因此，A 為非奇異方陣，而

$$A^{-1} = \begin{bmatrix} -2 & 1 \\ \dfrac{3}{2} & -\dfrac{1}{2} \end{bmatrix}$$

一般而言，對方陣

$$A = \begin{bmatrix} a & b \\ c & d \end{bmatrix}$$

若 $ad - bc \neq 0$，則

$$A^{-1} = \dfrac{1}{ad-bc} \begin{bmatrix} d & -b \\ -c & a \end{bmatrix} = \begin{bmatrix} \dfrac{d}{ad-bc} & -\dfrac{b}{ad-bc} \\ -\dfrac{c}{ad-bc} & \dfrac{a}{ad-bc} \end{bmatrix} \qquad (4\text{-}3\text{-}1)$$

讀者要特別注意，並非每一個方陣皆有逆方陣，例如，

$$A = \begin{bmatrix} 1 & 3 \\ 2 & 6 \end{bmatrix}$$

就沒有逆方陣，所以 A 是一奇異方陣.

定理 4-3-1

(1) 若 A 為 n 階非奇異方陣，則 A^{-1} 亦為非奇異方陣，且 $(A^{-1})^{-1} = A$.

(2) 若 c 為非零的實數，則 $(cA)^{-1} = \dfrac{1}{c} A^{-1}$.

(3) 若 A、B 皆為非奇異方陣，則 AB 亦為非奇異方陣，且 $(AB)^{-1} = B^{-1} A^{-1}$.

(4) $(A^n)^{-1} = (A^{-1})^n$.

(5) 若 A 為非奇異方陣，則 A^T 亦為非奇異方陣，且 $(A^T)^{-1} = (A^{-1})^T$.

推論：若 A_1, A_2, A_3, $\cdots$, A_n 皆為 n 階非奇異方陣，則 $A_1A_2A_3\cdots A_n$ 亦是非奇異，且

$$(A_1A_2A_3\cdots A_n)^{-1}=A_n^{-1}A_{n-1}^{-1}\cdots A_3^{-1}A_2^{-1}A_1^{-1} \tag{4-3-2}$$

【例題 3】 若 $A^{-1}=\begin{bmatrix} 2 & 3 \\ 1 & 4 \end{bmatrix}$，試求 A.

【解】 利用式 (4-3-1)，知

$$(A^{-1})^{-1}=A=\frac{1}{2\times 4-1\times 3}\begin{bmatrix} 4 & -3 \\ -1 & 2 \end{bmatrix}=\frac{1}{5}\begin{bmatrix} 4 & -3 \\ -1 & 2 \end{bmatrix}$$

$$=\begin{bmatrix} \dfrac{4}{5} & -\dfrac{3}{5} \\ -\dfrac{1}{5} & \dfrac{2}{5} \end{bmatrix}$$

【例題 4】 若 $A^{-1}=\begin{bmatrix} 1 & 2 & -1 \\ 3 & 4 & 2 \\ 0 & 1 & -2 \end{bmatrix}$，$B^{-1}=\begin{bmatrix} 0 & 1 & 1 \\ 1 & 0 & 1 \\ -2 & 3 & 2 \end{bmatrix}$，試求 $(AB)^{-1}$.

【解】 $(AB)^{-1}=B^{-1}\cdot A^{-1}=\begin{bmatrix} 0 & 1 & 1 \\ 1 & 0 & 1 \\ -2 & 3 & 2 \end{bmatrix}\begin{bmatrix} 1 & 2 & -1 \\ 3 & 4 & 2 \\ 0 & 1 & -2 \end{bmatrix}=\begin{bmatrix} 3 & 5 & 0 \\ 1 & 3 & -3 \\ 7 & 10 & 4 \end{bmatrix}$

【例題 5】 若 $A^{-1}=\begin{bmatrix} 1 & 2 & 0 \\ 0 & 1 & 0 \\ 3 & 1 & -1 \end{bmatrix}$ 與 $B=\begin{bmatrix} 2 \\ 1 \\ 3 \end{bmatrix}$，試解 $AX=B$ 之 X.

【解】 因 A^{-1} 存在，故 $AX=B$ 可得 $(A^{-1})AX=A^{-1}B$，則

$$X=A^{-1}B$$

所以 $X=\begin{bmatrix} 1 & 2 & 0 \\ 0 & 1 & 0 \\ 3 & 1 & -1 \end{bmatrix}\begin{bmatrix} 2 \\ 1 \\ 3 \end{bmatrix}=\begin{bmatrix} 4 \\ 1 \\ 4 \end{bmatrix}$

習題 4-3

1. 試問下列方陣是否可逆？若為可逆，求其逆方陣.

   (1) $A = \begin{bmatrix} 3 & 1 \\ 6 & 2 \end{bmatrix}$
   (2) $B = \begin{bmatrix} 3 & -2 \\ 1 & 1 \end{bmatrix}$
   (3) $C = \begin{bmatrix} -3 & 2 \\ 4 & 1 \end{bmatrix}$

2. 試求 $A = \begin{bmatrix} \cos\theta & \sin\theta \\ -\sin\theta & \cos\theta \end{bmatrix}$ 的逆方陣.

3. 若 A 為一可逆方陣，且 $7A$ 的逆方陣為 $\begin{bmatrix} -3 & 7 \\ 1 & -2 \end{bmatrix}$，試求 A.

4. 若 A 與 B 皆為 n 階方陣，則下列關係是否成立？

   (1) $(A+B)^{-1} = A^{-1} + B^{-1}$

   (2) $(cA)^{-1} = \dfrac{1}{c} A^{-1}$　　$(c \neq 0)$

5. 試求 A 使得 $(4A^T)^{-1} = \begin{bmatrix} 2 & 3 \\ -4 & -4 \end{bmatrix}$.

6. 試求 x 使得 $\begin{bmatrix} 2x & 7 \\ 1 & 2 \end{bmatrix}^{-1} = \begin{bmatrix} 2 & -7 \\ -1 & 4 \end{bmatrix}$.

7. 若 A 為非奇異且為斜對稱矩陣，試證 A^{-1} 為斜對稱矩陣.

8. 若 $A = \begin{bmatrix} 1 & 3 \\ 2 & 7 \end{bmatrix}$，試求 $(A^T)^{-1}$、$(A^{-1})^T$ 與 A^{-1} 之關係為何？

9. 若 $A^3 = \begin{bmatrix} 1 & 1 \\ -5 & -2 \end{bmatrix}$，試求 $(2A)^{-3}$.

4-4　矩陣的基本列運算；簡約列梯陣

矩陣的基本列運算可求得一方陣的逆方陣，而簡約列梯陣又可用來解線性方程組. 首先我們先介紹三種基本列變換.

1. 將矩陣 A 中的第 i 列與第 j 列互相對調，以 $R_i \leftrightarrow R_j$ 表示之，即

$$A = \begin{bmatrix} a_{11} & a_{12} & \cdots & a_{1n} \\ a_{21} & a_{22} & \cdots & a_{2n} \\ \vdots & \vdots & & \vdots \\ a_{i1} & a_{i2} & \cdots & a_{in} \\ \vdots & \vdots & & \vdots \\ a_{j1} & a_{j2} & \cdots & a_{jn} \\ \vdots & \vdots & & \vdots \\ a_{n1} & a_{n2} & \cdots & a_{nn} \end{bmatrix} \underset{R_i \leftrightarrow R_j}{\sim} \begin{bmatrix} a_{11} & a_{12} & \cdots & a_{1n} \\ a_{21} & a_{22} & \cdots & a_{2n} \\ \vdots & \vdots & & \vdots \\ a_{j1} & a_{j2} & \cdots & a_{jn} \\ \vdots & \vdots & & \vdots \\ a_{i1} & a_{i2} & \cdots & a_{in} \\ \vdots & \vdots & & \vdots \\ a_{n1} & a_{n2} & \cdots & a_{nn} \end{bmatrix}$$

2. 將矩陣 A 中的第 i 列乘常數 c，以 cR_i 表示之，即

$$A = \begin{bmatrix} a_{11} & a_{12} & \cdots & a_{1n} \\ a_{21} & a_{22} & \cdots & a_{2n} \\ \vdots & \vdots & & \vdots \\ a_{i1} & a_{i2} & \cdots & a_{in} \\ \vdots & \vdots & & \vdots \\ a_{n1} & a_{n2} & \cdots & a_{nn} \end{bmatrix} \underset{cR_i}{\sim} \begin{bmatrix} a_{11} & a_{12} & \cdots & a_{1n} \\ a_{21} & a_{22} & \cdots & a_{2n} \\ \vdots & \vdots & & \vdots \\ ca_{i1} & ca_{i2} & \cdots & ca_{in} \\ \vdots & \vdots & & \vdots \\ a_{n1} & a_{n2} & \cdots & a_{nn} \end{bmatrix}$$

3. 將矩陣 A 中的第 i 列乘上一非零常數 c，然後加在另一列，如第 j 列上。以 $cR_i + R_j$ 表示之.

$$A = \begin{bmatrix} a_{11} & a_{12} & a_{13} & \cdots & a_{1n} \\ a_{21} & a_{22} & a_{23} & \cdots & a_{2n} \\ \vdots & \vdots & \vdots & & \vdots \\ a_{i1} & a_{i2} & a_{i3} & \cdots & a_{in} \\ \vdots & \vdots & \vdots & & \vdots \\ a_{j1} & a_{j2} & a_{j3} & \cdots & a_{jn} \\ \vdots & \vdots & \vdots & & \vdots \\ a_{n1} & a_{n2} & a_{n3} & \cdots & a_{nn} \end{bmatrix} \underset{cR_i + R_j}{\sim} \begin{bmatrix} a_{11} & a_{12} & a_{13} & \cdots & a_{1n} \\ a_{21} & a_{22} & a_{23} & \cdots & a_{2n} \\ \vdots & \vdots & \vdots & & \vdots \\ a_{i1} & a_{i2} & a_{i3} & \cdots & a_{in} \\ \vdots & \vdots & \vdots & & \vdots \\ ca_{i1}+a_{j1} & ca_{i2}+a_{j2} & ca_{i3}+a_{j3} & \cdots & ca_{in}+a_{jn} \\ \vdots & \vdots & \vdots & & \vdots \\ a_{n1} & a_{n2} & a_{n3} & \cdots & a_{nn} \end{bmatrix}$$

此種基本列運算只是將一矩陣變形為另一矩陣，使所得矩陣適合某一特殊形式。原矩陣與所得矩陣並無相等關係.

定義 4-4-1

若 $m \times n$ 矩陣 A 經由有限次數的基本列運算後變成 $m \times n$ 矩陣 B，則稱矩陣 A 與 B 為列同義 (row equivalent)，可寫成 $A \sim B$.

【例題 1】 矩陣 $A = \begin{bmatrix} 1 & 2 & 4 & 3 \\ 2 & 1 & 3 & 2 \\ 1 & -1 & 2 & 3 \end{bmatrix}$ 列同義於 $D = \begin{bmatrix} 2 & 4 & 8 & 6 \\ 1 & -1 & 2 & 3 \\ 4 & -1 & 7 & 8 \end{bmatrix}$

因為 $A = \begin{bmatrix} 1 & 2 & 4 & 3 \\ 2 & 1 & 3 & 2 \\ 1 & -1 & 2 & 3 \end{bmatrix} \xrightarrow{2R_3 + R_2} \begin{bmatrix} 1 & 2 & 4 & 3 \\ 4 & -1 & 7 & 8 \\ 1 & -1 & 2 & 3 \end{bmatrix} \xrightarrow{R_2 \leftrightarrow R_3}$

$\begin{bmatrix} 1 & 2 & 4 & 3 \\ 1 & -1 & 2 & 3 \\ 4 & -1 & 7 & 8 \end{bmatrix} \xrightarrow{2R_1} \begin{bmatrix} 2 & 4 & 8 & 6 \\ 1 & -1 & 2 & 3 \\ 4 & -1 & 7 & 8 \end{bmatrix}$

定義 4-4-2

將單位方陣 I_n 經過基本列運算 $R_i \leftrightarrow R_j$，cR_i，$cR_i + R_j$ 後，可得下列三種**基本矩陣** (elementary matrix).

(1) 以 $E_i \leftrightarrow E_j$ 表示 I_n 中的第 i 列與第 j 列互相對調之後所產生的基本矩陣.

(2) 若 $c \neq 0$，以 cE_i 表示 I_n 中的第 i 列乘上常數 c 後所產生的基本矩陣.

(3) 若 $c \neq 0$，以 $cE_i + E_j$ 表示 I_n 中的第 i 列乘上常數 c 後，再加在第 j 列上所產生的基本矩陣.

例如，$\begin{bmatrix} 1 & 0 \\ 0 & -3 \end{bmatrix}$、$\begin{bmatrix} 1 & 0 & 0 & 0 \\ 0 & 0 & 0 & 1 \\ 0 & 0 & 1 & 0 \\ 0 & 1 & 0 & 0 \end{bmatrix}$、$\begin{bmatrix} 1 & 0 & 3 \\ 0 & 1 & 0 \\ 0 & 0 & 1 \end{bmatrix}$ 皆為基本矩陣.

⇩ ⇩ ⇩

I_2 的第 2 列　　　I_4 的第 2 列　　　I_3 的第 3 列
乘上 -3　　　　　與第 4 列互調　　　乘上 3 加到第 1 列

定理 4-4-1

若 $A=[a_{ij}]_{m\times n}$, $B=[b_{ij}]_{m\times n}$, $E_i \leftrightarrow E_j$, cE_i, cE_i+E_j 為 $m\times m$ 基本矩陣，則

(1) $A \overset{R_i \leftrightarrow R_j}{\sim} B \Leftrightarrow B=(E_i \leftrightarrow E_j)A$

(2) $A \overset{cR_i}{\sim} B \Leftrightarrow B=cE_iA$

(3) $A \overset{cR_i+R_j}{\sim} B \Leftrightarrow B=(cE_i+E_j)A$

【例題 2】 考慮矩陣

$$A=\begin{bmatrix} 1 & 0 & 2 & 3 \\ 2 & -1 & 3 & 6 \\ 1 & 4 & 4 & 0 \end{bmatrix} \overset{3R_1+R_3}{\sim} B=\begin{bmatrix} 1 & 0 & 2 & 3 \\ 2 & -1 & 3 & 6 \\ 4 & 4 & 10 & 9 \end{bmatrix}$$

另一基本矩陣 $E=\begin{bmatrix} 1 & 0 & 0 \\ 0 & 1 & 0 \\ 3 & 0 & 1 \end{bmatrix}$

則 $EA=\begin{bmatrix} 1 & 0 & 0 \\ 0 & 1 & 0 \\ 3 & 0 & 1 \end{bmatrix}\begin{bmatrix} 1 & 0 & 2 & 3 \\ 2 & -1 & 3 & 6 \\ 1 & 4 & 4 & 0 \end{bmatrix}=B$

【例題 3】 若 $A=\begin{bmatrix} 1 & -1 & 2 \\ 2 & 0 & 1 \\ -3 & 4 & 5 \end{bmatrix}$, B 為 A 經過基本列運算 $2R_1+R_2$, $1R_2+R_3$, $1R_1+R_3$ 後所求得的矩陣，則 B 為何？

【解】 $A=\begin{bmatrix} 1 & -1 & 2 \\ 2 & 0 & 1 \\ -3 & 4 & 5 \end{bmatrix} \overset{2R_1+R_2}{\sim} \begin{bmatrix} 1 & -1 & 2 \\ 4 & -2 & 5 \\ -3 & 4 & 5 \end{bmatrix} \overset{1R_2+R_3}{\sim}$

$\begin{bmatrix} 1 & -1 & 2 \\ 4 & -2 & 5 \\ 1 & 2 & 10 \end{bmatrix} \overset{1R_1+R_3}{\sim} \begin{bmatrix} 1 & -1 & 2 \\ 4 & -2 & 5 \\ 2 & 1 & 12 \end{bmatrix}$

即 $B = \begin{bmatrix} 1 & -1 & 2 \\ 4 & -2 & 5 \\ 2 & 1 & 12 \end{bmatrix}$

【例題 4】 利用上面的例題，試求出基本矩陣 E_1、E_2、E_3，使得 $B = E_3 E_2 E_1 A$.

【解】 $E_1 = \begin{bmatrix} 1 & 0 & 0 \\ 2 & 1 & 0 \\ 0 & 0 & 1 \end{bmatrix}$, $E_2 = \begin{bmatrix} 1 & 0 & 0 \\ 0 & 1 & 0 \\ 0 & 1 & 1 \end{bmatrix}$, $E_3 = \begin{bmatrix} 1 & 0 & 0 \\ 0 & 1 & 0 \\ 1 & 0 & 1 \end{bmatrix}$

則 $E_3 E_2 E_1 A = \begin{bmatrix} 1 & 0 & 0 \\ 0 & 1 & 0 \\ 1 & 0 & 1 \end{bmatrix} \begin{bmatrix} 1 & 0 & 0 \\ 0 & 1 & 0 \\ 0 & 1 & 1 \end{bmatrix} \begin{bmatrix} 1 & 0 & 0 \\ 2 & 1 & 0 \\ 0 & 0 & 1 \end{bmatrix} \begin{bmatrix} 1 & -1 & 2 \\ 2 & 0 & 1 \\ -3 & 4 & 5 \end{bmatrix}$

$= \begin{bmatrix} 1 & 0 & 0 \\ 0 & 1 & 0 \\ 1 & 0 & 1 \end{bmatrix} \begin{bmatrix} 1 & 0 & 0 \\ 0 & 1 & 0 \\ 0 & 1 & 1 \end{bmatrix} \begin{bmatrix} 1 & -1 & 2 \\ 4 & -2 & 5 \\ -3 & 4 & 5 \end{bmatrix}$

$= \begin{bmatrix} 1 & 0 & 0 \\ 0 & 1 & 0 \\ 1 & 0 & 1 \end{bmatrix} \begin{bmatrix} 1 & -1 & 2 \\ 4 & -2 & 5 \\ 1 & 2 & 10 \end{bmatrix}$

$= \begin{bmatrix} 1 & -1 & 2 \\ 4 & -2 & 5 \\ 2 & 1 & 12 \end{bmatrix} = B$

定理 4-4-2

每一基本矩陣皆是可逆矩陣，且

(1) $(E_i \leftrightarrow E_j)^{-1} = E_i \leftrightarrow E_j$

(2) $(cE_i)^{-1} = \dfrac{1}{c} E_i$

(3) $(cE_i + E_j)^{-1} = -cE_i + E_j$

由前一題知 $E_1^{-1}=\begin{bmatrix} 1 & 0 & 0 \\ -2 & 1 & 0 \\ 0 & 0 & 1 \end{bmatrix}$, $E_2^{-1}=\begin{bmatrix} 1 & 0 & 0 \\ 0 & 1 & 0 \\ 0 & -1 & 1 \end{bmatrix}$, $E_3^{-1}=\begin{bmatrix} 1 & 0 & 0 \\ 0 & 1 & 0 \\ -1 & 0 & 1 \end{bmatrix}$

分別為 E_1、E_2、E_3 的基本逆方陣，而

$$E_1^{-1}E_2^{-1}E_3^{-1}B = \begin{bmatrix} 1 & 0 & 0 \\ -2 & 1 & 0 \\ 0 & 0 & 1 \end{bmatrix}\begin{bmatrix} 1 & 0 & 0 \\ 0 & 1 & 0 \\ 0 & -1 & 1 \end{bmatrix}\begin{bmatrix} 1 & 0 & 0 \\ 0 & 1 & 0 \\ -1 & 0 & 1 \end{bmatrix}\begin{bmatrix} 1 & -1 & 2 \\ 4 & -2 & 5 \\ 2 & 1 & 12 \end{bmatrix}$$

$$= \begin{bmatrix} 1 & 0 & 0 \\ -2 & 1 & 0 \\ 0 & 0 & 1 \end{bmatrix}\begin{bmatrix} 1 & 0 & 0 \\ 0 & 1 & 0 \\ 0 & -1 & 1 \end{bmatrix}\begin{bmatrix} 1 & -1 & 2 \\ 4 & -2 & 5 \\ 1 & 2 & 10 \end{bmatrix}$$

$$= \begin{bmatrix} 1 & 0 & 0 \\ -2 & 1 & 0 \\ 0 & 0 & 1 \end{bmatrix}\begin{bmatrix} 1 & -1 & 2 \\ 4 & -2 & 5 \\ -3 & 4 & 5 \end{bmatrix}$$

$$= \begin{bmatrix} 1 & -1 & 2 \\ 2 & 0 & 1 \\ -3 & 4 & 5 \end{bmatrix} = A$$

故 $B \sim A$.

由例題 4 之討論可推得下面的定理.

定理 4-4-3

若 A 與 B 均為 $m \times n$ 矩陣，則 B 與 A 列同義的充要條件為存在有限個 $m \times m$ 基本矩陣，E_1, E_2, E_3, $\cdots$, E_l, 使得

$$B = E_l E_{l-1} \cdots E_3 E_2 E_1 A$$

推論：若 $A \sim B$, 則 $B \sim A$.

定理 4-4-4

n 階方陣 A 為可逆方陣的充要條件為 $A \sim I_n$。

由此定理得知，必存在有限個基本矩陣 E_1, E_2, $\cdots$, E_l, 使得

$$E_l E_{l-1} \cdots E_3 E_2 E_1 A = I_n \tag{4-4-1}$$

上式等號兩邊同乘以 A^{-1}，則得

$$E_l E_{l-1} \cdots E_3 E_2 E_1 I_n = I_n A^{-1} = A^{-1} \tag{4-4-2}$$

因為一矩陣乘上一基本矩陣就等於該矩陣施行一次基本列運算，故我們可利用下式將 I_n 化至 A：

$$E_1^{-1} E_2^{-1} \cdots E_{l-1}^{-1} E_l^{-1} I_n = A \tag{4-4-3}$$

由以上之討論，我們很容易了解，若想求一可逆方陣 A 的逆方陣 A^{-1}，我們只要做 $n \times 2n$ 矩陣 $[A \vdots I_n]$，然後利用矩陣的基本列運算將 $[A \vdots I_n]$ 化為 $[I_n \vdots B]$ 的形式，則 B 即為所求的逆方陣 A^{-1}。

【例題 5】 已知 $A = \begin{bmatrix} 1 & 3 \\ 2 & 5 \end{bmatrix}$，試求 A^{-1}。

【解】 我們做 2×4 矩陣 $[A \vdots I_2]$，並將它化成 $[I_2 \vdots B]$，

$$\begin{bmatrix} 1 & 3 & \vdots & 1 & 0 \\ 2 & 5 & \vdots & 0 & 1 \end{bmatrix} \xrightarrow{-2R_1 + R_2} \begin{bmatrix} 1 & 3 & \vdots & 1 & 0 \\ 0 & -1 & \vdots & -2 & 1 \end{bmatrix} \xrightarrow{3R_2 + R_1}$$

$$\begin{bmatrix} 1 & 0 & \vdots & -5 & 3 \\ 0 & -1 & \vdots & -2 & 1 \end{bmatrix} \xrightarrow{-1R_2} \begin{bmatrix} 1 & 0 & \vdots & -5 & 3 \\ 0 & 1 & \vdots & 2 & -1 \end{bmatrix}$$

故 B 即為所求的逆方陣 A^{-1}，即

$$A^{-1} = \begin{bmatrix} -5 & 3 \\ 2 & -1 \end{bmatrix}$$

讀者可驗證，$AA^{-1} = A^{-1}A = I_2$。

【例題 6】 試求出方陣 A 的逆方陣存在時之所有 a 值，若

$$A = \begin{bmatrix} 1 & 1 & 0 \\ 1 & 0 & 0 \\ 1 & 2 & a \end{bmatrix}$$

則 A^{-1} 為何？

【解】 $[A \vdots I_3] = \begin{bmatrix} 1 & 1 & 0 \vdots 1 & 0 & 0 \\ 1 & 0 & 0 \vdots 0 & 1 & 0 \\ 1 & 2 & a \vdots 0 & 0 & 1 \end{bmatrix} \xrightarrow{-1R_1+R_2}$

$\begin{bmatrix} 1 & 1 & 0 \vdots & 1 & 0 & 0 \\ 0 & -1 & 0 \vdots & -1 & 1 & 0 \\ 1 & 2 & a \vdots & 0 & 0 & 1 \end{bmatrix} \xrightarrow{-1R_1+R_3} \begin{bmatrix} 1 & 1 & 0 \vdots & 1 & 0 & 0 \\ 0 & -1 & 0 \vdots & -1 & 1 & 0 \\ 0 & 1 & a \vdots & -1 & 0 & 1 \end{bmatrix}$

$\xrightarrow{1R_2+R_3} \begin{bmatrix} 1 & 1 & 0 \vdots & 1 & 0 & 0 \\ 0 & -1 & 0 \vdots & -1 & 1 & 0 \\ 0 & 0 & a \vdots & -2 & 1 & 1 \end{bmatrix} \xrightarrow{1R_2+R_1} \begin{bmatrix} 1 & 0 & 0 \vdots & 0 & 1 & 0 \\ 0 & -1 & 0 \vdots & -1 & 1 & 0 \\ 0 & 0 & a \vdots & -2 & 1 & 1 \end{bmatrix}$

$\xrightarrow{-1R_2} \begin{bmatrix} 1 & 0 & 0 \vdots & 0 & 1 & 0 \\ 0 & 1 & 0 \vdots & 1 & -1 & 0 \\ 0 & 0 & a \vdots & -2 & 1 & 1 \end{bmatrix}$

只有當 $a=1$ 時，$A \sim I_3$，故 A 的逆方陣存在，

且 $A^{-1} = \begin{bmatrix} 0 & 1 & 0 \\ 1 & -1 & 0 \\ -2 & 1 & 1 \end{bmatrix}$

下面我們再討論一種非常有用的矩陣形式，稱為簡約列梯陣 (reduced rowechelon matrix)。

定義 4-4-3

若一個矩陣滿足下列的性質，則稱為**簡約列梯陣**.

(1) 矩陣中全為 0 之所有的列 (如果有的話) 皆置於矩陣的底層.
(2) 非全為 0 的每一列中之第一個非 0 元素為 1，稱為此列的首項.
(3) 若第 i 列與第 $i+1$ 列是兩個非全為 0 的連續列，則第 $i+1$ 列之首項應置於第 i 列之首項之右方.
(4) 若一行含有某列的首項，則此行的其他元素皆為 0.

【例題 7】 $\begin{bmatrix} 1 & 0 & 0 & 0 & 3 \\ 0 & 0 & 1 & 0 & 4 \\ 0 & 0 & 0 & 1 & 1 \end{bmatrix}$ 與 $\begin{bmatrix} 1 & 0 & 0 & -2 \\ 0 & 1 & 2 & 1 \\ 0 & 0 & 0 & 0 \end{bmatrix}$ 為簡約列梯陣，但

$\begin{bmatrix} 1 & 0 & 1 & -1 \\ 0 & 1 & -2 & 1 \\ 0 & 1 & 1 & 0 \\ 0 & 0 & 0 & 0 \end{bmatrix}$ 與 $\begin{bmatrix} 1 & 1 & 0 & 1 \\ 0 & 1 & 2 & -1 \\ 0 & 0 & 1 & 0 \end{bmatrix}$ 為非簡約列梯陣.

【例題 8】 試將矩陣 $A = \begin{bmatrix} 0 & 0 & -2 \\ 2 & 4 & -10 \\ 2 & 4 & -5 \end{bmatrix}$ 化為簡約列梯陣.

【解】 $A = \begin{bmatrix} 0 & 0 & -2 \\ 2 & 4 & -10 \\ 2 & 4 & -5 \end{bmatrix} \xrightarrow{R_1 \leftrightarrow R_2} \begin{bmatrix} 2 & 4 & -10 \\ 0 & 0 & -2 \\ 2 & 4 & -5 \end{bmatrix} \xrightarrow{\frac{1}{2}R_1} \begin{bmatrix} 1 & 2 & -5 \\ 0 & 0 & -2 \\ 2 & 4 & -5 \end{bmatrix}$

$\xrightarrow{-2R_1 + R_3} \begin{bmatrix} 1 & 2 & -5 \\ 0 & 0 & -2 \\ 0 & 0 & 5 \end{bmatrix} \xrightarrow{-\frac{1}{2}R_2} \begin{bmatrix} 1 & 2 & -5 \\ 0 & 0 & 1 \\ 0 & 0 & 5 \end{bmatrix} \xrightarrow{1R_3 + R_1}$

$\begin{bmatrix} 1 & 2 & 0 \\ 0 & 0 & 1 \\ 0 & 0 & 5 \end{bmatrix} \xrightarrow{\frac{1}{5}R_3} \begin{bmatrix} 1 & 2 & 0 \\ 0 & 0 & 1 \\ 0 & 0 & 1 \end{bmatrix} \xrightarrow{-1R_3 + R_2} \begin{bmatrix} 1 & 2 & 0 \\ 0 & 0 & 0 \\ 0 & 0 & 1 \end{bmatrix}$

$$\underset{R_2 \leftrightarrow R_3}{\sim} \begin{bmatrix} 1 & 2 & 0 \\ 0 & 0 & 1 \\ 0 & 0 & 0 \end{bmatrix}$$

【例題 9】 試將矩陣 $A = \begin{bmatrix} 0 & 0 & -2 & 0 & 7 & 12 \\ 2 & 4 & -10 & 6 & 12 & 28 \\ 2 & 4 & -5 & 6 & -5 & -1 \end{bmatrix}$ 化為簡約列梯陣.

【解】 $A = \begin{bmatrix} 0 & 0 & -2 & 0 & 7 & 12 \\ 2 & 4 & -10 & 6 & 12 & 28 \\ 2 & 4 & -5 & 6 & -5 & -1 \end{bmatrix} \underset{R_1 \leftrightarrow R_2}{\sim}$

$\begin{bmatrix} 2 & 4 & -10 & 6 & 12 & 28 \\ 0 & 0 & -2 & 0 & 7 & 12 \\ 2 & 4 & -5 & 6 & -5 & -1 \end{bmatrix} \underset{\frac{1}{2}R_1}{\sim}$

$\begin{bmatrix} 1 & 2 & -5 & 3 & 6 & 14 \\ 0 & 0 & -2 & 0 & 7 & 12 \\ 2 & 4 & -5 & 6 & -5 & -1 \end{bmatrix} \underset{-2R_1+R_3}{\sim}$

$\begin{bmatrix} 1 & 2 & -5 & 3 & 6 & 14 \\ 0 & 0 & -2 & 0 & 7 & 12 \\ 0 & 0 & 5 & 0 & -17 & -29 \end{bmatrix} \underset{-\frac{1}{2}R_2}{\sim}$

$\begin{bmatrix} 1 & 2 & -5 & 3 & 6 & 14 \\ 0 & 0 & 1 & 0 & -\frac{7}{2} & -6 \\ 0 & 0 & 5 & 0 & -17 & -29 \end{bmatrix} \underset{-5R_2+R_3}{\sim}$

$\begin{bmatrix} 1 & 2 & -5 & 3 & 6 & 14 \\ 0 & 0 & 1 & 0 & -\frac{7}{2} & -6 \\ 0 & 0 & 0 & 0 & \frac{1}{2} & 1 \end{bmatrix} \underset{2R_3}{\sim}$

$\begin{bmatrix} 1 & 2 & -5 & 3 & 6 & 14 \\ 0 & 0 & 1 & 0 & -\frac{7}{2} & -6 \\ 0 & 0 & 0 & 0 & 1 & 2 \end{bmatrix} \underset{\frac{7}{2}R_3+R_2}{\sim}$

$$\begin{bmatrix} 1 & 2 & -5 & 3 & 6 & 14 \\ 0 & 0 & 1 & 0 & 0 & 1 \\ 0 & 0 & 0 & 0 & 1 & 2 \end{bmatrix} \underset{\sim}{-6R_3+R_1}$$

$$\begin{bmatrix} 1 & 2 & -5 & 3 & 0 & 2 \\ 0 & 0 & 1 & 0 & 0 & 1 \\ 0 & 0 & 0 & 0 & 1 & 2 \end{bmatrix} \underset{\sim}{5R_2+R_1}$$

$$\begin{bmatrix} 1 & 2 & 0 & 3 & 0 & 7 \\ 0 & 0 & 1 & 0 & 0 & 1 \\ 0 & 0 & 0 & 0 & 1 & 2 \end{bmatrix}$$

習題 4-4

1. 下列何者為基本矩陣？

(1) $\begin{bmatrix} 1 & 0 \\ -9 & 1 \end{bmatrix}$

(2) $\begin{bmatrix} -8 & 1 \\ 1 & 0 \end{bmatrix}$

(3) $\begin{bmatrix} 1 & 0 & 0 \\ 0 & 0 & 1 \\ 0 & 1 & 0 \end{bmatrix}$

(4) $\begin{bmatrix} 1 & 0 & 0 \\ 0 & 1 & 7 \\ 0 & 0 & 1 \end{bmatrix}$

(5) $\begin{bmatrix} 3 & 0 & 0 & 3 \\ 0 & 1 & 0 & 0 \\ 0 & 0 & 1 & 0 \\ 0 & 0 & 0 & 1 \end{bmatrix}$

2. 試決定列運算以還原下面各基本矩陣為單位矩陣．

(1) $\begin{bmatrix} 1 & 0 \\ -7 & 1 \end{bmatrix}$

(2) $\begin{bmatrix} 1 & 0 & 0 \\ 0 & 1 & 0 \\ 0 & 0 & 6 \end{bmatrix}$

(3) $\begin{bmatrix} 0 & 0 & 0 & 1 \\ 0 & 1 & 0 & 0 \\ 1 & 0 & 0 & 0 \\ 0 & 0 & 1 & 0 \end{bmatrix}$

(4) $\begin{bmatrix} 1 & 0 & -\frac{1}{5} & 0 \\ 0 & 1 & 0 & 0 \\ 0 & 0 & 1 & 0 \\ 0 & 0 & 0 & 1 \end{bmatrix}$

3. 考慮下列的矩陣：

$$A=\begin{bmatrix} 3 & 4 & 1 \\ 2 & -7 & -1 \\ 8 & 1 & 5 \end{bmatrix}, \quad B=\begin{bmatrix} 8 & 1 & 5 \\ 2 & -7 & -1 \\ 3 & 4 & 1 \end{bmatrix}, \quad C=\begin{bmatrix} 3 & 4 & 1 \\ 2 & -7 & -1 \\ 2 & -7 & 3 \end{bmatrix}$$

試求基本矩陣 E_1、E_2、E_3 與 E_4，使得

(1) $E_1 A = B$　　(2) $E_2 B = A$　　(3) $E_3 A = C$　　(4) $E_4 C = A$.

4. 試求下列方陣的逆方陣.

(1) $A=\begin{bmatrix} 1 & 3 \\ 2 & 7 \end{bmatrix}$　　(2) $B=\begin{bmatrix} 3 & -2 & 1 \\ 1 & 4 & 3 \\ 0 & 2 & 2 \end{bmatrix}$

(3) $C=\begin{bmatrix} 1 & 2 & -1 \\ 0 & 1 & 1 \\ 1 & 0 & -1 \end{bmatrix}$

5. 下列各矩陣中，哪些為簡約列梯陣？

$$A=\begin{bmatrix} 1 & 0 & 0 & 0 & -3 \\ 0 & 0 & 1 & 0 & 4 \\ 0 & 0 & 0 & 1 & 2 \end{bmatrix}, \quad B=\begin{bmatrix} 1 & 0 & 0 & 0 & 2 \\ 0 & 0 & 1 & 0 & 0 \\ 0 & 0 & 0 & 1 & 3 \\ 0 & 0 & 0 & 0 & 0 \end{bmatrix},$$

$$C=\begin{bmatrix} 0 & 1 & 0 & 0 & 5 \\ 0 & 0 & 1 & 0 & -4 \\ 0 & 0 & 0 & -1 & 3 \end{bmatrix}, \quad D=\begin{bmatrix} 0 & 0 & 0 & 0 & 0 \\ 0 & 0 & 1 & 2 & -3 \\ 0 & 0 & 0 & 1 & 0 \\ 0 & 0 & 0 & 0 & 0 \end{bmatrix}$$

6. 若 $A=\begin{bmatrix} 0 & 0 & -1 & 2 & 3 \\ 0 & 2 & 3 & 4 & 5 \\ 0 & 1 & 3 & -1 & 2 \\ 0 & 3 & 2 & 4 & 1 \end{bmatrix}$

試求出一簡約列梯陣 C 使其列同義於 A.

4-5 線性方程組的解法

由 n 個未知數及 m 個線性方程式所組成之系統稱為線性系統 (linear system) 或聯立線性方程組如下：

$$\begin{cases} a_{11}x_1 + a_{12}x_2 + \cdots + a_{1n}x_n = b_1 \\ a_{21}x_1 + a_{22}x_2 + \cdots + a_{2n}x_n = b_2 \\ \vdots \qquad \vdots \qquad \quad \vdots \qquad \vdots \\ a_{m1}x_1 + a_{m2}x_2 + \cdots + a_{mn}x_n = b_m \end{cases} \tag{4-5-1}$$

式 (4-5-1) 式可以寫成

$$AX = b \tag{4-5-2}$$

其中 $A = \begin{bmatrix} a_{11} & a_{12} & a_{13} & \cdots & a_{1n} \\ a_{21} & a_{22} & a_{23} & \cdots & a_{2n} \\ \vdots & \vdots & \vdots & & \vdots \\ a_{m1} & a_{m2} & a_{m3} & \cdots & a_{mn} \end{bmatrix}$，$X = [x_1 \; x_2 \; x_3 \; \cdots \; x_n]^T$ 為 $n \times 1$ 矩陣，而

$b = [b_1 \; b_2 \; b_3 \; \cdots \; b_m]^T$ 為 $m \times 1$ 矩陣，又

$$[A \vdots b] = \begin{bmatrix} a_{11} & a_{12} & a_{13} & \cdots & a_{1n} & \vdots & b_1 \\ a_{21} & a_{22} & a_{23} & \cdots & a_{2n} & \vdots & b_2 \\ \vdots & \vdots & \vdots & & \vdots & \vdots & \vdots \\ a_{m1} & a_{m2} & a_{m3} & \cdots & a_{mn} & \vdots & b_m \end{bmatrix} \tag{4-5-3}$$

稱為擴增矩陣 (augmented matrix)。

首先，我們介紹一種高斯後代法 (Gauss backward-substitution) 之化簡程序。

【例題 1】 試解線性方程組

$$\begin{cases} x_1 - x_2 + x_3 = 4 \\ 3x_1 + 2x_2 + x_3 = 2 \\ 4x_1 + 2x_2 + 2x_3 = 8 \end{cases}$$

【解】 聯立方程式的擴增矩陣為

$$\begin{bmatrix} 1 & -1 & 1 & \vdots & 4 \\ 3 & 2 & 1 & \vdots & 2 \\ 4 & 2 & 2 & \vdots & 8 \end{bmatrix} \underset{\sim}{-3R_1+R_2} \begin{bmatrix} 1 & -1 & 1 & \vdots & 4 \\ 0 & 5 & -2 & \vdots & -10 \\ 4 & 2 & 2 & \vdots & 8 \end{bmatrix} \underset{\sim}{-4R_1+R_3}$$

$$\begin{bmatrix} 1 & -1 & 1 & \vdots & 4 \\ 0 & 5 & -2 & \vdots & -10 \\ 0 & 6 & -2 & \vdots & -8 \end{bmatrix} \underset{\sim}{-\frac{6}{5}R_2+R_3} \begin{bmatrix} 1 & -1 & 1 & \vdots & 4 \\ 0 & 5 & -2 & \vdots & -10 \\ 0 & 0 & \frac{2}{5} & \vdots & 4 \end{bmatrix}$$

$$\underset{\sim}{\frac{1}{5}R_2} \begin{bmatrix} 1 & -1 & 1 & \vdots & 4 \\ 0 & 1 & -\frac{2}{5} & \vdots & -2 \\ 0 & 0 & \frac{2}{5} & \vdots & 4 \end{bmatrix}$$

至此，擴增矩陣所對應的方程組為

$$\begin{cases} x_1-x_2+x_3=4 & \cdots\cdots① \\ x_2-\frac{2}{5}x_3=-2 & \cdots\cdots② \\ \frac{2}{5}x_3=4 & \cdots\cdots③ \end{cases}$$

故由 ③ 式解得 $x_3=10$，代入 ② 式可得 $x_2=-2+\frac{2}{5}x_3=-2+4=2$，最後將 x_3 與 x_2 再代入 ① 式可得 $x_1=4+x_2-x_3=4+2-10=-4$.

但讀者應注意由原係數矩陣的擴增矩陣經由有限次之基本列運算後，其係數矩陣列同義於一上三角矩陣，故由後代法依序解得 x_3、x_2 與 x_1 之值. 如果我們再繼續矩陣的基本列運算，使係數矩陣列同義於一單位矩陣，則可直接求得 x_1、x_2 與 x_3 之值，而不必去使用後代法的運算步驟，再繼續矩陣的基本列運算.

$$\begin{bmatrix} 1 & -1 & 1 & \vdots & 4 \\ 0 & 1 & -\frac{2}{5} & \vdots & -2 \\ 0 & 0 & \frac{2}{5} & \vdots & 4 \end{bmatrix} \underset{\frac{5}{2}R_3}{\sim} \begin{bmatrix} 1 & -1 & 1 & \vdots & 4 \\ 0 & 1 & -\frac{2}{5} & \vdots & -2 \\ 0 & 0 & 1 & \vdots & 10 \end{bmatrix} \underset{1R_2+R_1}{\sim}$$

$$\begin{bmatrix} 1 & 0 & \frac{3}{5} & \vdots & 2 \\ 0 & 1 & -\frac{2}{5} & \vdots & -2 \\ 0 & 0 & 1 & \vdots & 10 \end{bmatrix} \underset{-\frac{3}{5}R_3+R_1}{\sim} \begin{bmatrix} 1 & 0 & 0 & \vdots & -4 \\ 0 & 1 & -\frac{2}{5} & \vdots & -2 \\ 0 & 0 & 1 & \vdots & 10 \end{bmatrix}$$

$$\underset{\frac{2}{5}R_3+R_2}{\sim} \begin{bmatrix} 1 & 0 & 0 & \vdots & -4 \\ 0 & 1 & 0 & \vdots & 2 \\ 0 & 0 & 1 & \vdots & 10 \end{bmatrix}$$

即 $\begin{bmatrix} 1 & -1 & 1 & \vdots & 4 \\ 3 & 2 & 1 & \vdots & 2 \\ 4 & 2 & 2 & \vdots & 8 \end{bmatrix}$ 與 $\begin{bmatrix} 1 & 0 & 0 & \vdots & -4 \\ 0 & 1 & 0 & \vdots & 2 \\ 0 & 0 & 1 & \vdots & 10 \end{bmatrix}$ 為列同義.

而矩陣 $\begin{bmatrix} 1 & 0 & 0 & \vdots & -4 \\ 0 & 1 & 0 & \vdots & 2 \\ 0 & 0 & 1 & \vdots & 10 \end{bmatrix}$ 所表示的就是方程組

$$\begin{cases} 1x_1+0x_2+0x_3=-4 \\ 0x_1+1x_2+0x_3=2 \\ 0x_1+0x_2+1x_3=10 \end{cases}$$

因此，方程組的解為

$$\begin{cases} x_1=-4 \\ x_2=2 \\ x_3=10 \end{cases}$$

此方法稱為高斯-約旦消去法 (Gauss-Jordan elimination).

在式 (4-5-1) 中，若 $b_1=b_2=b_3=\cdots=b_m=0$，則稱為齊次方程組 (homogeneous system)，我們亦可用矩陣形式寫成

$$AX = 0 \tag{4-5-4}$$

式 (4-5-4) 中的一組解

$$x_1 = x_2 = x_3 = \cdots = x_n = 0$$

稱為必然解 (trivial solution)。另外，若齊次方程組的解 x_1，x_2，x_3，$\cdots$，x_n 並非全為 0，則稱為非必然解 (nontrivial solution)。

定理 4-5-1

若 $n > m$，則 n 個未知數及 m 個線性方程式的齊次方程組有一組非必然解。

定理 4-5-2

若 A 為 n 階方陣，$X = [x_1 \ x_2 \ x_3 \cdots x_n]^T$，則齊次方程組

$$AX = 0$$

有一組非必然解的充要條件是 A 為奇異方陣。

證　假設 A 為非奇異，則 A^{-1} 存在，然後將 $AX = 0$ 的等號兩邊同乘上 A^{-1}，可得

$$A^{-1}(AX) = A^{-1}0$$
$$(A^{-1}A)X = 0$$
$$I_n X = 0$$
$$X = 0$$

所以，$AX = 0$ 的唯一解為 $X = 0$。

留給讀者去證明：假設 A 為奇異，則 $AX = 0$ 有一組非必然解。

定理 4-5-3

若 $A=[a_{ij}]_{n\times n}$，則下列的敘述為同義.

(1) A 為可逆方陣.

(2) $AX=0$ 僅有**必然解**.

(3) A 是列同義於 I_n.

推論：一 n 階方陣為**非奇異**的充要條件是其為列同義於 I_n.

【例題 2】 考慮齊次方程組 $AX=0$，其中 $A=\begin{bmatrix} 1 & 2 & -3 \\ 1 & -2 & 1 \\ 5 & -2 & -3 \end{bmatrix}$ 為一奇異方陣.

此時，與原方程組的擴增矩陣

$$\begin{bmatrix} 1 & 2 & -3 & \vdots & 0 \\ 1 & -2 & 1 & \vdots & 0 \\ 5 & -2 & -3 & \vdots & 0 \end{bmatrix}$$

為列同義的簡約列梯陣為

$$\begin{bmatrix} 1 & 2 & -3 & \vdots & 0 \\ 1 & -2 & 1 & \vdots & 0 \\ 5 & -2 & -3 & \vdots & 0 \end{bmatrix} \underset{-1R_1+R_2}{\overset{-5R_1+R_3}{\sim}} \begin{bmatrix} 1 & 2 & -3 & \vdots & 0 \\ 0 & -4 & 4 & \vdots & 0 \\ 0 & -12 & 12 & \vdots & 0 \end{bmatrix} \underset{\frac{1}{12}R_3}{\overset{\frac{1}{4}R_2}{\sim}}$$

$$\begin{bmatrix} 1 & 2 & -3 & \vdots & 0 \\ 0 & -1 & 1 & \vdots & 0 \\ 0 & -1 & 1 & \vdots & 0 \end{bmatrix} \overset{2R_2+R_1}{\sim} \begin{bmatrix} 1 & 0 & -1 & \vdots & 0 \\ 0 & -1 & 1 & \vdots & 0 \\ 0 & -1 & 1 & \vdots & 0 \end{bmatrix} \overset{-1R_2+R_3}{\sim}$$

$$\begin{bmatrix} 1 & 0 & -1 & \vdots & 0 \\ 0 & -1 & 1 & \vdots & 0 \\ 0 & 0 & 0 & \vdots & 0 \end{bmatrix} \overset{-1R_2}{\sim} \begin{bmatrix} 1 & 0 & -1 & \vdots & 0 \\ 0 & 1 & -1 & \vdots & 0 \\ 0 & 0 & 0 & \vdots & 0 \end{bmatrix}$$

上式最後矩陣隱含著

$$\begin{cases} x_1 = t \\ x_2 = t \\ x_3 = t \end{cases}$$

其中 t 為任意實數. 因此, 原方程組有一組非必然解.

【例題 3】 試解齊次方程組

$$\begin{cases} x_1 + x_2 + x_3 + x_4 = 0 \\ x_1 \quad\quad\quad + x_4 = 0 \\ x_1 + 2x_2 + x_3 \quad = 0 \end{cases}.$$

【解】 此方程組的擴增矩陣為

$$\begin{bmatrix} 1 & 1 & 1 & 1 & \vdots & 0 \\ 1 & 0 & 0 & 1 & \vdots & 0 \\ 1 & 2 & 1 & 0 & \vdots & 0 \end{bmatrix} \xrightarrow{-1R_1+R_2} \begin{bmatrix} 1 & 1 & 1 & 1 & \vdots & 0 \\ 0 & -1 & -1 & 0 & \vdots & 0 \\ 0 & 1 & 0 & -1 & \vdots & 0 \end{bmatrix} \xrightarrow{1R_2+R_1}$$

$$\begin{bmatrix} 1 & 0 & 0 & 1 & \vdots & 0 \\ 0 & -1 & -1 & 0 & \vdots & 0 \\ 0 & 1 & 0 & -1 & \vdots & 0 \end{bmatrix} \xrightarrow{1R_2+R_3}$$

$$\begin{bmatrix} 1 & 0 & 0 & 1 & \vdots & 0 \\ 0 & -1 & -1 & 0 & \vdots & 0 \\ 0 & 0 & -1 & -1 & \vdots & 0 \end{bmatrix} \xrightarrow{-1R_3} \begin{bmatrix} 1 & 0 & 0 & 1 & \vdots & 0 \\ 0 & -1 & -1 & 0 & \vdots & 0 \\ 0 & 0 & 1 & 1 & \vdots & 0 \end{bmatrix} \xrightarrow{1R_3+R_2}$$

$$\begin{bmatrix} 1 & 0 & 0 & 1 & \vdots & 0 \\ 0 & -1 & 0 & 1 & \vdots & 0 \\ 0 & 0 & 1 & 1 & \vdots & 0 \end{bmatrix} \xrightarrow{-1R_2} \begin{bmatrix} 1 & 0 & 0 & 1 & \vdots & 0 \\ 0 & 1 & 0 & -1 & \vdots & 0 \\ 0 & 0 & 1 & 1 & \vdots & 0 \end{bmatrix}$$

最後矩陣所表示的方程組就是

$$\begin{cases} x_1 + \cdots\cdots + x_4 = 0 \\ x_2 + \cdots - x_4 = 0 \\ x_3 + x_4 = 0 \end{cases}$$

故方程組的解為
$$\begin{cases} x_1 = -t \\ x_2 = t \\ x_3 = -t \\ x_4 = t \end{cases}, \quad t \in \mathbb{R}$$

由以上之討論得知：線性方程組可能有解，也可能無解；如果有解，可能只有一組解，也可能有無限多組解. 至少有一組解的線性方程組稱為相容 (consistent)，而無解的線性方程組稱為不相容 (inconsistent).

現在，我們再考慮 n 個未知數及 n 個方程式的線性方程組 $AX=B$ 的解.

定理 4-5-4

令 $AX=B$ 為具有 n 個變數及 n 個一次方程式的方程組. 若 A^{-1} 存在，則此方程組之解為唯一，且 $X=A^{-1}B$.

【例題 4】 試解方程組
$$\begin{cases} x_1 + - 2x_3 = 1 \\ 4x_1 - 2x_2 + x_3 = 2 \\ x_1 + 2x_2 - 10x_3 = -1 \end{cases}.$$

【解】 此線性方程組的矩陣形式為

$$\begin{bmatrix} 1 & 0 & -2 \\ 4 & -2 & 1 \\ 1 & 2 & -10 \end{bmatrix} \begin{bmatrix} x_1 \\ x_2 \\ x_3 \end{bmatrix} = \begin{bmatrix} 1 \\ 2 \\ -1 \end{bmatrix}$$

先求出 $A = \begin{bmatrix} 1 & 0 & -2 \\ 4 & -2 & 1 \\ 1 & 2 & -10 \end{bmatrix}$ 的逆方陣.

$$[A \vdots I_3] = \begin{bmatrix} 1 & 0 & -2 & \vdots & 1 & 0 & 0 \\ 4 & -2 & 1 & \vdots & 0 & 1 & 0 \\ 1 & 2 & -10 & \vdots & 0 & 0 & 1 \end{bmatrix} \underset{\sim}{-4R_1+R_2}$$

$$\begin{bmatrix} 1 & 0 & -2 & \vdots & 1 & 0 & 0 \\ 0 & -2 & 9 & \vdots & -4 & 1 & 0 \\ 1 & 2 & -10 & \vdots & 0 & 0 & 1 \end{bmatrix} \underset{\sim}{-1R_1+R_3}$$

$$\begin{bmatrix} 1 & 0 & -2 & \vdots & 1 & 0 & 0 \\ 0 & -2 & 9 & \vdots & -4 & 1 & 0 \\ 0 & 2 & -8 & \vdots & -1 & 0 & 1 \end{bmatrix} \underset{\sim}{1R_2+R_3}$$

$$\begin{bmatrix} 1 & 0 & -2 & \vdots & 1 & 0 & 0 \\ 0 & -2 & 9 & \vdots & -4 & 1 & 0 \\ 0 & 0 & 1 & \vdots & -5 & 1 & 1 \end{bmatrix} \underset{\sim}{-9R_3+R_2}$$

$$\begin{bmatrix} 1 & 0 & -2 & \vdots & 1 & 0 & 0 \\ 0 & -2 & 0 & \vdots & 41 & -8 & -9 \\ 0 & 0 & 1 & \vdots & -5 & 1 & 1 \end{bmatrix} \underset{\sim}{-\frac{1}{2}R_2}$$

$$\begin{bmatrix} 1 & 0 & -2 & \vdots & 1 & 0 & 0 \\ 0 & 1 & 0 & \vdots & -\frac{41}{2} & 4 & \frac{9}{2} \\ 0 & 0 & 1 & \vdots & -5 & 1 & 1 \end{bmatrix} \underset{\sim}{2R_3+R_1}$$

$$\begin{bmatrix} 1 & 0 & 0 & \vdots & -9 & 2 & 2 \\ 0 & 1 & 0 & \vdots & -\frac{41}{2} & 4 & \frac{9}{2} \\ 0 & 0 & 1 & \vdots & -5 & 1 & 1 \end{bmatrix}$$

故 $A^{-1} = \begin{bmatrix} -9 & 2 & 2 \\ -\frac{41}{2} & 4 & \frac{9}{2} \\ -5 & 1 & 1 \end{bmatrix}$

方程組的解為

$$\begin{bmatrix} x_1 \\ x_2 \\ x_3 \end{bmatrix} = \begin{bmatrix} -9 & 2 & 2 \\ -\dfrac{41}{2} & 4 & \dfrac{9}{2} \\ -5 & 1 & 1 \end{bmatrix} \begin{bmatrix} 1 \\ 2 \\ -1 \end{bmatrix} = \begin{bmatrix} -7 \\ -17 \\ -4 \end{bmatrix}$$

習題 4-5

1. 試利用高斯後代法解下列方程組.

(1) $\begin{cases} x_1 - 2x_2 + x_3 = 5 \\ -2x_1 + 3x_2 + x_3 = 1 \\ x_1 + 3x_2 + 2x_3 = 2 \end{cases}$ 　(2) $\begin{cases} 2x_1 - 3x_2 + x_3 = 1 \\ -x_1 \phantom{{}-3x_2} + 2x_3 = 0 \\ 3x_1 - 3x_2 - x_3 = 1 \end{cases}$

(3) $\begin{cases} x_2 - 2x_3 + x_4 = 1 \\ 2x_1 - x_2 \phantom{{}- 6x_3} - x_4 = 0 \\ 4x_1 + x_2 - 6x_3 + x_4 = 3 \end{cases}$

2. 試利用高斯-約旦消去法解下列方程組.

(1) $\begin{cases} x_1 - 2x_2 + x_3 = 5 \\ -2x_1 + 3x_2 + x_3 = 1 \\ x_1 + 3x_2 + 2x_3 = 2 \end{cases}$ 　(2) $\begin{cases} -x_2 + x_3 = 3 \\ x_1 - x_2 - x_3 = 0 \\ -x_1 \phantom{{}- x_2} - x_3 = -3 \end{cases}$

3. 試就下列方程組：(1) 沒有解，(2) 有唯一解，(3) 有無限多解，求所有 a 的值.

$$\begin{cases} x_1 + x_2 \phantom{{}+ 3x_3} - x_3 = 3 \\ x_1 - x_2 \phantom{{}+ x_3} + 3x_3 = 4 \\ x_1 + x_2 + (a^2 - 10)x_3 = a \end{cases}$$

4. 方陣 A 列同義於 $I \Leftrightarrow AX = 0$ 僅有必然解，試利用此觀念判斷下列哪一個方程組有一組非必然解.

(1) $\begin{cases} x_1+2x_2+3x_3=0 \\ 2x_2+2x_3=0 \\ x_1+2x_2+3x_3=0 \end{cases}$ (2) $\begin{cases} x_1+x_2+2x_3=0 \\ 2x_1+x_2+x_3=0 \\ 3x_1-x_2+x_3=0 \end{cases}$

(3) $\begin{cases} 2x_1+x_2-x_3=0 \\ -x_1-2x_2-3x_3=0 \\ -3x_1-x_2+2x_3=0 \end{cases}$

5. 試求出下列各線性方程組係數矩陣的逆方陣以解方程組.

(1) $\begin{cases} 6x_1-2x_2-3x_3=1 \\ -x_1+x_2=-1 \\ -x_1+x_3=2 \end{cases}$ (2) $\begin{cases} x_1+2x_2-x_3=1 \\ x_2+x_3=2 \\ x_1-x_3=0 \end{cases}$

6. 試解下列齊次方程組

$$\begin{cases} x_1-x_2+x_3=0 \\ 2x_1+x_2=0 \\ 2x_1-2x_2+2x_3=0 \end{cases}$$

7. 若 $A=\begin{bmatrix} -1 & -2 \\ -2 & 2 \end{bmatrix}$,試求齊次方程組 $(\lambda I_2-A)X=0$ 有非必然解的所有 λ 值.

4-6 行列式

每一個方陣皆可定義一個數與其對應,這個數就是行列式 (determinant). 行列式在解線性方程組時有其重要性.

若
$$A=\begin{bmatrix} a_{11} & a_{12} & \cdots & a_{1n} \\ a_{21} & a_{22} & \cdots & a_{2n} \\ \vdots & \vdots & & \vdots \\ a_{n1} & a_{n2} & \cdots & a_{nn} \end{bmatrix}$$

則其行列式記為 $|A|$ 或 $\det(A)$.

定義 4-6-1

(1) 若 A 為一階方陣，即 $A=[a_{11}]$，則定義 $\det(A)=a_{11}$。

(2) 若 A 為二階方陣，即 $A=\begin{bmatrix} a_{11} & a_{12} \\ a_{21} & a_{22} \end{bmatrix}$，則定義

$$\det(A)=\begin{vmatrix} a_{11} & a_{12} \\ a_{21} & a_{22} \end{vmatrix}=a_{11}a_{22}-a_{12}a_{21}$$

(3) 若 A 為三階方陣，即 $A=\begin{bmatrix} a_{11} & a_{12} & a_{13} \\ a_{21} & a_{22} & a_{23} \\ a_{31} & a_{32} & a_{33} \end{bmatrix}$，則定義

$$\det(A)=a_{11}\begin{vmatrix} a_{22} & a_{23} \\ a_{32} & a_{33} \end{vmatrix}-a_{12}\begin{vmatrix} a_{21} & a_{23} \\ a_{31} & a_{33} \end{vmatrix}+a_{13}\begin{vmatrix} a_{21} & a_{22} \\ a_{31} & a_{32} \end{vmatrix}$$

或 $\det(A)=a_{11}(a_{22}a_{33}-a_{23}a_{32})-a_{12}(a_{21}a_{33}-a_{23}a_{31})+a_{13}(a_{21}a_{32}-a_{22}a_{31})$

$\qquad\quad =a_{11}a_{22}a_{33}+a_{12}a_{23}a_{31}+a_{13}a_{21}a_{32}-a_{13}a_{22}a_{31}-a_{12}a_{21}a_{33}-a_{11}a_{32}a_{23}$

定義 4-6-2

設 A 為 n 階方陣，且令 M_{ij} 為 A 中除去第 i 列及第 j 行後的 $(n-1)\times(n-1)$ 子矩陣，則子矩陣 M_{ij} 的行列式 $|M_{ij}|$ 稱為元素 a_{ij} 的子行列式 (minor)。令 $A_{ij}=(-1)^{i+j}|M_{ij}|$，則 A_{ij} 稱為 a_{ij} 的餘因式 (cofactor)。

【例題 1】 令 $A=\begin{bmatrix} 2 & -1 & 4 \\ 0 & 1 & 5 \\ 0 & 3 & -4 \end{bmatrix}$，試求 A_{32}。

【解】 $A_{32}=(-1)^{3+2}|M_{32}|=-\begin{vmatrix} 2 & 4 \\ 0 & 5 \end{vmatrix}=-10$

定理 4-6-1

一個 n 階方陣 A 的行列式值可用任一列 (或行) 之每一元素乘其餘因子後相加來計算，即

$$\det(A) = a_{i1}A_{i1} + a_{i2}A_{i2} + \cdots + a_{in}A_{in}$$

$$= \sum_{j=1}^{n} a_{ij}A_{ij} \quad \text{(對第 } i \text{ 列展開)}$$

或

$$\det(A) = a_{1j}A_{1j} + a_{2j}A_{2j} + \cdots + a_{nj}A_{nj}$$

$$= \sum_{i=1}^{n} a_{ij}A_{ij} \quad \text{(對第 } j \text{ 行展開)}$$

如果以子行列式表示，則為

$$\det(A) = \sum_{j=1}^{n} (-1)^{i+j} a_{ij} |M_{ij}| \tag{4-6-1}$$

或

$$\det(A) = \sum_{i=1}^{n} (-1)^{i+j} a_{ij} |M_{ij}| \tag{4-6-2}$$

【例題 2】 若 $A = \begin{bmatrix} 1 & 0 & 1 & 1 \\ 2 & 1 & 0 & -1 \\ 3 & -1 & 1 & 1 \\ 0 & 1 & 0 & 1 \end{bmatrix}$，試求 $\det(A)$.

【解】 由於第四列含有兩個 0 及兩個 1，我們考慮按第四列各元素展開，可得

$$\det(A) = (1)(-1)^{4+2} \begin{vmatrix} 1 & 1 & 1 \\ 2 & 0 & -1 \\ 3 & 1 & 1 \end{vmatrix} + (1)(-1)^{4+4} \begin{vmatrix} 1 & 0 & 1 \\ 2 & 1 & 0 \\ 3 & -1 & 1 \end{vmatrix}$$

$$= (1)(-1)^{1+2} \begin{vmatrix} 2 & -1 \\ 3 & 1 \end{vmatrix} + (1)(-1)^{3+2} \begin{vmatrix} 1 & 1 \\ 2 & 0 \end{vmatrix}$$

$$+(1)(-1)^{2+2}\begin{vmatrix}1&1\\3&1\end{vmatrix}+(-1)(-1)^{3+2}\begin{vmatrix}1&1\\2&0\end{vmatrix}$$

$$=-(2+3)-(-1-2)+(1-3)+(0-2)$$

$$=-6$$

當方陣 A 的階數很大時，行列式的計算工作相當複雜. 但若能善加利用行列式的特性，往往可將計算工作予以簡化.

行列式的性質

性質 1

設方陣 A 任何一列 (或行) 的元素全為零，則 $\det(A)=0$. 例如：若

$$A=\begin{bmatrix}1&2&-1\\0&0&0\\3&4&-1\end{bmatrix},\ \det(A)=\begin{vmatrix}1&2&-1\\0&0&0\\3&4&-1\end{vmatrix}=0.$$

性質 2

A 中某一列 (或行) 乘以常數 k 後的行列式為原行列式乘上 k. 例如：若

$$A=\begin{bmatrix}2&4&6\\1&0&1\\0&1&1\end{bmatrix},\ \det(A)=2\begin{vmatrix}1&2&3\\1&0&1\\0&1&1\end{vmatrix}$$

性質 3

若 B 為方陣 A 中某兩列或某兩行互相對調後所得的方陣，則 $\det(B)=-\det(A)$. 例如：

$$\begin{vmatrix}1&2&4\\-2&2&2\\2&1&4\end{vmatrix}=-\begin{vmatrix}-2&2&2\\1&2&4\\2&1&4\end{vmatrix}\quad \text{(第一列與第二列對調)}$$

$$\begin{vmatrix}1&2&4\\-2&2&2\\2&1&4\end{vmatrix}=-\begin{vmatrix}1&4&2\\-2&2&2\\2&4&1\end{vmatrix}\quad \text{(第二行與第三行對調)}$$

性質 4

設 $A=\begin{bmatrix} a_{11} & a_{12} & \cdots & a_{1j} & \cdots & a_{1n} \\ a_{21} & a_{22} & \cdots & a_{2j} & \cdots & a_{2n} \\ \vdots & \vdots & & \vdots & & \vdots \\ a_{n1} & a_{n2} & \cdots & a_{nj} & \cdots & a_{nn} \end{bmatrix}$, $B=\begin{bmatrix} a_{11} & a_{12} & \cdots & \alpha_{1j} & \cdots & a_{1n} \\ a_{21} & a_{22} & \cdots & \alpha_{2j} & \cdots & a_{2n} \\ \vdots & \vdots & & \vdots & & \vdots \\ a_{n1} & a_{n2} & \cdots & \alpha_{nj} & \cdots & a_{nn} \end{bmatrix}$,

$$C=\begin{bmatrix} a_{11} & a_{12} & \cdots & a_{1j}+\alpha_{1j} & \cdots & a_{1n} \\ a_{21} & a_{22} & \cdots & a_{2j}+\alpha_{2j} & \cdots & a_{2n} \\ \vdots & \vdots & & \vdots & & \vdots \\ a_{n1} & a_{n2} & \cdots & a_{nj}+\alpha_{nj} & \cdots & a_{nn} \end{bmatrix}$$

則
$$\det(C)=\det(A)+\det(B) \tag{4-6-3}$$

性質 5

若方陣 A 中有兩行或兩列相同，則 $\det(A)=0$. 例如：

$$\begin{vmatrix} 1 & 2 & -1 \\ 2 & -1 & 3 \\ 1 & 2 & -1 \end{vmatrix}=0, \quad \begin{vmatrix} 2 & 0 & 2 \\ -1 & 1 & -1 \\ 3 & 1 & 3 \end{vmatrix}=0$$

性質 6

若 B 為方陣 A 中某一列 (或行) 乘上常數 k 後加在另一列 (或行) 上所得的矩陣，則

$$\det(B)=\det(A)$$

【例題 3】 設 $A=\begin{bmatrix} 1 & -1 & 2 \\ 3 & 1 & 4 \\ 0 & -2 & 5 \end{bmatrix}$，則 $\det(A)=16$. 如果我們將第三列各元素乘以 4 後加到第二列，我們求得一新矩陣 B 為

$$B=\begin{bmatrix} 1 & -1 & 2 \\ 3+4(0) & 1+4(-2) & 4+5(4) \\ 0 & -2 & 5 \end{bmatrix}=\begin{bmatrix} 1 & -1 & 2 \\ 3 & -7 & 24 \\ 0 & -2 & 5 \end{bmatrix}$$

且 $$\det(B) = 16 = \det(A)$$

性質 7

若一方陣 A 中的某一列 (或行) 為另外一列 (或行) 的常數倍，則 $\det(A) = 0$. 例如：若

$$A = \begin{bmatrix} 2 & 4 & 1 \\ 3 & 6 & 8 \\ 5 & 10 & 7 \end{bmatrix}$$，因第二行各元素為第一行各元素的 2 倍，故 $\det(A) = 0$.

性質 8

若 A 為 n 階方陣，則 $|kA| = k^n |A|$，即 $\det(kA) = k^n \det(A)$. 例如：

$$A = \begin{bmatrix} 1 & 2 & 1 \\ 3 & -1 & 2 \\ 1 & 1 & 2 \end{bmatrix} \Rightarrow 2A = \begin{bmatrix} 2 & 4 & 2 \\ 6 & -2 & 4 \\ 2 & 2 & 4 \end{bmatrix}$$

$|A| = -8$，$|2A| = 2^3 |A| = 8 \cdot (-8) = -64$ (讀者注意 $|kA| \neq k|A|$).

性質 9

若 A 與 B 均為 n 階方陣，則

$$\det(AB) = \det(A)\det(B) \tag{4-6-4}$$

【例題 4】 令 $A = \begin{bmatrix} 1 & -1 & 2 \\ 3 & 1 & 4 \\ 0 & -2 & 5 \end{bmatrix}$，$B = \begin{bmatrix} 1 & -2 & 3 \\ 0 & -1 & 4 \\ 2 & 0 & -2 \end{bmatrix}$

則 $\det(A) = \begin{vmatrix} 1 & -1 & 2 \\ 3 & 1 & 4 \\ 0 & -2 & 5 \end{vmatrix} = 16$，$\det(B) = \begin{vmatrix} 1 & -2 & 3 \\ 0 & -1 & 4 \\ 2 & 0 & -2 \end{vmatrix} = -8$

而 $AB = \begin{bmatrix} 1 & -1 & 2 \\ 3 & 1 & 4 \\ 0 & -2 & 5 \end{bmatrix} \begin{bmatrix} 1 & -2 & 3 \\ 0 & -1 & 4 \\ 2 & 0 & -2 \end{bmatrix} = \begin{bmatrix} 5 & -1 & -5 \\ 11 & -7 & 5 \\ 10 & 2 & -18 \end{bmatrix}$

故 $\det(\boldsymbol{AB}) = \begin{vmatrix} 5 & -1 & -5 \\ 11 & -7 & 5 \\ 10 & 2 & -18 \end{vmatrix} = -128 = (16)(-8)$

$= \det(\boldsymbol{A})\det(\boldsymbol{B})$

性質 10

若 $\boldsymbol{A} = [a_{ij}]_{n \times n}$ 為一上 (下) 三角矩陣，則其行列式為其對角線上各元素的乘積，即 $\det(\boldsymbol{A}) = a_{11} a_{22} \cdots a_{nn}$。此一性質可推廣為"若 $\boldsymbol{A} = \mathrm{diag}(a_{11}, a_{22}, \cdots, a_{nn})$ 為一對角線方陣，則 $\det(\boldsymbol{A}) = a_{11} a_{22} \cdots a_{nn}$。"

【例題 5】 試求行列式 $\begin{vmatrix} 4 & 3 & 2 \\ 3 & -2 & 5 \\ 2 & 4 & 6 \end{vmatrix}$ 的值.

【解】 $\begin{vmatrix} 4 & 3 & 2 \\ 3 & -2 & 5 \\ 2 & 4 & 6 \end{vmatrix} = 2 \begin{vmatrix} 4 & 3 & 2 \\ 3 & -2 & 5 \\ 1 & 2 & 3 \end{vmatrix} = -2 \begin{vmatrix} 1 & 2 & 3 \\ 3 & -2 & 5 \\ 4 & 3 & 2 \end{vmatrix} \times (-3)$

$= -2 \begin{vmatrix} 1 & 2 & 3 \\ 0 & -8 & -4 \\ 4 & 3 & 2 \end{vmatrix} \times (-4) = -2 \begin{vmatrix} 1 & 2 & 3 \\ 0 & -8 & -4 \\ 0 & -5 & -10 \end{vmatrix}$

$= (-2)(4) \begin{vmatrix} 1 & 2 & 3 \\ 0 & -2 & -1 \\ 0 & -5 & -10 \end{vmatrix}$

$= (-2)(4)(5) \begin{vmatrix} 1 & 2 & 3 \\ 0 & -2 & -1 \\ 0 & -1 & -2 \end{vmatrix} \times \left(-\dfrac{1}{2}\right)$

$$=(-2)(4)(5)\begin{vmatrix} 1 & 2 & 3 \\ 0 & -2 & -1 \\ 0 & 0 & -\dfrac{3}{2} \end{vmatrix}$$

$$=(-2)(4)(5)(1)(-2)\left(-\dfrac{3}{2}\right)=-120$$

性質 11

若 A 為 n 階可逆方陣，A^{-1} 為其逆方陣，且 $\det(A)\neq 0$，則

$$\det(A^{-1})=\dfrac{1}{\det(A)} \tag{4-6-5}$$

【例題 6】 令 $A=\begin{bmatrix} 1 & 2 \\ 4 & 6 \end{bmatrix}$，則 $A^{-1}=\dfrac{1}{6-8}\begin{bmatrix} 6 & -2 \\ -4 & 1 \end{bmatrix}=\begin{bmatrix} -3 & 1 \\ 2 & -\dfrac{1}{2} \end{bmatrix}$

而 $\det(A^{-1})=\begin{vmatrix} -3 & 1 \\ 2 & -\dfrac{1}{2} \end{vmatrix}=\dfrac{3}{2}-2=-\dfrac{1}{2}$

$\det(A)=\begin{vmatrix} 1 & 2 \\ 4 & 6 \end{vmatrix}=6-8=-2$

故 $\det(A^{-1})=\dfrac{1}{\det(A)}$

性質 12

設 $A=[a_{ij}]_{n\times n}$，則

$$a_{i1}A_{j1}+a_{i2}A_{j2}+a_{i3}A_{j3}+\cdots+a_{in}A_{jn}=0 \quad (若\ i\neq j) \tag{4-6-6}$$

性質 13

設 A 為 n 階方陣，則

$$\det(A)=\det(A^T) \tag{4-6-7}$$

【例題 7】 令 $A = \begin{bmatrix} 1 & 2 & -1 \\ 0 & 2 & 3 \\ 1 & 3 & 1 \end{bmatrix}$，試證明 $\det(A) = \det(A^T)$.

【解】 $\det(A) = 1(-1)^{1+1}\begin{vmatrix} 2 & 3 \\ 3 & 1 \end{vmatrix} + 2(-1)^{1+2}\begin{vmatrix} 0 & 3 \\ 1 & 1 \end{vmatrix} + (-1)(-1)^{1+3}\begin{vmatrix} 0 & 2 \\ 1 & 3 \end{vmatrix}$

$= \begin{vmatrix} 2 & 3 \\ 3 & 1 \end{vmatrix} - 2\begin{vmatrix} 0 & 3 \\ 1 & 1 \end{vmatrix} - \begin{vmatrix} 0 & 2 \\ 1 & 3 \end{vmatrix}$

$= 2 - 9 - 2(-3) - (-2) = 8 - 7 = 1$

$$A^T = \begin{bmatrix} 1 & 0 & 1 \\ 2 & 2 & 3 \\ -1 & 3 & 1 \end{bmatrix}$$

$\det(A^T) = 1(-1)^{1+1}\begin{vmatrix} 2 & 3 \\ 3 & 1 \end{vmatrix} + 0(-1)^{1+2}\begin{vmatrix} 2 & 3 \\ -1 & 1 \end{vmatrix} + 1(-1)^{1+3}\begin{vmatrix} 2 & 2 \\ -1 & 3 \end{vmatrix}$

$= \begin{vmatrix} 2 & 3 \\ 3 & 1 \end{vmatrix} + \begin{vmatrix} 2 & 2 \\ -1 & 3 \end{vmatrix}$

$= 2 - 9 + (6 + 2) = 1$

故 $\det(A) = \det(A^T) = 1$

【例題 8】 若 $A = \begin{bmatrix} -2 & 1 & 0 & 4 \\ 3 & -1 & 5 & 2 \\ -2 & 7 & 3 & 1 \\ 3 & -7 & 2 & 5 \end{bmatrix}$，求 $\det(A)$.

【解】 $\det(A) = \begin{vmatrix} -2 & 1 & 0 & 4 \\ 3 & -1 & 5 & 2 \\ -2 & 7 & 3 & 1 \\ 3 & -7 & 2 & 5 \end{vmatrix} = \begin{vmatrix} 0 & 1 & 0 & 0 \\ 1 & -1 & 5 & 6 \\ 12 & 7 & 3 & -27 \\ -11 & -7 & 2 & 33 \end{vmatrix}$

　　　　　　　　　　　　　　　　×2　×(−4)

$$= - \begin{vmatrix} 1 & 0 & 0 & 0 \\ -1 & 1 & 5 & 6 \\ 7 & 12 & 3 & -27 \\ -7 & -11 & 2 & 33 \end{vmatrix} = - \begin{vmatrix} 1 & 0 & 0 & 0 \\ -1 & 1 & 0 & 0 \\ 7 & 12 & -57 & -99 \\ -7 & -11 & 57 & 99 \end{vmatrix}$$

$$\times(-5) \quad \times(-6)$$

$$= 0 \quad \left(\text{因第四行} = \frac{99}{57} \times \text{第三行}\right)$$

我們在 4-4 節中曾經利用矩陣的基本列運算去求一可逆方陣的逆方陣，但是當方陣的階數不太大時 (一般為三階)，我們可以利用行列式的方法求逆方陣. 首先考慮一個三階方陣

$$A = \begin{bmatrix} 1 & 2 & -1 \\ 5 & 3 & 4 \\ -2 & 0 & 1 \end{bmatrix}$$

並發現

$$a_{21}A_{21} + a_{22}A_{22} + a_{23}A_{23} = (5)(-2) + (3)(-1) + (4)(-4)$$
$$= -29 = \det(A)$$

與

$$a_{31}A_{21} + a_{32}A_{22} + a_{33}A_{23} = (-2)(-2) + (0)(-1) + (1)(-4)$$
$$= 0$$

以及

$$a_{11}A_{11} + a_{21}A_{21} + a_{31}A_{31} = (1)(3) + (5)(-2) + (-2)(11)$$
$$= -29 = \det(A)$$

與

$$a_{11}A_{12} + a_{21}A_{22} + a_{31}A_{32} = (1)(-13) + (5)(-1) + (-2)(-9)$$
$$= 0$$

綜合以上的結果可得下面之結論.

定理 4-6-2

若 $A=[a_{ij}]$ 為 $n \times n$ 階方陣，則下列兩式成立：

(1) $a_{i1}A_{k1}+a_{i2}A_{k2}+\cdots+a_{in}A_{kn}=\begin{cases} \det(A), & \text{若 } i=k \\ 0, & \text{若 } i \neq k \end{cases}$，

(2) $a_{1j}A_{1k}+a_{2j}A_{2k}+\cdots+a_{nj}A_{nk}=\begin{cases} \det(A), & \text{若 } j=k \\ 0, & \text{若 } j \neq k \end{cases}$．

定義 4-6-3

已知方陣 $A=[a_{ij}]_{n \times n}$，且 A_{ij} 為 a_{ij} 的餘因式，則方陣 $\text{adj}\,A=[A_{ij}]^T$ 稱為 A 的**伴隨矩陣** (adjoint of A)．

【例題 9】 設 $A=\begin{bmatrix} 3 & -2 & 1 \\ 5 & 6 & 2 \\ 1 & 0 & -3 \end{bmatrix}$，試計算 $\text{adj}\,A$．

【解】 A 的餘因式如下：

$A_{11}=(-1)^{1+1}\begin{vmatrix} 6 & 2 \\ 0 & -3 \end{vmatrix}=-18,\qquad A_{12}=(-1)^{1+3}\begin{vmatrix} 5 & 2 \\ 1 & -3 \end{vmatrix}=17,$

$A_{13}=(-1)^{1+3}\begin{vmatrix} 5 & 6 \\ 1 & 0 \end{vmatrix}=-6,\qquad A_{21}=(-1)^{2+1}\begin{vmatrix} -2 & 1 \\ 0 & -3 \end{vmatrix}=-6,$

$A_{22}=(-1)^{2+2}\begin{vmatrix} 3 & 1 \\ 1 & -3 \end{vmatrix}=-10,\qquad A_{23}=(-1)^{2+3}\begin{vmatrix} 3 & -2 \\ 1 & 0 \end{vmatrix}=-2,$

$A_{31}=(-1)^{3+1}\begin{vmatrix} -2 & 1 \\ 6 & 2 \end{vmatrix}=-10,\qquad A_{32}=(-1)^{3+2}\begin{vmatrix} 3 & 1 \\ 5 & 2 \end{vmatrix}=-1,$

$A_{33}=(-1)^{3+3}\begin{vmatrix} 3 & -2 \\ 5 & 6 \end{vmatrix}=28$

則
$$\text{adj } A = \begin{bmatrix} A_{11} & A_{21} & A_{31} \\ A_{12} & A_{22} & A_{32} \\ A_{13} & A_{23} & A_{33} \end{bmatrix} = \begin{bmatrix} -18 & -6 & -10 \\ 17 & -10 & -1 \\ -6 & -2 & 28 \end{bmatrix}$$

定理 4-6-3

已知 $A = [a_{ij}]_{n \times n}$，則
$$A(\text{adj } A) = (\text{adj } A)(A) = \det(A) I_n.$$

證

$$A(\text{adj } A) = \begin{bmatrix} a_{11} & a_{12} & a_{13} & \cdots & a_{1n} \\ a_{21} & a_{22} & a_{23} & \cdots & a_{2n} \\ \vdots & \vdots & \vdots & & \vdots \\ a_{i1} & a_{i2} & a_{i3} & \cdots & a_{in} \\ \vdots & \vdots & \vdots & & \vdots \\ a_{n1} & a_{n2} & a_{n3} & \cdots & a_{nn} \end{bmatrix} \begin{bmatrix} A_{11} & A_{21} & \cdots & A_{j1} & \cdots & A_{n1} \\ A_{12} & A_{22} & \cdots & A_{j2} & \cdots & A_{n2} \\ A_{13} & A_{23} & \cdots & A_{j3} & \cdots & A_{n3} \\ \vdots & \vdots & & \vdots & & \vdots \\ \vdots & \vdots & & \vdots & & \vdots \\ A_{1n} & A_{2n} & \cdots & A_{jn} & \cdots & A_{nn} \end{bmatrix}$$

由定理 4-6-2(1) 知，矩陣乘積 $A(\text{adj } A)$ 中第 i 列第 j 行之元素為

$$a_{i1}A_{j1} + a_{i2}A_{j2} + a_{i3}A_{j3} + \cdots + a_{in}A_{jn} = \begin{cases} \det(A), & \text{若 } i = j \\ 0, & \text{若 } i \neq j \end{cases}$$

亦即

$$A(\text{adj } A) = \begin{bmatrix} \det(A) & 0 & 0 & \cdots & 0 \\ 0 & \det(A) & 0 & \cdots & 0 \\ 0 & 0 & \det(A) & \cdots & 0 \\ \vdots & \vdots & \vdots & & \vdots \\ 0 & 0 & \cdots & & \det(A) \end{bmatrix} = \det(A) I_n$$

由定理 4-6-2(2) 知，矩陣乘積 $(\text{adj } A)A$ 中第 i 列第 j 行之元素為

$$a_{1i}A_{1j} + a_{2i}A_{2j} + a_{3i}A_{3j} + \cdots + a_{ni}A_{nj} = \begin{cases} \det(A), & \text{若 } i = j \\ 0, & \text{若 } i \neq j \end{cases}$$

可得
$$(\text{adj } A)A = \det(A) I_n$$

因此，$A(\text{adj } A) = (\text{adj } A)A = \det(A)I_n$

定理 4-6-4

若 A 為一可逆方陣，則

$$A^{-1} = \frac{1}{\det(A)} \text{adj}(A).$$

證　由定理 4-6-3 知，$A(\text{adj } A) = \det(A)I_n$，所以，若 $\det(A) \neq 0$，則

$$A \frac{1}{\det(A)} (\text{adj } A) = \frac{1}{\det(A)} [A(\text{adj } A))]$$

$$= \frac{1}{\det(A)} (\det(A)I_n) = I_n$$

所以，矩陣 $\left(\dfrac{1}{\det(A)}\right)(\text{adj } A)$ 為 A 的逆方陣.

因此，$\qquad\qquad A^{-1} = \dfrac{1}{\det(A)} (\text{adj } A)$

推論 1：方陣 A 為可逆方陣的充要條件為 $\det(A) \neq 0$.

推論 2：若 A 為方陣，則齊次方程組 $AX = 0$ 有一組非必然解的充要條件為 $\det(A) = 0$.

定理 4-6-5

若 A 之逆方陣 A^{-1} 為唯一，則

(1) $(A^{-1})^{-1} = A$

(2) $(AB)^{-1} = B^{-1}A^{-1}$

(3) $(A^T)^{-1} = (A^{-1})^T$

證　(1) 因 $A \cdot A^{-1} = I$，所以 A 為 A^{-1} 之逆方陣.

　　(2) 因 $(B^{-1}A^{-1})(AB) = B^{-1}(A^{-1}A)B = B^{-1}IB = B^{-1}B = I$

所以 $B^{-1}A^{-1}$ 為 AB 之逆方陣.

(3) 因 $A^T(A^{-1})^T = (A^{-1}A)^T = I^T = I$

　　所以，$(A^{-1})^T$ 為 A^T 之逆方陣.

【例題 10】 若 $A = \begin{bmatrix} 3 & -2 & 1 \\ 5 & 6 & 2 \\ 1 & 0 & -3 \end{bmatrix}$，試利用定理 4-6-4 求 A^{-1}.

並驗證 $AA^{-1} = I_3$.

【解】 利用例題 9 所求得的 adj A，

$$\text{adj } A = \begin{bmatrix} -18 & -6 & -10 \\ 17 & -10 & -1 \\ -6 & -2 & 28 \end{bmatrix}$$

又 $\det(A) = \begin{vmatrix} 3 & -2 & 1 \\ 5 & 6 & 2 \\ 1 & 0 & -3 \end{vmatrix} = 3\begin{vmatrix} 6 & 2 \\ 0 & -3 \end{vmatrix} - (-2)\begin{vmatrix} 5 & 2 \\ 1 & -3 \end{vmatrix} + 1\begin{vmatrix} 5 & 6 \\ 1 & 0 \end{vmatrix}$

$= 3(-18) - (-2)(-15-2) + (-6)$

$= -94$

故 $A^{-1} = \dfrac{1}{\det(A)}(\text{adj } A) = -\dfrac{1}{94}\begin{bmatrix} -18 & -6 & -10 \\ 17 & -10 & -1 \\ -6 & -2 & 28 \end{bmatrix}$

$= \begin{bmatrix} \dfrac{9}{47} & \dfrac{3}{47} & \dfrac{5}{47} \\ -\dfrac{17}{94} & \dfrac{5}{47} & \dfrac{1}{94} \\ \dfrac{3}{47} & \dfrac{1}{47} & -\dfrac{14}{47} \end{bmatrix}$

$$AA^{-1} = \begin{bmatrix} 3 & -2 & 1 \\ 5 & 6 & 2 \\ 1 & 0 & -3 \end{bmatrix} \begin{bmatrix} \dfrac{9}{47} & \dfrac{3}{47} & \dfrac{5}{47} \\ -\dfrac{17}{94} & \dfrac{5}{47} & \dfrac{1}{94} \\ \dfrac{3}{47} & \dfrac{1}{47} & -\dfrac{14}{47} \end{bmatrix}$$

$$= \begin{bmatrix} \dfrac{27}{47}+\dfrac{34}{94}+\dfrac{3}{47} & \dfrac{9}{47}-\dfrac{10}{47}+\dfrac{1}{47} & \dfrac{15}{47}-\dfrac{2}{94}-\dfrac{14}{47} \\ \dfrac{45}{47}-\dfrac{102}{94}+\dfrac{6}{47} & \dfrac{15}{47}+\dfrac{30}{47}+\dfrac{2}{47} & \dfrac{25}{47}+\dfrac{6}{94}-\dfrac{28}{47} \\ \dfrac{9}{47}+0-\dfrac{9}{47} & \dfrac{3}{47}+0-\dfrac{3}{47} & \dfrac{5}{47}+0+\dfrac{42}{47} \end{bmatrix}$$

$$= \begin{bmatrix} 1 & 0 & 0 \\ 0 & 1 & 0 \\ 0 & 0 & 1 \end{bmatrix}$$

定理 4-6-6　克雷莫法則

設
$$\begin{cases} a_{11}x_1 + a_{12}x_2 + \cdots + a_{1n}x_n = b_1 \\ a_{21}x_1 + a_{22}x_2 + \cdots + a_{2n}x_n = b_2 \\ \vdots \qquad \vdots \qquad \vdots \qquad \vdots \\ a_{n1}x_1 + a_{n2}x_2 + \cdots + a_{nn}x_n = b_n \end{cases}$$

我們可將此方程組寫成 $AX = B$，其中係數矩陣為

$$A = [a_{ij}]_{n \times n}, \quad B = [b_1 \ b_2 \ \cdots \ b_n]^T$$

若 $\det(A) \neq 0$，則此方程組有一組唯一解

$$x_1 = \frac{\det(A_1)}{\det(A)}, \quad x_2 = \frac{\det(A_2)}{\det(A)}, \quad \cdots, \quad x_n = \frac{\det(A_n)}{\det(A)}$$

其中 A_i 是以 B 取代 A 的第 i 行而得.

證　若 $\det(A) \neq 0$，則 A^{-1} 存在，且線性方程組的解為

$$X = \begin{bmatrix} x_1 \\ x_2 \\ \vdots \\ x_n \end{bmatrix} = A^{-1}B = \left(\frac{1}{\det(A)} \operatorname{adj} A \right) B$$

$$= \begin{bmatrix} \dfrac{A_{11}}{\det(A)} & \dfrac{A_{21}}{\det(A)} & \cdots & \dfrac{A_{n1}}{\det(A)} \\ \dfrac{A_{12}}{\det(A)} & \dfrac{A_{22}}{\det(A)} & \cdots & \dfrac{A_{n2}}{\det(A)} \\ \vdots & \vdots & \cdots & \vdots \\ \dfrac{A_{1i}}{\det(A)} & \dfrac{A_{2i}}{\det(A)} & \cdots & \dfrac{A_{ni}}{\det(A)} \\ \vdots & \vdots & \cdots & \vdots \\ \dfrac{A_{1n}}{\det(A)} & \dfrac{A_{2n}}{\det(A)} & \cdots & \dfrac{A_{nn}}{\det(A)} \end{bmatrix} \begin{bmatrix} b_1 \\ b_2 \\ \vdots \\ b_i \\ \vdots \\ b_n \end{bmatrix}$$

即 $x_i = \dfrac{1}{\det(A)}(b_1 A_{1i} + b_2 A_{2i} + b_3 A_{3i} + \cdots + b_n A_{ni})$; $i = 1, 2, \cdots, n$

假設

$$A_i = \begin{bmatrix} a_{11} & a_{12} & \cdots & a_{1i-1} & b_1 & a_{1i+1} & \cdots & a_{1n} \\ a_{21} & a_{22} & \cdots & a_{2i-1} & b_2 & a_{2i+1} & \cdots & a_{2n} \\ \vdots & \vdots & & \vdots & & \vdots & & \vdots \\ a_{n1} & a_{n2} & \cdots & a_{ni-1} & b_n & a_{ni+1} & \cdots & a_{nn} \end{bmatrix}$$

若我們按第 i 行各元素展開以求 $\det(A_i)$ 的值，則可得

$$\det(A_i) = b_1 A_{1i} + b_2 A_{2i} + b_3 A_{3i} + \cdots + b_n A_{ni}$$

故

$$x_i = \frac{\det(A_i)}{\det(A)} \text{ ; } i = 1, 2, \cdots, n$$

【例題 11】 試解方程組
$$\begin{cases} 2x_1 + x_2 + x_3 = 0 \\ 4x_1 + 3x_2 + 2x_3 = 2 \\ 2x_1 - x_2 - 3x_3 = 0 \end{cases}.$$

【解】 $\det(A) = \begin{vmatrix} 2 & 1 & 1 \\ 4 & 3 & 2 \\ 2 & -1 & -3 \end{vmatrix} = -18 + 4 - 4 - 6 - (-4) - (-12) = -8 \neq 0$

故方程組有唯一解，其解為

$$x_1 = \frac{1}{-8} \begin{vmatrix} 0 & 1 & 1 \\ 2 & 3 & 2 \\ 0 & -1 & -3 \end{vmatrix} = -\frac{1}{8}(0 + 0 - 2 - 0 - 0 - (-6)) = -\frac{1}{2}$$

$$x_2 = \frac{1}{-8} \begin{vmatrix} 2 & 0 & 1 \\ 4 & 2 & 2 \\ 2 & 0 & -3 \end{vmatrix} = \frac{-16}{-8} = 2$$

$$x_3 = \frac{1}{-8} \begin{vmatrix} 2 & 1 & 0 \\ 4 & 3 & 2 \\ 2 & -1 & 0 \end{vmatrix} = \frac{8}{-8} = -1$$

計算行列式是一項相當複雜的工作，故當 n 很小時（例如：$n \leq 4$），克雷莫法則尚可使用；但當 $n > 4$ 時，我們利用矩陣列運算的方法來解方程組．

讀者應注意，利用克雷莫法則求解一次方程組時，

1. 若 $\det(A) \neq 0$，則 n 元一次方程組為相容方程組，其唯一解為

$$x_1 = \frac{\det(A_1)}{\det(A)}, \quad x_2 = \frac{\det(A_2)}{\det(A)}, \quad \cdots, \quad x_n = \frac{\det(A_n)}{\det(A)}$$

2. 若 $\det(A) = \det(A_1) = \det(A_2) = \cdots = \det(A_n) = 0$，則 n 元一次方程組為相依方程組，其有無限多組解．

3. 若 $\det(A) = 0$，而 $\det(A_1) \neq 0$，或 $\det(A_2) \neq 0$，$\cdots$，或 $\det(A_n) \neq 0$，則 n 元一次方程組

為矛盾方程組，故此方程組無解．

【例題 12】 試解一次方程組

$$\begin{cases} x_1 - x_2 + 2x_3 = 4 \\ 2x_1 - x_2 + 2x_3 = 1 \\ 5x_1 - 3x_2 + 6x_3 = 6 \end{cases}.$$

【解】 方程組的係數矩陣為

$$A = \begin{bmatrix} 1 & -1 & 2 \\ 2 & -1 & 2 \\ 5 & -3 & 6 \end{bmatrix}$$

而 $\det(A) = \begin{vmatrix} 1 & -1 & 2 \\ 2 & -1 & 2 \\ 5 & -3 & 6 \end{vmatrix} = -2 \begin{vmatrix} 1 & 1 & 1 \\ 2 & 1 & 1 \\ 5 & 3 & 3 \end{vmatrix} = 0$

又 $\det(A_1) = \begin{vmatrix} 4 & -1 & 2 \\ 1 & -1 & 2 \\ 6 & -3 & 6 \end{vmatrix} = -2 \begin{vmatrix} 4 & 1 & 1 \\ 1 & 1 & 1 \\ 6 & 3 & 3 \end{vmatrix} = 0$

$\det(A_2) = \begin{vmatrix} 1 & 4 & 2 \\ 2 & 1 & 2 \\ 5 & 6 & 6 \end{vmatrix} = 6 + 40 + 24 - 10 - 12 - 48 = 0$

$\det(A_3) = \begin{vmatrix} 1 & -1 & 4 \\ 2 & -1 & 1 \\ 5 & -3 & 6 \end{vmatrix} = -6 - 24 - 5 + 20 + 12 + 3 = 0$

所以，此方程組有無限多組解．

習題 4-6

1. 在下列各題中，選定一行或列，以餘因子展開求行列式的值.

(1) $A = \begin{bmatrix} -3 & 0 & 7 \\ 2 & 5 & 1 \\ -1 & 0 & 5 \end{bmatrix}$

(2) $A = \begin{bmatrix} 3 & 3 & 1 \\ 1 & 0 & -4 \\ 1 & -3 & 5 \end{bmatrix}$

(3) $A = \begin{bmatrix} 3 & 3 & 0 & 5 \\ 2 & 2 & 0 & -2 \\ 4 & 1 & -3 & 0 \\ 2 & 10 & 3 & 2 \end{bmatrix}$

2. 試利用行列式的性質求下列各行列式的值.

(1) $\begin{vmatrix} 5 & 2 & 10 & -3 \\ 1 & -4 & -9 & 6 \\ -7 & 14 & 6 & -21 \\ 9 & 8 & 15 & -12 \end{vmatrix}$

(2) $\begin{vmatrix} -4 & -10 & 8 & 5 \\ -5 & -9 & 9 & 4 \\ -3 & -11 & 7 & 6 \\ 8 & 7 & 6 & 5 \end{vmatrix}$

(3) $\begin{vmatrix} 2 & -1 & 5 & 8 \\ 3 & 3 & 3 & 10 \\ 2 & 3 & 1 & 6 \\ 5 & 7 & 4 & 2 \end{vmatrix}$

3. 設 $A = \begin{bmatrix} 1 & 0 & 3 & 0 \\ 2 & 1 & 4 & -1 \\ 3 & 2 & 4 & 0 \\ 0 & 3 & -1 & 0 \end{bmatrix}$，試計算第三行元素的所有餘因式.

4. 求所有的 λ 值滿足

$$\begin{vmatrix} \lambda+2 & -1 & 3 \\ 2 & \lambda-1 & 2 \\ 0 & 0 & \lambda+4 \end{vmatrix} = 0.$$

5. 若 $A=\begin{bmatrix} 1+x & 2 & 3 & 4 \\ 1 & 2+x & 3 & 4 \\ 1 & 2 & 3+x & 4 \\ 1 & 2 & 3 & 4+x \end{bmatrix}$，試證 $\det(A)=(10+x)x^3$.

6. 設 $A=\begin{bmatrix} 3 & -1 & 2 \\ 0 & 4 & 5 \\ 1 & 3 & 2 \end{bmatrix}$

    (1) 試求 adj A.

    (2) 試計算 $\det(A)$.

    (3) 試證明 $A(\text{adj } A)=(\det(A))I_3$.

7. 設 $A=\begin{bmatrix} -3 & -1 & -3 \\ 0 & 3 & 0 \\ -2 & -1 & -2 \end{bmatrix}$，若 $\det(\lambda I_3 - A)=0$，試求 λ 的值.

8. λ 為何值時，可使得齊次方程組

$$\begin{cases} (\lambda-2)x + 2y = 0 \\ 2x + (\lambda-2)y = 0 \end{cases}$$

有一組非必然解.

9. 試解下列線性方程組

$$\begin{cases} 3x_1 - x_2 + 2x_3 = 1 \\ 4x_2 + 5x_3 = -1 \\ x_1 + 3x_2 + 2x_3 = 0 \end{cases}$$

10. 下列的齊次方程組是否有非必然解？

    (1) $\begin{cases} x_1 - 2x_2 + x_3 = 0 \\ 2x_1 + 3x_2 + x_3 = 0 \\ 3x_1 + x_2 + 2x_3 = 0 \end{cases}$
    (2) $\begin{cases} x_1 + 2x_2 + x_4 = 0 \\ x_1 + 2x_2 + 3x_3 = 0 \\ x_3 + 2x_4 = 0 \\ x_2 + 2x_3 - x_4 = 0 \end{cases}$

11. 試利用克雷莫法則解下列各方程組.

(1) $\begin{cases} x_1 - 2x_2 + x_3 = 7 \\ 2x_1 - 5x_2 + 2x_3 = 6 \\ 3x_1 + x_2 - x_3 = 1 \end{cases}$

(2) $\begin{cases} x_1 + x_2 + x_3 + x_4 = 4 \\ x_1 - 2x_3 + x_4 = 3 \\ x_2 + 3x_3 - x_4 = -1 \\ 2x_1 + x_2 + x_4 = 6 \end{cases}$

4-7　矩陣之特徵值與特徵向量

首先我們考慮下列 n 個未知數及 n 個方程式之齊次方程組：

$$\begin{cases} (a_{11}-\lambda)x_1 + a_{12}x_2 + a_{13}x_3 + \cdots + a_{1n}x_n = 0 \\ a_{21}x_1 + (a_{22}-\lambda)x_2 + a_{23}x_3 + \cdots + a_{2n}x_n = 0 \\ a_{31}x_1 + a_{32}x_2 + (a_{33}-\lambda)x_3 + \cdots + a_{3n}x_n = 0 \\ \vdots \quad \vdots \quad \vdots \qquad\qquad \vdots \\ a_{n1}x_1 + a_{n2}x_2 + a_{n3}x_3 + \cdots + (a_{nn}-\lambda)x_n = 0 \end{cases} \tag{4-7-1}$$

式 (4-7-1) 寫成矩陣方程式如下：

$$A\mathbf{X} = \lambda \mathbf{x} = \lambda I_n \mathbf{x} \tag{4-7-2}$$

或

$$(\lambda I_n - A)\mathbf{x} = \mathbf{0} \tag{4-7-3}$$

其中 $A = \begin{bmatrix} a_{11} & a_{12} & \cdots & a_{1n} \\ a_{21} & a_{22} & \cdots & a_{2n} \\ a_{31} & a_{32} & \cdots & a_{3n} \\ \vdots & \vdots & & \vdots \\ a_{n1} & a_{n2} & \cdots & a_{nn} \end{bmatrix}$, $I_n = \begin{bmatrix} 1 & 0 & 0 & \cdots & 0 \\ 0 & 1 & 0 & \cdots & 0 \\ 0 & 0 & 1 & \cdots & 0 \\ \vdots & \vdots & \vdots & & \vdots \\ 0 & 0 & 0 & \cdots & 1 \end{bmatrix}$, $\mathbf{x} = \begin{bmatrix} x_1 \\ x_2 \\ \vdots \\ x_n \end{bmatrix}$.

定義 4-7-1

設 A 為一 $n \times n$ 矩陣，若在 $I\!R^n$ 中，存在一非零向量 $\mathbf{x}$ 滿足式 (4-7-2)，則稱實數 λ 為矩陣 A 的特徵值 (eigen value)。任意非零向量 $\mathbf{x}$ 滿足式 (4-7-2)，則稱 $\mathbf{x}$ 為對應於特徵值的一特徵向量 (eigen vector)。

註：$\mathbb{R}^n$ 表 n 維空間.

若式 (4-7-3) 具有非必然解若且唯若

$$\det(\lambda \mathbf{I}_n - \mathbf{A}) = 0 \qquad (4\text{-}7\text{-}4)$$

定義 4-7-2

設 $\mathbf{A}$ 為 $n \times n$ 矩陣，則行列式

$$P(\lambda) = \det(\lambda \mathbf{I}_n - \mathbf{A}) = \begin{vmatrix} \lambda - a_{11} & -a_{12} & \cdots & -a_{1n} \\ -a_{21} & \lambda - a_{22} & \cdots & -a_{2n} \\ \vdots & \vdots & & \vdots \\ -a_{n1} & -a_{n2} & \cdots & \lambda - a_{nn} \end{vmatrix} \qquad (4\text{-}7\text{-}5)$$

稱為 $\mathbf{A}$ 的特徵多項式. 方程式

$$P(\lambda) = \det(\lambda \mathbf{I}_n - \mathbf{A}) = 0 \qquad (4\text{-}7\text{-}6)$$

稱為 $\mathbf{A}$ 的特徵方程式.

【例題 1】 令

$$A = \begin{bmatrix} 1 & -1 \\ 2 & 4 \end{bmatrix}$$

(1) 試求 $\mathbf{A}$ 的特徵多項式,

(2) 試求 $\mathbf{A}$ 的特徵值,

(3) 試求 $\mathbf{A}$ 的特徵向量.

【解】 (1) $P(\lambda) = \det(\lambda \mathbf{I}_2 - \mathbf{A}) = \begin{vmatrix} \lambda - 1 & 1 \\ -2 & \lambda - 4 \end{vmatrix}$

$= (\lambda - 1)(\lambda - 4) + 2 = \lambda^2 - 5\lambda + 6$ 為 $\mathbf{A}$ 的特徵多項式.

(2) $\mathbf{A}$ 的特徵方程式為 $P(\lambda) = \lambda^2 - 5\lambda + 6 = 0$

$$\lambda^2 - 5\lambda + 6 = (\lambda - 2)(\lambda - 3) = 0$$

故 $\mathbf{A}$ 的特徵值為 $\lambda_1 = 2$ 或 $\lambda_2 = 3$.

(3) (i) 假設對應於 $\lambda_1 = 2$ 的特徵向量為 $\mathbf{x}_1 = \begin{bmatrix} x_1 \\ x_2 \end{bmatrix}$，代入下式中

$$\begin{bmatrix} \lambda - 1 & 1 \\ -2 & \lambda - 4 \end{bmatrix} \begin{bmatrix} x_1 \\ x_2 \end{bmatrix} = \begin{bmatrix} 0 \\ 0 \end{bmatrix}$$

得

$$\begin{bmatrix} 1 & 1 \\ -2 & -2 \end{bmatrix} \begin{bmatrix} x_1 \\ x_2 \end{bmatrix} = \begin{bmatrix} 0 \\ 0 \end{bmatrix}$$

故 $\begin{cases} x_1 + x_2 = 0 \\ -2x_1 - 2x_2 = 0 \end{cases}$

解得 $\begin{cases} x_1 = -x_2 \\ x_2 = r \end{cases}$，$r$ 為任意實數.

所以，$\mathbf{x}_1 = \begin{bmatrix} -r \\ r \end{bmatrix}$，故對應於 $\lambda_1 = 2$ 的特徵向量為 $\mathbf{x}_1 = \begin{bmatrix} -1 \\ 1 \end{bmatrix}$.

(ii) 假設對應於 $\lambda_2 = 3$ 的特徵向量為 $\mathbf{x}_2 = \begin{bmatrix} x_1 \\ x_2 \end{bmatrix}$，代入下式中

$$\begin{bmatrix} \lambda_2 - 1 & 1 \\ -2 & \lambda_2 - 4 \end{bmatrix} \begin{bmatrix} x_1 \\ x_2 \end{bmatrix} = \begin{bmatrix} 0 \\ 0 \end{bmatrix}$$

得

$$\begin{bmatrix} 2 & 1 \\ -2 & -1 \end{bmatrix} \begin{bmatrix} x_1 \\ x_2 \end{bmatrix} = \begin{bmatrix} 0 \\ 0 \end{bmatrix}$$

故 $\begin{cases} 2x_1 + x_2 = 0 \\ -2x_1 - x_2 = 0 \end{cases}$

解得 $\begin{cases} x_1 = -\dfrac{x_2}{2} \\ x_2 = r \end{cases}$，$r$ 為任意實數.

所以，$\mathbf{x}_2 = \begin{bmatrix} -\dfrac{r}{2} \\ r \end{bmatrix}$，故對應於 $\lambda_2 = 3$ 的特徵向量為 $\mathbf{x}_2 = \begin{bmatrix} -1 \\ 2 \end{bmatrix}$.

【例題2】 設 $A=\begin{bmatrix} 1 & 2 & -1 \\ 1 & 0 & 1 \\ 4 & -4 & 5 \end{bmatrix}$，求 A 的特徵值及特徵向量．

【解】 $P(\lambda)=\det(\lambda I_3-A)=\begin{vmatrix} \lambda-1 & -2 & 1 \\ -1 & \lambda-0 & -1 \\ -4 & 4 & \lambda-5 \end{vmatrix}=\lambda^3-6\lambda^2+11\lambda-6$

故 A 的特徵多項式為 $P(\lambda)=\lambda^3-6\lambda^2+11\lambda-6$

令 $P(\lambda)=0$，則 $\lambda^3-6\lambda^2+11\lambda-6=0$

由因式定理得知

$$P(\lambda)=(\lambda-1)(\lambda^2-5\lambda+6)=(\lambda-1)(\lambda-2)(\lambda-3)=0$$

因此，A 的特徵值為

$$\lambda_1=1,\ \lambda_2=2,\ \lambda_3=3$$

(i) 設對應於 $\lambda_1=1$ 的特徵向量為 $\mathbf{x}_1=\begin{bmatrix} x_1 \\ x_2 \\ x_3 \end{bmatrix}$，代入下式

$$(\lambda_1 I_3-A)\mathbf{x}=\mathbf{0}$$

得 $\begin{bmatrix} 1-1 & -2 & 1 \\ -1 & 1 & -1 \\ -4 & 4 & 1-5 \end{bmatrix}\begin{bmatrix} x_1 \\ x_2 \\ x_3 \end{bmatrix}=\begin{bmatrix} 0 \\ 0 \\ 0 \end{bmatrix}$

或 $\begin{bmatrix} 0 & -2 & 1 \\ -1 & 1 & -1 \\ -4 & 4 & -4 \end{bmatrix}\begin{bmatrix} x_1 \\ x_2 \\ x_3 \end{bmatrix}=\begin{bmatrix} 0 \\ 0 \\ 0 \end{bmatrix}$

此方程組的擴增矩陣為

$$\begin{bmatrix} 0 & -2 & 1 & \vdots & 0 \\ -1 & 1 & -1 & \vdots & 0 \\ -4 & 4 & -4 & \vdots & 0 \end{bmatrix} \underset{\frac{1}{4}R_3}{\sim} \begin{bmatrix} 0 & -2 & 1 & \vdots & 0 \\ -1 & 1 & -1 & \vdots & 0 \\ -1 & 1 & -1 & \vdots & 0 \end{bmatrix} \underset{1R_2+R_1}{\sim}$$

$$\begin{bmatrix} -1 & -1 & 0 & \vdots & 0 \\ -1 & 1 & -1 & \vdots & 0 \\ -1 & 1 & -1 & \vdots & 0 \end{bmatrix} \underset{1R_1+R_2}{\sim} \begin{bmatrix} -1 & -1 & 0 & \vdots & 0 \\ -2 & 0 & -1 & \vdots & 0 \\ -1 & 1 & -1 & \vdots & 0 \end{bmatrix} \underset{1R_1+R_3}{\sim}$$

$$\begin{bmatrix} -1 & -1 & 0 & \vdots & 0 \\ -2 & 0 & -1 & \vdots & 0 \\ -2 & 0 & -1 & \vdots & 0 \end{bmatrix} \underset{1R_2+R_3}{\sim} \begin{bmatrix} -1 & -1 & 0 & \vdots & 0 \\ -2 & 0 & -1 & \vdots & 0 \\ 0 & 0 & 0 & \vdots & 0 \end{bmatrix} \underset{-2R_1+R_2}{\sim}$$

$$\begin{bmatrix} -1 & -1 & 0 & \vdots & 0 \\ 0 & 2 & -1 & \vdots & 0 \\ 0 & 0 & 0 & \vdots & 0 \end{bmatrix} \underset{-1R_1}{\sim} \begin{bmatrix} 1 & 1 & 0 & \vdots & 0 \\ 0 & 2 & -1 & \vdots & 0 \\ 0 & 0 & 0 & \vdots & 0 \end{bmatrix}$$

求得其解為 $\begin{bmatrix} -\frac{r}{2} \\ \frac{r}{2} \\ r \end{bmatrix}$，$r$ 為任意實數. 因此，$\mathbf{x}_1 = \begin{bmatrix} -1 \\ 1 \\ 2 \end{bmatrix}$ 為 A 對應於 $\lambda_1 = 1$ 的特徵向量.

(ii) 設對應於 $\lambda_2 = 2$ 的特徵向量為 $\mathbf{x}_2 = \begin{bmatrix} x_1 \\ x_2 \\ x_3 \end{bmatrix}$，代入下式

$$(\lambda_2 \mathbf{I}_3 - A)\mathbf{x} = \mathbf{0}$$

得 $\begin{bmatrix} 2-1 & -2 & 1 \\ -1 & 2 & -1 \\ -4 & 4 & 2-5 \end{bmatrix} \begin{bmatrix} x_1 \\ x_2 \\ x_3 \end{bmatrix} = \begin{bmatrix} 0 \\ 0 \\ 0 \end{bmatrix}$

或 $\begin{bmatrix} 0 & -2 & 1 \\ -1 & 2 & -1 \\ -4 & 4 & -3 \end{bmatrix} \begin{bmatrix} x_1 \\ x_2 \\ x_3 \end{bmatrix} = \begin{bmatrix} 0 \\ 0 \\ 0 \end{bmatrix}$

此方程組的擴增矩陣為

$\begin{bmatrix} 1 & -2 & 1 & \vdots & 0 \\ -1 & 2 & -1 & \vdots & 0 \\ -4 & 4 & -3 & \vdots & 0 \end{bmatrix} \xrightarrow{1R_1+R_2} \begin{bmatrix} 1 & -2 & 1 & \vdots & 0 \\ 0 & 0 & 0 & \vdots & 0 \\ -4 & 4 & -3 & \vdots & 0 \end{bmatrix} \xrightarrow{4R_1+R_3}$

$\begin{bmatrix} 1 & -2 & 1 & \vdots & 0 \\ 0 & 0 & 0 & \vdots & 0 \\ 0 & -4 & 1 & \vdots & 0 \end{bmatrix} \xrightarrow{-1R_3+R_1} \begin{bmatrix} 1 & 2 & 0 & \vdots & 0 \\ 0 & 0 & 0 & \vdots & 0 \\ 0 & -4 & 1 & \vdots & 0 \end{bmatrix} \xrightarrow{R_2 \leftrightarrow R_3}$

$\begin{bmatrix} 1 & 2 & 0 & \vdots & 0 \\ 0 & -4 & 1 & \vdots & 0 \\ 0 & 0 & 0 & \vdots & 0 \end{bmatrix} \xrightarrow{-\frac{1}{4}R_2} \begin{bmatrix} 1 & 2 & 0 & \vdots & 0 \\ 0 & 1 & -\frac{1}{4} & \vdots & 0 \\ 0 & 0 & 0 & \vdots & 0 \end{bmatrix}$

求得其解為 $\begin{bmatrix} -\frac{r}{2} \\ \frac{r}{4} \\ r \end{bmatrix}$，$r$ 為任意實數. 因此，$\mathbf{x}_2 = \begin{bmatrix} -2 \\ 1 \\ 4 \end{bmatrix}$ 為 A 對應於 $\lambda_2 = 2$ 的特徵向量.

(iii) 設對應於 $\lambda_3 = 3$ 的特徵向量為 $\mathbf{x}_3 = \begin{bmatrix} x_1 \\ x_2 \\ x_3 \end{bmatrix}$，代入下式

$$(\lambda_3 I_3 - A)\mathbf{x}_3 = \mathbf{0}$$

得 $\begin{bmatrix} 3-1 & -2 & 1 \\ -1 & 3 & -1 \\ -4 & 4 & 3-5 \end{bmatrix} \begin{bmatrix} x_1 \\ x_2 \\ x_3 \end{bmatrix} = \begin{bmatrix} 0 \\ 0 \\ 0 \end{bmatrix}$

或 $\begin{bmatrix} 2 & -2 & 1 \\ -1 & 3 & -1 \\ -4 & 4 & -2 \end{bmatrix} \begin{bmatrix} x_1 \\ x_2 \\ x_3 \end{bmatrix} = \begin{bmatrix} 0 \\ 0 \\ 0 \end{bmatrix}$

此方程組的擴增矩陣為

$\begin{bmatrix} 2 & -2 & 1 & \vdots & 0 \\ -1 & 3 & -1 & \vdots & 0 \\ -4 & 4 & -2 & \vdots & 0 \end{bmatrix} \xrightarrow{\frac{1}{2}R_1} \begin{bmatrix} 1 & -1 & \frac{1}{2} & \vdots & 0 \\ -1 & 3 & -1 & \vdots & 0 \\ -4 & 4 & -2 & \vdots & 0 \end{bmatrix} \xrightarrow{1R_1+R_2}$

$\begin{bmatrix} 1 & -1 & \frac{1}{2} & \vdots & 0 \\ 0 & 2 & -\frac{1}{2} & \vdots & 0 \\ -4 & 4 & -2 & \vdots & 0 \end{bmatrix} \xrightarrow{4R_1+R_3} \begin{bmatrix} 1 & -1 & \frac{1}{2} & \vdots & 0 \\ 0 & 2 & -\frac{1}{2} & \vdots & 0 \\ 0 & 0 & 0 & \vdots & 0 \end{bmatrix} \xrightarrow{1R_2+R_1}$

$\begin{bmatrix} 1 & 1 & 0 & \vdots & 0 \\ 0 & 2 & -\frac{1}{2} & \vdots & 0 \\ 0 & 0 & 0 & \vdots & 0 \end{bmatrix} \xrightarrow{\frac{1}{2}R_2} \begin{bmatrix} 1 & 1 & 0 & \vdots & 0 \\ 0 & 1 & -\frac{1}{4} & \vdots & 0 \\ 0 & 0 & 0 & \vdots & 0 \end{bmatrix}$

求得其解為 $\begin{bmatrix} -\frac{r}{4} \\ \frac{r}{4} \\ r \end{bmatrix}$，$r$ 為任意實數。因此，$\mathbf{x}_3 = \begin{bmatrix} -1 \\ 1 \\ 4 \end{bmatrix}$ 為 A 對應於 $\lambda_3 = 3$ 的特徵向量。

習題 4-7

1. 試求下列各矩陣之特徵多項式。

   (1) $\begin{bmatrix} 2 & 1 \\ -1 & 3 \end{bmatrix}$　　(2) $\begin{bmatrix} 1 & 1 \\ 3 & -1 \end{bmatrix}$　　(3) $\begin{bmatrix} -2 & -7 \\ 1 & 2 \end{bmatrix}$

(4) $\begin{bmatrix} 1 & 2 & 1 \\ 0 & 1 & 2 \\ -1 & 3 & 2 \end{bmatrix}$ (5) $\begin{bmatrix} 5 & 0 & 1 \\ 1 & 1 & 0 \\ -7 & 1 & 0 \end{bmatrix}$

2. 試求下列各矩陣之特徵值及特徵向量.

(1) $\begin{bmatrix} 1 & 1 \\ -2 & 4 \end{bmatrix}$ (2) $\begin{bmatrix} 2 & -2 & 3 \\ 0 & 3 & -2 \\ 0 & -1 & 2 \end{bmatrix}$ (3) $\begin{bmatrix} 1 & 1 & 1 \\ 0 & 3 & 3 \\ -2 & 1 & 1 \end{bmatrix}$

4-8　方陣的對角線化

　　我們在前一節已經學過如何求一 n 階方陣之特徵值 $\lambda_1, \lambda_2, \cdots, \lambda_n$ 及它所對應的特徵向量 $\mathbf{x}_1, \mathbf{x}_2, \cdots, \mathbf{x}_n$，其目的是將方陣 A 對角線化，並為解線性微分方程組預作準備.

定義 4-8-1

已知二個 n 階方陣 A 與 B，若存在一可逆的 n 階方陣 P，使得

$$B = P^{-1}AP \quad (4\text{-}8\text{-}1)$$

我們稱 B 相似 (similar) 於 A，而此轉換稱為相似轉換.

【例題 1】 設 $A = \begin{bmatrix} 2 & 1 \\ 0 & -1 \end{bmatrix}$，$B = \begin{bmatrix} 4 & -2 \\ 5 & -3 \end{bmatrix}$，$P = \begin{bmatrix} 2 & -1 \\ -1 & 1 \end{bmatrix}$；試證 B 相似於 A.

【解】 $PB = \begin{bmatrix} 2 & -1 \\ -1 & 1 \end{bmatrix} \begin{bmatrix} 4 & -2 \\ 5 & -3 \end{bmatrix} = \begin{bmatrix} 3 & 1 \\ 1 & -1 \end{bmatrix}$

且 $AP = \begin{bmatrix} 2 & 1 \\ 0 & -1 \end{bmatrix} \begin{bmatrix} 2 & -1 \\ -1 & 1 \end{bmatrix} = \begin{bmatrix} 3 & 1 \\ 1 & -1 \end{bmatrix}$

則 $PB = AP$. 由於

$$\det(P) = \begin{vmatrix} 2 & -1 \\ -1 & 1 \end{vmatrix} = 2 - 1 = 1 \neq 0$$

故 P 為可逆方陣；又因為 $PB=AP$，我們得

$$P^{-1}PB=P^{-1}AP \quad 或 \quad B=P^{-1}AP$$

故證得 B 相似於 A.

定理 4-8-1

若 A 與 B 為相似的 n 階方陣，則 A 與 B 具有相同的特徵方程式，因此，具有相同的特徵值.

證 因 A 與 B 相似，故 $B=P^{-1}AP$，則 $B-\lambda I=P^{-1}AP-\lambda I$

於是，

$$\begin{aligned}\det(B-\lambda I) &= \det(P^{-1}AP-\lambda I)\\ &= \det(P^{-1}AP-P^{-1}(\lambda I)P)\\ &= \det(P^{-1}(A-\lambda I)P)\\ &= \det(P^{-1})\det(A-\lambda I)\det(P)\\ &= \det(P^{-1})\det(P)\det(A-\lambda I)\\ &= \det(P^{-1}P)\det(A-\lambda I)\\ &= \det(I)\det(A-\lambda I)\\ &= \det(A-\lambda I)\end{aligned}$$

故 A 與 B 具有相同的特徵方程式. 又因特徵值為特徵方程式的根，所以，A 與 B 具有相同的特徵值.

【例題 2】 $A=\begin{bmatrix} 2 & 1 \\ 0 & -1 \end{bmatrix}$ 的特徵值為 $\lambda=2$ 及 $\lambda=-1$，此兩特徵值亦為 $B=\begin{bmatrix} 4 & -2 \\ 5 & -3 \end{bmatrix}$

的特徵值，因為 $\det(2I_2-B)=\det(-I_2-B)=0$.

定義 4-8-2

若 n 階方陣 A 相似於一對角線方陣 D，則稱 A 為 可對角線化 (diagonalizable)，亦即存在一非奇異方陣 P 與一對角線方陣 D，使得

$$P^{-1}AP = D \qquad (4\text{-}8\text{-}2)$$

若 D 為對角線方陣，則 D 的特徵值即為方陣 D 的主對角線元素．如果 A 相似於 D，則 A 與 D 具有相同的特徵值．結合此兩事實，我們得知若 A 為可對角線化，則 A 相似於對角線方陣 D，而 D 的主對角線元素即為 A 的特徵值．

定理 4-8-2

n 階方陣 A 可被對角線化，若且唯若 A 具有一組 n 個線性獨立特徵向量．

註：見定義 2-1-2．

下面的推論非常有用，因它能辨別哪一類的方陣能夠對角線化．

推論：若方陣 A 的特徵多項式有相異實根，則方陣 A 為可對角線化方陣．

【例題 3】 試將方陣 $A = \begin{bmatrix} 1 & 2 & -1 \\ 1 & 0 & 1 \\ 4 & -4 & 5 \end{bmatrix}$ 對角線化．

【解】 我們已在 4-7 節的例題 2 中，求得方陣 A 的特徵向量為

$$\mathbf{x}_1 = \begin{bmatrix} -1 \\ 1 \\ 2 \end{bmatrix}, \quad \mathbf{x}_2 = \begin{bmatrix} -2 \\ 1 \\ 4 \end{bmatrix}, \quad \mathbf{x}_3 = \begin{bmatrix} -1 \\ 1 \\ 4 \end{bmatrix}$$

則 $P = \begin{bmatrix} -1 & -2 & -1 \\ 1 & 1 & 1 \\ 2 & 4 & 4 \end{bmatrix}$ 且 $P^{-1} = \dfrac{1}{2}\begin{bmatrix} 0 & 4 & -1 \\ -2 & -2 & 0 \\ 2 & 0 & 1 \end{bmatrix}$

故 $P^{-1}AP = \dfrac{1}{2}\begin{bmatrix} 0 & 4 & -1 \\ -2 & -2 & 0 \\ 2 & 0 & 1 \end{bmatrix}\begin{bmatrix} 1 & 2 & -1 \\ 1 & 0 & 1 \\ 4 & -4 & 5 \end{bmatrix}\begin{bmatrix} -1 & -2 & -1 \\ 1 & 1 & 1 \\ 2 & 4 & 4 \end{bmatrix}$

$= \dfrac{1}{2}\begin{bmatrix} 0 & 4 & -1 \\ -2 & -2 & 0 \\ 2 & 0 & 1 \end{bmatrix}\begin{bmatrix} -1 & -4 & -3 \\ 1 & 2 & 3 \\ 2 & 8 & 12 \end{bmatrix}$

$= \dfrac{1}{2}\begin{bmatrix} 2 & 0 & 0 \\ 0 & 4 & 0 \\ 0 & 0 & 6 \end{bmatrix} = \begin{bmatrix} 1 & 0 & 0 \\ 0 & 2 & 0 \\ 0 & 0 & 3 \end{bmatrix}$

此一對角線方陣之對角線上的元素恰為方陣 A 的特徵值.

讀者應注意，P 之所有行的先後順序並不重要，因為 $P^{-1}AP$ 的第 i 個對角線元素為 P 的第 i 個行向量的特徵值. 有關方陣 P 之行位置的改變即改變 $P^{-1}AP$ 之對角線上特徵值的位置. 在例題 3 中, 若

$$P = \begin{bmatrix} -1 & -1 & -2 \\ 1 & 1 & 1 \\ 2 & 4 & 4 \end{bmatrix}$$

則

$$P^{-1}AP = \begin{bmatrix} 1 & 0 & 0 \\ 0 & 3 & 0 \\ 0 & 0 & 2 \end{bmatrix}$$

如果 A 為 n 階方陣且 P 為非奇異方陣，則

$(P^{-1}AP)^2 = P^{-1}AP\, P^{-1}AP = P^{-1}AIAP = P^{-1}A^2P$

$(P^{-1}AP)^3 = P^{-1}AP\, P^{-1}AP\, P^{-1}AP = P^{-1}APP^{-1}A^2P$

$\qquad\qquad = P^{-1}AIA^2P$

$\qquad\qquad = P^{-1}A^3P$

$\qquad\qquad \vdots$

依此類推，一般而言，對任一正整數 k,

$$(P^{-1}AP)^k = P^{-1}A^k P$$

若 A 為可對角線化，且 $P^{-1}AP = 0$ 為對角線方陣，則

$$D^k = P^{-1}A^k P$$

由上式解 A^k，得

$$A^k = PD^k P^{-1} \qquad (4\text{-}8\text{-}3)$$

由式 (4-8-3) 得知，欲求 A^k，只需求出 D^k，則可計算出 A^k，若

$$D = \begin{bmatrix} \alpha_1 & & & & \\ & \alpha_2 & & \text{\huge 0} & \\ & & \alpha_3 & & \\ & \text{\huge 0} & & \ddots & \\ & & & & \alpha_n \end{bmatrix} = \text{diag}(\alpha_1,\ \alpha_2,\ \alpha_3,\ \cdots,\ \alpha_n)$$

則

$$D^k = \begin{bmatrix} \alpha_1^k & & & & \\ & \alpha_2^k & & \text{\huge 0} & \\ & & \alpha_3^k & & \\ & \text{\huge 0} & & \ddots & \\ & & & & \alpha_n^k \end{bmatrix} = \text{diag}(\alpha_1^k,\ \alpha_2^k,\ \alpha_3^k,\ \cdots,\ \alpha_n^k)$$

【例題 4】 設 $A = \begin{bmatrix} 1 & 2 & -1 \\ 1 & 0 & 1 \\ 4 & -4 & 5 \end{bmatrix}$，試求 A^5.

【解】 我們在例題 3 中，證明了方陣 A 可被

$$P = \begin{bmatrix} -1 & -2 & -1 \\ 1 & 1 & 1 \\ 2 & 4 & 4 \end{bmatrix}$$

對角線化，且

$$D = P^{-1}AP = \begin{bmatrix} 1 & 0 & 0 \\ 0 & 2 & 0 \\ 0 & 0 & 3 \end{bmatrix}$$

因此，由式 (4-8-3) 知

$$A^5 = PD^5P^{-1}$$

故 $A^5 = \begin{bmatrix} -1 & -2 & -1 \\ 1 & 1 & 1 \\ 2 & 4 & 4 \end{bmatrix} \begin{bmatrix} 1^5 & 0 & 0 \\ 0 & 2^5 & 0 \\ 0 & 0 & 3^5 \end{bmatrix} \begin{bmatrix} 0 & 2 & -\frac{1}{2} \\ -1 & -1 & 0 \\ 1 & 0 & \frac{1}{2} \end{bmatrix}$

$$= \begin{bmatrix} -179 & 62 & -121 \\ 211 & -30 & 121 \\ 844 & -124 & 485 \end{bmatrix}$$

習題 4-8

1. 下列各方陣中，哪些是可對角線化？

(1) $A = \begin{bmatrix} 1 & 4 \\ 1 & -2 \end{bmatrix}$ 　　(2) $A = \begin{bmatrix} 1 & 0 \\ -2 & 1 \end{bmatrix}$ 　　(3) $A = \begin{bmatrix} 1 & 2 & 3 \\ 0 & -1 & 2 \\ 0 & 0 & 2 \end{bmatrix}$

(4) $A = \begin{bmatrix} 1 & 1 & -2 \\ 4 & 0 & 4 \\ 1 & -1 & 4 \end{bmatrix}$ 　　(5) $A = \begin{bmatrix} 3 & 1 & 0 \\ 0 & 3 & 1 \\ 0 & 0 & 3 \end{bmatrix}$

2. 試將下列方陣對角線化．

$$A = \begin{bmatrix} 1 & 1 & 2 \\ 0 & 1 & 0 \\ 0 & 1 & 3 \end{bmatrix}$$

3. 已知 $A = \begin{bmatrix} 1 & 1 & 2 \\ 0 & 1 & 0 \\ 0 & 1 & 3 \end{bmatrix}$,試求 A^3.

4-9 指數方陣的計算

我們在微積分中,曾經學過指數函數 e^x 可表為冪級數

$$e^x = 1 + x + \frac{1}{2!}x^2 + \frac{1}{3!}x^3 + \cdots$$

同理,對任一 n 階方陣 A,我們可定義指數方陣 e^A 如下:

定義 4-9-1 指數方陣 e^A

令 A 為具有實數元素之 n 階方陣,則 e^A 為一 n 階方陣,定義為

$$e^A = I + A + \frac{1}{2!}A^2 + \frac{1}{3!}A^3 + \cdots \tag{4-9-1}$$

若 D 為對角線方陣,即

$$D = \begin{bmatrix} \lambda_1 & & & \mathbf{0} \\ & \lambda_2 & & \\ & & \ddots & \\ \mathbf{0} & & & \lambda_n \end{bmatrix} = \text{diag}(\lambda_1, \lambda_2, \cdots, \lambda_n)$$

則其指數方陣 e^D 較容易計算,方法如下:

$$e^D = \lim_{m \to \infty} \left(I + D + \frac{1}{2!}D^2 + \frac{1}{3!}D^3 + \cdots + \frac{1}{m!}D^m \right)$$

$$= \lim_{m \to \infty} \Big[\text{diag}(1, 1, \cdots, 1) + \text{diag}(\lambda_1, \lambda_2, \cdots, \lambda_n)$$

$$+ \text{diag}\frac{1}{2!}(\lambda_1^2, \lambda_2^2, \cdots, \lambda_n^n) + \cdots + \text{diag}\frac{1}{m!}(\lambda_1^m, \lambda_2^m, \cdots, \lambda_n^m) \Big]$$

$$= \lim_{m \to \infty} \left[\text{diag}\left(\sum_{k=1}^{m} \frac{1}{k!} \lambda_1^k, \ \sum_{k=1}^{m} \frac{1}{k!} \lambda_2^k, \ \cdots, \ \sum_{k=1}^{m} \frac{1}{k!} \lambda_n^k \right) \right]$$

$$= \text{diag}(e^{\lambda_1}, \ e^{\lambda_2}, \ \cdots, \ e^{\lambda_n}) = \begin{bmatrix} e^{\lambda_1} & & & \\ & e^{\lambda_2} & & \\ & & \ddots & \\ & & & e^{\lambda_n} \end{bmatrix}$$

【例題 1】 令 $A = \begin{bmatrix} 1 & 0 & 0 \\ 0 & 2 & 0 \\ 0 & 0 & 3 \end{bmatrix}$，試求 e^A.

【解】 因為 A 為一對角線方陣，故

$$e^A = \text{diag}(e^1, \ e^2, \ e^3) = \begin{bmatrix} e^1 & 0 & 0 \\ 0 & e^2 & 0 \\ 0 & 0 & e^3 \end{bmatrix}$$

但對於一般的 n 階方陣 A，e^A 的計算就比較複雜，但如果方陣 A 可對角線化，則

$$A^k = PD^k P^{-1}, \quad k = 1, \ 2, \ \cdots$$

因此，

$$\begin{aligned} e^A &= I + A + \frac{1}{2!} A^2 + \frac{1}{3!} A^3 + \cdots \\ &= I + PDP^{-1} + \frac{1}{2!} PD^2 P^{-1} + \frac{1}{3!} PD^3 P^{-1} + \cdots \\ &= P\left(I + D + \frac{1}{2!} D^2 + \frac{1}{3!} D^3 + \cdots \right) P^{-1} \\ &= P e^D P^{-1} \end{aligned}$$

(4-9-2)

【例題 2】 若 $A=\begin{bmatrix} -2 & -6 \\ 1 & 3 \end{bmatrix}$，試求 e^A．

【解】 A 的特徵值為 $\lambda_1=1$ 與 $\lambda_2=0$，且特徵向量為

$$\mathbf{x}_1=\begin{bmatrix} -2 \\ 1 \end{bmatrix} \quad 與 \quad \mathbf{x}_2=\begin{bmatrix} -3 \\ 1 \end{bmatrix}$$

於是 $A=PDP^{-1}=\begin{bmatrix} -2 & -3 \\ 1 & 1 \end{bmatrix}\begin{bmatrix} 1 & 0 \\ 0 & 0 \end{bmatrix}\begin{bmatrix} 1 & 3 \\ -1 & -2 \end{bmatrix}$

故 $e^A=Pe^DP^{-1}=\begin{bmatrix} -2 & -3 \\ 1 & 1 \end{bmatrix}\begin{bmatrix} e & 0 \\ 0 & 1 \end{bmatrix}\begin{bmatrix} 1 & 3 \\ -1 & -2 \end{bmatrix}$

$$=\begin{bmatrix} 3-2e & 6-6e \\ e-1 & 3e-2 \end{bmatrix}$$

下面是關於 e^{At} 之計算，若 A 為對角線方陣，我們可以直接利用

$$e^{At}=I+A^t+\frac{A^2t^2}{2!}+\frac{A^3t^3}{3!}+\cdots \tag{4-9-3}$$

求得．

【例題 3】 令 $A=\begin{bmatrix} 1 & 0 & 0 \\ 0 & 2 & 0 \\ 0 & 0 & 3 \end{bmatrix}$，試求 e^{At}．

【解】 因為 $A^2=\begin{bmatrix} 1 & 0 & 0 \\ 0 & 2^2 & 0 \\ 0 & 0 & 3^2 \end{bmatrix}$，$A^3=\begin{bmatrix} 1 & 0 & 0 \\ 0 & 2^3 & 0 \\ 0 & 0 & 3^3 \end{bmatrix}$，$\cdots$，$A^m=\begin{bmatrix} 1 & 0 & 0 \\ 0 & 2^m & 0 \\ 0 & 0 & 3^m \end{bmatrix}$

又 $e^{At}=I+A^t+\frac{A^2t^2}{2!}+\frac{A^3t^3}{3!}+\cdots$

故 $e^{At} = \begin{bmatrix} 1 & 0 & 0 \\ 0 & 1 & 0 \\ 0 & 0 & 1 \end{bmatrix} + \begin{bmatrix} t & 0 & 0 \\ 0 & 2t & 0 \\ 0 & 0 & 3t \end{bmatrix} + \begin{bmatrix} \dfrac{t^2}{2!} & 0 & 0 \\ 0 & \dfrac{2^2 t^2}{2!} & 0 \\ 0 & 0 & \dfrac{3^2 t^2}{2!} \end{bmatrix}$

$+ \begin{bmatrix} \dfrac{t^3}{3!} & 0 & 0 \\ 0 & \dfrac{2^3 t^3}{3!} & 0 \\ 0 & 0 & \dfrac{3^3 t^3}{3!} \end{bmatrix} + \cdots$

$= \begin{bmatrix} 1+t+\dfrac{t^2}{2!}+\dfrac{t^3}{3!}+\cdots & 0 & 0 \\ 0 & 1+2t+\dfrac{(2t)^2}{2!}+\dfrac{(2t)^3}{3!}+\cdots & 0 \\ 0 & 0 & 1+3t+\dfrac{(3t)^2}{2!}+\dfrac{(3t)^3}{3!}+\cdots \end{bmatrix}$

$= \begin{bmatrix} e^t & 0 & 0 \\ 0 & e^{2t} & 0 \\ 0 & 0 & e^{3t} \end{bmatrix}$

【例題 4】 已知 $A = \begin{bmatrix} -3 & -1 \\ 2 & 0 \end{bmatrix}$，試求 e^{At}.

【解】 A 的特徵值為 $\lambda_1 = -1$ 與 $\lambda_2 = -2$，且特徵向量為

$$\mathbf{x}_1 = \begin{bmatrix} 1 \\ -2 \end{bmatrix} \quad 與 \quad \mathbf{x}_2 = \begin{bmatrix} 1 \\ -1 \end{bmatrix}$$

於是 $P = \begin{bmatrix} 1 & 1 \\ -2 & -1 \end{bmatrix}$,

$$P^{-1} = \begin{bmatrix} -1 & -1 \\ 2 & 1 \end{bmatrix}$$

故
$$e^{At} = \begin{bmatrix} 1 & 1 \\ -2 & -1 \end{bmatrix} \begin{bmatrix} e^{-t} & 0 \\ 0 & e^{-2t} \end{bmatrix} \begin{bmatrix} -1 & -1 \\ 2 & 1 \end{bmatrix}$$

$$= \begin{bmatrix} -e^{-t} + 2e^{-2t} & -e^{-t} + e^{-2t} \\ 2e^{-t} - 2e^{-2t} & 2e^{-t} - e^{-2t} \end{bmatrix}$$

習題 4-9

1. 試就下列每一個方陣，計算 e^A．

   (1) $A = \begin{bmatrix} 0 & -1 \\ 2 & 3 \end{bmatrix}$

   (2) $A = \begin{bmatrix} 3 & -2 & 1 \\ 0 & 2 & 0 \\ 0 & 0 & 0 \end{bmatrix}$

   (3) $A = \begin{bmatrix} 1 & 2 & -1 \\ 1 & 0 & 1 \\ 4 & -4 & 5 \end{bmatrix}$

2. 已知 $A = \begin{bmatrix} 0 & -1 \\ 2 & 3 \end{bmatrix}$，試求 e^{At}．

第 5 章

向量分析

5-1 向量代數與幾何

一般在科學中所用之量，皆表示其數值的大小與單位. 如長度、質量、時間、面積、體積、功等，這樣的量稱為純量 (scalar). 如果一個量除了大小之外，尚需考慮其方向，則稱此量為向量 (vector). 如速度、加速度、電場強度、力均屬此類.

在幾何學中，向量可以用自某點為始點至另一點為終點的帶有箭頭之有向線段來表示，此線段之長度稱為向量的長度 (length) 或大小 (magnitude)，而箭頭則表示向量的方向 (direction). 但習慣上，向量常用粗體的英文字母 **A**，**B**，**C**，⋯，**a**，**b**，**c**，⋯，**i**，**j**，**k**，⋯ 等表示.

設 $P(a_1, b_1, c_1)$ 與 $Q(a_2, b_2, c_2)$ 為三維空間中任意兩點，則從 P 到 Q 所形成的向量 $\overrightarrow{PQ}$ 為

$$\overrightarrow{PQ} = \langle a_2-a_1,\ b_2-b_1,\ c_2-c_1 \rangle$$

其中 P 與 Q 分別稱為向量 $\overrightarrow{PQ}$ 的始點與終點；而 a_2-a_1、b_2-b_1、c_2-c_1 分別稱為向量 $\overrightarrow{PQ}$ 的 *x*-分量、*y*-分量、*z*-分量，向量 $\overrightarrow{PQ}$ 的範數 (norm)、長度或大小定義為

$$\|\overrightarrow{PQ}\| = \sqrt{(a_2-a_1)^2+(b_2-b_1)^2+(c_2-c_1)^2} \tag{5-1-1}$$

於三維空間中，以原點 $O(0, 0, 0)$ 為有向線段的始點，$P(a_1, a_2, a_3)$ 為有向線段的終點，則 $\overrightarrow{OP}$ 稱為對應於

$$\mathbf{a} = \langle a_1,\ a_2,\ a_3 \rangle$$

或

$$\boldsymbol{a} = \begin{bmatrix} a_1 \\ a_2 \\ a_3 \end{bmatrix} \quad \text{(此係以矩陣記法表示向量)}$$

的位置向量，如圖 5-1-1 所示．

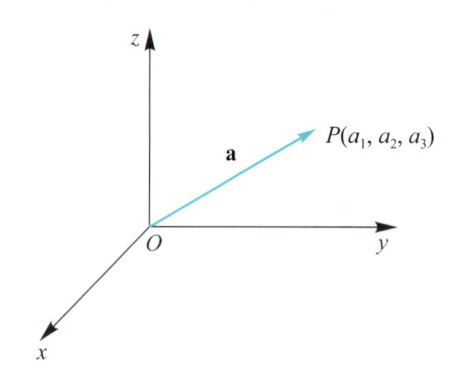

圖 5-1-1

以箭號代表向量的唯一例外是零向量 (zero vector) (0，0，0)，此向量無法以任何箭號表示．雖然此向量並未具有特定方向，但是零向量很有用，例如，在力學中的各種力可能互相抵銷，而具有零向量合力．零向量是以 $\mathbf{0} = \langle 0, 0, 0 \rangle$ 表示．

定義 5-1-1　單位向量

設一向量 $\mathbf{a} = \langle a_1, a_2, a_3 \rangle$，若 $\|\mathbf{a}\| = 1$，則稱 $\mathbf{a}$ 為單位向量 (unit vector)．

任一向量 $\mathbf{a}$ 皆可以 $\mathbf{a}$ 同方向的單位向量 $\mathbf{u}$ 表示，即

$$\mathbf{u} = \frac{\mathbf{a}}{\|\mathbf{a}\|}.$$

定義 5-1-2　向量相等

兩向量 $\mathbf{a} = \langle a_1, a_2, a_3 \rangle$ 與 $\mathbf{b} = \langle b_1, b_2, b_3 \rangle$ 相等，若且唯若

$$a_1 = b_1, \ a_2 = b_2, \ a_3 = b_3$$

定義 5-1-3　向量平行

兩向量 $\mathbf{a}=\langle a_1, a_2, a_3\rangle$ 與 $\mathbf{b}=\langle b_1, b_2, b_3\rangle$ 平行，若且唯若存在一實數 α，使得

$$a_1=\alpha b_1,\ a_2=\alpha b_2,\ a_3=\alpha b_3$$

例如，$\mathbf{a}=\langle 1, 2, 6\rangle$，$\mathbf{b}=\langle 2, 4, 12\rangle$，則 $\mathbf{a}\parallel\mathbf{b}$．

定義 5-1-4　向量和

兩向量 $\mathbf{a}=\langle a_1, a_2, a_3\rangle$ 與 $\mathbf{b}=\langle b_1, b_2, b_3\rangle$ 之和為以各別分量相加所形成的向量，即

$$\mathbf{a}+\mathbf{b}=\langle a_1+b_1,\ a_2+b_2,\ a_3+b_3\rangle$$

例如，$\mathbf{a}=\langle 1, 2, -1\rangle$，$\mathbf{b}=\langle -1, 2, 3\rangle$，則 $\mathbf{a}+\mathbf{b}=\langle 0, 4, 2\rangle$．

定義 5-1-5　逆向量

一向量 $\mathbf{a}$ 的逆向量 $-\mathbf{a}$ 其定義為

$$-\mathbf{a}=\langle -a_1,\ -a_2,\ -a_3\rangle$$

定義 5-1-6　向量差

兩向量 $\mathbf{a}=\langle a_1, a_2, a_3\rangle$ 與 $\mathbf{b}=\langle b_1, b_2, b_3\rangle$ 之差的定義為

$$\mathbf{a}-\mathbf{b}=\mathbf{a}+(-\mathbf{b})=\langle a_1-b_1,\ a_2-b_2,\ a_3-b_3\rangle$$

例如，$\mathbf{a}=\langle 4, -1, 2\rangle$，$\mathbf{b}=\langle 2, 0, 1\rangle$，則 $\mathbf{a}-\mathbf{b}=\langle 2, -1, 1\rangle$．

定義 5-1-7　純量與向量的乘積

一向量 $\mathbf{a}=\langle a_1, a_2, a_3 \rangle$ 與一純量 α 之積為以 $\alpha \mathbf{a}$ 表示的向量，其定義為

$$\alpha \mathbf{a}=\langle \alpha a_1, \alpha a_2, \alpha a_3 \rangle$$

另外向量 $\mathbf{i}=\langle 1, 0, 0 \rangle$、$\mathbf{j}=\langle 0, 1, 0 \rangle$、$\mathbf{k}=\langle 0, 0, 1 \rangle$ 稱為三維空間中的三個基本單位向量．這三個向量的始點皆在原點，且其長度皆為 1．

三維空間中之任何向量 $\mathbf{v}$ 可以用 $\mathbf{i}$、$\mathbf{j}$、$\mathbf{k}$ 的線性組合形式表示，

$$\mathbf{v}=\overrightarrow{P_1 P_2}=\langle a_2-a_1, b_2-b_1, c_2-c_1 \rangle \tag{5-1-2}$$
$$=(a_2-a_1)\mathbf{i}+(b_2-b_1)\mathbf{j}+(c_2-c_1)\mathbf{k}$$

如圖 5-1-2 所示．

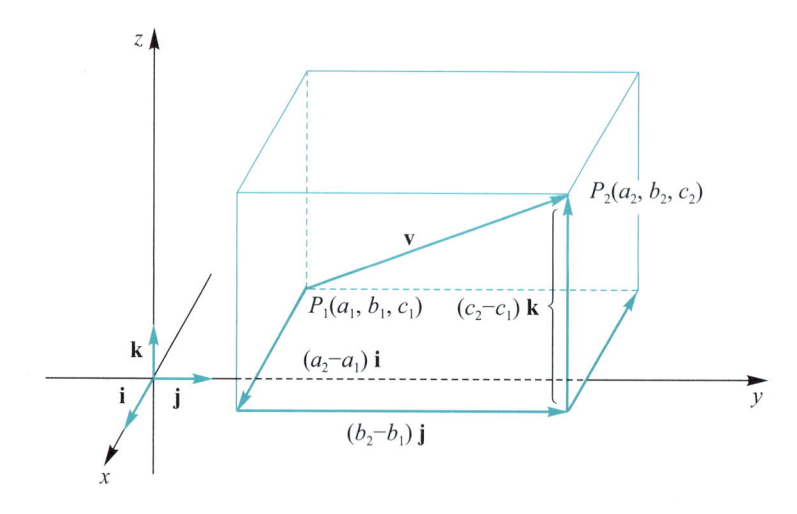

圖 5-1-2

【例題 1】　設 $P(-1, 4, 5)$ 與 $Q(2, 2, 2)$ 為三維空間中兩點，試求 $\overrightarrow{PQ}$ 及其長度．

【解】　$\overrightarrow{PQ}=\langle 2-(-1), 2-4, 2-5 \rangle=\langle 3, -2, -3 \rangle=3\mathbf{i}-2\mathbf{j}-3\mathbf{k}$

$$\|\overrightarrow{PQ}\|=\sqrt{(3)^2+(-2)^2+(-3)^2}=\sqrt{9+4+9}=\sqrt{22}$$

定理 5-1-1　向量代數

若 **u**、**v** 及 **w** 為三維空間中的向量，而 α、β 為實數，則下列性質成立：

(1) $\mathbf{u}+\mathbf{v}=\mathbf{v}+\mathbf{u}$
(2) $(\mathbf{u}+\mathbf{v})+\mathbf{w}=\mathbf{u}+(\mathbf{v}+\mathbf{w})$
(3) $\mathbf{u}+\mathbf{0}=\mathbf{0}+\mathbf{u}=\mathbf{u}$，**0** 為零向量
(4) 存在 $-\mathbf{u}$ 使得 $\mathbf{u}+(-\mathbf{u})=(-\mathbf{u})+\mathbf{u}=\mathbf{0}$
(5) $\alpha(\mathbf{u}+\mathbf{v})=\alpha\mathbf{u}+\alpha\mathbf{v}$
(6) $(\alpha+\beta)\mathbf{u}=\alpha\mathbf{u}+\beta\mathbf{u}$
(7) $(\alpha\beta)\mathbf{u}=\alpha(\beta\mathbf{u})=\beta(\alpha\mathbf{u})$
(8) $1\mathbf{u}=\mathbf{u}$

我們現在考慮 n 維空間中的 n 個向量，這 n 個向量間存在著什麼關係呢？不外乎獨立與相依．

定義 5-1-8

n 維空間中的行向量 $\mathbf{x}_1$, $\mathbf{x}_2$, $\cdots$, $\mathbf{x}_n$，若存在不全為零的常數 c_1, c_2, $\cdots$, c_n，使得

$$c_1\mathbf{x}_1+c_2\mathbf{x}_2+\cdots+c_n\mathbf{x}_n=\mathbf{0} \tag{5-1-3}$$

則稱向量 $\mathbf{x}_1$, $\mathbf{x}_2$, $\cdots$, $\mathbf{x}_n$ 為線性相依 (linearly dependent)。
若僅有 $c_1=c_2=\cdots=c_n=0$ 使上式成立，則稱 $\mathbf{x}_1$, $\mathbf{x}_2$, $\cdots$, $\mathbf{x}_n$ 為線性獨立 (linearly independent)。

由上述定義知，若向量 $\mathbf{x}_1$, $\mathbf{x}_2$, $\cdots$, $\mathbf{x}_n$ 為線性相依，則存在不全為零的常數 c_1, c_2, $\cdots$, c_n 滿足式 (5-1-3)，令 $c_i\neq 0$，則

$$\mathbf{x}_i=\frac{1}{c_i}\left(-\sum_{\substack{k=1\\k\neq i}}^{n} c_k \mathbf{x}_k\right) \tag{5-1-4}$$

因此 n 維空間中的向量 $\mathbf{x}_i$ 可表示為 $\mathbf{x}_1$, $\mathbf{x}_2$, $\cdots$, $\mathbf{x}_{i-1}$, $\mathbf{x}_{i+1}$, $\cdots$, $\mathbf{x}_n$ 的線性組合 (linear combinations).

註：見定義 2-1-1.

若令 $n \times n$ 的方陣為 $A = [\mathbf{x}_1, \mathbf{x}_2, \cdots, \mathbf{x}_n]$, $\mathbf{X} = \begin{bmatrix} c_1 \\ c_2 \\ \vdots \\ c_n \end{bmatrix}$, 則

$$A\mathbf{X} = c_1 \mathbf{x}_1 + c_2 \mathbf{x}_2 + \cdots + c_n \mathbf{x}_n = 0 \tag{5-1-5}$$

我們可以利用方陣 A 所對應行列式 $\det(A)$ 之值來決定 n 個向量是否為線性獨立或線性相依：

1. 若 $\det(A) \neq 0$ 則線性方程組 $A\mathbf{X} = \mathbf{0}$ 有唯一解 $\mathbf{0}$，即向量 $\mathbf{x}_1$, $\mathbf{x}_2$, $\cdots$, $\mathbf{x}_n$ 為線性獨立，反之亦成立.

2. 若 $\det(A) = 0$ 則線性方程組 $A\mathbf{X} = \mathbf{0}$ 有一非必然解 $\mathbf{X} \neq \mathbf{0}$，即向量 $\mathbf{x}_1$, $\mathbf{x}_2$, $\cdots$, $\mathbf{x}_n$ 為線性相依，反之亦成立.

【例題 2】 若行向量 $\mathbf{x}_1 = \begin{bmatrix} 2 \\ -1 \\ 0 \\ 3 \end{bmatrix}$, $\mathbf{x}_2 = \begin{bmatrix} 1 \\ 2 \\ 5 \\ -1 \end{bmatrix}$, $\mathbf{x}_3 = \begin{bmatrix} 7 \\ -1 \\ 5 \\ 8 \end{bmatrix}$, 則向量 $\mathbf{x}_1$、$\mathbf{x}_2$ 與 $\mathbf{x}_3$ 為線性相依，因為 $3\mathbf{x}_1 + \mathbf{x}_2 - \mathbf{x}_3 = \mathbf{0}$.

【例題 3】 在三維空間中，設 $\mathbf{x}_1 = \begin{bmatrix} 1 \\ 2 \\ -1 \end{bmatrix}$ 與 $\mathbf{x}_2 = \begin{bmatrix} 6 \\ 4 \\ 2 \end{bmatrix}$，試證 $\mathbf{x}_3 = \begin{bmatrix} 9 \\ 2 \\ 7 \end{bmatrix}$ 為 $\mathbf{x}_1$ 與 $\mathbf{x}_2$ 的線性組合.

【解】 為了使 $\mathbf{x}_3$ 為 $\mathbf{x}_1$ 與 $\mathbf{x}_2$ 的線性組合，我們務必求出 c_1 與 c_2，使得

$$\mathbf{x}_3 = c_1 \mathbf{x}_1 + c_2 \mathbf{x}_2$$

亦即

$$\begin{bmatrix} 9 \\ 2 \\ 7 \end{bmatrix} = c_1 \begin{bmatrix} 1 \\ 2 \\ -1 \end{bmatrix} + c_2 \begin{bmatrix} 6 \\ 4 \\ 2 \end{bmatrix}$$

或

$$\begin{bmatrix} 9 \\ 2 \\ 7 \end{bmatrix} = \begin{bmatrix} c_1 + 6c_2 \\ 2c_1 + 4c_2 \\ -c_1 + 2c_2 \end{bmatrix}$$

依據兩向量所對應分量相等的原則，可導出方程組

$$\begin{cases} c_1 + 6c_2 = 9 \\ 2c_1 + 4c_2 = 2 \\ -c_1 + 2c_2 = 7 \end{cases}$$

解此方程組得 $c_1 = -3$，$c_2 = 2$. 因此，

$$\mathbf{x}_3 = -3\mathbf{x}_1 + 2\mathbf{x}_2$$

【例題 4】 在三維空間中，設 $\mathbf{u}_1 = \langle 1, 2, -1 \rangle$ 與 $\mathbf{u}_2 = \langle 1, 0, -1 \rangle$，則向量 $\mathbf{u} = \langle 1, 0, 2 \rangle$ 為 $\mathbf{u}_1$ 與 $\mathbf{u}_2$ 的線性組合嗎？

【解】 若 $\mathbf{u}$ 為 $\mathbf{u}_1$ 與 $\mathbf{u}_2$ 之線性組合，則我們必可求出純量 c_1 與 c_2，使得

$$\mathbf{u} = c_1 \mathbf{u}_1 + c_2 \mathbf{u}_2$$

將 $\mathbf{u}$、$\mathbf{u}_1$、$\mathbf{u}_2$ 之值代入上式，可得

$$(1, 0, 2) = c_1(1, 2, -1) + c_2(1, 0, -1)$$

由此可導出方程組

$$\begin{cases} c_1 + c_2 = 1 \\ 2c_1 = 0 \\ -c_1 - c_2 = 2 \end{cases}$$

此方程組並沒有解，因此 $\mathbf{u}$ 並不為 $\mathbf{u}_1$ 與 $\mathbf{u}_2$ 的線性組合.

【例題 5】 試判斷向量 $\begin{bmatrix} 1 \\ -2 \\ 3 \end{bmatrix}$、$\begin{bmatrix} 2 \\ -2 \\ 0 \end{bmatrix}$ 與 $\begin{bmatrix} 0 \\ 1 \\ 7 \end{bmatrix}$ 是線性相依抑或線性獨立？

【解】 令
$$A = \begin{bmatrix} 1 & 2 & 0 \\ -2 & -2 & 1 \\ 3 & 0 & 7 \end{bmatrix}$$

因為

$$\det(A) = 1 \cdot (-1)^{1+1} \begin{vmatrix} -2 & 1 \\ 0 & 7 \end{vmatrix} + 2 \cdot (-1)^{1+2} \begin{vmatrix} -2 & 1 \\ 3 & 7 \end{vmatrix} + 0 \cdot (-1)^{1+3} \begin{vmatrix} -2 & -2 \\ 3 & 0 \end{vmatrix}$$

$$= \begin{vmatrix} -2 & 1 \\ 0 & 7 \end{vmatrix} - 2 \begin{vmatrix} -2 & 1 \\ 3 & 7 \end{vmatrix}$$

$$= -14 - 2(-14 - 3)$$

$$= -14 + 34 = 20 \neq 0$$

因此，向量 $\begin{bmatrix} 1 \\ -2 \\ 3 \end{bmatrix}$、$\begin{bmatrix} 2 \\ -2 \\ 0 \end{bmatrix}$ 與 $\begin{bmatrix} 0 \\ 1 \\ 7 \end{bmatrix}$ 為一組線性獨立向量.

在三維空間的座標幾何中，向量 **v** 可用它的長度及其方向角 α、β、γ 來說明，如圖 5-1-3 所示. 利用向量相等的定義

$$\mathbf{v} = \overrightarrow{OP} = a\mathbf{i} + b\mathbf{j} + c\mathbf{k}，其中 O 為原點$$

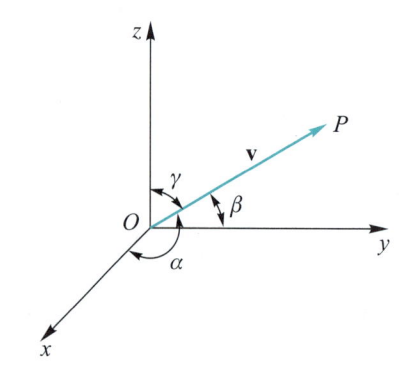

圖 5-1-3

方向角的定義如下.

α 為向量 **v** 與 x-軸正方向之夾角，$0 \le \alpha \le \pi$

β 為向量 **v** 與 y-軸正方向之夾角，$0 \le \beta \le \pi$

γ 為向量 **v** 與 z-軸正方向之夾角，$0 \le \gamma \le \pi$

由餘弦定義可知

$$\cos \alpha = \frac{a}{\|\overrightarrow{OP}\|} = \frac{a}{\|\mathbf{v}\|} = \frac{a}{\sqrt{a^2+b^2+c^2}}$$

$$\cos \beta = \frac{b}{\sqrt{a^2+b^2+c^2}} \tag{5-1-6}$$

$$\cos \gamma = \frac{c}{\sqrt{a^2+b^2+c^2}}$$

或

$$a = \|\mathbf{v}\|\cos \alpha, \quad b = \|\mathbf{v}\|\cos \beta, \quad c = \|\mathbf{v}\|\cos \gamma$$

$\cos \alpha$、$\cos \beta$、$\cos \gamma$ 稱為向量 **v** 的方向餘弦. 因此，

$$\mathbf{v} = a\mathbf{i} + b\mathbf{j} + c\mathbf{k} = \|\mathbf{v}\|(\cos \alpha \mathbf{i} + \cos \beta \mathbf{j} + \cos \gamma \mathbf{k})$$

又

$$\|\mathbf{v}\| = \|\mathbf{v}\| |\cos \alpha \mathbf{i} + \cos \beta \mathbf{j} + \cos \gamma \mathbf{k}|$$

可得

$$\sqrt{\cos^2 \alpha + \cos^2 \beta + \cos^2 \gamma} = 1$$

於是

$$\cos^2 \alpha + \cos^2 \beta + \cos^2 \gamma = 1$$

若 **u** 為任何單位向量，則

$$\mathbf{u} = \cos \alpha \mathbf{i} + \cos \beta \mathbf{j} + \cos \gamma \mathbf{k} \tag{5-1-7}$$

【例題 6】 已知 $A(3, 1, 2)$ 及 $B(3+\sqrt{2}, 2, 1)$，試求 $\overrightarrow{AB}$ 的方向餘弦及方向角.

【解】 $\overrightarrow{AB} = \langle 3+\sqrt{2}-3, 2-1, 1-2 \rangle = \langle \sqrt{2}, 1, -1 \rangle$

$$\|\overrightarrow{AB}\| = \sqrt{2+1+1} = 2$$

可得 $\cos \alpha = \dfrac{\sqrt{2}}{2}, \quad \cos \beta = \dfrac{1}{2}, \quad \cos \gamma = -\dfrac{1}{2}$

故 $\alpha = \dfrac{\pi}{4}, \quad \beta = \dfrac{\pi}{3}, \quad \gamma = \dfrac{2\pi}{3}$

三維空間中的直線

在三維空間中直線可由其方向及該直線上一點決定. 令 $\mathbf{u} = [u_1, \ u_2, \ u_3]^T$ 為三維空間中之一非零向量,且 $P_0(x_0, \ y_0, \ z_0)$ 為三維空間中之一點,令 $\mathbf{X}_0 = [x_0, \ y_0, \ z_0]^T$ 為 P_0 之位置向量,則通過 P_0 且平行於 $\mathbf{u}$ 之直線 L 上之任一點 $P(x, \ y, \ z)$,其位置向量 $\mathbf{X} = [x, \ y, \ z]^T$ 滿足下式,如圖 5-1-4 所示.

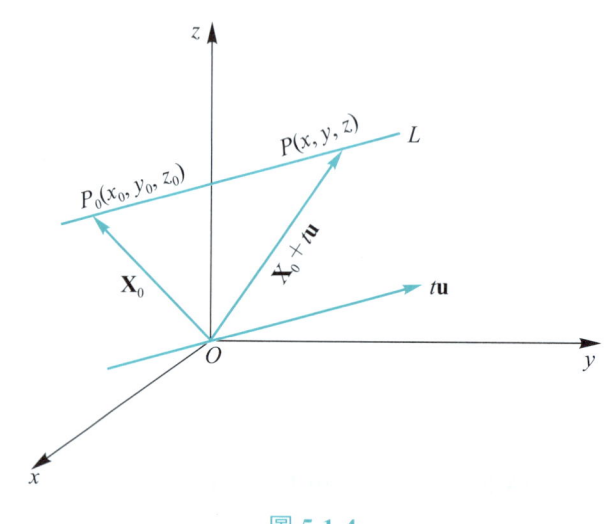

圖 5-1-4

$$\mathbf{X} = \mathbf{X}_0 + t\mathbf{u}, \quad -\infty < t < \infty \tag{5-1-8}$$

或

$$\begin{bmatrix} x - x_0 \\ y - y_0 \\ z - z_0 \end{bmatrix} = t \begin{bmatrix} u_1 \\ u_2 \\ u_3 \end{bmatrix}, \quad -\infty < t < \infty \tag{5-1-9}$$

式 (5-1-8) 或式 (5-1-9) 稱為 L 之向量方程式 (vector equation),因它含有參數 t,t 為任意的實數. 式 (5-1-8) 也可以用分量表示為

$$\begin{aligned} x &= x_0 + tu_1 \\ y &= y_0 + tu_2, \quad -\infty < t < \infty \\ z &= z_0 + tu_3 \end{aligned} \tag{5-1-10}$$

式 (5-1-10) 稱為 L 之參數方程組 (parametric equations)。若式 (5-1-10) 中 $\mathbf{u}_1$、$\mathbf{u}_2$ 與 $\mathbf{u}_3$ 全不為 0，則可解 t 之每一方程式並令其相等，如此我們可得到通過 P_0 且平行於 $\mathbf{u}$ 之直線 L 之對稱方程式 (symmetric equations) 如下：

$$\frac{x-x_0}{u_1}=\frac{y-y_0}{u_2}=\frac{z-z_0}{u_3} \tag{5-1-11}$$

【例題 7】 試求通過點 $P_0(2, 3, -4)$ 與 $P_1(3, -2, 5)$ 之直線 L，其參數方程組為何？

【解】 直線 L 必平行於向量 $\mathbf{u}=\overrightarrow{P_0P_1}=\begin{bmatrix}3-2\\-2-3\\5-(-4)\end{bmatrix}=\begin{bmatrix}1\\-5\\9\end{bmatrix}$

因 P_0 位於該直線上，故直線 L 之參數方程組如下：

$$x=2+t$$
$$y=3-5t,\quad -\infty<t<\infty$$
$$z=-4+9t$$

習題 5-1

1. 設 $P_1(6, 2, 1)$、$P_2(3, 0, 2)$ 為三維空間中兩點，試求 $\overrightarrow{P_1P_2}$ 及其長度.

2. 設 $\mathbf{a}=2\mathbf{i}-5\mathbf{j}+\mathbf{k}$，$\mathbf{b}=-3\mathbf{i}+3\mathbf{j}+2\mathbf{k}$，$\mathbf{c}=5\mathbf{i}+3\mathbf{j}$，試求
   (1) $2\mathbf{a}+3\mathbf{b}-\mathbf{c}$ (2) $\|2\mathbf{a}+3\mathbf{b}-\mathbf{c}\|$

3. 試求與向量 $\mathbf{a}=3\mathbf{i}+\mathbf{j}-7\mathbf{k}$ 同方向的單位向量，並求與 $\mathbf{a}$ 方向相反且長度為 5 的向量.

4. 設 a 為實數，$\mathbf{v}$ 為三維空間中的向量，試證
$$\|a\mathbf{v}\|=|a|\|\mathbf{v}\|$$

5. 設 $\triangle ABC$ 的頂點座標為 $A(1, 3, 1)$、$B(0, -1, 3)$、$C(3, 1, 0)$，試求此三角形重心的座標.

6. 試求一單位向量 $\mathbf{u}$ 平行於 $\mathbf{a}=\langle 2, 4, -5\rangle$ 與 $\mathbf{b}=\langle 1, 2, 3\rangle$ 的和向量.

7. 若 $\mathbf{a}_1=2\mathbf{i}-\mathbf{j}+\mathbf{k}$，$\mathbf{a}_2=\mathbf{i}+3\mathbf{j}-2\mathbf{k}$，$\mathbf{a}_3=-2\mathbf{i}+\mathbf{j}-3\mathbf{k}$ 且 $\mathbf{a}_4=3\mathbf{i}+2\mathbf{j}+5\mathbf{k}$，試求純量 a、b、c 使得 $\mathbf{a}_4=a\mathbf{a}_1+b\mathbf{a}_2+c\mathbf{a}_3$。

8. 試判斷下列向量組為線性獨立或線性相依。

(1) $\begin{bmatrix} 1 \\ -1 \\ 2 \end{bmatrix}$、$\begin{bmatrix} 3 \\ 1 \\ 2 \end{bmatrix}$、$\begin{bmatrix} 1 \\ -2 \\ 1 \end{bmatrix}$

(2) $\begin{bmatrix} 1 \\ 2 \\ 1 \end{bmatrix}$、$\begin{bmatrix} 2 \\ 9 \\ 0 \end{bmatrix}$、$\begin{bmatrix} 3 \\ 3 \\ 4 \end{bmatrix}$

9. 試求向量 $\mathbf{v}=-3\mathbf{i}+2\mathbf{j}-6\mathbf{k}$ 的方向餘弦。

10. 試求通過點 $P_0(-3, 2, 1)$ 且平行於 $\mathbf{u}=[2, -3, 4]^T$ 之直線的參數方程組。

11. 試求通過點 $P_0(2, -3, 1)$ 與 $P_1(4, 2, 5)$ 之直線 L，其參數方程式為何？

5-2　三維空間向量的內積

我們定義三維空間中兩向量 $\mathbf{a}$ 與 $\mathbf{b}$ 的內積 (inner product) [或稱點積 (dot product)，或稱純量積 (scalar product)] 如下。

定義 5-2-1　內　積

設 $\mathbf{a}=a_1\mathbf{i}+a_2\mathbf{j}+a_3\mathbf{k}$ 與 $\mathbf{b}=b_1\mathbf{i}+b_2\mathbf{j}+b_3\mathbf{k}$ 為三維空間中任意兩非零向量，而 θ 為其夾角，則 $\mathbf{a}$ 與 $\mathbf{b}$ 的內積定義為

$$\mathbf{a} \cdot \mathbf{b} = \begin{cases} \|\mathbf{a}\|\|\mathbf{b}\|\cos\theta, & \text{若 } \mathbf{a}\neq\mathbf{0} \text{ 且 } \mathbf{b}\neq\mathbf{0} \\ 0, & \text{若 } \mathbf{a}=\mathbf{0} \text{ 或 } \mathbf{b}=\mathbf{0} \end{cases} \tag{5-2-1}$$

【例題 1】　若兩向量 $\mathbf{a}=2\mathbf{i}-\mathbf{j}+\mathbf{k}$ 與 $\mathbf{b}=\mathbf{i}+\mathbf{j}+2\mathbf{k}$ 之夾角為 $\dfrac{\pi}{3}$，試求 $\mathbf{a}\cdot\mathbf{b}$。

【解】　$\|\mathbf{a}\|=\sqrt{(2)^2+(-1)^2+(1)^2}=\sqrt{6}$

$\|\mathbf{b}\|=\sqrt{(1)^2+(1)^2+(2)^2}=\sqrt{6}$

故　　$\mathbf{a}\cdot\mathbf{b}=\|\mathbf{a}\|\|\mathbf{b}\|\cos\dfrac{\pi}{3}=(\sqrt{6})(\sqrt{6})\left(\dfrac{1}{2}\right)=3$

若利用定義求兩向量的內積，則必先知道此兩向量之夾角或夾角的餘弦，但往往其夾角或夾角之餘弦均不易求得．我們可以利用餘弦定律 (law of cosine) 導出內積的另一公式．

定理 5-2-1

設 $\mathbf{a}=a_1\mathbf{i}+a_2\mathbf{j}+a_3\mathbf{k}$ 與 $\mathbf{b}=b_1\mathbf{i}+b_2\mathbf{j}+b_3\mathbf{k}$ 為三維空間中之兩非零向量，則

$$\mathbf{a} \cdot \mathbf{b}=a_1b_1+a_2b_2+a_3b_3 \tag{5-2-2}$$

證　於三維空間中，取兩點 P_1 與 P_2，使 $\overrightarrow{OP_1}=\mathbf{a}$，$\overrightarrow{OP_2}=\mathbf{b}$，其中 O 為原點，如圖 5-2-1 所示，則

$$\overrightarrow{P_1P_2}=\mathbf{b}-\mathbf{a}=(b_1-a_1)\mathbf{i}+(b_2-a_2)\mathbf{j}+(b_3-a_3)\mathbf{k}$$

考慮 $\triangle OP_1P_2$，由餘弦定律得知

$$\|\overrightarrow{P_1P_2}\|^2=\|\overrightarrow{OP_1}\|^2+\|\overrightarrow{OP_2}\|^2-2\|\overrightarrow{OP_1}\|\|\overrightarrow{OP_2}\|\cos\theta$$

其中 θ 為 $\mathbf{a}$ 與 $\mathbf{b}$ 之夾角，故得

$$\|\mathbf{b}-\mathbf{a}\|^2=\|\mathbf{a}\|^2+\|\mathbf{b}\|^2-2\|\mathbf{a}\|\|\mathbf{b}\|\cos\theta$$

或

$$\mathbf{a}\cdot\mathbf{b}=\frac{1}{2}(\|\mathbf{a}\|^2+\|\mathbf{b}\|^2-\|\mathbf{b}-\mathbf{a}\|^2)$$

因此，

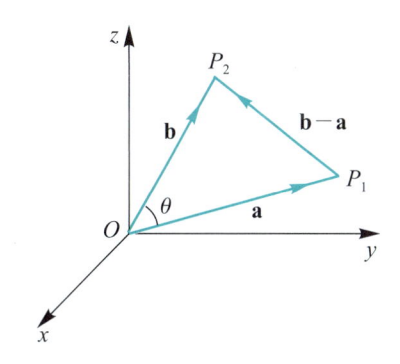

圖 5-2-1

$$\mathbf{a} \cdot \mathbf{b} = \frac{1}{2}\{a_1^2 + a_2^2 + a_3^2 + b_1^2 + b_2^2 + b_3^2 - [(b_1-a_1)^2 + (b_2-a_2)^2 + (b_3-a_3)^2]\}$$

$$= a_1 b_1 + a_2 b_2 + a_3 b_3$$

【例題 2】 已知兩點 $P_1(2, 1, 0)$ 與 $P_2(1, 2, 3)$，試求 $\overrightarrow{OP_1}$ 與 $\overrightarrow{OP_2}$ 的夾角 θ.

【解】 由定義知

$$\overrightarrow{OP_1} \cdot \overrightarrow{OP_2} = \|\overrightarrow{OP_1}\| \|\overrightarrow{OP_2}\| \cos\theta$$

故

$$\cos\theta = \frac{\overrightarrow{OP_1} \cdot \overrightarrow{OP_2}}{\|\overrightarrow{OP_1}\| \|\overrightarrow{OP_2}\|} = \frac{2 \cdot 1 + 1 \cdot 2 + 0 \cdot 3}{\sqrt{2^2+1^2+0}\sqrt{1^2+2^2+3^2}} = \frac{4}{\sqrt{70}}$$

因此， $\theta = \cos^{-1}\dfrac{4}{\sqrt{70}} \approx 61°\,26'$

定理 5-2-2　內積的性質

若 $\mathbf{u}$、$\mathbf{v}$ 及 $\mathbf{w}$ 皆為三維空間中的向量，α 為一定數，則

(1) $\|\mathbf{u}\| \geq 0$

(2) $\mathbf{u} \cdot \mathbf{u} = \|\mathbf{u}\|^2 \geq 0$，即 $\|\mathbf{u}\| = (\mathbf{u} \cdot \mathbf{u})^{1/2} \geq 0$，若且唯若 $\mathbf{u} = \mathbf{0}$，則等號成立.

(3) $\mathbf{u} \cdot \mathbf{v} = \mathbf{v} \cdot \mathbf{u}$

(4) $\mathbf{u} \cdot (\mathbf{v} + \mathbf{w}) = \mathbf{u} \cdot \mathbf{v} + \mathbf{u} \cdot \mathbf{w}$ 及 $(\mathbf{u} + \mathbf{v}) \cdot \mathbf{w} = \mathbf{u} \cdot \mathbf{w} + \mathbf{v} \cdot \mathbf{w}$

(5) $\alpha(\mathbf{u} \cdot \mathbf{v}) = (\alpha\mathbf{u}) \cdot \mathbf{v} = \mathbf{u} \cdot (\alpha\mathbf{v})$

(6) $\mathbf{v} \cdot \mathbf{v} > 0$ 若 $\mathbf{v} \neq \mathbf{0}$；且 $\mathbf{v} \cdot \mathbf{v} = 0$ 若 $\mathbf{v} = \mathbf{0}$

【例題 3】 已知 $\mathbf{u} = \langle 1, 2, 4 \rangle$，$\mathbf{v} = \langle -1, 0, 1 \rangle$，$\mathbf{w} = \langle -2, 4, 7 \rangle$，試驗證 $\mathbf{u} \cdot (\mathbf{v} + \mathbf{w}) = \mathbf{u} \cdot \mathbf{v} + \mathbf{u} \cdot \mathbf{w}$.

【解】 $\mathbf{v} + \mathbf{w} = \langle -1, 0, 1 \rangle + \langle -2, 4, 7 \rangle = \langle -3, 4, 8 \rangle$

$\mathbf{u} \cdot (\mathbf{v} + \mathbf{w}) = \langle 1, 2, 4 \rangle \cdot \langle -3, 4, 8 \rangle = (1)(-3) + (2)(4) + (4)(8)$

$= -3 + 8 + 32 = 37$

$\mathbf{u} \cdot \mathbf{v} + \mathbf{u} \cdot \mathbf{w} = \langle 1, 2, 4 \rangle \cdot \langle -1, 0, 1 \rangle + \langle 1, 2, 4 \rangle \cdot \langle -2, 4, 7 \rangle$

$= (1)(-1) + (2)(0) + (4)(1) + (1)(-2) + (2)(4) + (4)(7)$

$$= -1+4-2+8+28$$
$$= 37$$

故 $\mathbf{u} \cdot (\mathbf{v}+\mathbf{w}) = \mathbf{u} \cdot \mathbf{v} + \mathbf{u} \cdot \mathbf{w}$

在物理中，功可以用向量的內積來表示．當我們施一定力 F 經過一段距離 d，其所作的功為 $W=Fd$，此公式相當嚴謹，因為它只能應用於當力是沿著運動之直線．一般先設向量 $\overrightarrow{PQ}$ 代表一力，它的施力點沿著向量 $\overrightarrow{PR}$ 移動，如圖 5-2-2 所示，其中力 $\overrightarrow{PQ}$ 被用來沿著由 P 到 R 的水平路線去牽引一物體，而向量 $\overrightarrow{PQ}$ 是向量 $\overrightarrow{PS}$ 與 $\overrightarrow{SQ}$ 的和．由於 $\overrightarrow{SQ}$ 對水平的位移沒有作用，我們可以假設由 P 到 R 的運動僅為 $\overrightarrow{PS}$ 所致．故依公式 $W=Fd$，功 W 是由 $\overrightarrow{PQ}$ 在 $\overrightarrow{PR}$ 方向的分量乘以距離 $\|\overrightarrow{PR}\|$ 而求得，即

$$W = (\|\overrightarrow{PQ}\| \cos\theta) \|\overrightarrow{PR}\| = \overrightarrow{PQ} \cdot \overrightarrow{PR}$$

這導出下面的定義：

當施力點沿著向量 $\overrightarrow{PR}$ 移動時，定力 $\overrightarrow{PQ}$ 所作的功為 $W = \overrightarrow{PQ} \cdot \overrightarrow{PR}$．

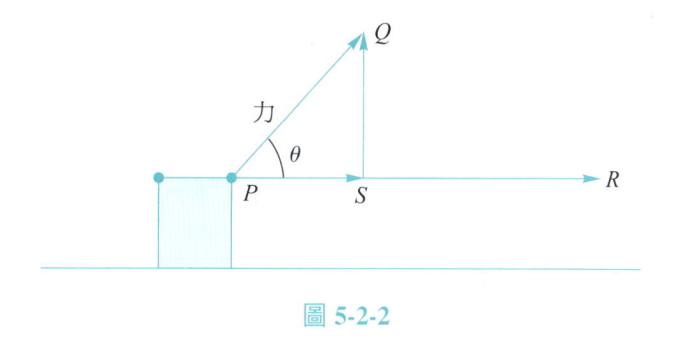

圖 5-2-2

【例題 4】 設某定力為 $\mathbf{a} = 5\mathbf{i} + 2\mathbf{j} + 6\mathbf{k}$，試求當此力的施力點由 $P(1, -1, 2)$ 移到 $R(4, 3, -1)$ 時所作的功．

【解】 在三維空間中對應於 $\overrightarrow{PR}$ 的向量是

$$\mathbf{b} = \langle 4-1, 3-(-1), -1-2 \rangle = \langle 3, 4, -3 \rangle$$

若 $\overrightarrow{PQ}$ 是 $\mathbf{a}$ 的幾何表示，則功為

$$W = \overrightarrow{PQ} \cdot \overrightarrow{PR} = \mathbf{a} \cdot \mathbf{b} = 15+8-18 = 5$$

例如，若長度的單位為呎且力的大小以磅計，則功為 5 呎-磅. 若長度以米計而力以牛頓計，則所作的功為 5 焦耳.

定義 5-2-2　兩向量之正交與平行

設 **u** 與 **v** 為三維空間中兩非零向量，則
(1) **u** 與 **v** 之間的夾角為 0 或 π $\Leftrightarrow$ **u** 與 **v** 平行以 **u**∥**v** 表示.
(2) **u** 與 **v** 之間的夾角為 $\dfrac{\pi}{2}$ $\Leftrightarrow$ **u** 與 **v** 垂直以 **u**⊥**v** 表示.

定理 5-2-3

設 **u** 與 **v** 為三維空間中兩非零向量，則
(1) **u** 與 **v** 互相垂直 $\Leftrightarrow$ **u**·**v**=0，即 $\cos\theta=0$.
(2) **u** 與 **v** 平行且同方向 $\Leftrightarrow$ **u**·**v**=∥**u**∥∥**v**∥，即 $\cos\theta=1$.
(3) **u** 與 **v** 平行但方向相反 $\Leftrightarrow$ **u**·**v**=$-$∥**u**∥∥**v**∥，即 $\cos\theta=-1$.

【例題 5】　設 **u**=**i**+2**j**$-$3**k**，**v**=2**i**+2**j**+2**k**，試證 **u** 與 **v** 互相垂直.

【解】　因 **u**·**v**=(1)(2)+(2)(2)+($-$3)(2)=0，故 **u** 與 **v** 互相垂直.

【例題 6】　設 **u**=$-$2**i**+**j**+3**k**，**v**=$2\sqrt{3}$**i**$-\sqrt{3}$**j**$-3\sqrt{3}$**k**，試證 **u** 與 **v** 平行但方向相反.

【解】
$$\|\mathbf{u}\|=\sqrt{(-2)^2+1^2+3^2}=\sqrt{14}$$
$$\|\mathbf{v}\|=\sqrt{(2\sqrt{3})^2+(-\sqrt{3})^2+(-3\sqrt{3})^2}=\sqrt{42}$$

可得 ∥**u**∥∥**v**∥=$14\sqrt{3}$. 但
$$\begin{aligned}\mathbf{u}\cdot\mathbf{v}&=(-2)(2\sqrt{3})+(1)(-\sqrt{3})+(3)(-3\sqrt{3})\\&=-14\sqrt{3}\\&=-\|\mathbf{u}\|\|\mathbf{v}\|\end{aligned}$$

故 u 與 v 平行但方向相反.

利用向量內積的定義可求得一向量在另一向量上之投影長度，但須先證明下面的定理.

定理 5-2-4

令 v 為三維空間中之一非零向量，則對任何其他向量 u，向量

$$\mathbf{w} = \mathbf{u} - \left[\frac{\mathbf{u} \cdot \mathbf{v}}{\|\mathbf{v}\|^2}\right]\mathbf{v} \text{ 與 } \mathbf{v} \text{ 正交.}$$

證

$$\mathbf{w} \cdot \mathbf{v} = \left(\mathbf{u} - \frac{(\mathbf{u} \cdot \mathbf{v})\mathbf{v}}{\|\mathbf{v}\|^2}\right) \cdot \mathbf{v} = \mathbf{u} \cdot \mathbf{v} - \frac{(\mathbf{u} \cdot \mathbf{v})(\mathbf{v} \cdot \mathbf{v})}{\|\mathbf{v}\|^2}$$

$$= \mathbf{u} \cdot \mathbf{v} - \frac{(\mathbf{u} \cdot \mathbf{v})\|\mathbf{v}\|^2}{\|\mathbf{v}\|^2}$$

$$= \mathbf{u} \cdot \mathbf{v} - \mathbf{u} \cdot \mathbf{v} = 0$$

向量 u、v 與 w 位於三維空間中，如圖 5-2-3 所示.

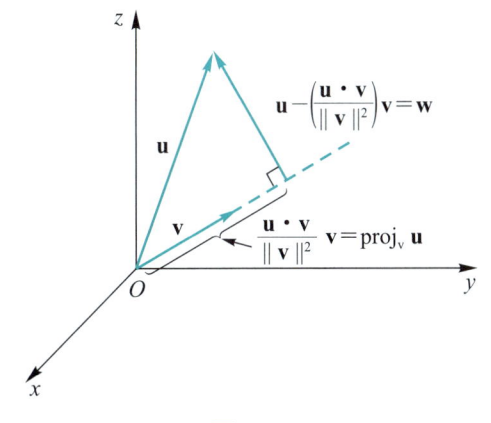

圖 5-2-3

定義 5-2-3

令 $\mathbf{u}$ 與 $\mathbf{v}$ 為三維空間中之非零向量，則 $\mathbf{u}$ 在 $\mathbf{v}$ 上的投影為一向量，記作 $\text{proj}_\mathbf{v} \mathbf{u}$，定義為

$$\text{proj}_\mathbf{v} \mathbf{u} = \frac{\mathbf{u} \cdot \mathbf{v}}{\|\mathbf{v}\|^2} \mathbf{v} = \left(\frac{\mathbf{u} \cdot \mathbf{v}}{\|\mathbf{v}\|} \right) \frac{\mathbf{v}}{\|\mathbf{v}\|} \tag{5-2-3}$$

依式 (5-2-3) 知，在 $\mathbf{v}$ 方向上，$\mathbf{u}$ 的分量 (component) 為

$$\frac{\mathbf{u} \cdot \mathbf{v}}{\|\mathbf{v}\|}$$

此一分量即 $\mathbf{u}$ 在 $\mathbf{v}$ 方向上的投影長度，且 $\mathbf{u} - \text{proj}_\mathbf{v} \mathbf{u} \perp \mathbf{v}$.

【例題 7】 令 $\mathbf{u} = 2\mathbf{i} + 3\mathbf{j} + \mathbf{k}$，$\mathbf{v} = \mathbf{i} + 2\mathbf{j} - 6\mathbf{k}$，試求 $\text{proj}_\mathbf{v} \mathbf{u}$ 與 $\mathbf{u}$ 在 $\mathbf{v}$ 方向之投影長度.

【解】 $\mathbf{u} \cdot \mathbf{v} = (2)(1) + (3)(2) + (1)(-6) = 2$

$\|\mathbf{v}\| = \sqrt{1^2 + 2^2 + (-6)^2} = \sqrt{41}$

故 $\text{proj}_\mathbf{v} \mathbf{u} = \left(\frac{\mathbf{u} \cdot \mathbf{v}}{\|\mathbf{v}\|} \right) \frac{\mathbf{v}}{\|\mathbf{v}\|} = \frac{2}{\sqrt{41}} \left(\frac{1}{\sqrt{41}} \mathbf{i} + \frac{2}{\sqrt{41}} \mathbf{j} - \frac{6}{\sqrt{41}} \mathbf{k} \right)$

$= \frac{2}{41} \mathbf{i} + \frac{4}{41} \mathbf{j} - \frac{12}{41} \mathbf{k}$

投影長度 $\frac{\mathbf{u} \cdot \mathbf{v}}{\|\mathbf{v}\|} = \frac{2}{\sqrt{41}}$

【例題 8】 試求 $\mathbf{b} = 2\mathbf{i} + \mathbf{j} + 2\mathbf{k}$ 在 $\mathbf{a} = -2\mathbf{i} + 3\mathbf{j} + \mathbf{k}$ 上的純量投影與向量投影.

【解】 因 $\|\mathbf{a}\| = \sqrt{4 + 9 + 1} = \sqrt{14}$，故 $\mathbf{b}$ 在 $\mathbf{a}$ 上的純量投影為

$$\text{comp}_\mathbf{a} \mathbf{b} = \frac{\mathbf{a} \cdot \mathbf{b}}{\|\mathbf{a}\|} = \frac{-4 + 3 + 2}{\sqrt{14}} = \frac{1}{\sqrt{14}}$$

向量投影為

$$\text{proj}_{\mathbf{a}} \mathbf{b} = \frac{1}{\sqrt{14}} \frac{\mathbf{a}}{\|\mathbf{a}\|} = \frac{1}{14} \mathbf{a} = -\frac{1}{7}\mathbf{i} + \frac{3}{14}\mathbf{j} + \frac{1}{14}\mathbf{k}$$

【例題 9】 令 $\mathbf{u} = 2\mathbf{i} - \mathbf{j} + 3\mathbf{k}$，$\mathbf{v} = 4\mathbf{i} - \mathbf{j} + 2\mathbf{k}$，試求 $\mathbf{u}$ 在 $\mathbf{v}$ 方向上的垂直分向量.

【解】 $\mathbf{u} \cdot \mathbf{v} = (2)(4) + (-1)(-1) + (3)(2) = 15$

$\|\mathbf{v}\| = \sqrt{4^2 + (-1)^2 + 2^2} = \sqrt{21}$

故 $\text{proj}_{\mathbf{v}} \mathbf{u} = \left(\dfrac{\mathbf{u} \cdot \mathbf{v}}{\|\mathbf{v}\|}\right) \dfrac{\mathbf{v}}{\|\mathbf{v}\|} = \dfrac{15}{\sqrt{21}} \left(\dfrac{4}{\sqrt{21}}\mathbf{i} - \dfrac{1}{\sqrt{21}}\mathbf{j} + \dfrac{2}{\sqrt{21}}\mathbf{k}\right)$

$= \dfrac{20}{7}\mathbf{i} - \dfrac{5}{7}\mathbf{j} + \dfrac{10}{7}\mathbf{k}$

$= \langle \dfrac{20}{7}, -\dfrac{5}{7}, \dfrac{10}{7} \rangle$

$\mathbf{u}$ 在 $\mathbf{v}$ 方向上的垂直分向量為

$\mathbf{u} - \text{proj}_{\mathbf{v}} \mathbf{u} = \langle 2, -1, 3 \rangle - \langle \dfrac{20}{7}, -\dfrac{5}{7}, \dfrac{10}{7} \rangle$

$= \langle -\dfrac{6}{7}, -\dfrac{2}{7}, \dfrac{11}{7} \rangle$

習題 5-2

1. 設三維空間中的三點分別為 $A(2, -3, 4)$、$B(-2, 6, 1)$ 與 $C(2, 0, 2)$，試求 $\angle ABC$.

2. 試求長度為 10 的兩個向量，使其同時垂直於向量 $\mathbf{a} = \langle 4, 3, 6 \rangle$ 與 $\mathbf{b} = \langle -2, -3, -2 \rangle$.

3. 試求 $\mathbf{u} = -4\mathbf{i} + \mathbf{j} - 2\mathbf{k}$ 在 $\mathbf{v} = \mathbf{i} + 3\mathbf{j} - 3\mathbf{k}$ 方向上的投影向量及投影長度.

4. 試求 $\mathbf{u} = 2\mathbf{i} - 5\mathbf{j} + \mathbf{k}$ 在 $\mathbf{v} = -3\mathbf{i} + \mathbf{j} + 7\mathbf{k}$ 上之投影向量的長度.

5. 設 $\mathbf{u} = \langle -3, 1, -\sqrt{5} \rangle$、$\mathbf{v} = \langle 2, 4, -\sqrt{5} \rangle$，試將 $\mathbf{u}$ 表示成一個平行於 $\mathbf{v}$ 的向量 $\mathbf{a}$ 與垂直於 $\mathbf{v}$ 的向量 $\mathbf{b}$ 之和向量.

6. 試證平面上點 $P_0(x_0, y_0)$ 至直線 $ax+by+c=0$ 的距離為

$$D=\frac{|ax_0+by_0+c|}{\sqrt{a^2+b^2}}.$$

7. 試求空間上一點 $P(3, -1, 2)$ 至平面 $2x-y+z=4$ 的距離.

8. 若有一固定的力 $\mathbf{F}=3\mathbf{i}-6\mathbf{j}+7\mathbf{k}$ (以磅計) 作用於一物體，使其由 $P(2, 1, 3)$ 移到 $Q(9, 4, 6)$，而距離單位為呎，求所作的功.

9. 試證 $\|\mathbf{a}+\mathbf{b}\|^2+\|\mathbf{a}-\mathbf{b}\|^2=2\|\mathbf{a}\|^2+2\|\mathbf{b}\|^2$.

10. 試證 $\mathbf{a}\cdot\mathbf{b}=\frac{1}{4}\|\mathbf{a}+\mathbf{b}\|^2-\frac{1}{4}\|\mathbf{a}-\mathbf{b}\|^2$.

5-3　三維空間向量的叉積

在本節中，我們將介紹兩向量 **u** 與 **v** 的叉積 (cross product) (或稱向量積，或稱外積) $\mathbf{u}\times\mathbf{v}$，此新的運算產生另一向量.

定義 5-3-1

向量 **u** 與 **v** 之叉積定義為

$$\mathbf{u}\times\mathbf{v}=\|\mathbf{u}\|\|\mathbf{v}\|\sin\theta\,\mathbf{n},\ 0\le\theta\le\pi \tag{5-3-1}$$

其中 θ 為兩向量 **u** 與 **v** 的夾角，**n** 為垂直於 **u**、**v** 所在平面之單位向量.

若 **u** 及 **v** 以始點同為 P 的向量 $\overrightarrow{PQ}$ 及 $\overrightarrow{PR}$ 表示，則 $\mathbf{u}\times\mathbf{v}$ 可表為向量 $\overrightarrow{PS}$，它與由 P、Q 及 R 所決定的平行四邊形垂直. $\overrightarrow{PS}$ 的方向可依右手定則決定，即伸出右手，除拇指外，其餘四指併攏伸直，以其所指的方向為 **u** 的方向，接著除拇指不動外，四指自然旋捲後握拳，以四指所掃過的方向當作由 **u** 到 **v** 之夾角 θ 的方向，握拳後的拇指方向即為 $\mathbf{u}\times\mathbf{v}$ 的方向，而 $\mathbf{u}\times\mathbf{v}$ 之大小為 **u**、**v** 兩向量所圍成之平行四邊形的面積 (圖 5-3-1)，即

$$\|\mathbf{u}\times\mathbf{v}\|=\|\mathbf{u}\|\|\mathbf{v}\|\sin\theta$$

第 5 章　向量分析

圖 5-3-1

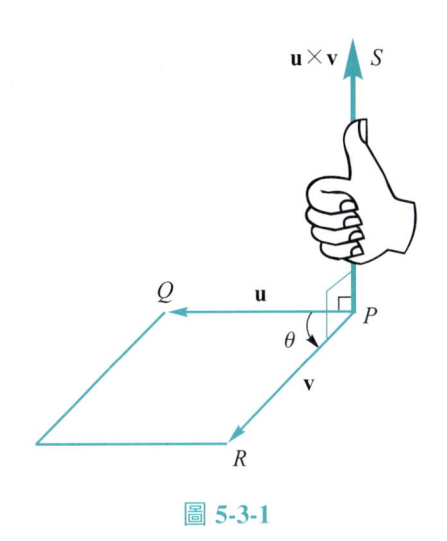

為了要求 **u**×**v** 以及 ‖**u**×**v**‖，我們可依下列之定義計算.

定義 5-3-2

設 $\mathbf{u}=u_1\mathbf{i}+u_2\mathbf{j}+u_3\mathbf{k}$，$\mathbf{v}=v_1\mathbf{i}+v_2\mathbf{j}+v_3\mathbf{k}$ 為三維空間中任意兩非零向量，則 **u**×**v** 定義為

$$\mathbf{u}\times\mathbf{v}=\left\langle\begin{vmatrix}u_2 & u_3\\ v_2 & v_3\end{vmatrix},\ -\begin{vmatrix}u_1 & u_3\\ v_1 & v_3\end{vmatrix},\ \begin{vmatrix}u_1 & u_2\\ v_1 & v_2\end{vmatrix}\right\rangle$$

$$=\begin{vmatrix}u_2 & u_3\\ v_2 & v_3\end{vmatrix}\mathbf{i}-\begin{vmatrix}u_1 & u_3\\ v_1 & v_3\end{vmatrix}\mathbf{j}+\begin{vmatrix}u_1 & u_2\\ v_1 & v_2\end{vmatrix}\mathbf{k}$$

$$=\begin{vmatrix}\mathbf{i} & \mathbf{j} & \mathbf{k}\\ u_1 & u_2 & u_3\\ v_1 & v_2 & v_3\end{vmatrix} \tag{5-3-2}$$

式 (5-3-2) 的右邊並非真正的行列式，這只是有助於記憶的設計，但化簡時，可按行列式的規則去處理而已. 又由向量叉積之定義可得

$$\begin{cases}\mathbf{i}\times\mathbf{j}=\mathbf{k}\\ \mathbf{j}\times\mathbf{i}=-\mathbf{k}\end{cases},\quad \begin{cases}\mathbf{j}\times\mathbf{k}=\mathbf{i}\\ \mathbf{k}\times\mathbf{j}=-\mathbf{i}\end{cases},\quad \begin{cases}\mathbf{k}\times\mathbf{i}=\mathbf{j}\\ \mathbf{i}\times\mathbf{k}=-\mathbf{j}\end{cases}.$$

【例題 1】 設 $\mathbf{u}=2\mathbf{i}-\mathbf{j}+\mathbf{k}$，$\mathbf{v}=4\mathbf{i}+2\mathbf{j}-\mathbf{k}$，求

(1) $\mathbf{u}\times\mathbf{v}$　　　(2) $\mathbf{v}\times\mathbf{u}$　　　(3) $\mathbf{u}\times\mathbf{u}$

【解】 (1) $\mathbf{u}\times\mathbf{v} = \begin{vmatrix} \mathbf{i} & \mathbf{j} & \mathbf{k} \\ 2 & -1 & 1 \\ 4 & 2 & -1 \end{vmatrix} = \begin{vmatrix} -1 & 1 \\ 2 & -1 \end{vmatrix}\mathbf{i} - \begin{vmatrix} 2 & 1 \\ 4 & -1 \end{vmatrix}\mathbf{j} - \begin{vmatrix} 2 & -1 \\ 4 & 2 \end{vmatrix}\mathbf{k}$

$= -\mathbf{i}+6\mathbf{j}+8\mathbf{k}$

(2) $\mathbf{v}\times\mathbf{u} = \begin{vmatrix} \mathbf{i} & \mathbf{j} & \mathbf{k} \\ 4 & 2 & -1 \\ 2 & -1 & 1 \end{vmatrix} = \begin{vmatrix} 2 & -1 \\ -1 & 1 \end{vmatrix}\mathbf{i} - \begin{vmatrix} 4 & -1 \\ 2 & 1 \end{vmatrix}\mathbf{j} + \begin{vmatrix} 4 & 2 \\ 2 & -1 \end{vmatrix}\mathbf{k}$

$= \mathbf{i}-6\mathbf{j}-8\mathbf{k}$

(3) $\mathbf{u}\times\mathbf{u} = \begin{vmatrix} \mathbf{i} & \mathbf{j} & \mathbf{k} \\ 2 & -1 & 1 \\ 2 & -1 & 1 \end{vmatrix} = \begin{vmatrix} -1 & 1 \\ -1 & 1 \end{vmatrix}\mathbf{i} - \begin{vmatrix} 2 & 1 \\ 2 & 1 \end{vmatrix}\mathbf{j} + \begin{vmatrix} 2 & -1 \\ 2 & -1 \end{vmatrix}\mathbf{k}$

$= (-1+1)\mathbf{i}-(2-2)\mathbf{j}+(-2+2)\mathbf{k}$

$= 0\mathbf{i}+0\mathbf{j}+0\mathbf{k}$

$= \mathbf{0}$

【例題 2】 求兩向量 $\mathbf{a}=\langle 2, 3, -6\rangle$ 與 $\mathbf{b}=\langle 2, 3, 6\rangle$ 間之夾角的正弦值.

【解】 $\mathbf{a}\times\mathbf{b} = \begin{vmatrix} \mathbf{i} & \mathbf{j} & \mathbf{k} \\ 2 & 3 & -6 \\ 2 & 3 & 6 \end{vmatrix} = 36\mathbf{i}-24\mathbf{j}$

可得　　$\|\mathbf{a}\times\mathbf{b}\| = \sqrt{(36)^2+(-24)^2} = 12\sqrt{13}$

因　　　$\|\mathbf{a}\times\mathbf{b}\| = \|\mathbf{a}\|\|\mathbf{b}\|\sin\theta$

故 $\sin\theta = \dfrac{\|\mathbf{a}\times\mathbf{b}\|}{\|\mathbf{a}\|\|\mathbf{b}\|} = \dfrac{12\sqrt{13}}{\sqrt{2^2+3^2+(-6)^2}\sqrt{2^2+3^2+6^2}} = \dfrac{12\sqrt{13}}{49}$

【例題 3】 試求頂點為 $A(2, 3, 4)$、$B(-1, 3, 2)$、$C(1, -4, 3)$ 與 $D(4, -4, 5)$ 之平行四邊形的面積.

【解】 此平行四邊形是以 $\vec{AB}$ 與 $\vec{AD}$ 為相鄰兩邊 (為什麼 $\vec{AB}$ 與 $\vec{AC}$ 不是？)

而
$$\vec{AB} = (-1-2)\mathbf{i} + (3-3)\mathbf{j} + (2-4)\mathbf{k} = -3\mathbf{i} - 2\mathbf{k}$$
$$\vec{AD} = (4-2)\mathbf{i} + (-4-3)\mathbf{j} + (5-4)\mathbf{k} = 2\mathbf{i} - 7\mathbf{j} + \mathbf{k}$$

所以,
$$\vec{AB} \times \vec{AD} = \begin{vmatrix} \mathbf{i} & \mathbf{j} & \mathbf{k} \\ -3 & 0 & -2 \\ 2 & -7 & 1 \end{vmatrix} = -14\mathbf{i} - \mathbf{j} + 21\mathbf{k}$$

因此，平行四邊形的面積為
$$\|\vec{AB} \times \vec{AD}\| = \sqrt{(-14)^2 + (-1)^2 + (21)^2} = \sqrt{638}$$

【例題 4】 試求頂點為 $A(0, 0, 0)$、$B(-1, 2, 4)$ 與 $C(2, -1, 4)$ 之三角形的面積.

【解】 $\vec{AB} = -\mathbf{i} + 2\mathbf{j} + 4\mathbf{k}$, $\vec{AC} = 2\mathbf{i} - \mathbf{j} + 4\mathbf{k}$

$$\vec{AB} \times \vec{AC} = \begin{vmatrix} \mathbf{i} & \mathbf{j} & \mathbf{k} \\ -1 & 2 & 4 \\ 2 & -1 & 4 \end{vmatrix} = 12\mathbf{i} + 12\mathbf{j} - 3\mathbf{k}$$

故
$$\triangle ABC \text{ 的面積} = \frac{1}{2} \|\vec{AB} \times \vec{AC}\|$$
$$= \frac{1}{2}\sqrt{(12)^2 + (12)^2 + (-3)^2}$$
$$= \frac{3\sqrt{33}}{2}$$

【例題 5】 試求點 R 到直線 L 的最短距離 d 的公式.

【解】 如圖 5-3-2 所示，令 P 及 Q 為 L 上的點，且令 θ 為 $\vec{PQ}$ 及 $\vec{PR}$ 之間的夾角.

276 工程數學(觀念與解析)

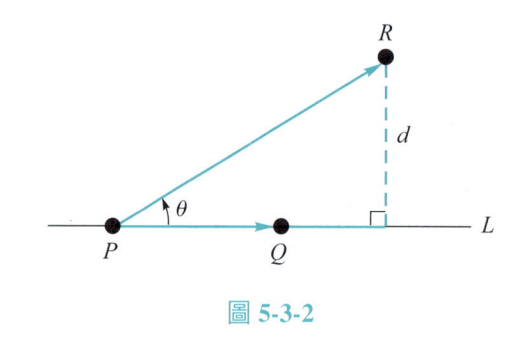

圖 5-3-2

因 $$d = \|\vec{PR}\| \sin\theta$$

且 $$\|\vec{PQ} \times \vec{PR}\| = \|\vec{PQ}\|\|\vec{PR}\|\sin\theta$$

故 $$d = \frac{1}{\|\vec{PQ}\|}\|\vec{PQ} \times \vec{PR}\|$$

【例題 6】 設空間中有一平面經過三點 $A(2, 4, 1)$、$B(-1, 0, 1)$ 與 $C(-1, 4, 2)$，試求點 $P(1, -2, 1)$ 到此平面的最短距離．

【解】 如圖 5-3-3 所示，設 D 為 P 在此平面的垂足，E 為 P 在 $\vec{AB} \times \vec{AC}$ 上的垂足，則由 P 到此平面的最短距離為

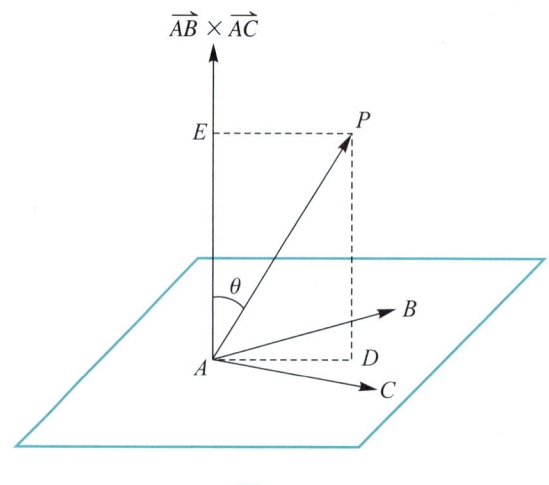

$$|PD| = |AE| = \|\vec{AP}\|\cos\theta$$

圖 5-3-3

但 $(\vec{AB} \times \vec{AC}) \cdot \vec{AP} = \| \vec{AB} \times \vec{AC} \| \| \vec{AP} \| \cos\theta$

即 $\| \vec{AP} \| \cos\theta = \dfrac{(\vec{AB} \times \vec{AC}) \cdot \vec{AP}}{\| \vec{AB} \times \vec{AC} \|}$

故 $\| PD \| = \dfrac{(\vec{AB} \times \vec{AC}) \cdot \vec{AP}}{\| \vec{AB} \times \vec{AC} \|}$

現在 $\vec{AB} = \langle -1, 0, 1 \rangle - \langle 2, 4, 1 \rangle = \langle -3, -4, 0 \rangle$

$\vec{AC} = \langle -1, 4, 2 \rangle - \langle 2, 4, 1 \rangle = \langle -3, 0, 1 \rangle$

$\vec{AP} = \langle 1, -2, 1 \rangle - \langle 2, 4, 1 \rangle = \langle -1, -6, 0 \rangle$

而 $\vec{AB} \times \vec{AC} = \begin{vmatrix} \mathbf{i} & \mathbf{j} & \mathbf{k} \\ -3 & -4 & 0 \\ -3 & 0 & 1 \end{vmatrix} = -4\mathbf{i} + 3\mathbf{j} - 12\mathbf{k}$

$\| \vec{AB} \times \vec{AC} \| = \sqrt{(-4)^2 + 3^2 + (-12)^2} = 13$

所以，由 P 點到此平面的最短距離為

$$|PD| = \dfrac{\langle -4, 3, -12 \rangle \cdot \langle -1, -6, 0 \rangle}{13}$$

$$= \dfrac{4 - 18}{13} = -\dfrac{14}{13}$$

其中負號表示 P 點位於圖 5-3-3 所示平面的下方．讀者應特別注意，本題要在 A、B、C 三點決定唯一平面時才有意義，在此情況下，A、B、C 三點不在同一直線上．如果 A、B、C 在同一直線上，則 $\vec{AB} \times \vec{AC} = \mathbf{0}$ (何故？)．所以，當 $\vec{AB} \times \vec{AC} = \mathbf{0}$ 時，並不表示 P 到平面的距離為 0，而是其距離無法確定．

向量外積具有下列的代數性質：

定理 5-3-1

若 **a**、**b** 與 **c** 為三維空間中的向量，且 k 為純量，則

(1) $\mathbf{a} \times \mathbf{b} = -(\mathbf{b} \times \mathbf{a})$

(2) $\mathbf{a} \times (\mathbf{b} + \mathbf{c}) = \mathbf{a} \times \mathbf{b} + \mathbf{a} \times \mathbf{c}$

(3) $(\mathbf{a} + \mathbf{b}) \times \mathbf{c} = \mathbf{a} \times \mathbf{c} + \mathbf{b} \times \mathbf{c}$

(4) $k(\mathbf{a} \times \mathbf{b}) = (k\mathbf{a}) \times \mathbf{b} = \mathbf{a} \times (k\mathbf{b})$

(5) $\mathbf{a} \times \mathbf{0} = \mathbf{0} \times \mathbf{a} = \mathbf{0}$

(6) $\mathbf{a} \times \mathbf{a} = \mathbf{0}$

定義 5-3-3

若 **a**、**b** 與 **c** 為三維空間中的非零向量，則

$$\mathbf{a} \cdot (\mathbf{b} \times \mathbf{c})$$

稱為 **a**、**b** 與 **c** 的 純量三重積。

關於 $\mathbf{a} = a_1\mathbf{i} + a_2\mathbf{j} + a_3\mathbf{k}$，$\mathbf{b} = b_1\mathbf{i} + b_2\mathbf{j} + b_3\mathbf{k}$，$\mathbf{c} = c_1\mathbf{i} + c_2\mathbf{j} + c_3\mathbf{k}$ 的純量三重積可由下列的公式計算：

$$\mathbf{a} \cdot (\mathbf{b} \times \mathbf{c}) = \begin{vmatrix} a_1 & a_2 & a_3 \\ b_1 & b_2 & b_3 \\ c_1 & c_2 & c_3 \end{vmatrix} \tag{5-3-3}$$

上式是藉由式 (5-3-2) 求得，因為

$$\mathbf{a} \cdot (\mathbf{b} \times \mathbf{c}) = \mathbf{a} \cdot \left(\begin{vmatrix} b_2 & b_3 \\ c_2 & c_3 \end{vmatrix} \mathbf{i} - \begin{vmatrix} b_1 & b_3 \\ c_1 & c_3 \end{vmatrix} \mathbf{j} + \begin{vmatrix} b_1 & b_2 \\ c_1 & c_2 \end{vmatrix} \mathbf{k} \right)$$

$$= \begin{vmatrix} b_2 & b_3 \\ c_2 & c_3 \end{vmatrix} a_1 - \begin{vmatrix} b_1 & b_3 \\ c_1 & c_3 \end{vmatrix} a_2 + \begin{vmatrix} b_1 & b_2 \\ c_1 & c_2 \end{vmatrix} a_3$$

$$= \begin{vmatrix} a_1 & a_2 & a_3 \\ b_1 & b_2 & b_3 \\ c_1 & c_2 & c_3 \end{vmatrix}$$

【例題 7】 試計算 $\mathbf{a}=3\mathbf{i}-2\mathbf{j}-5\mathbf{k}$，$\mathbf{b}=\mathbf{i}+4\mathbf{j}-4\mathbf{k}$，$\mathbf{c}=3\mathbf{j}+2\mathbf{k}$ 的純量三重積．

【解】 由式 (5-3-3) 可得

$$\mathbf{a}\cdot(\mathbf{b}\times\mathbf{c}) = \begin{vmatrix} 3 & -2 & -5 \\ 1 & 4 & -4 \\ 0 & 3 & 2 \end{vmatrix} = 3\begin{vmatrix} 4 & -4 \\ 3 & 2 \end{vmatrix} - (-2)\begin{vmatrix} 1 & -4 \\ 0 & 2 \end{vmatrix} + (-5)\begin{vmatrix} 1 & 4 \\ 0 & 3 \end{vmatrix}$$

$$= 60+4-15=49.$$

利用 $\mathbf{a}$、$\mathbf{b}$ 與 $\mathbf{c}$ 的純量三重積，可求出以 $\mathbf{a}$、$\mathbf{b}$ 與 $\mathbf{c}$ 為三鄰邊的平行六面體的體積．如圖 5-3-4 所示，平行六面體的底面積為 $A=\|\mathbf{b}\times\mathbf{c}\|$，高為

$$h = |\text{comp}_{\mathbf{b}\times\mathbf{c}}\mathbf{a}| = \frac{|\mathbf{a}\cdot(\mathbf{b}\times\mathbf{c})|}{\|\mathbf{b}\times\mathbf{c}\|}$$

故平行六面體的體積 V 為

$$V = (\text{底面積})\times\text{高}$$

$$= \|\mathbf{b}\times\mathbf{c}\|\frac{|\mathbf{a}\cdot(\mathbf{b}\times\mathbf{c})|}{\|\mathbf{b}\times\mathbf{c}\|}$$

$$= |\mathbf{a}\cdot(\mathbf{b}\times\mathbf{c})|$$

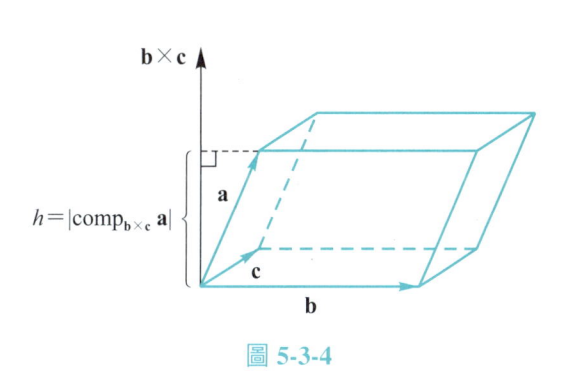

圖 5-3-4

註：$\mathbf{a}\cdot(\mathbf{b}\times\mathbf{c})=\pm V$，其中 ＋ 或 － 取決於 $\mathbf{a}$ 與 $\mathbf{b}\times\mathbf{c}$ 所成的夾角為銳角或鈍角．

【例題 8】 已知四點 $A(2, 1, -1)$、$B(3, 0, 2)$、$C(4, -2, 1)$ 及 $D(5, -3, 0)$，試求以 $\overrightarrow{AB}$、$\overrightarrow{AC}$ 及 $\overrightarrow{AD}$ 為三鄰邊的平行六面體的體積．

【解】 令

$$\mathbf{a}=\overrightarrow{AB}=\langle 3-2, 0-1, 2-(-1)\rangle=\langle 1, -1, 3\rangle$$

$$\mathbf{b}=\overrightarrow{AC}=\langle 4-2, -2-1, 1-(-1)\rangle=\langle 2, -3, 2\rangle$$

$$\mathbf{c}=\overrightarrow{AD}=\langle 5-2, -3-1, 0-(-1)\rangle=\langle 3, -4, 1\rangle$$

因 $\mathbf{a} \cdot (\mathbf{b} \times \mathbf{c}) = \begin{vmatrix} 1 & -1 & 3 \\ 2 & -3 & 2 \\ 3 & -4 & 1 \end{vmatrix} = (1)(-3+8)-(-1)(2-6)+3(-8+9) = 4$

故所求體積為 $|\mathbf{a} \cdot (\mathbf{b} \times \mathbf{c})| = |4| = 4$

定理 5-3-2

若三向量 $\mathbf{a} = a_1\mathbf{i}+a_2\mathbf{j}+a_3\mathbf{k}$、$\mathbf{b} = b_1\mathbf{i}+b_2\mathbf{j}+b_3\mathbf{k}$ 與 $\mathbf{c} = c_1\mathbf{i}+c_2\mathbf{j}+c_3\mathbf{k}$ 具有共同的始點，則此三向量共平面的充要條件為

$$\mathbf{a} \cdot (\mathbf{b} \times \mathbf{c}) = \begin{vmatrix} a_1 & a_2 & a_3 \\ b_1 & b_2 & b_3 \\ c_1 & c_2 & c_3 \end{vmatrix} = 0 \tag{5-3-4}$$

【例題 9】 試證三維空間中四點 $A(1, 0, 1)$、$B(2, 2, 4)$、$C(5, 5, 7)$ 與 $D(8, 8, 10)$ 共平面.

【解】 我們考慮以 $\overrightarrow{AB}$、$\overrightarrow{AC}$、$\overrightarrow{AD}$ 為三鄰邊的平行六面體，若證得其體積為 0，則 $\overrightarrow{AB}$、$\overrightarrow{AC}$ 與 $\overrightarrow{AD}$ 共平面，故 A、B、C 與 D 在同一平面上，即共平面.

令 $\mathbf{a} = \overrightarrow{AB} = \langle 2-1, 2-0, 4-1 \rangle = \langle 1, 2, 3 \rangle$

$\mathbf{b} = \overrightarrow{AC} = \langle 5-1, 5-0, 7-1 \rangle = \langle 4, 5, 6 \rangle$

$\mathbf{c} = \overrightarrow{AD} = \langle 8-1, 8-0, 10-1 \rangle = \langle 7, 8, 9 \rangle$

$\mathbf{a} \cdot (\mathbf{b} \times \mathbf{c}) = \begin{vmatrix} 1 & 2 & 3 \\ 4 & 5 & 6 \\ 7 & 8 & 9 \end{vmatrix} = 1(45-48)-2(36-42)+3(32-35)$

$= 45-48-2(-6)+3(-3)$

$= 0$

所以，A、B、C 與 D 共平面.

定義 5-3-4

若 $\mathbf{a}$、$\mathbf{b}$ 與 $\mathbf{c}$ 為三維空間中的非零向量，則

$$\mathbf{a} \times (\mathbf{b} \times \mathbf{c}) \tag{5-3-5}$$

稱為 $\mathbf{a}$、$\mathbf{b}$ 與 $\mathbf{c}$ 的**向量三重積**．

【例題 10】 若 $\mathbf{a} = 3\mathbf{i} - \mathbf{j} + 2\mathbf{k}$，$\mathbf{b} = 2\mathbf{i} + \mathbf{j} - \mathbf{k}$，$\mathbf{c} = \mathbf{i} - 2\mathbf{j} + 2\mathbf{k}$，試求

(1) $(\mathbf{a} \times \mathbf{b}) \times \mathbf{c}$ (2) $\mathbf{a} \times (\mathbf{b} \times \mathbf{c})$．

【解】 (1) $\mathbf{a} \times \mathbf{b} = \begin{vmatrix} \mathbf{i} & \mathbf{j} & \mathbf{k} \\ 3 & -1 & 2 \\ 2 & 1 & -1 \end{vmatrix} = -\mathbf{i} + 7\mathbf{j} + 5\mathbf{k}$

$(\mathbf{a} \times \mathbf{b}) \times \mathbf{c} = (-\mathbf{i} + 7\mathbf{j} + 5\mathbf{k}) \times (\mathbf{i} - 2\mathbf{j} + 2\mathbf{k})$

$= \begin{vmatrix} \mathbf{i} & \mathbf{j} & \mathbf{k} \\ -1 & 7 & 5 \\ 1 & -2 & 2 \end{vmatrix}$

$= 24\mathbf{i} + 7\mathbf{j} - 5\mathbf{k}$

(2) $\mathbf{b} \times \mathbf{c} = \begin{vmatrix} \mathbf{i} & \mathbf{j} & \mathbf{k} \\ 2 & 1 & -1 \\ 1 & -2 & 2 \end{vmatrix} = -5\mathbf{j} - 5\mathbf{k}$

$\mathbf{a} \times (\mathbf{b} \times \mathbf{c}) = (3\mathbf{i} - \mathbf{j} + 2\mathbf{k}) \times (-5\mathbf{j} - 5\mathbf{k})$

$= \begin{vmatrix} \mathbf{i} & \mathbf{j} & \mathbf{k} \\ 3 & -1 & 2 \\ 0 & -5 & -5 \end{vmatrix}$

$= 15\mathbf{i} + 15\mathbf{j} - 15\mathbf{k}$

定理 5-3-3

若 **u**、**v** 與 **w** 為三維空間中的向量，則

(1) $\mathbf{u} \times (\mathbf{v} \times \mathbf{w}) = (\mathbf{u} \cdot \mathbf{w})\mathbf{v} - (\mathbf{u} \cdot \mathbf{v})\mathbf{w}$

(2) $(\mathbf{u} \times \mathbf{v}) \times \mathbf{w} = (\mathbf{w} \cdot \mathbf{u})\mathbf{v} - (\mathbf{w} \cdot \mathbf{v})\mathbf{u}$

【例題 11】 令 $\mathbf{u} = \langle 1, 0, 1 \rangle$，$\mathbf{v} = \langle -1, 1, 1 \rangle$，$\mathbf{w} = \langle 2, 0, 1 \rangle$，試驗證定理 5-3-3 (1)、(2).

【解】 (1) $\mathbf{v} \times \mathbf{w} = \begin{vmatrix} \mathbf{i} & \mathbf{j} & \mathbf{k} \\ -1 & 1 & 1 \\ 2 & 0 & 1 \end{vmatrix} = \mathbf{i} + 3\mathbf{j} - 2\mathbf{k}$

$\mathbf{u} \times (\mathbf{v} \times \mathbf{w}) = \begin{vmatrix} \mathbf{i} & \mathbf{j} & \mathbf{k} \\ 1 & 0 & 1 \\ 1 & 3 & -2 \end{vmatrix} = -3\mathbf{i} + 3\mathbf{j} + 3\mathbf{k}$

$(\mathbf{u} \cdot \mathbf{w})\mathbf{v} - (\mathbf{u} \cdot \mathbf{v})\mathbf{w} = (\langle 1, 0, 1 \rangle \cdot \langle 2, 0, 1 \rangle)\langle -1, 1, 1 \rangle$
$\qquad - (\langle 1, 0, 1 \rangle \cdot \langle -1, 1, 1 \rangle)\langle 2, 0, 1 \rangle$
$\qquad = 3\langle -1, 1, 1 \rangle - 0\langle 2, 0, 1 \rangle$
$\qquad = \langle -3, 3, 3 \rangle$
$\qquad = -3\mathbf{i} + 3\mathbf{j} + 3\mathbf{k}$

$\therefore \mathbf{u} \times (\mathbf{v} \times \mathbf{w}) = (\mathbf{u} \cdot \mathbf{w})\mathbf{v} - (\mathbf{u} \cdot \mathbf{v})\mathbf{w}$

(2) $\mathbf{u} \times \mathbf{v} = \begin{vmatrix} \mathbf{i} & \mathbf{j} & \mathbf{k} \\ 1 & 0 & 1 \\ -1 & 1 & 1 \end{vmatrix} = -\mathbf{i} - 2\mathbf{j} + \mathbf{k}$

$(\mathbf{u} \times \mathbf{v}) \times \mathbf{w} = \begin{vmatrix} \mathbf{i} & \mathbf{j} & \mathbf{k} \\ -1 & -2 & 1 \\ 2 & 0 & 1 \end{vmatrix} = -2\mathbf{i} + 3\mathbf{j} + 4\mathbf{k}$

$(\mathbf{w} \cdot \mathbf{u})\mathbf{v} - (\mathbf{w} \cdot \mathbf{v})\mathbf{u} = (\langle 2, 0, 1 \rangle \cdot \langle 1, 0, 1 \rangle)\langle -1, 1, 1 \rangle$
$\qquad - (\langle 2, 0, 1 \rangle \cdot \langle -1, 1, 1 \rangle)\langle 1, 0, 1 \rangle$

$$=3\langle-1,\ 1,\ 1\rangle-(-1)\langle1,\ 0,\ 1\rangle$$
$$=\langle-3,\ 3,\ 3\rangle-\langle-1,\ 0,\ -1\rangle$$
$$=\langle-2,\ 3,\ 4\rangle$$
$$=-2\mathbf{i}+3\mathbf{j}+4\mathbf{k}$$
$$\therefore (\mathbf{u}\times\mathbf{v})\times\mathbf{w}=(\mathbf{w}\cdot\mathbf{u})\mathbf{v}-(\mathbf{w}\cdot\mathbf{v})\mathbf{u}$$

三維空間中的平面

三維空間中之一平面可由平面上一點與垂直於該平面之一向量決定之，此一向量稱為該平面之 法向量 (normal vector)。

又如圖 5-3-5 所示，若一點 $P_1(x_1,\ y_1,\ z_1)$ 與一向量 $\mathbf{N}=\langle a,\ b,\ c\rangle$ 已確定，則僅能決定一平面 Γ，它包含 P_1 且具有一非零之法向量 $\mathbf{N}$，此處 $\mathbf{N}$ 垂直於平面 Γ。

令 $P(x,\ y,\ z)$ 為平面上任意點，且點 P_1 與 P 的位置向量分別表為 $\mathbf{r}_1$ 與 $\mathbf{r}$，利用兩非零向量垂直的充要條件得知 P 在 Γ 上，若且唯若 $(\mathbf{r}-\mathbf{r}_1)\cdot\mathbf{N}=0$。因此，包含點 P_1 且垂直於向量 $\mathbf{N}$ 之平面的向量方程式為

$$(\mathbf{r}-\mathbf{r}_1)\cdot\mathbf{N}=0 \tag{5-3-6}$$

故
$$[(x-x_1)\mathbf{i}+(y-y_1)\mathbf{j}+(z-z_1)\mathbf{k}]\cdot(a\mathbf{i}+b\mathbf{j}+c\mathbf{k})=0$$

則
$$a(x-x_1)+b(y-y_1)+c(z-z_1)=0 \tag{5-3-7}$$

或
$$ax+by+cz=d \tag{5-3-8}$$

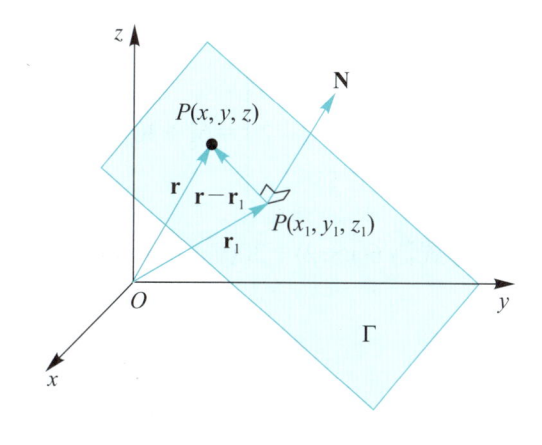

圖 5-3-5

此處 $$d = ax_1 + by_1 + cz_1$$

式 (5-3-8) 稱為平面的一般方程式．讀者應注意平面之一般方程式中的 x、y 與 z 的係數為法向量 **N** 的分量．反之，任何形如 $ax + by + cz = d$ 的方程式 ($a^2 + b^2 + c^2 \neq 0$) 為平面的方程式且向量 $a\mathbf{i} + b\mathbf{j} + c\mathbf{k}$ 垂直於此平面．

【例題 12】 試求通過三點 $A(1, -1, 2)$、$B(3, 0, 0)$ 與 $C(4, 2, 1)$ 之平面的方程式．

【解】 兩向量 $\overrightarrow{AB} = 2\mathbf{i} + \mathbf{j} - 2\mathbf{k}$ 與 $\overrightarrow{AC} = 3\mathbf{i} + 3\mathbf{j} - \mathbf{k}$ 應在所求的平面上，因而

$$\mathbf{N} = \overrightarrow{AB} \times \overrightarrow{AC} = \begin{vmatrix} \mathbf{i} & \mathbf{j} & \mathbf{k} \\ 2 & 1 & -2 \\ 3 & 3 & -1 \end{vmatrix} = 5\mathbf{i} - 4\mathbf{j} + 3\mathbf{k}$$

又它同時垂直於 $\overrightarrow{AB}$ 與 $\overrightarrow{AC}$，故可視其為法線上的一個向量，利用此向量及點 A，可得平面方程式

$$5(x-1) - 4(y+1) + 3(z-2) = 0$$

或 $$5x - 4y + 3z = 15$$

【例題 13】 試求通過點 $(-2, 1, 5)$ 且同時垂直於兩平面 $4x - 2y + 2z = -1$ 與 $3x + 3y - 6z = 5$ 之平面的方程式．

【解】 因所求平面垂直於平面 $4x - 2y + 2z = -1$ 與 $3x + 3y - 6z = 5$，故所求平面的法向量 **N** 垂直於 $\mathbf{N}_1 = \langle 4, -2, 2 \rangle$ 與 $\mathbf{N}_2 = \langle 3, 3, -6 \rangle$．

$$\mathbf{N} = \begin{vmatrix} \mathbf{i} & \mathbf{j} & \mathbf{k} \\ 4 & -2 & 2 \\ 3 & 3 & -6 \end{vmatrix} = 6\mathbf{i} + 30\mathbf{j} + 18\mathbf{k}$$

故所求平面的方程式為 $6(x+2) + 30(y-1) + 18(z-5) = 0$，即 $x + 5y + 3z = 18$．

習題 5-3

1. 若 $\mathbf{u}=2\mathbf{i}+4\mathbf{j}-5\mathbf{k}$，$\mathbf{v}=-3\mathbf{i}-2\mathbf{j}+\mathbf{k}$，試計算 $\mathbf{u}\times\mathbf{v}$.

2. 試求兩個單位向量使它們垂直於 $\mathbf{v}_1=3\mathbf{i}+4\mathbf{j}-2\mathbf{k}$ 與 $\mathbf{v}_2=-3\mathbf{i}+4\mathbf{j}+\mathbf{k}$.

3. 試求以 $\mathbf{a}=-2\mathbf{i}+\mathbf{j}+4\mathbf{k}$ 與 $\mathbf{b}=4\mathbf{i}-2\mathbf{j}-5\mathbf{k}$ 為二鄰邊所決定之平行四邊形的面積.

4. 試求頂點為 $A(2, 3, 4)$、$B(-1, 3, 2)$、$C(1, -4, 3)$ 與 $D(4, -4, 5)$ 之平行四邊形的面積.

5. 試求頂點為 $A(0, 0, 0)$、$B(-1, 2, 4)$ 與 $C(2, -1, 4)$ 之三角形的面積.

6. 試求以 $\mathbf{u}=2\mathbf{i}+3\mathbf{j}+4\mathbf{k}$、$\mathbf{v}=4\mathbf{j}-\mathbf{k}$ 與 $\mathbf{w}=5\mathbf{i}+\mathbf{j}+3\mathbf{k}$ 為三鄰邊所決定之平行六面體的體積.

7. 令 K 為由 $\mathbf{u}=3\mathbf{i}+2\mathbf{j}+\mathbf{k}$、$\mathbf{v}=\mathbf{i}+\mathbf{j}+2\mathbf{k}$ 與 $\mathbf{w}=\mathbf{i}+3\mathbf{j}+3\mathbf{k}$ 為三鄰邊所決定之平行六面體.

    (1) 試求 K 的體積.

    (2) 試求 $\mathbf{u}$ 與 $\mathbf{v}$ 所決定的平行四邊形的面積.

    (3) 試求 $\mathbf{u}$ 與由 $\mathbf{v}$ 及 $\mathbf{w}$ 所決定平面之間的夾角.

8. 四面體的體積等於 $\dfrac{1}{3}$ 底面積乘以高. 試證以 $\mathbf{a}$、$\mathbf{b}$ 與 $\mathbf{c}$ 所決定的四面體體積為 $\dfrac{1}{6}|\mathbf{a}\cdot(\mathbf{b}\times\mathbf{c})|$.

9. 試求以 $(-1, 2, 3)$、$(4, -1, 2)$、$(5, 6, 3)$ 與 $(1, 1, -2)$ 為頂點之四面體的體積.

10. 已知三向量 $\mathbf{u}=\langle 1, a, 2\rangle$、$\mathbf{v}=\langle b, 1, 3\rangle$、$\mathbf{w}=\langle b, 1, 1\rangle$ 及 $\mathbf{u}\perp\mathbf{v}$，而且 $\mathbf{u}$、$\mathbf{v}$、$\mathbf{w}$ 共平面，試求 a、b 之值.

11. 試求通過點 $(-1, 2, 3)$ 且平行於兩平面 $3x+2y-4z-6=0$ 與 $x+2y-z-3=0$ 之交線的直線方程式.

12. 試求通過三點 $(-1, -2, -3)$、$(4, -2, 1)$ 與 $(5, 1, 6)$ 的平面方程式.

13. 試求包含點 $(1, -1, 2)$ 與直線 $x=t$，$y=1+t$，$z=-3+2t$ 之平面的方程式.

5-4　向量函數的微分與積分

一、向量函數

以前我們所涉及函數的值域是由純量所組成，這樣的函數稱為 純量值函數 (scalar-valued function)，或簡稱為 純量函數；現在，我們需要考慮值域是由二維空間或三維空間中的向量所組成的函數，這種函數稱為 向量值函數 (vector-valued function)，或簡稱為 向量函數. 在三維空間中，單變數 t 的向量函數 $\mathbf{F}(t)$ 可表示成

$$\mathbf{F}(t) = \langle f_1(t), \ f_2(t), \ f_3(t) \rangle$$
$$= f_1(t)\mathbf{i} + f_2(t)\mathbf{j} + f_3(t)\mathbf{k}$$

的形式，此處 $f_1(t)$、$f_2(t)$ 與 $f_3(t)$ 皆為 t 的實值函數，這些實值函數為 $\mathbf{F}$ 的 分量函數 或 分量. 同樣地，在三維空間中，三變數 x、y 及 z 的向量函數 $\mathbf{F}(x, y, z)$ 可表示成

$$\mathbf{F}(x, y, z) = \langle f_1(x, y, z), \ f_2(x, y, z), \ f_3(x, y, z) \rangle$$
$$= f_1(x, y, z)\mathbf{i} + f_2(x, y, z)\mathbf{j} + f_3(x, y, z)\mathbf{k}$$

例如：$\mathbf{F}(t) = \langle e^{-t}, \ \sin t, \ t^2 \rangle = e^{-t}\mathbf{i} + \sin t \, \mathbf{j} + t^2 \mathbf{k}.$

【例題 1】　若 $\mathbf{F}(t) = \langle 2t^2, \ \sqrt{t-1}, \ \sqrt{4-t} \rangle$，試求向量函數的定義域.

【解】　$\mathbf{F}(t)$ 之分量函數為 $f_1(t) = 2t^2$，$f_2(t) = \sqrt{t-1}$，$f_3(t) = \sqrt{4-t}$，$\mathbf{F}$ 的定義域包含所有的 t 值使得 $\mathbf{F}(t)$ 所定義的向量函數可定義. $f_1(t)$、$f_2(t)$ 與 $f_3(t)$ 當 $t \in [1, 4]$ 時，皆可定義. 故 $\mathbf{F}$ 的定義域為區間 $[1, 4]$.

在微積分中，一空間曲線 C 之參數方程式表為

$$x = f_1(t), \ y = f_2(t), \ z = f_3(t), \ a \leq t \leq b$$

可視為向量函數

$$\mathbf{F}(t) = f_1(t)\mathbf{i} + f_2(t)\mathbf{j} + f_3(t)\mathbf{k}, \ a \leq t \leq b$$

的終點所描繪出的軌跡為一空間曲線，如圖 5-4-1 所示.

图 5-4-1

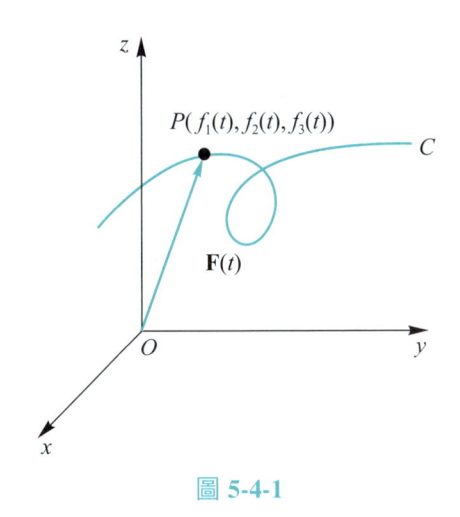

純量函數的極限觀念可適用於向量函數.

定義 5-4-1

$\lim\limits_{t \to t_0} \mathbf{F}(t) = L$ 的意義如下：

對每一正數 ε，皆可找到一正數 δ，使得若 $0 < |t - t_0| < \delta$ 時，則 $|\mathbf{F}(t) - \mathbf{L}| < \varepsilon$.

定義 5-4-2

若 $\mathbf{F}(t) = f_1(t)\mathbf{i} + f_2(t)\mathbf{j} + f_3(t)\mathbf{k}$，則定義

$$\lim_{t \to t_0} \mathbf{F}(t) = \left[\lim_{t \to t_0} f_1(t)\right]\mathbf{i} + \left[\lim_{t \to t_0} f_2(t)\right]\mathbf{j} + \left[\lim_{t \to t_0} f_3(t)\right]\mathbf{k}$$

其中假設 $\lim\limits_{t \to t_0} f_i(t)$ 存在，$i = 1, 2, 3$.

【例題 2】 令 $\mathbf{F}(t) = (1 + t^4)\mathbf{i} + t^2 e^{-t} \mathbf{j} + \dfrac{\sin t}{t}\mathbf{k}$，試求 $\lim\limits_{t \to 0} \mathbf{F}(t)$.

【解】 依定義，$\mathbf{F}$ 的極限為一向量，其分量為 $\mathbf{F}$ 分量函數之極限.

$$\lim_{t \to 0} \mathbf{F}(t) = \left[\lim_{t \to 0}(1 + t^4)\right]\mathbf{i} + \left[\lim_{t \to 0} t^2 e^{-t}\right]\mathbf{j} + \left[\lim_{t \to 0} \frac{\sin t}{t}\right]\mathbf{k} = \mathbf{i} + \mathbf{k}$$

定義 5-4-3

若 $\lim_{t \to t_0} \mathbf{F}(t) = \mathbf{F}(t_0)$，則稱 $\mathbf{F}(t)$ 在 t_0 為連續.

$\mathbf{F}(t) = f_1(t)\mathbf{i} + f_2(t)\mathbf{j} + f_3(t)\mathbf{k}$ 在 t_0 為連續，若且唯若 $f_1(t)$、$f_2(t)$ 與 $f_3(t)$ 在 t_0 皆為連續. 若 $\mathbf{F}(t)$ 在某區間各點皆連續，則稱它在該區間為連續.

二、向量函數的導函數

定義 5-4-4

若極限

$$\lim_{\Delta t \to 0} \frac{\mathbf{F}(t + \Delta t) - \mathbf{F}(t)}{\Delta t}$$

存在，則稱此極限為 $\mathbf{F}(t)$ 的<u>導向量</u>，記為 $\mathbf{F}'(t)$，或記為 $\frac{d}{dt}\mathbf{F}(t)$，若 $\mathbf{F}'(t)$ 存在，則稱 $\mathbf{F}(t)$ 為<u>可微分</u>.

若 $\mathbf{F}(t) = f_1(t)\mathbf{i} + f_2(t)\mathbf{j} + f_3(t)\mathbf{k}$，則可得

$$\begin{aligned}
\mathbf{F}'(t) &= \frac{d}{dt}\mathbf{F}(t) = \lim_{\Delta t \to 0} \frac{\mathbf{F}(t + \Delta t) - \mathbf{F}(t)}{\Delta t} \\
&= \lim_{\Delta t \to 0} \frac{f_1(t + \Delta t) - f_1(t)}{\Delta t}\mathbf{i} + \lim_{\Delta t \to 0} \frac{f_2(t + \Delta t) - f_2(t)}{\Delta t}\mathbf{j} + \lim_{\Delta t \to 0} \frac{f_3(t + \Delta t) - f_3(t)}{\Delta t}\mathbf{k} \\
&= f_1'(t)\mathbf{i} + f_2'(t)\mathbf{j} + f_3'(t)\mathbf{k} \\
&= \frac{df_1}{dt}\mathbf{i} + \frac{df_2}{dt}\mathbf{j} + \frac{df_3}{dt}\mathbf{k}
\end{aligned} \tag{5-4-1}$$

利用定義 5-4-4，我們可導出向量函數之微分公式：

設 $\mathbf{F}(t)$、$\mathbf{G}(t)$ 與 $\mathbf{H}(t)$ 均為 t 之向量函數，而 $\phi(t)$ 為 t 之純量函數，則

1. $\dfrac{d}{dt}(\mathbf{F}\pm\mathbf{G})=\dfrac{d\mathbf{F}}{dt}\pm\dfrac{d\mathbf{G}}{dt}$

2. $\dfrac{d}{dt}(k\mathbf{F})=k\dfrac{d\mathbf{F}}{dt}$，$k$ 為常數

3. $\dfrac{d}{dt}(\phi\mathbf{F})=\phi\dfrac{d\mathbf{F}}{dt}+\dfrac{d\phi}{dt}\mathbf{F}$

4. $\dfrac{d}{dt}(\mathbf{F}\cdot\mathbf{G})=\mathbf{F}\cdot\dfrac{d\mathbf{G}}{dt}+\mathbf{G}\cdot\dfrac{d\mathbf{F}}{dt}$

5. $\dfrac{d}{dt}(\mathbf{F}\times\mathbf{G})=\mathbf{F}\times\dfrac{d\mathbf{G}}{dt}+\dfrac{d\mathbf{F}}{dt}\times\mathbf{G}$

6. $\dfrac{d}{dt}(\mathbf{F}\cdot\mathbf{G}\cdot\mathbf{H})=\dfrac{d\mathbf{F}}{dt}\mathbf{G}\mathbf{H}+\mathbf{F}\dfrac{d\mathbf{G}}{dt}\mathbf{H}+\mathbf{F}\mathbf{G}\dfrac{d\mathbf{H}}{dt}$

7. $\dfrac{d\mathbf{A}}{dt}=0$，$\mathbf{A}$ 為常向量

8. 若 $\mathbf{F}$ 為 t 的可微分函數，t 為 u 的可微分函數，則

$$\dfrac{d\mathbf{F}}{du}=\dfrac{d\mathbf{F}}{dt}\dfrac{dt}{du}$$

9. $\dfrac{d}{dt}[\mathbf{F}(\phi(t))]=\mathbf{F}'(\phi(t))\,\phi'(t)$

【例題 3】 若 $\mathbf{F}(t)=\sin t\mathbf{i}+\cos t\mathbf{j}+t\mathbf{k}$，試求 $\dfrac{d\mathbf{F}}{dt}$、$\dfrac{d^2\mathbf{F}}{dt^2}$、$\left\|\dfrac{d\mathbf{F}}{dt}\right\|$ 及 $\left\|\dfrac{d^2\mathbf{F}}{dt^2}\right\|$.

【解】 $\dfrac{d\mathbf{F}}{dt}=\dfrac{d}{dt}(\sin t)\mathbf{i}+\dfrac{d}{dt}(\cos t)\mathbf{j}+\dfrac{d}{dt}(t)\mathbf{k}=\cos t\mathbf{i}-\sin t\mathbf{j}+\mathbf{k}$

$\dfrac{d^2\mathbf{F}}{dt^2}=\dfrac{d}{dt}\left(\dfrac{d\mathbf{F}}{dt}\right)=\dfrac{d}{dt}(\cos t)\mathbf{i}-\dfrac{d}{dt}(\sin t)\mathbf{j}+\dfrac{d}{dt}(1)\mathbf{k}$

$=-\sin t\mathbf{i}-\cos t\mathbf{j}$

$\left\|\dfrac{d\mathbf{F}}{dt}\right\|=\sqrt{\cos^2 t+\sin^2 t+1}=\sqrt{2}$

$\left\|\dfrac{d^2\mathbf{F}}{dt^2}\right\|=\sqrt{\sin^2 t+\cos^2 t}=1$

【例題 4】 若 $\mathbf{F}(t) = e^t\mathbf{i} + t^2\mathbf{j} + \dfrac{1}{t}\mathbf{k}$, $\mathbf{G}(t) = t\mathbf{i} + 2t^2\mathbf{j} + \ln|t|\mathbf{k}$, 試求 $\dfrac{d}{dt}(\mathbf{F}(t) \cdot \mathbf{G}(t))$.

【解】 $\dfrac{d}{dt}(\mathbf{F}(t) \cdot \mathbf{G}(t)) = \mathbf{F}'(t) \cdot \mathbf{G}(t) + \mathbf{F}(t) \cdot \mathbf{G}'(t)$

$$= \langle e^t,\ 2t,\ -\dfrac{1}{t^2}\rangle \cdot \langle t,\ 2t^2,\ \ln|t|\rangle$$

$$+ \langle e^t,\ t^2,\ \dfrac{1}{t}\rangle \cdot \langle 1,\ 4t,\ \dfrac{1}{t}\rangle$$

$$= \langle te^t,\ 4t^3,\ -\dfrac{\ln|t|}{t^2}\rangle + \langle e^t,\ 4t^3,\ \dfrac{1}{t^2}\rangle$$

$$= \langle e^t(t+1),\ 8t^3,\ \dfrac{1}{t^2}(1 - \ln|t|)\rangle$$

【例題 5】 若 $\mathbf{F}(t) = 2t^2\mathbf{i} + t\mathbf{j} + 4\mathbf{k}$, $\mathbf{G}(t) = 2t\mathbf{i} + 3t\mathbf{k}$, 試求 $\dfrac{d}{dt}(\mathbf{F}(t) \times \mathbf{G}(t))$.

【解】 $\dfrac{d}{dt}(\mathbf{F}(t) \times \mathbf{G}(t)) = \mathbf{F}'(t) \times \mathbf{G}(t) + \mathbf{F}(t) \times \mathbf{G}'(t)$

$$= \langle 4t,\ 1,\ 0\rangle \times \langle 2t,\ 0,\ 3t\rangle + \langle 2t^2,\ t,\ 4\rangle \times \langle 2,\ 0,\ 3\rangle$$

$$= \begin{vmatrix} \mathbf{i} & \mathbf{j} & \mathbf{k} \\ 4t & 1 & 0 \\ 2t & 0 & 3t \end{vmatrix} + \begin{vmatrix} \mathbf{i} & \mathbf{j} & \mathbf{k} \\ 2t^2 & t & 4 \\ 2 & 0 & 3 \end{vmatrix}$$

$$= \langle 3t,\ -12t^2,\ -2t\rangle + \langle 3t,\ 8 - 6t^2,\ -2t\rangle$$

$$= \langle 6t,\ 8 - 18t^2,\ -4t\rangle$$

對於多變數之向量函數，若 $\mathbf{F}(x, y, z) = f_1(x, y, z)\mathbf{i} + f_2(x, y, z)\mathbf{j} + f_3(x, y, z)\mathbf{k}$, 則對 x 的偏導數為

$$\dfrac{\partial \mathbf{F}}{\partial x} = \lim_{\Delta x \to 0} \dfrac{\mathbf{F}(x + \Delta x,\ y,\ z) - \mathbf{F}(x,\ y,\ z)}{\Delta x}$$

$$= \lim_{\Delta x \to 0} \dfrac{f_1(x + \Delta x,\ y,\ z) - f_1(x,\ y,\ z)}{\Delta x}\mathbf{i} + \lim_{\Delta x \to 0} \dfrac{f_2(x + \Delta x,\ y,\ z) - f_2(x,\ y,\ z)}{\Delta x}\mathbf{j}$$

$$+ \lim_{\Delta x \to 0} \frac{f_3(x+\Delta x, \ y, \ z) - f_3(x, \ y, \ z)}{\Delta x} \mathbf{k}$$

$$= \frac{\partial f_1}{\partial x} \mathbf{i} + \frac{\partial f_2}{\partial x} \mathbf{j} + \frac{\partial f_3}{\partial x} \mathbf{k} \tag{5-4-2}$$

同理，求得

$$\frac{\partial \mathbf{F}}{\partial y} = \frac{\partial f_1}{\partial y} \mathbf{i} + \frac{\partial f_2}{\partial y} \mathbf{j} + \frac{\partial f_3}{\partial y} \mathbf{k} \tag{5-4-3}$$

$$\frac{\partial \mathbf{F}}{\partial z} = \frac{\partial f_1}{\partial z} \mathbf{i} + \frac{\partial f_2}{\partial z} \mathbf{j} + \frac{\partial f_3}{\partial z} \mathbf{k} \tag{5-4-4}$$

【例題 6】 $\mathbf{F}(x, \ y) = (2x^2y - x^4)\mathbf{i} + (e^{xy} - y\sin x)\mathbf{j} + (x^2\cos y)\mathbf{k}$，試求 $\dfrac{\partial \mathbf{F}}{\partial x}$、$\dfrac{\partial \mathbf{F}}{\partial y}$、$\dfrac{\partial^2 \mathbf{F}}{\partial x^2}$.

【解】
$$\frac{\partial \mathbf{F}}{\partial x} = \frac{\partial}{\partial x}(2x^2y - x^4)\mathbf{i} + \frac{\partial}{\partial x}(e^{xy} - y\sin x)\mathbf{j} + \frac{\partial}{\partial x}(x^2\cos y)\mathbf{k}$$

$$= (4xy - 4x^3)\mathbf{i} + (ye^{xy} - y\cos x)\mathbf{j} + 2x\cos y\mathbf{k}$$

$$= \langle 4xy - 4x^3, \ ye^{xy} - y\cos x, \ 2x\cos y \rangle$$

$$\frac{\partial \mathbf{F}}{\partial y} = \frac{\partial}{\partial y}(2x^2y - x^4)\mathbf{i} + \frac{\partial}{\partial y}(e^{xy} - y\sin x)\mathbf{j} + \frac{\partial}{\partial y}(x^2\cos y)\mathbf{k}$$

$$= 2x^2\mathbf{i} + (xe^{xy} - \sin x)\mathbf{j} - x^2\sin y\mathbf{k}$$

$$= \langle 2x^2, \ xe^{xy} - \sin x, \ -x^2\sin y \rangle$$

$$\frac{\partial^2 \mathbf{F}}{\partial x^2} = \frac{\partial}{\partial x}(4xy - 4x^3)\mathbf{i} + \frac{\partial}{\partial x}(ye^{xy} - y\cos x)\mathbf{j} + \frac{\partial}{\partial x}(2x\cos y)\mathbf{k}$$

$$= (4y - 12x^2)\mathbf{i} + (y^2e^{xy} + y\sin x)\mathbf{j} + 2\cos y\mathbf{k}$$

$$= \langle 4y - 12x^2, \ y^2e^{xy} + y\sin x, \ 2\cos y \rangle$$

三、向量函數的積分

若 $\mathbf{F}(t) = f_1(t)\mathbf{i} + f_2(t)\mathbf{j} + f_3(t)\mathbf{k}$，則定義：

$$\int \mathbf{F}(t)\,dt = \int [f_1(t)\mathbf{i} + f_2(t)\mathbf{j} + f_3(t)\mathbf{k}]\,dt$$

$$= \left[\int f_1(t)\,dt\right]\mathbf{i} + \left[\int f_2(t)\,dt\right]\mathbf{j} + \left[\int f_3(t)\,dt\right]\mathbf{k} \qquad (5\text{-}4\text{-}5)$$

$$\int_a^b \mathbf{F}(t)\,dt = \int_a^b [f_1(t)\mathbf{i} + f_2(t)\mathbf{j} + f_3(t)\mathbf{k}]\,dt$$

$$= \left[\int_a^b f_1(t)\,dt\right]\mathbf{i} + \left[\int_a^b f_2(t)\,dt\right]\mathbf{j} + \left[\int_a^b f_3(t)\,dt\right]\mathbf{k} \qquad (5\text{-}4\text{-}6)$$

【例題 7】 設 $\mathbf{F}(t) = 2t\mathbf{i} + 3t^2\mathbf{j} + 4t^3\mathbf{k}$，試求

(1) $\int \mathbf{F}(t)\,dt$ (2) $\int_0^2 \mathbf{F}(t)\,dt$

【解】 (1) $\int \mathbf{F}(t)\,dt = \int (2t\mathbf{i} + 3t^2\mathbf{j} + 4t^3\mathbf{k})\,dt$

$$= \left(\int 2t\,dt\right)\mathbf{i} + \left(\int 3t^2\,dt\right)\mathbf{j} + \left(\int 4t^3\,dt\right)\mathbf{k}$$

$$= (t^2\mathbf{i} + t^3\mathbf{j} + t^4\mathbf{k}) + C_1\mathbf{i} + C_2\mathbf{j} + C_3\mathbf{k} = t^2\mathbf{i} + t^3\mathbf{j} + t^4\mathbf{k} + \mathbf{C}$$

此處 $\mathbf{C} = C_1\mathbf{i} + C_2\mathbf{j} + C_3\mathbf{k}$ 為任意向量積分常數.

(2) $\int_0^2 \mathbf{F}(t)\,dt = \int_0^2 (2t\mathbf{i} + 3t^2\mathbf{j} + 4t^3\mathbf{k})\,dt$

$$= \left(\int_0^2 2t\,dt\right)\mathbf{i} + \left(\int_0^2 3t^2\,dt\right)\mathbf{j} + \left(\int_0^2 4t^3\,dt\right)\mathbf{k}$$

$$= 4\mathbf{i} + 8\mathbf{j} + 16\mathbf{k}$$

向量函數的積分具有下列的性質：

1. $\int c\mathbf{F}(t)\,dt = c\int \mathbf{F}(t)\,dt$，$c$ 為常數

2. $\int [\mathbf{F}(t) \pm \mathbf{G}(t)]\,dt = \int \mathbf{F}(t)\,dt \pm \int \mathbf{G}(t)\,dt$

3. $\dfrac{d}{dt}\left[\int \mathbf{F}(t)\,dt\right]=\mathbf{F}(t)$

4. $\int \mathbf{F}'(t)\,dt=\mathbf{F}(t)+\mathbf{C}$

5. $\int_a^b \mathbf{F}'(t)\,dt=\mathbf{F}(t)\Big|_a^b=\mathbf{F}(b)-\mathbf{F}(a)$

【例題 8】 令 $\mathbf{A}=\begin{bmatrix} t^2+1 & e^{2t} \\ \sin t & \cos t \end{bmatrix}$，試求 $\int_0^1 \mathbf{A}\,dt$.

【解】 $\int_0^1 \mathbf{A}\,dt = \begin{bmatrix} \int_0^1 (t^2+1)dt & \int_0^1 e^{2t}\,dt \\ \int_0^1 \sin t\,dt & \int_0^1 \cos t\,dt \end{bmatrix} = \begin{bmatrix} \dfrac{4}{3} & \dfrac{1}{2}(e^2-1) \\ 1-\cos 1 & \sin 1 \end{bmatrix}$

習題 5-4

1. 若 $\mathbf{F}(t)=\sqrt{t^2-2}\,\mathbf{i}+\sin^2 t\,\mathbf{j}+\ln(t-1)\,\mathbf{k}$，試求向量函數的定義域.

2. 令 $\mathbf{F}(t)=\langle\sqrt{t^2-2},\ \sin^2 t,\ \ln(t-1)\rangle$，試求 $\lim\limits_{t\to 2}\mathbf{F}(t)$.

3. 令 $\mathbf{F}(t)=\sin t\,\mathbf{i}+\cos t\,\mathbf{j}+\mathbf{k}$.

   (1) 試求 $\mathbf{F}'(t)$.

   (2) 試證 $\mathbf{F}'(t)$ 恆平行於 xy-平面.

   (3) 哪些 t 值使 $\mathbf{F}'(t)$ 平行於 xz-平面？

   (4) $\mathbf{F}(t)$ 的大小是否一定？

   (5) $\mathbf{F}'(t)$ 的大小是否一定？

   (6) 計算 $\mathbf{F}''(t)$.

4. 試求下列各題的 $\mathbf{F}'(t)$.

   (1) $\mathbf{F}(t)=2t\mathbf{i}+t^3\mathbf{j}$

   (2) $\mathbf{F}(t)=\sin t\,\mathbf{i}+e^{-t}\mathbf{j}+t\mathbf{k}$

   (3) $\mathbf{F}(t)=(t^3\mathbf{i}+\mathbf{j}-\mathbf{k})\times(e^t\mathbf{i}+\mathbf{j}+t^2\mathbf{k})$

(4) $\mathbf{F}(t)=(\sin t+t^2)(\mathbf{i}+\mathbf{j}+3\mathbf{k})$

(5) $\mathbf{F}(t)=3\mathbf{j}-\mathbf{k}$

5. 試求下列各題的 $f'(t)$.

(1) $f(t)=(3t\mathbf{i}+5t^2\mathbf{j})\cdot(t\mathbf{i}-\sin t\mathbf{j})$

(2) $f(t)=\|2t\mathbf{i}+2t\mathbf{j}-\mathbf{k}\|$

(3) $f(t)=[(\mathbf{i}+\mathbf{j}-2\mathbf{k})\times(3t^4\mathbf{i}+t\mathbf{j})]\cdot\mathbf{k}$

6. 試證 $\dfrac{d}{dt}\left(\mathbf{R}\times\dfrac{d\mathbf{R}}{dt}\right)=\mathbf{R}\times\dfrac{d^2\mathbf{R}}{dt^2}$.

7. 設 $\mathbf{F}=\mathbf{F}(t)$、$\mathbf{G}=\mathbf{G}(t)$ 與 $\mathbf{H}=\mathbf{H}(t)$ 皆為可微分向量函數，試證：

$$\frac{d}{dt}[\mathbf{F}\cdot(\mathbf{G}\times\mathbf{H})]=\frac{d\mathbf{F}}{dt}\cdot(\mathbf{G}\times\mathbf{H})+\mathbf{F}\cdot\left(\frac{d\mathbf{G}}{dt}\times\mathbf{H}\right)+\mathbf{F}\cdot\left(\mathbf{G}\times\frac{d\mathbf{H}}{dt}\right)$$

8. 設 f_1、f_2、f_3、g_1、g_2、g_3、h_1、h_2 與 h_3 皆為 t 的可微分函數，試利用上題證明：

$$\frac{d}{dt}\begin{vmatrix}f_1 & f_2 & f_3\\ g_1 & g_2 & g_3\\ h_1 & h_2 & h_3\end{vmatrix}=\begin{vmatrix}f_1' & f_2' & f_3'\\ g_1 & g_2 & g_3\\ h_1 & h_2 & h_3\end{vmatrix}+\begin{vmatrix}f_1 & f_2 & f_3\\ g_1' & g_2' & g_3'\\ h_1 & h_2 & h_3\end{vmatrix}+\begin{vmatrix}f_1 & f_2 & f_3\\ g_1 & g_2 & g_3\\ h_1' & h_2' & h_3'\end{vmatrix}$$

9. 已知 $\mathbf{F}'(t)=\cos t\mathbf{i}+\sin t\mathbf{j}$ 且 $\mathbf{F}(0)=\mathbf{i}-\mathbf{j}$，試求 $\mathbf{F}(t)$.

10. 已知 $\mathbf{F}'(t)=2\mathbf{i}+\dfrac{t}{t^2+1}\mathbf{j}+t\mathbf{k}$ 且 $\mathbf{F}(1)=0$，試求 $\mathbf{F}(t)$.

11. 已知 $\mathbf{F}''(t)=12t^2\mathbf{i}-2\mathbf{j}$，$\mathbf{F}'(0)=\mathbf{0}$ 且 $\mathbf{F}(0)=2\mathbf{i}-4\mathbf{j}$，試求 $\mathbf{F}(t)$.

5-5　空間曲線

在解析幾何中，我們可用向量來表示空間曲線，即

$$\mathbf{R}=\mathbf{R}(t)=x(t)\mathbf{i}+y(t)\mathbf{j}+z(t)\mathbf{k} \tag{5-5-1}$$

其中 t 代表時間，$\mathbf{R}(t)$ 稱為位置向量 (position vector).

如果我們將 (x,y,z) 想像成三維空間中運動質點的位置，該質點的位置向量自 $\mathbf{R}(t)$ 改變到 $\mathbf{R}(t+\Delta t)$，它在這段期間所經過的位移如圖 5-5-1 所示：

图 5-5-1

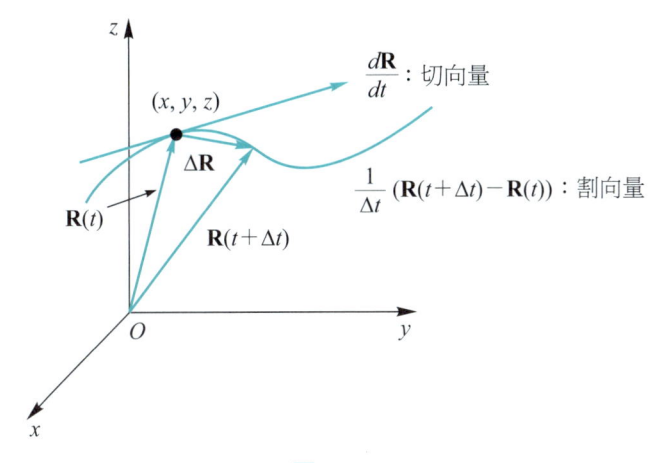

$$\Delta \mathbf{R} = \mathbf{R}(t+\Delta t) - \mathbf{R}(t) = \Delta x \mathbf{i} + \Delta y \mathbf{j} + \Delta z \mathbf{k} \tag{5-5-2}$$

以 Δt 除式 (5-5-2)，可得 $\mathbf{R}(t)$ 的割向量，即平均速度為

$$\frac{\Delta \mathbf{R}}{\Delta t} = \frac{\mathbf{R}(t+\Delta t) - \mathbf{R}(t)}{\Delta t} = \frac{\Delta x}{\Delta t} \mathbf{i} + \frac{\Delta y}{\Delta t} \mathbf{j} + \frac{\Delta z}{\Delta t} \mathbf{k} \tag{5-5-3}$$

若 $\mathbf{R}$ 為可微分，則當 Δt 趨近於 0 時，平均速度 $\frac{\Delta \mathbf{R}}{\Delta t}$ 趨近於一極限，其為切線向量，亦即瞬時速度 $\mathbf{v}$：

$$\mathbf{v} = \mathbf{v}(t) = \frac{d\mathbf{R}}{dt} = \frac{dx}{dt} \mathbf{i} + \frac{dy}{dt} \mathbf{j} + \frac{dz}{dt} \mathbf{k} \tag{5-5-4}$$

$\mathbf{v}$ 的大小稱為速率，記為 v，即 $\|\mathbf{v}\| = \mathrm{v}$.

圖 5-5-1 所示，可說明速度向量 $\frac{d\mathbf{R}}{dt}$ 切於曲線. 可參考圖 5-5-2，當 Q 沿著曲線趨近 P 時，直線 L_1 與由 P 及 Q 所決定割線 L_2 之間的夾角 θ 趨近於零，因而 L_1 切曲線於 P 處；即當 Q 趨近 P 時，L_2 的方向趨近 L_1 的方向. 將此觀念應用到圖 5-5-1 的情況，當 Δt 趨近零時，割線必須有一個極限方向，即 $\frac{d\mathbf{R}}{dt}$ 的方向，除非 $\frac{d\mathbf{R}}{dt} = \mathbf{0}$. 所以，若 $\mathbf{R}'(t_0) \neq \mathbf{0}$，則曲線 $\mathbf{R}(t)$ 在點 $(x(t_0), y(t_0), z(t_0))$ 有一條切線，其方向與 $\frac{d\mathbf{R}}{dt}$ 的方向一致. 簡言之，$\frac{d\mathbf{R}}{dt}$ 切於曲線.

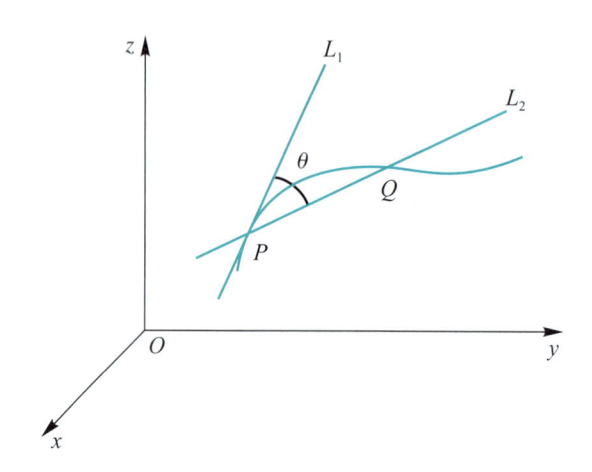

圖 5-5-2

習慣上，我們以 **T** 表示切於曲線的單位向量，即

$$\mathbf{T} = \frac{\mathbf{R}'(t)}{\|\mathbf{R}(t)\|} = \frac{\left(\dfrac{dx}{dt}\right)\mathbf{i} + \left(\dfrac{dy}{dt}\right)\mathbf{j} + \left(\dfrac{dz}{dt}\right)\mathbf{k}}{\sqrt{\left(\dfrac{dx}{dt}\right)^2 + \left(\dfrac{dy}{dt}\right)^2 + \left(\dfrac{dz}{dt}\right)^2}} \tag{5-5-5}$$

【例題 1】 求切曲線 $x=t$，$y=t^2$，$z=t^3$ 於點 $P(2, 4, 8)$ 在時間 $t=2$ 時的單位向量.

【解】 設 P 點的位置向量為 $\mathbf{R}(t) = t\mathbf{i} + t^2\mathbf{j} + t^3\mathbf{k}$，則

$$\frac{d\mathbf{R}}{dt} = \mathbf{i} + 2t\mathbf{j} + 3t^2\mathbf{k}$$

由式 (5-5-5) 知，

$$\mathbf{T} = \frac{\mathbf{i} + 2t\mathbf{j} + 3t^2\mathbf{k}}{\sqrt{1 + 4t^2 + 9t^4}}$$

當 $t=2$ 時，$(x, y, z)=(2, 4, 8)$，所以，

$$\mathbf{T} = \frac{\mathbf{i} + 4\mathbf{j} + 12\mathbf{k}}{\sqrt{161}}$$

我們曾在微積分中指出，若平面上平滑曲線的參數式為

$$\begin{cases} x = x(t) \\ y = y(t) \end{cases}, \quad a \leq t \leq b$$

則曲線的長度為

$$L=\int_a^b \sqrt{\left(\frac{dx}{dt}\right)^2+\left(\frac{dy}{dt}\right)^2}\, dt$$

此結果可推廣到三維空間中的平滑曲線. 若三維空間中平滑曲線的參數式為

$$\begin{cases} x=x(t) \\ y=y(t) \\ z=z(t) \end{cases},\ a \leq t \leq b$$

則曲線的長度為

$$L=\int_a^b \sqrt{\left(\frac{dx}{dt}\right)^2+\left(\frac{dy}{dt}\right)^2+\left(\frac{dz}{dt}\right)^2}\, dt = \int_a^b \left\| \frac{d\mathbf{R}}{dt} \right\| dt \tag{5-5-6}$$

此處

$$\mathbf{R}=\mathbf{R}(t)=x(t)\mathbf{i}+y(t)\mathbf{j}+z(t)\mathbf{k}$$

【例題 2】 試求圓螺旋線 (circular helix)

$$x=\cos t$$
$$y=\sin t$$
$$z=t$$

自 $t=0$ 至 $t=\pi$ 之部分的長度.

【解】 由式 (5-5-6)，可知長度為

$$L=\int_0^\pi \sqrt{\left(\frac{dx}{dt}\right)^2+\left(\frac{dy}{dt}\right)^2+\left(\frac{dz}{dt}\right)^2}\, dt = \int_0^\pi \sqrt{\sin^2 t + \cos^2 t + 1}\, dt$$
$$= \int_0^\pi \sqrt{2}\, dt = \sqrt{2}\, \pi$$

我們從式 (5-5-6) 可知，自曲線上某初始位置 $\mathbf{R}(t_0)$ 沿著曲線量至可變位置 $\mathbf{R}(t)$ 的弧長為

$$s=s(t)=\int_{t_0}^t \left\| \frac{d\mathbf{R}}{dt} \right\| dt,\ t \geq t_0$$

利用微積分學基本定理，可得

$$\frac{ds}{dt} = \left\| \frac{d\mathbf{R}}{dt} \right\| \quad (= \|\mathbf{v}\|)$$

上式變成

$$\frac{ds}{dt} = \left[\left(\frac{dx}{dt}\right)^2 + \left(\frac{dy}{dt}\right)^2 + \left(\frac{dz}{dt}\right)^2 \right]^{1/2}$$

因 $\frac{ds}{dt} \neq 0$，故依連鎖法則可得

$$\frac{d\mathbf{R}}{ds} = \frac{d\mathbf{R}}{dt} \Big/ \frac{ds}{dt} = \frac{d\mathbf{R}}{dt} \Big/ \left\| \frac{d\mathbf{R}}{dt} \right\|$$

因 $\frac{d\mathbf{R}}{dt}$ 切於曲線，故 $\frac{d\mathbf{R}}{ds}$ 亦切於曲線．又，$\frac{d\mathbf{R}}{ds}$ 是單位切向量，所以，依式 (5-5-5)，$\mathbf{T} = \frac{d\mathbf{R}}{ds}$．

$\mathbf{T}$ 既為曲線上一點的單位切向量，則向量 $\frac{d\mathbf{T}}{ds}$ 表示每單位弧長所改變的 $\mathbf{T}$．雖然 $\mathbf{T}$ 的大小恆為 1，但 $\mathbf{T}$ 的方向隨處不同，在彎曲程度較大的地方，切線方向的改變較多 (每單位弧長)，彎曲程度較小的地方，方向的改變較少，因此，$\frac{d\mathbf{T}}{ds}$ 可用來測量曲線彎曲的程度，它的大小 $\left\| \frac{d\mathbf{T}}{ds} \right\|$ 稱為曲線在該點的曲率 (curvature)，以記號表成

$$\kappa = \left\| \frac{d\mathbf{T}}{ds} \right\| = 曲率 \tag{5-5-7}$$

其倒數稱為曲率半徑 (radius of curvature)，記為

$$\rho = \frac{1}{\kappa} = 曲率半徑$$

註：直線的曲率為零．

因 $\mathbf{T}$ 為單位切向量，其導向量垂直於 $\mathbf{T}$，故 $\frac{d\mathbf{T}}{ds}$ 的方向為法線方向．定義

$$\frac{d\mathbf{T}}{ds} = \kappa \mathbf{N} \tag{5-5-8}$$

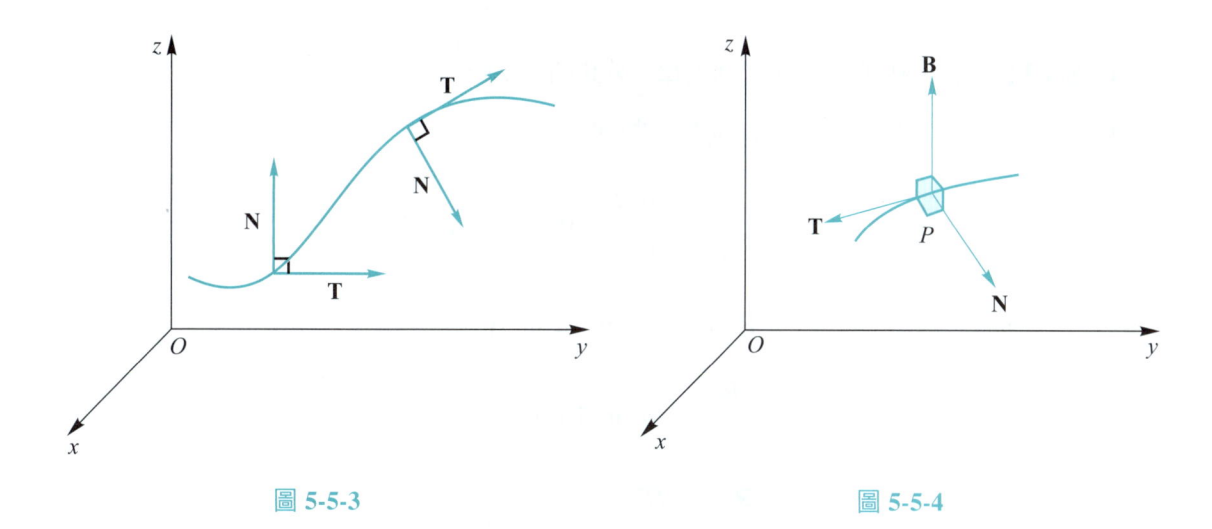

圖 5-5-3   圖 5-5-4

N 為單位向量，稱為單位主法向量 (unit principal normal vector)，它指向曲線的凹側 (如圖 5-5-3 所示).

利用 **T** 與 **N**，我們可在曲線上一點 P (圖 5-5-4) 定一個直角座標系，取

$$\mathbf{B}=\mathbf{T}\times\mathbf{N} \quad (當然 \|B\|=1)$$

B 稱為單位副法向量 (unit binormal vector).

因 $\mathbf{B}\cdot\mathbf{B}=1$，故 $\mathbf{B}\cdot\dfrac{d\mathbf{B}}{ds}=0$，即

(1) $\mathbf{B} \perp \dfrac{d\mathbf{B}}{ds}$，又 $\mathbf{T}\cdot\mathbf{B}=0$，可得

$$\mathbf{T}\cdot\dfrac{d\mathbf{B}}{ds}+\mathbf{B}\cdot\dfrac{d\mathbf{T}}{ds}=0$$

$$\mathbf{T}\cdot\dfrac{d\mathbf{B}}{ds}=-\mathbf{B}\cdot\kappa\mathbf{N}=0,\quad 即$$

(2) $\mathbf{T} \perp \dfrac{d\mathbf{B}}{ds}$.

由 (1) 及 (2) 知，$\dfrac{d\mathbf{B}}{ds}$ 與 **N** 平行，故取適當的純量函數 $\tau(s)$ 使

$$\dfrac{d\mathbf{B}}{ds}=-\tau(s)\mathbf{N} \tag{5-5-9}$$

此 $\tau(s)$ 稱為曲線在 P 點的扭率 (torsion).

【例題 3】 試證在半徑為 a 之圓上每一點的曲率為 $\dfrac{1}{a}$．

【解】 令此圓的圓心在原點，則其參數式為

$$\begin{cases} x = a\cos t \\ y = a\sin t \end{cases},\ 0 \le t \le 2\pi$$

而

$$\mathbf{R}(t) = a\cos t\mathbf{i} + a\sin t\mathbf{j}$$

於是，

$$\dfrac{d\mathbf{R}}{dt} = -a\sin t\mathbf{i} + a\cos t\mathbf{j}$$

$$\mathbf{T}(t) = \dfrac{d\mathbf{R}}{dt} \bigg/ \left\| \dfrac{d\mathbf{R}}{dt} \right\| = -\sin t\mathbf{i} + \cos t\mathbf{j}$$

$$\dfrac{d\mathbf{T}}{dt} = -\cos t\mathbf{i} - \sin t\mathbf{j}$$

$$\kappa(t) = \left\| \dfrac{d\mathbf{T}}{ds} \right\| = \left\| \dfrac{d\mathbf{T}}{dt} \bigg/ \dfrac{ds}{dt} \right\| = \left\| \dfrac{d\mathbf{T}}{dt} \right\| \bigg/ \left\| \dfrac{d\mathbf{R}}{dt} \right\| = \dfrac{1}{a}$$

【例題 4】 已知空間曲線為 $x=t$，$y=t^2$，$z=\dfrac{2}{3}t^3$，試求單位切向量、單位主法向量、單位副法向量、曲率及扭率．

【解】 位置向量 $\mathbf{R}(t) = t\mathbf{i} + t^2\mathbf{j} + \dfrac{2}{3}t^3\mathbf{k}$

$$\dfrac{d\mathbf{R}}{dt} = \mathbf{i} + 2t\mathbf{j} + 2t^2\mathbf{k}$$

$$\dfrac{ds}{dt} = \left\| \dfrac{d\mathbf{R}}{dt} \right\| = \sqrt{1 + 4t^2 + 4t^4} = 1 + 2t^2$$

故

$$\mathbf{T} = \dfrac{d\mathbf{R}}{ds} = \dfrac{d\mathbf{R}/dt}{ds/dt} = \dfrac{\mathbf{i} + 2t\mathbf{j} + 2t^2\mathbf{k}}{1 + 2t^2}$$

$$\dfrac{d\mathbf{T}}{dt} = \dfrac{-4t\mathbf{i} + (2-4t^2)\mathbf{j} + 4t\mathbf{k}}{(1+2t^2)^2}$$

$$\dfrac{d\mathbf{T}}{ds} = \dfrac{d\mathbf{T}/dt}{ds/dt} = \dfrac{-4t\mathbf{i} + (2-4t^2)\mathbf{j} + 4t\mathbf{k}}{(1+2t^2)^3}$$

因 $\dfrac{d\mathbf{T}}{ds}=\kappa\mathbf{N}$，故

$$\kappa=\left\|\dfrac{d\mathbf{T}}{ds}\right\|=\dfrac{2}{(1+2t^2)^2}$$

$$\mathbf{N}=\dfrac{1}{\kappa}\dfrac{d\mathbf{T}}{ds}=\dfrac{-2t\mathbf{i}+(1-2t^2)\mathbf{j}+2t\mathbf{k}}{1+2t^2}$$

得 $\mathbf{B}=\mathbf{T}\times\mathbf{N}=\begin{vmatrix} \mathbf{i} & \mathbf{j} & \mathbf{k} \\ \dfrac{1}{1+2t^2} & \dfrac{2t}{1+2t^2} & \dfrac{2t^2}{1+2t^2} \\ \dfrac{-2t}{1+2t^2} & \dfrac{1-2t^2}{1+2t^2} & \dfrac{2t}{1+2t^2} \end{vmatrix}=\dfrac{2t^2\mathbf{i}-2t\mathbf{j}+\mathbf{k}}{1+2t^2}$

因 $\dfrac{d\mathbf{B}}{dt}=\dfrac{4t\mathbf{i}+(4t^2-2)\mathbf{j}-4t\mathbf{k}}{(1+2t^2)^2}$

且 $\dfrac{d\mathbf{B}}{ds}=\dfrac{d\mathbf{B}/dt}{ds/dt}=\dfrac{4t\mathbf{i}+(4t^2-2)\mathbf{j}-4t\mathbf{k}}{(1+2t^2)^3}$

又 $\dfrac{d\mathbf{B}}{ds}=-\tau\mathbf{N}$

故 $\tau=\dfrac{2}{(1+2t^2)^2}$

【例題 5】 已知質點在時間 t 的座標為

$$x=e^t\cos t$$
$$y=e^t\sin t$$
$$z=e^t$$

試求其速率、加速度的切線分量及法線分量、單位切向量、曲率．

【解】 $\mathbf{R}(t)=e^t\cos t\mathbf{i}+e^t\sin t\mathbf{j}+e^t\mathbf{k}$

$\Rightarrow \dfrac{d\mathbf{R}}{dt}=e^t(\cos t-\sin t)\mathbf{i}+e^t(\cos t+\sin t)\mathbf{j}+e^t\mathbf{k}$

$\Rightarrow \dfrac{d^2\mathbf{R}}{dt^2}=-2e^t\sin t\mathbf{i}+2e^t\cos t\mathbf{j}+e^t\mathbf{k}$

速率為 $\dfrac{ds}{dt}=\left|\dfrac{d\mathbf{R}}{dt}\right|=\sqrt{e^{2t}(\cos t-\sin t)^2+e^{2t}(\cos t+\sin t)^2+e^{2t}}=\sqrt{3}\,e^{t}$

$$a_t=\dfrac{d^2s}{dt^2}=\sqrt{3}\,e^{t}$$

$$a=\left|\dfrac{d^2\mathbf{R}}{dt^2}\right|=\sqrt{4e^{2t}\sin^2 t+4e^{2t}\cos^2 t+e^{2t}}=\sqrt{5}\,e^{t}$$

$$a_n=\sqrt{a^2-a_t^2}=\sqrt{5e^{2t}-3e^{2t}}=\sqrt{2}\,e^{t}$$

$$\mathbf{T}=\dfrac{d\mathbf{R}}{dt}\bigg/\left|\dfrac{d\mathbf{R}}{dt}\right|=\dfrac{\sqrt{3}}{3}[(\cos t-\sin t)\mathbf{i}+(\sin t+\cos t)\mathbf{j}+\mathbf{k}]$$

$$\kappa=a_n\bigg/\left(\dfrac{ds}{dt}\right)^2=\dfrac{\sqrt{2}\,e^{t}}{3e^{2t}}=\dfrac{\sqrt{2}}{3}\,e^{-t}$$

習題 5-5

1. 試求圓螺旋線 $\mathbf{R}(t)=a\cos t\mathbf{i}+a\sin t\mathbf{j}+ct\mathbf{k}$ 上兩點 $(a,0,0)$ 與 $(a,0,2c\pi)$ 之間的長度.

2. 試求螺旋線 $\mathbf{R}(t)=t\mathbf{i}+\sin t\mathbf{j}+\cos t\mathbf{k}$ 的曲率及扭率.

3. 試求圓螺旋線 $\mathbf{R}(t)=a\cos t\mathbf{i}+a\sin t\mathbf{j}+ct\mathbf{k}$ 的單位切向量、單位主法向量、單位副法向量、曲率及扭率.

4. 試求曲線 $\mathbf{R}(t)=\cos t\mathbf{j}+3\sin t\mathbf{k}$ 上點 $P\left(0,\dfrac{1}{\sqrt{2}},\dfrac{3}{\sqrt{2}}\right)$ 處的單位切向量、單位主法向量、單位副法向量、曲率及扭率.

5. 試證曲線 $x=x(s)$, $y=y(s)$, $z=z(s)$ 的曲率半徑為

$$\rho=\dfrac{1}{\left[\left(\dfrac{d^2x}{ds^2}\right)^2+\left(\dfrac{d^2y}{ds^2}\right)^2+\left(\dfrac{d^2z}{ds^2}\right)^2\right]^{\frac{1}{2}}}.$$

6. 凡各點在同一平面上的曲線稱為平面曲線 (plane curve). 試證平面曲線的扭率處處為零.

5-6 方向導數、梯度、散度與旋度

一、方向導數與梯度

函數 f 的一階偏導函數等於 f 沿各座標軸方向的變化率. 如果我們想尋求沿任意方向 f 之變化率, 就需要了解方向導數的觀念.

欲明瞭沿任意方向之導數定義, 我們先選定三維空間中的一點 P 及在 P 處指向一方向, 此方向用單位向量 **u** 表示. 設 L 為由 P 指向 **u** 方向之射線, 又 Q 為 L 上一點, 其與 P 之距離為 s (圖 5-6-1).

圖 5-6-1

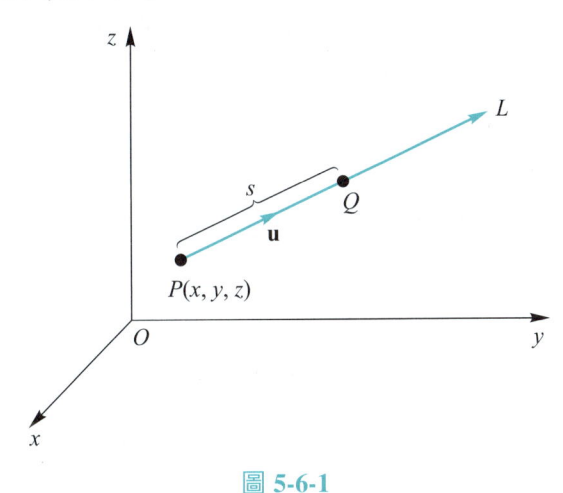

定義 5-6-1

若極限

$$\lim_{s \to 0} \frac{f(Q) - f(P)}{s} \tag{5-6-1}$$

存在, 則稱它為 f 在點 P 沿著 **u** 方向的方向導數 (directional derivative), 記為 $\dfrac{df}{ds}$.

很顯然, $\dfrac{df}{ds}$ 為 f 在點 P 沿著 **u** 方向的變化率. 依此方法, f 在 P 有無窮多的方向導數.

設 P 的位置向量為 $\mathbf{A}$，則射線 L 的向量方程式為

$$\mathbf{R}(s) = x(s)\mathbf{i} + y(s)\mathbf{j} + z(s)\mathbf{k} = \mathbf{A} + s\mathbf{u} \qquad (s \geq 0) \tag{5-6-2}$$

若 $\mathbf{R}$ 對於 s 取微分，則當 s 改變時，$\mathbf{A}$ 不隨 s 而改變，$\mathbf{u}$ 為單位常向量，亦不改變，故

$$\frac{d\mathbf{R}}{ds} = \frac{dx}{ds}\mathbf{i} + \frac{dy}{ds}\mathbf{j} + \frac{dz}{ds}\mathbf{k} = \mathbf{u} \tag{5-6-3}$$

又 $\dfrac{df}{ds}$ 為函數 $f(x(s), y(s), z(s))$ 對於 s 的導函數，所以

$$\frac{df}{ds} = \frac{\partial f}{\partial x}\frac{dx}{ds} + \frac{\partial f}{\partial y}\frac{dy}{ds} + \frac{\partial f}{\partial z}\frac{dz}{ds} \tag{5-6-4}$$

如果我們引用下面的向量：

$$\operatorname{grad} f = \frac{\partial f}{\partial x}\mathbf{i} + \frac{\partial f}{\partial y}\mathbf{j} + \frac{\partial f}{\partial z}\mathbf{k} \tag{5-6-5}$$

則式 (5-6-4) 可改寫成

$$\frac{df}{ds} = (\operatorname{grad} f) \cdot \mathbf{u} \tag{5-6-6}$$

向量 $\operatorname{grad} f$ 稱為純量函數 f 的**梯度** (gradient)。另一種常用的寫法用**向量微分算子符號** ∇ (或**梯度運算子**) (讀作"del")：

$$\nabla = \frac{\partial}{\partial x}\mathbf{i} + \frac{\partial}{\partial y}\mathbf{j} + \frac{\partial}{\partial z}\mathbf{k} = \mathbf{i}\frac{\partial}{\partial x} + \mathbf{j}\frac{\partial}{\partial y} + \mathbf{k}\frac{\partial}{\partial z}$$

而

$$\nabla f = \left(\frac{\partial}{\partial x}\mathbf{i} + \frac{\partial}{\partial y}\mathbf{j} + \frac{\partial}{\partial z}\mathbf{k}\right)f = \frac{\partial f}{\partial x}\mathbf{i} + \frac{\partial f}{\partial y}\mathbf{j} + \frac{\partial f}{\partial z}\mathbf{k} \tag{5-6-7}$$

則 $\operatorname{grad} f$ 亦可寫成 ∇f。換句話說，式 (5-6-6) 亦可寫成

$$\frac{df}{ds} = \nabla f \cdot \mathbf{u} \tag{5-6-8}$$

注意：若 $\mathbf{u}$ 沿著 x-軸的正方向，則 $\mathbf{u} = \mathbf{i}$，且

$$\frac{df}{ds} = \nabla f \cdot \mathbf{u} = \left(\frac{\partial f}{\partial x}\mathbf{i} + \frac{\partial f}{\partial y}\mathbf{j} + \frac{\partial f}{\partial z}\mathbf{k}\right) \cdot \mathbf{i} = \frac{\partial f}{\partial x}$$

同理，沿著 y-軸的正方向的方向導數為 $\dfrac{\partial f}{\partial y}$，依此類推.

由式 (5-6-8)，

$$\dfrac{df}{ds}=\|\nabla f\|\,\|\mathbf{u}\|\cos\theta=\|\nabla f\|\cos\theta \tag{5-6-9}$$

其中 θ 為 ∇f 與 $\mathbf{u}$ 間之交角. 我們可看出當 $\theta=0$ 時，$\dfrac{df}{ds}$ 的值最大，此時 $\mathbf{u}$ 的方向即是 ∇f 的方向；換句話說，梯度 ∇f 的方向即 f 之變化率最大的方向，且在 f 增加的方向；而 $\|\nabla f\|$ 等於 $\dfrac{df}{ds}$ 的最大值.

定理 5-6-1　有關算子 ∇ 的性質

1. $\nabla(f\pm g)=\nabla f\pm\nabla g$　　2. $\nabla(kf)=k\,\nabla f$，k 為常數
3. $\nabla(fg)=f\,\nabla g+g\,\nabla f$　　4. $\nabla\left(\dfrac{f}{g}\right)=\dfrac{g\,\nabla f-f\,\nabla g}{g^2}$
5. $\nabla(f^n)=nf^{n-1}\,\nabla f$

這些證明都不太難，我們僅證明 3.

$$\begin{aligned}\nabla(fg)&=\dfrac{\partial}{\partial x}(fg)\mathbf{i}+\dfrac{\partial}{\partial y}(fg)\mathbf{j}+\dfrac{\partial}{\partial z}(fg)\mathbf{k}\\&=\left(f\dfrac{\partial g}{\partial x}+g\dfrac{\partial f}{\partial x}\right)\mathbf{i}+\left(f\dfrac{\partial g}{\partial y}+g\dfrac{\partial f}{\partial y}\right)\mathbf{j}+\left(f\dfrac{\partial g}{\partial z}+g\dfrac{\partial f}{\partial z}\right)\mathbf{k}\\&=f\left(\dfrac{\partial g}{\partial x}\mathbf{i}+\dfrac{\partial g}{\partial y}\mathbf{j}+\dfrac{\partial g}{\partial z}\mathbf{k}\right)+g\left(\dfrac{\partial f}{\partial x}\mathbf{i}+\dfrac{\partial f}{\partial y}\mathbf{j}+\dfrac{\partial f}{\partial z}\mathbf{k}\right)\\&=f\nabla g+g\nabla f\end{aligned}$$

【例題 1】　試求函數 $f(x,y,z)=x^2+y^2-z$ 在點 $(1,1,2)$ 沿著 $2\mathbf{i}+2\mathbf{j}-\mathbf{k}$ 方向的方向導數.

【解】　$\nabla f(x,y,z)=2x\mathbf{i}+2y\mathbf{j}-\mathbf{k}$，$\nabla f(1,1,2)=2\mathbf{i}+2\mathbf{j}-\mathbf{k}$. 沿著 $2\mathbf{i}+2\mathbf{j}-\mathbf{k}$ 方向

的單位向量為 $\mathbf{u} = \dfrac{2}{3}\mathbf{i} + \dfrac{2}{3}\mathbf{j} - \dfrac{1}{3}\mathbf{k}$，故方向導數為

$$\frac{df}{ds} = (\text{grad } f) \cdot \mathbf{u} = \frac{4}{3} + \frac{4}{3} + \frac{1}{3} = 3$$

【例題 2】 已知在空間上一點 (x, y, z) 處的溫度為 $f(x, y, z) = x^2 + y^2 - z$。若位於點 $(1, 1, 2)$ 處的某蚊子想要往儘可能涼快的方向飛去，則它應該沿什麼方向移動？

【解】 $\nabla f(1, 1, 2) = 2\mathbf{i} + 2\mathbf{j} - \mathbf{k}$。該蚊子應該沿著 $-\nabla f(1, 1, 2) = -2\mathbf{i} - 2\mathbf{j} + \mathbf{k}$ 的方向移動，因 ∇f 為溫度增加的方向。

我們現在來看一看 grad f 的幾何意義：在純量函數 f 所決定的純量場中，f 值相等的各點，於二維空間中構成一曲線，於三維空間中構成一曲面，即

$$f(x, y) = c = \text{常數} \quad (\text{二維空間})$$
$$f(x, y, z) = c = \text{常數} \quad (\text{三維空間})$$

在不同的 c 值時，分別構成曲線族與曲面族。這些曲線與曲面分別稱為等高曲線 (level) 與等高曲面 (level surface)。

於三維空間中，在曲面 $f(x, y, z) = c$ 上，通過點 $P(x, y, z)$ 任取一曲線 C：$\mathbf{R}(t) = x(t)\mathbf{i} + y(t)\mathbf{j} + z(t)\mathbf{k}$，則可知

$$f(x(t), y(t), z(t)) = c$$

將上式對 t 微分，可得

$$\frac{\partial f}{\partial x}\frac{dx}{dt} + \frac{\partial f}{\partial y}\frac{dy}{dt} + \frac{\partial f}{\partial z}\frac{dz}{dt} = 0$$

即
$$\nabla f \cdot \frac{d\mathbf{R}}{dt} = 0 \tag{5-6-10}$$

其中 $\dfrac{d\mathbf{R}}{dt}$ 為曲線的切向量。因為曲線在曲面上所任取，故 ∇f 與通過 P 點的任意切線垂直，即 ∇f 垂直於通過 P 點的切平面，而 ∇f 的方向稱為該曲面的法線方向。

於二維空間中，梯度 ∇f 在等值線的法線方向，而與切線垂直。若在等值曲線各

處作切於 ∇f 的曲線族，則該曲線族與等值曲線正交．

【例題 3】 試求曲面 $f(x, y, z) = c$ 的切平面．

【解】 設切點在 $P_0(x_0, y_0, z_0)$，其位置向量為 $\mathbf{R}_0 = x_0\mathbf{i} + y_0\mathbf{j} + z_0\mathbf{k}$，而切平面上任一點 $P(x, y, z)$ 的位置向量為 $\mathbf{R} = x\mathbf{i} + y\mathbf{j} + z\mathbf{k}$，則 P_0 至 P 的向量為 $\mathbf{R} - \mathbf{R}_0$，其在切平面上與 ∇f 垂直．如圖 5-6-2 所示，故

$$(\mathbf{R} - \mathbf{R}_0) \cdot \nabla f = 0$$

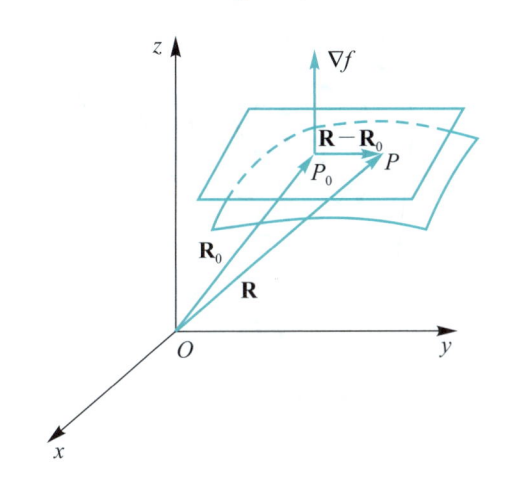

圖 5-6-2

或 $$[(x-x_0)\mathbf{i} + (y-y_0)\mathbf{j} + (z-z_0)\mathbf{k}] \cdot \left(\frac{\partial f}{\partial x}\mathbf{i} + \frac{\partial f}{\partial y}\mathbf{j} + \frac{\partial f}{\partial z}\mathbf{k}\right) = 0$$

即 $$(x-x_0)\frac{\partial f}{\partial x} + (y-y_0)\frac{\partial f}{\partial y} + (z-z_0)\frac{\partial f}{\partial z} = 0$$

再將 $x = x_0$, $y = y_0$, $z = z_0$ 代入 $\frac{\partial f}{\partial x}$, $\frac{\partial f}{\partial y}$, $\frac{\partial f}{\partial z}$ 中，即可求得切平面方程式如下：

$$(x-x_0)\frac{\partial f}{\partial x}\bigg|_{(x_0, y_0, z_0)} + (y-y_0)\frac{\partial f}{\partial y}\bigg|_{(x_0, y_0, z_0)} + (z-z_0)\frac{\partial f}{\partial z}\bigg|_{(x_0, y_0, z_0)} = 0 \quad (5\text{-}6\text{-}11)$$

二、散　度

若在一區域中的各點 K 有一以 K 為始點的唯一向量．這種向量的總集稱之為<u>向量場</u>．向量場在日常生活中是很普遍的．圖 5-6-3 的圖形說明了一車輪繞一輪軸旋轉所決定的向量場，對輪上的每一點，皆有一速度向量與其對應．這樣的向量場稱為<u>速度場</u>．

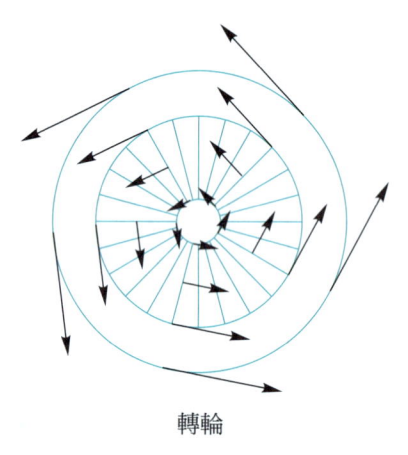

轉輪

圖 5-6-3　向量場

其他尚有一些常見的向量場是力學或電學上的<u>力場</u>．如果我們假設向量與時間無關，此稱為<u>穩定向量場</u>．

定義 5-6-2　散　度

設向量函數 $F(x, y, z) = f_1(x, y, z)\mathbf{i} + f_2(x, y, z)\mathbf{j} + f_3(x, y, z)\mathbf{k}$ 為可微分，則函數

$$\text{div } \mathbf{F} = \frac{\partial f_1}{\partial x} + \frac{\partial f_2}{\partial y} + \frac{\partial f_3}{\partial z} \tag{5-6-12}$$

稱為 $\mathbf{F}$ 的<u>散度</u> (divergence) 或 $\mathbf{F}$ 所產生<u>向量場</u>的散度．

div $\mathbf{F}$ 亦可寫成 $\nabla \cdot \mathbf{F}$，即

$$\text{div } \mathbf{F} = \nabla \cdot \mathbf{F} = \left(\frac{\partial}{\partial x}\mathbf{i} + \frac{\partial}{\partial y}\mathbf{j} + \frac{\partial}{\partial z}\mathbf{k} \right) \cdot (f_1\mathbf{i} + f_2\mathbf{j} + f_3\mathbf{k})$$

$$= \frac{\partial f_1}{\partial x} + \frac{\partial f_2}{\partial y} + \frac{\partial f_3}{\partial z} \tag{5-6-13}$$

式 (5-6-13) 中的"乘積"項 $\left(\dfrac{\partial}{\partial x}\right)f_1$、$\left(\dfrac{\partial}{\partial y}\right)f_2$ 及 $\left(\dfrac{\partial}{\partial z}\right)f_3$ 分別為偏導函數 $\dfrac{\partial f_1}{\partial x}$、$\dfrac{\partial f_2}{\partial y}$、$\dfrac{\partial f_3}{\partial z}$。因

$$\frac{\partial \mathbf{F}}{\partial x} \cdot \mathbf{i} = \frac{\partial f_1}{\partial x}, \qquad \frac{\partial \mathbf{F}}{\partial y} \cdot \mathbf{j} = \frac{\partial f_2}{\partial y}, \qquad \frac{\partial \mathbf{F}}{\partial z} \cdot \mathbf{k} = \frac{\partial f_3}{\partial z}$$

故式 (5-6-13) 可改寫成

$$\nabla \cdot \mathbf{F} = \frac{\partial \mathbf{F}}{\partial x} \cdot \mathbf{i} + \frac{\partial \mathbf{F}}{\partial y} \cdot \mathbf{j} + \frac{\partial \mathbf{F}}{\partial z} \cdot \mathbf{k} \tag{5-6-14}$$

定理 5-6-2　有關散度的性質

1. $\nabla \cdot (\mathbf{F} \pm \mathbf{G}) = \nabla \cdot \mathbf{F} \pm \nabla \cdot \mathbf{G}$ 或 $\mathrm{div}(\mathbf{F} \pm \mathbf{G}) = \mathrm{div}\,\mathbf{F} \pm \mathrm{div}\,\mathbf{G}$
2. $\nabla \cdot (k\mathbf{F}) = k\nabla \cdot \mathbf{F}$，$k$ 為常數
3. $\nabla \cdot (g\mathbf{F}) = (\nabla g) \cdot \mathbf{F} + g(\nabla \cdot \mathbf{F})$
4. $\nabla \cdot (\nabla \mathbf{F} \times \nabla \mathbf{G}) = \mathbf{0}$
5. $\mathrm{div}\,(\mathrm{grad}\,\mathbf{F}) = \nabla \cdot (\nabla \mathbf{F}) = \nabla^2 \mathbf{F} = \dfrac{\partial^2 \mathbf{F}}{\partial x^2} + \dfrac{\partial^2 \mathbf{F}}{\partial y^2} + \dfrac{\partial^2 \mathbf{F}}{\partial z^2}$

我們僅證明 3：

$$\nabla \cdot (g\mathbf{F}) = \frac{\partial}{\partial x}(gf_1) + \frac{\partial}{\partial y}(gf_2) + \frac{\partial}{\partial z}(gf_3)$$

$$= \left(f_1 \frac{\partial g}{\partial x} + f_2 \frac{\partial g}{\partial y} + f_3 \frac{\partial g}{\partial z}\right) + g\left(\frac{\partial f_1}{\partial x} + \frac{\partial f_2}{\partial y} + \frac{\partial f_3}{\partial z}\right)$$

$$= (\nabla g) \cdot \mathbf{F} + g(\nabla \cdot \mathbf{F})$$

【例題 4】　若 $\mathbf{F} = xe^y \mathbf{i} + e^{xy} \mathbf{j} + \sin yz\, \mathbf{k}$，試求 $\mathrm{div}\,\mathbf{F}$。

【解】　$\mathrm{div}\,\mathbf{F} = \nabla \cdot \mathbf{F} = \dfrac{\partial}{\partial x}(xe^y) + \dfrac{\partial}{\partial y}(e^{xy}) + \dfrac{\partial}{\partial z}(\sin yz) = e^y + xe^{xy} + y\cos yz$

【例題 5】 若已知 $\mathbf{F}(x, y, z) = ye^{xz}$，試求 div $(\nabla \mathbf{F}) = \nabla \cdot \nabla \mathbf{F} = ?$

【解】 因為

$$\nabla = \langle \frac{\partial}{\partial x}, \frac{\partial}{\partial y}, \frac{\partial}{\partial z} \rangle = \frac{\partial}{\partial x}\mathbf{i} + \frac{\partial}{\partial y}\mathbf{j} + \frac{\partial}{\partial z}\mathbf{k}$$

所以，
$$\nabla \mathbf{F} = \left(\frac{\partial}{\partial x}\mathbf{i} + \frac{\partial}{\partial y}\mathbf{j} + \frac{\partial}{\partial z}\mathbf{k} \right) \mathbf{F}$$

$$= \langle \frac{\partial}{\partial x}, \frac{\partial}{\partial y}, \frac{\partial}{\partial z} \rangle \mathbf{F}$$

$$= \langle \frac{\partial}{\partial x} ye^{xz}, \frac{\partial}{\partial y} ye^{xz}, \frac{\partial}{\partial z} ye^{xz} \rangle$$

$$= \langle yze^{xz}, e^{xz}, xye^{xz} \rangle$$

$$\text{div}(\nabla \mathbf{F}) = \nabla \cdot \nabla \mathbf{F} = \frac{\partial}{\partial x}(yze^{xz}) + \frac{\partial}{\partial y}(e^{xz}) + \frac{\partial}{\partial z}(xye^{xz})$$

$$= yz^2 e^{xz} + 0 + x^2 ye^{xz}$$

$$= ye^{xz}(z^2 + x^2)$$

【例題 6】 試證明 $\nabla \cdot \nabla f = \nabla^2 f$，其中 $\nabla^2 = \frac{\partial^2}{\partial x^2} + \frac{\partial^2}{\partial y^2} + \frac{\partial^2}{\partial z^2}$ 稱為拉氏運算子 (Laplacian operator)。

【解】
$$\nabla \cdot \nabla f = \left(\frac{\partial}{\partial x}\mathbf{i} + \frac{\partial}{\partial y}\mathbf{j} + \frac{\partial}{\partial z}\mathbf{k} \right) \cdot \left(\frac{\partial f}{\partial x}\mathbf{i} + \frac{\partial f}{\partial y}\mathbf{j} + \frac{\partial f}{\partial z}\mathbf{k} \right)$$

$$= \frac{\partial}{\partial x}\left(\frac{\partial f}{\partial x} \right) + \frac{\partial}{\partial y}\left(\frac{\partial f}{\partial y} \right) + \frac{\partial}{\partial z}\left(\frac{\partial f}{\partial z} \right)$$

$$= \frac{\partial^2 f}{\partial x^2} + \frac{\partial^2 f}{\partial y^2} + \frac{\partial^2 f}{\partial z^2}$$

$$= \left(\frac{\partial^2}{\partial x^2} + \frac{\partial^2}{\partial y^2} + \frac{\partial^2}{\partial z^2} \right) f$$

$$= \nabla^2 f$$

三、旋 度

定義 5-6-3

設向量函數 $\mathbf{F}(x, y, z) = f_1(x, y, z)\mathbf{i} + f_2(x, y, z)\mathbf{j} + f_3(x, y, z)\mathbf{k}$ 為可微分，則函數

$$\text{curl } \mathbf{F} = \left(\frac{\partial f_3}{\partial y} - \frac{\partial f_2}{\partial z}\right)\mathbf{i} + \left(\frac{\partial f_1}{\partial z} - \frac{\partial f_3}{\partial x}\right)\mathbf{j} + \left(\frac{\partial f_2}{\partial x} - \frac{\partial f_1}{\partial y}\right)\mathbf{k} \qquad (5\text{-}6\text{-}15)$$

稱為 $\mathbf{F}$ 的旋度 (curl 或稱 rotation) 或 $\mathbf{F}$ 所產生向量場的旋度．

curl $\mathbf{F}$ 亦可寫成 $\nabla \times \mathbf{F}$，即式 (5-6-15) 可改寫成

$$\text{curl } \mathbf{F} = \nabla \times \mathbf{F} = \begin{vmatrix} \mathbf{i} & \mathbf{j} & \mathbf{k} \\ \dfrac{\partial}{\partial x} & \dfrac{\partial}{\partial y} & \dfrac{\partial}{\partial z} \\ f_1 & f_2 & f_3 \end{vmatrix} \qquad (5\text{-}6\text{-}16)$$

定理 5-6-3　有關旋度的性質

1. $\nabla \times (\mathbf{F} \pm \mathbf{G}) = \nabla \times \mathbf{F} \pm \nabla \times \mathbf{G}$ 或 Curl $(\mathbf{F} \pm \mathbf{G}) = $ Curl $\mathbf{F} \pm $ Curl $\mathbf{G}$
2. $\nabla \times (k\mathbf{F}) = k\nabla \times \mathbf{F}$，$k$ 為常數
3. $\nabla \times (g\mathbf{F}) = (\nabla g) \times \mathbf{F} + g(\nabla \times \mathbf{F})$，$g$ 為純量函數
4. $\nabla \cdot (\mathbf{F} \times \mathbf{G}) = \mathbf{G} \cdot (\nabla \times \mathbf{F}) - \mathbf{F} \cdot (\nabla \times \mathbf{G})$
5. $\nabla \times (\nabla \times \mathbf{F}) = \nabla(\nabla \cdot \mathbf{F}) - (\nabla \cdot \nabla)\mathbf{F} = \nabla(\nabla \cdot \mathbf{F}) - \nabla^2 \mathbf{F}$
6. $\nabla \times \nabla f = \mathbf{0}$
7. $\nabla \cdot (\nabla \times \mathbf{F}) = 0$

【例題 7】 若 $\mathbf{F}(x, y, z) = xz\mathbf{i} + xyz\mathbf{j} - y^2\mathbf{k}$,試求 Curl $\mathbf{F}$.

【解】

$$\text{Curl } \mathbf{F} = \nabla \times \mathbf{F} = \begin{vmatrix} \mathbf{i} & \mathbf{j} & \mathbf{k} \\ \dfrac{\partial}{\partial x} & \dfrac{\partial}{\partial y} & \dfrac{\partial}{\partial z} \\ xz & xyz & -y^2 \end{vmatrix}$$

$$= \left[\dfrac{\partial}{\partial y}(-y^2) - \dfrac{\partial}{\partial z}(xyz) \right]\mathbf{i} - \left[\dfrac{\partial}{\partial x}(-y^2) - \dfrac{\partial}{\partial z}(xz) \right]\mathbf{j}$$

$$+ \left[\dfrac{\partial}{\partial x}(xyz) - \dfrac{\partial}{\partial y}(xz) \right]\mathbf{k}$$

$$= (-2y - xy)\mathbf{i} - (0 - x)\mathbf{j} + (yz - 0)\mathbf{k}$$

$$= -y(2+x)\mathbf{i} + x\mathbf{j} + yz\mathbf{k}$$

【例題 8】 若 $\mathbf{F} = x^2 y\mathbf{i} - 2xz\mathbf{j} + 2yz\mathbf{k}$,試求 $\nabla \times (\nabla \times \mathbf{F})$.

【解】

$$\nabla \times (\nabla \times \mathbf{F}) = \nabla \times \begin{vmatrix} \mathbf{i} & \mathbf{j} & \mathbf{k} \\ \dfrac{\partial}{\partial x} & \dfrac{\partial}{\partial y} & \dfrac{\partial}{\partial z} \\ x^2 y & -2xz & 2yz \end{vmatrix}$$

$$= \nabla \times [(2x + 2z)\mathbf{i} - (x^2 + 2z)\mathbf{k}]$$

$$= \begin{vmatrix} \mathbf{i} & \mathbf{j} & \mathbf{k} \\ \dfrac{\partial}{\partial x} & \dfrac{\partial}{\partial y} & \dfrac{\partial}{\partial z} \\ 2x + 2z & 0 & -x^2 - 2z \end{vmatrix}$$

$$= 2(x + 1)\mathbf{j}$$

【例題 9】 試求向量場 $\mathbf{F} = x^2 y^2 z^2 \mathbf{i} + y^2 z^2 \mathbf{j} + x^2 z^2 \mathbf{k}$ 之散度與旋度.

【解】 $\text{div } \mathbf{F} = \nabla \cdot \mathbf{F} = \dfrac{\partial}{\partial x}(x^2 y^2 z^2) + \dfrac{\partial}{\partial y}(y^2 z^2) + \dfrac{\partial}{\partial z}(x^2 z^2)$

$$= 2xy^2 z^2 + 2yz^2 + 2x^2 z$$

$$\text{curl } \mathbf{F} = \nabla \times \mathbf{F} = \begin{vmatrix} \mathbf{i} & \mathbf{j} & \mathbf{k} \\ \dfrac{\partial}{\partial x} & \dfrac{\partial}{\partial y} & \dfrac{\partial}{\partial z} \\ x^2 y^2 z^2 & y^2 z^2 & x^2 z^2 \end{vmatrix}$$

$$= \left(\frac{\partial}{\partial y}(x^2 z^2) - \frac{\partial}{\partial z}(y^2 z^2) \right)\mathbf{i} + \left(\frac{\partial}{\partial z}(x^2 y^2 z^2) - \frac{\partial}{\partial x}(x^2 z^2) \right)\mathbf{j}$$

$$+ \left(\frac{\partial}{\partial x}(y^2 z^2) - \frac{\partial}{\partial y}(x^2 y^2 z^2) \right)\mathbf{k}$$

$$= -2zy^2 \mathbf{i} + (2x^2 y^2 z - 2xz^2)\mathbf{j} - 2yx^2 z^2 \mathbf{k}$$

$$= -2[y^2 z\mathbf{i} + (xz^2 - x^2 y^2 z)\mathbf{j} + x^2 yz^2 \mathbf{k}]$$

習題 5-6

1. 試求下列各函數的梯度 ∇f.

   (1) $f(x, y, z) = xyz$

   (2) $f(x, y) = \dfrac{x}{x^2 + y^2}$

   (3) $f(x, y, z) = e^{-x} \cos yz$

2. 若 $\mathbf{R} = x\mathbf{i} + y\mathbf{j} + z\mathbf{k}$，試求 $\nabla \ln |\mathbf{R}|$ 及 $\nabla \left(\dfrac{1}{\|\mathbf{R}\|} \right)$.

3. 設 $\mathbf{A}$ 為常向量，且 $\mathbf{R} = x\mathbf{i} + y\mathbf{j} + z\mathbf{k}$，試證 $\nabla(\mathbf{A} \cdot \mathbf{R}) = \mathbf{A}$.

4. 試求 $f(x, y, z) = x^2 yz + 4xz^2$ 在點 $(1, -2, -1)$ 沿著 $2\mathbf{i} - \mathbf{j} - 2\mathbf{k}$ 方向的方向導數.

5. 試求 $f(x, y, z) = x^2 yz^3$ 在點 $(1, 2, -1)$ 沿著自該點朝向點 $(2, 0, 3)$ 之方向的方向導數.

6. 試求曲面 $x^2 y + 2xz = 4$ 在點 $(2, -2, 3)$ 的單位法向量.

7. 試求曲面 $2xz^2 - 3xy - 4x = 7$ 在點 $(1, -1, 2)$ 的切平面.

8. 試求兩曲面 $x^2 + y^2 + z^2 = 9$ 與 $z = x^2 + y^2 - 3$ 在點 $(2, -1, 2)$ 的交角 (即切平面間的角).

9. 試求向量場 $\mathbf{F} = 3xyz\mathbf{i} + 2xy^2\mathbf{j} - xyz^2\mathbf{k}$ 之散度與旋度.

10. 試證 $\nabla \cdot (f\nabla g) = f\nabla^2 g + \nabla f \cdot \nabla g$.

11. 若 $f(x, y) = \ln(x^2 + y^2)$, 試證 $\nabla^2 f = 0$.

12. 試證 $\nabla^2(fg) = f\nabla^2 g + 2\nabla f \cdot \nabla g + g\nabla^2 f$.

13. 若 $\nabla \times \mathbf{A} = \mathbf{0}$, 且 $\mathbf{R} = x\mathbf{i} + y\mathbf{j} + z\mathbf{k}$, 試求 $\nabla \cdot (\mathbf{A} \times \mathbf{R})$.

5-7　線積分

在本節裡，我們將探討向量函數沿著空間曲線的積分——線積分 (line integral)．線積分的觀念係將定積分 $\int_a^b f(x)\,dx$ 的觀念加以推廣．在定積分中，我們是沿著 x-軸積分，而被積分函數 $f(x)$ 定義在區間 $[a, b]$．線積分係沿著空間中 (或平面上) 一曲線積分，而被積分函數在該曲線上每一點皆有定義．

令平面曲線 C 的參數式為

$$x = x(t),\quad y = y(t),\quad a \leq t \leq b$$

並假設 C 為平滑曲線 (即 $x'(t)$ 與 $y'(t)$ 在 $[a, b]$ 皆為連續且不同時為零)．現在，我們對參數區間 $[a, b]$ 選取分點如下：

$$a = t_0 < t_1 < t_2 < \cdots < t_n = b$$

而將 $[a, b]$ 分成 n 個子區間，這 n 個子區間構成 $[a, b]$ 之一分割 P. 最大子區間的長度定義成分割 P 的範數並記為 $\|P\|$. 令 $x_i = x(t_i)$, $y_i = y(t_i)$, 則在 C 上的對應點 $P_i(x_i, y_i)$ 將 C 分成 n 個小弧段，長度為 Δs_1, Δs_2, $\cdots$, Δs_n, 如圖 5-7-1 所示．我們在第 i 個小弧段上任取一點 $P_i^*(x_i^*, y_i^*)$ (此對應於 $[t_{i-1}, t_i]$ 中的 t_i^*)．若函數 $f(x, y)$ 在包含 C 的區域為連續，則作成一和

$$\sum_{i=1}^n f(x_i^*, y_i^*)\,\Delta s_i$$

▣ 5-7-1

定義 5-7-1　純量函數的線積分

設平滑平面曲線 C 的參數式為

$$x = x(t), \quad a \leq t \leq b$$
$$y = y(t)$$

若函數 $f(x, y)$ 在包含 C 的區域為連續，則 *f* 沿著 *C*(對弧長) 的線積分定義為

$$\int_C f(x, y)\, ds = \lim_{\|P\| \to 0} f(x_i^*, y_i^*)\, \Delta s_i$$

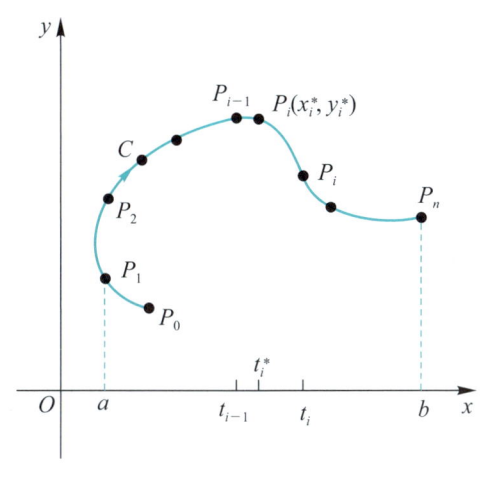

倘若上面極限存在．曲線 C 稱為 積分路徑．

又平面曲線 C 的長度為

$$L = \int_a^b \sqrt{(x'(t))^2 + (y'(t))^2}\, dt$$

因此，在 C 上，從 $t=a$ 所對應之點到 $t=t$ 所對應之點間的弧長為

$$s(t) = \int_a^t \sqrt{(x'(t))^2 + (y'(t))^2}\, dt$$

[此處 $s(t)$ 為弧長函數] 可得

$$\frac{ds}{dt} = \sqrt{(x'(t))^2 + (y'(t))^2}$$

$$ds = \sqrt{(x'(t))^2 + (y'(t))^2}\, dt$$

所以，

$$\int_C f(x,\, y)\, ds = \int_a^b f(x(t),\, y(t))\, \sqrt{[x'(t)]^2 + [y'(t)]^2}\, dt \tag{5-7-1}$$

當 C 為從點 $(a,\, 0)$ 到點 $(b,\, 0)$ 的線段時，以 x 作為參數，可將 C 的參數式表示如下：$x = x$，$y = 0$，$a \leq x \leq b$，則式 (5-7-1) 變成

$$\int_C f(x,\, y)\, ds = \int_a^b f(x,\, 0)\, dx$$

因此，線積分化成普通的單積分．

【例題 1】 試計算 $\int_C x^2 y\, ds$，其中 C 的參數式為 $x = \cos t$，$y = \sin t$，$0 \leq t \leq \dfrac{\pi}{2}$．

【解】 曲線 C 如圖 5-7-2 所示．利用式 (5-7-1)，可得

$$\begin{aligned}
\int_C x^2 y\, ds &= \int_0^{\pi/2} \cos^2 t \sin t \sqrt{\sin^2 t + \cos^2 t}\, dt \\
&= -\int_0^{\pi/2} \cos^2 t\, d\cos t \\
&= -\frac{1}{3} \cos^3 t \Big|_0^{\pi/2} \\
&= \frac{1}{3}
\end{aligned}$$

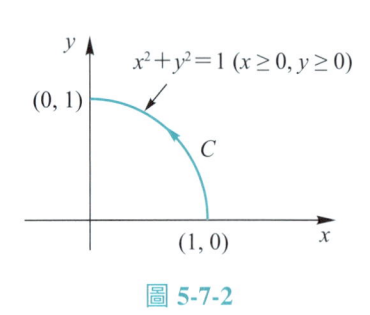

圖 5-7-2

若在定義 5-7-1 中分別用 Δx_i 及 Δy_i 代換 Δs_i，則

$$\int_C f(x,\, y)\, dx = \lim_{\|P\| \to 0} \sum_{i=1}^n f(x_i^*,\, y_i^*)\, \Delta x_i$$

$$\int_C f(x,\, y)\, dy = \lim_{\|P\| \to 0} \sum_{i=1}^n f(x_i^*,\, y_i^*)\, \Delta y_i$$

符號 $\int_C f(x, y)\, dx$ 稱為 **f 沿著 C 對 x 的線積分**，$\int_C f(x, y)\, dy$ 稱為 **f 沿著 C 對 y 的線積分**.

若 $x = x(t)$，$y = y(t)$，$a \leq t \leq b$，則 $dx = x'(t)\, dt$，$dy = y'(t)\, dt$，可得

$$\int_C f(x, y)\, dx = \int_a^b f(x(t), y(t))\, x'(t)\, dt \tag{5-7-2}$$

$$\int_C f(x, y)\, dy = \int_a^b f(x(t), y(t))\, y'(t)\, dt \tag{5-7-3}$$

線積分時常出現 $\int_C P(x, y)\, dx + \int_C Q(x, y)\, dy$ 的形式，我們習慣上將它縮寫成 $\int_C P(x, y)\, dx + Q(x, y)\, dy$，即

$$\int_C P(x, y)\, dx + Q(x, y)\, dy = \int_C P(x, y)\, dx + \int_C Q(x, y)\, dy \tag{5-7-4}$$

式子 $P(x, y)\, dx + Q(x, y)\, dy$ 稱為**微分式**.

【例題 2】 試計算 $\int_C 2xy\, dx + (x^2 + y^2)\, dy$，其中 C 的參數式為 $x = \cos t$，$y = \sin t$，$0 \leq t \leq \dfrac{\pi}{2}$.

【解】 曲線 C 如圖 5-7-3 所示. 由式 (5-7-2)，

$$\int_C 2xy\, dx = \int_0^{\pi/2} (2\cos t \sin t)(-\sin t)\, dt$$

$$= -2 \int_0^{\pi/2} \sin^2 t \cos t\, dt$$

$$= -\dfrac{2}{3} \sin^3 t \Big|_0^{\pi/2}$$

$$= -\dfrac{2}{3}$$

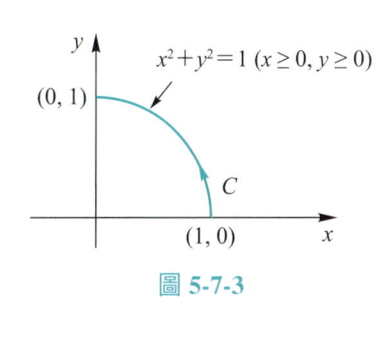

圖 5-7-3

由式 (5-7-3)，

$$\int_C (x^2+y^2)\,dy = \int_0^{\pi/2} (\cos^2 t + \sin^2 t) \cos t\, dt$$

$$= \int_0^{\pi/2} \cos t\, dt = \sin t \Big|_0^{\pi/2} = 1$$

於是，由式 (5-7-4)，

$$\int_C 2xy\,dx + (x^2+y^2)\,dy = \int_C 2xy\,dx + \int_C (x^2+y^2)\,dy$$

$$= -\frac{2}{3} + 1 = \frac{1}{3}$$

【例題 3】 試計算 $\int_C 2xy\,dx + (x^2+y^2)\,dy$，其中曲線 C 的參數式為 $x=t$, $y=\sqrt{1-t^2}$, $0 \le t \le 1$.

【解】 曲線 C 如圖 5-7-4 所示.

$$\int_C 2xy\,dx = \int_0^1 2t\sqrt{1-t^2}\,dt$$

$$= -\frac{2}{3}(1-t^2)^{3/2}\Big|_0^1$$

$$= \frac{2}{3}$$

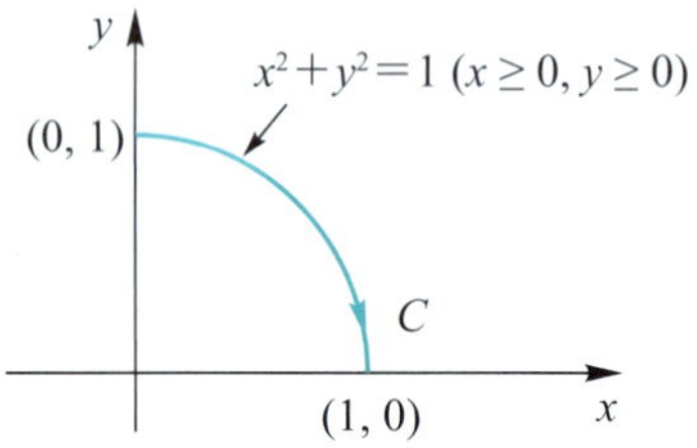

圖 5-7-4

$$\int_C (x^2+y^2)\,dy = \int_0^1 y'(t)\,dt = y(t)\Big|_0^1 = \sqrt{1-t^2}\Big|_0^1 = -1$$

所以， $\int_C 2xy\,dx + (x^2+y^2)\,dy = \frac{2}{3} - 1 = -\frac{1}{3}$

若曲線 C 是沿著某方向，則沿著反方向的同樣曲線通常記為符號 $-C$. 於是，

$$\int_{-C} f(x,\ y)\,dx = -\int_C f(x,\ y)\,dx$$

$$\int_{-C} f(x, y)\, dy = -\int_{C} f(x, y)\, dy$$

$$\int_{-C} P(x, y)\, dx + Q(x, y)\, dy = -\int_{C} P(x, y)\, dx + Q(x, y)\, dy$$

但是，

$$\int_{-C} f(x, y)\, ds = \int_{C} f(x, y)\, ds$$

這是因為 Δs_i 恆正，而當我們顛倒 C 的方向時，Δx_i 與 Δy_i 會變號．

在線積分的定義裡，我們需要曲線 C 為平滑．然而，該定義可推廣到端點連著端點的有限多條平滑曲線 C_1, C_2, $\cdots$, C_n 所形成的曲線，這種曲線稱為 分段平滑 (圖 5-7-5)．我們定義沿著分段平滑曲線 C 的線積分為在各分段的積分和．

$$\int_C = \int_{C_1} + \int_{C_2} + \cdots + \int_{C_n}$$

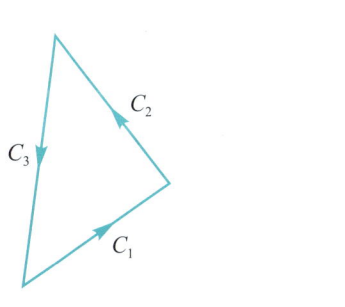

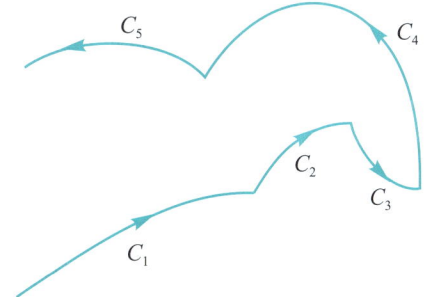

圖 5-7-5

【例題 4】 試計算 $\int_C x^2 y\, dx + x\, dy$，其中路徑 C 為自原點向右沿著水平線段至點 $(1, 0)$，再向上沿著垂直線段至點 $(1, 2)$，然後沿著直線段回到原點．

【解】 路徑 C 如圖 5-7-6 所示．

C_1：$x = t$, $y = 0$, $0 \leq t \leq 1$

C_2：$x = 1$, $y = t$, $0 \leq t \leq 2$

C_3：$x = 1 - t$, $y = 2 - 2t$, $0 \leq t \leq 1$

$$\int_{C_1} x^2 y\, dx + x\, dy = \int_0^1 0\, dt = 0$$

$$\int_{C_2} x^2 y\, dx + x\, dy = \int_0^2 dt = 2$$

$$\int_{C_3} x^2 y\, dx + x\, dy$$

$$= \int_0^1 (1-t)^2 (2-2t)(-dt) + \int_0^1 (1-t)(-2dt)$$

$$= 2\int_0^1 (t-1)^3 dt + 2\int_0^1 (t-1)\, dt$$

$$= \frac{1}{2}(t-1)^4 \Big|_0^1 + (t-1)^2 \Big|_0^1$$

$$= -\frac{1}{2} - 1 = -\frac{3}{2}$$

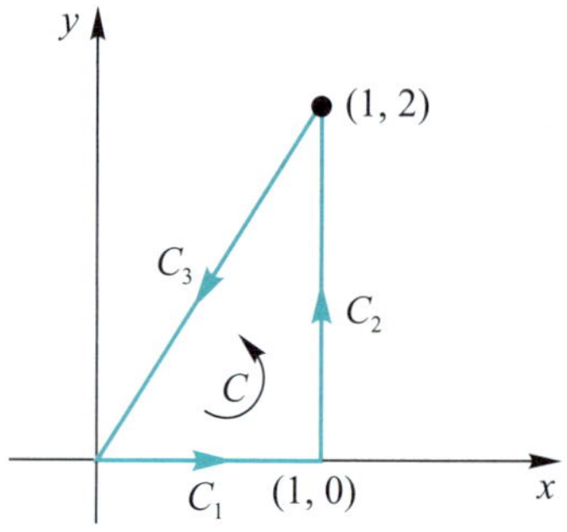

所以，$\quad \int_C x^2 y\, dx + x\, dy = 0 + 2 - \frac{3}{2} = \frac{1}{2}$

圖 5-7-6

線積分的觀念可推廣到三維空間．假設三維空間中平滑曲線 C 的參數式為

$$\begin{aligned} x &= x(t) \\ y &= y(t), \quad a \le t \le b \\ z &= z(t) \end{aligned}$$

若函數 $f(x, y, z)$ 在包含 C 的區域為連續，則我們定義 f 沿著 C (對弧長) 的線積分為

$$\int_C f(x, y, z)\, ds = \lim_{\|P\| \to 0} \sum_{i=1}^n f(x_i^*, y_i^*, z_i^*) \Delta s_i$$

我們可用下列公式計算線積分．

定理 5-7-1

$$\int_C f(x, y, z)\, ds = \int_a^b f(x(t), y(t), z(t))\sqrt{[x'(t)]^2 + [y'(t)]^2 + [z'(t)]^2}\, dt \tag{5-7-5}$$

$$\int_C f(x, y, z)\, dx = \int_a^b f(x(t), y(t), z(t))\, x'(t)\, dt \tag{5-7-6}$$

$$\int_C f(x, y, z)\, dy = \int_a^b f(x(t), y(t), z(t))\, y'(t)\, dt \tag{5-7-7}$$

$$\int_C f(x, y, z)\, dz = \int_a^b f(x(t), y(t), z(t))\, z'(t)\, dt \tag{5-7-8}$$

$$\int_C P(x, y, z)\, dx + Q(x, y, z)\, dy + R(x, y, z)\, dz$$
$$= \int_C P(x, y, z)\, dx + \int_C Q(x, y, z)\, dy + \int_C R(x, y, z)\, dz \tag{5-7-9}$$

【例題 5】 試計算 $\int_C x \cos z\, ds$,其中 C 的參數式為 $x = \cos t$, $y = \sin t$, $z = t$, $0 \le t \le 2\pi$.

【解】 由式 (5-7-5),

$$\int_C x \cos z\, ds = \int_0^{2\pi} \cos^2 t \sqrt{\sin^2 t + \cos^2 t + 1}\, dt$$

$$= \frac{\sqrt{2}}{2} \int_0^{2\pi} (1 + \cos 2t)\, dt$$

$$= \frac{\sqrt{2}}{2} \left(t + \frac{1}{2} \sin 2t \right) \Big|_0^{2\pi}$$

$$= \sqrt{2}\, \pi$$

【例題 6】 試計算 $\int_C y\, dx + z\, dy + x\, dz$,其中 C 為自點 $(2, 0, 0)$ 至點 $(3, 4, 5)$ 的線段.

【解】
$$R = \langle x, y, z \rangle = \langle 2, 0, 0 \rangle + t \langle 3-2, 4-0, 5-0 \rangle$$
$$= \langle 2+t, 4t, 5t \rangle, \quad 0 \leq t \leq 1$$

C 的參數式為
$$\begin{aligned} x &= 2+t \\ y &= 4t \\ z &= 5t \end{aligned}, \quad 0 \leq t \leq 1$$

於是,
$$\int_C y\,dx + z\,dy + x\,dz = \int_0^1 4t\,dt + 20t\,dt + 5(2+t)\,dt$$
$$= \int_0^1 (29t+10)\,dt = \frac{29}{2}t^2 + 10t \Big|_0^1$$
$$= \frac{49}{2}$$

定義 5-7-2 向量函數的線積分

設平滑曲線 C 的位置向量為 $\mathbf{R}(t) = x(t)\mathbf{i} + y(t)\mathbf{j} + z(t)\mathbf{k}$,若向量函數 $\mathbf{F}(x, y, z) = f_1(x, y, z)\mathbf{i} + f_2(x, y, z)\mathbf{j} + f_3(x, y, z)\mathbf{k}$ 在包含 C 的區域為連續,則 **F 沿著 C 的線積分** 定義為

$$\int_C \mathbf{F} \cdot d\mathbf{R} = \int_C f_1(x, y, z)\,dx + f_2(x, y, z)\,dy + f_3(x, y, z)\,dz$$

【例題 7】 設 $\mathbf{F} = y\mathbf{i} + z\mathbf{j} + x\mathbf{k}$,試求沿著下列各路徑的線積分.

(1) $C: \mathbf{R} = t\mathbf{i} + t^2\mathbf{j} + t^3\mathbf{k}$ $(0 \leq t \leq 1)$

(2) 依次連接 $(0, 0, 0)$、$(1, 0, 0)$、$(1, 0, 1)$ 及 $(1, 1, 1)$ 四點所成的折線 C.

(3) 自點 $(0, 0, 0)$ 經直線至點 $(1, 1, 1)$ 的路徑.

【解】 (1) $\displaystyle\int_C \mathbf{F} \cdot d\mathbf{R} = \int_0^1 (t^2 + 2t^4 + 3t^3)\,dt = \frac{1}{3} + \frac{2}{5} + \frac{3}{4} = \frac{89}{60}$

(2) 如圖 5-7-7 所示，C_1、C_2、C_3 各表折線 C 的三線段.

C_1：$R = t\mathbf{i}$ $(0 \leq t \leq 1)$

C_2：$R = \mathbf{i} + t\mathbf{k}$ $(0 \leq t \leq 1)$

C_3：$R = \mathbf{i} + t\mathbf{j} + \mathbf{k}$ $(0 \leq t \leq 1)$

故

$$\int_C \mathbf{F} \cdot d\mathbf{R}$$

$$= \int_{C_1} \mathbf{F} \cdot d\mathbf{R} + \int_{C_2} \mathbf{F} \cdot d\mathbf{R} + \int_{C_3} \mathbf{F} \cdot d\mathbf{R}$$

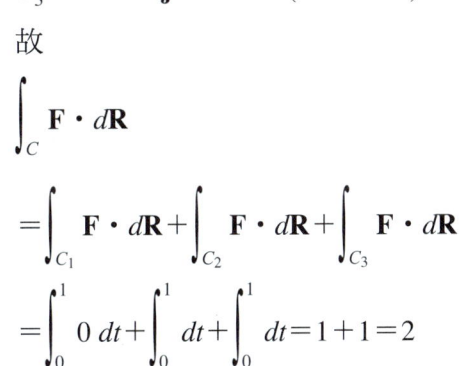

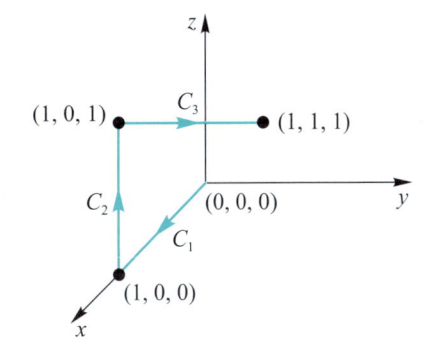

$$= \int_0^1 0 \, dt + \int_0^1 dt + \int_0^1 dt = 1 + 1 = 2$$

圖 5-7-7

(3) 自點 (0, 0, 0) 經直線至點 (1, 1, 1) 的路徑為 C：$\mathbf{R} = t\mathbf{i} + t\mathbf{j} + t\mathbf{k}$ $(0 \leq t \leq 1)$.

$$\int_C \mathbf{F} \cdot d\mathbf{R} = \int_0^1 (t + t + t) \, dt = \frac{3}{2}$$

【例題 8】 以力 $\mathbf{F}$ 將一物體沿著曲線 C 移動，所作的功為

$$W = \int_C \mathbf{F} \cdot d\mathbf{R}$$

若某物體在力 $\mathbf{F}(x, y) = x^3 y\mathbf{i} + (x - y)\mathbf{j}$ 的限制下由點 $(-2, 4)$ 沿著拋物線 $y = x^2$ 移到點 $(1, 1)$，試求所作的功.

【解】 路徑 C：$\mathbf{R}(t) = t\mathbf{i} + t^2\mathbf{j}$ $(-2 \leq t \leq 1)$

因 $x = t$，$y = t^2$，故

$$\int_C \mathbf{F} \cdot d\mathbf{R} = \int_C [x^3 y \, dx + (x - y) \, dy] = \int_{-2}^1 (t^5 + 2t^2 - 2t^3) \, dt$$

$$= \left(\frac{1}{6} t^6 + \frac{2}{3} t^3 - \frac{1}{2} t^4 \right) \bigg|_{-2}^1 = 3$$

線積分之值除了得到純量外，亦可得到向量，如 $\int_C f \, d\mathbf{R}$ 與 $\int_C \mathbf{F} \, dl$，其中 $\int_C f \, d\mathbf{R}$

的意義為

$$\int_C f\, d\mathbf{R} = \int_C f(dx\mathbf{i} + dy\mathbf{j} + dz\mathbf{k}) = \left(\int_C f\, dx\right)\mathbf{i} + \left(\int_C f\, dy\right)\mathbf{j} + \left(\int_C f\, dz\right)\mathbf{k}$$

而 $\int_C \mathbf{F}\, dl$ 的意義為

$$\int_C \mathbf{F}\, dl = \int_C (f_1\mathbf{i} + f_2\mathbf{j} + f_3\mathbf{k})\, dl = \left(\int_C f_1\, dl\right)\mathbf{i} + \left(\int_C f_2\, dl\right)\mathbf{j} + \left(\int_C f_3\, dl\right)\mathbf{k}$$

一、與路徑無關的線積分

一般而言，線積分 $\int_C \mathbf{F} \cdot d\mathbf{R}$ 的值與曲線 C 有關. 然而，我們現在將說明，當被積分函數滿足適當條件時，線積分的值僅與曲線 C 的兩端點位置有關，而與連接該兩端點的曲線形狀無關. 在這種情形當中，線積分的計算大大地簡化.

首先，我們在此舉出一個例子.

【例題 9】 已知 $\mathbf{F}(x, y) = y\mathbf{i} + x\mathbf{j}$，試沿著下列曲線計算積分.

(1) 直線 $y = x$ 自點 $(0, 0)$ 至點 $(1, 1)$ 的部分.

(2) 拋物線 $y = x^2$ 自點 $(0, 0)$ 至點 $(1, 1)$ 的部分.

(3) 立方曲線 $y = x^3$ 自點 $(0, 0)$ 至點 $(1, 1)$ 的部分.

【解】 (1) 以 $x = t$ 作為參數，則曲線 C 為 $\mathbf{R}(t) = t\mathbf{i} + t\mathbf{j}$ $(0 \leq t \leq 1)$.

因 $\mathbf{F}(x, y) = y\mathbf{i} + x\mathbf{j}$，故 $\mathbf{F}(x(t), y(t)) = t\mathbf{i} + t\mathbf{j}$. 於是，

$$\int_C \mathbf{F} \cdot d\mathbf{R} = \int_0^1 (t\mathbf{i} + t\mathbf{j}) \cdot (\mathbf{i} + \mathbf{j})\, dt = \int_0^1 2t\, dt = 1$$

(2) 以 $x = t$ 作為參數，則曲線 C 為 $\mathbf{R}(t) = t\mathbf{i} + t^2\mathbf{j}$ $(0 \leq t \leq 1)$，而 $\mathbf{F}(x(t), y(t)) = t^2\mathbf{i} + t\mathbf{j}$. 於是，

$$\int_C \mathbf{F} \cdot d\mathbf{R} = \int_0^1 (t^2\mathbf{i} + t\mathbf{j}) \cdot (\mathbf{i} + 2t\mathbf{j})\, dt = \int_0^1 3t^2\, dt = 1$$

(3) 以 $x = t$ 作為參數，則曲線 C 為 $\mathbf{R}(t) = t\mathbf{i} + t^3\mathbf{j}$ $(0 \leq t \leq 1)$，而 $\mathbf{F}(x(t), y(t))$

$$= t^3\mathbf{i} + t\mathbf{j}. \text{ 於是}$$

$$\int_C \mathbf{F} \cdot d\mathbf{R} = \int_0^1 (t^3\mathbf{i} + t\mathbf{j}) \cdot (\mathbf{i} + 3t^2\mathbf{j}) \, dt = \int_0^1 4t^3 \, dt = 1$$

在本例中，我們對線積分得到相同的值，即使我們沿著連接點 (0，0) 到點 (1，1) 的三條不同路徑.

為了說明線積分與路徑無關，我們首先定義連通區域 (connected region). 若區域 D 中每一條閉曲線可始終不離開 D，而連續地縮至 D 中之任一點，則區域 D 稱為單連通 (simply connected)；否則稱為多連通 (multiply connected). 我們可想像這一條閉曲線，好像一條橡皮圈，可移動並無限縮小至一點.

例如，在平面上，圓、矩形等的內部均為單連通區域，而圓環則為多連通區域. 在三維空間中，球或立方體的內部，兩同心球間的部分等均為單連通；但一環面的內部，及移去一直徑的球內部等則為多連通.

根據例題 7 的結果，線積分的值與積分路徑有關. 現在，我們將討論在何種條件下，線積分的值與積分路徑無關. 當一線積分的值僅決定於積分上下限的兩端點位置，而與連接此兩端點所取路徑之選擇無關時 (端點與積分路徑均限定在定義域中)，則稱該線積分在定義域中與路徑無關.

定理 5-7-2

設在區域 D 中，$\mathbf{F} = f_1\mathbf{i} + f_2\mathbf{j} + f_3\mathbf{k}$，而 f_1、f_2、f_3 皆為連續. 若線積分 $\int_C \mathbf{F} \cdot d\mathbf{R}$ 與 D 中路徑無關，則必存在一純量函數 ϕ，使得 $\mathbf{F} = \nabla\phi$. 又若 $\mathbf{F} = \nabla\phi$，且 D 為單連通，則 $\int_C \mathbf{F} \cdot d\mathbf{R}$ 與 D 中路徑無關.

證 (i) 假設線積分與 D 中路徑無關. 我們在 D 中任取一固定點 P 及一動點 Q，而令函數

$$\phi(x, y, z) = \int_P^Q \mathbf{F} \cdot d\mathbf{R}$$

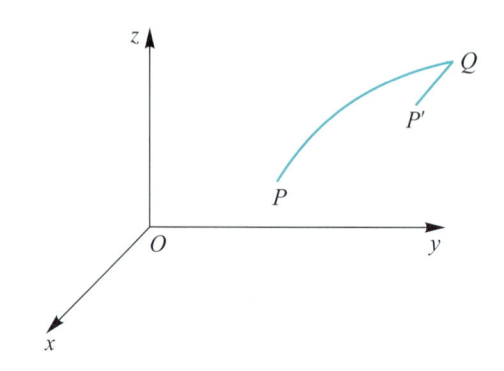

圖 5-7-8

因線積分僅由兩端點 P 及 Q 決定，但 P 為一固定點，所以 ϕ 為 Q 點的位置函數．今設 $Q(x, y, z)$ 點沿 x-軸方向改變很短的距離至 $P'(x+\Delta x, y, z)$ ($\overline{QP'}$ 在 D 中，如圖 5-7-8)，則

$$\phi(x+\Delta x, y, z) - \phi(x, y, z) = \int_P^{P'} \mathbf{F} \cdot d\mathbf{R} - \int_P^Q \mathbf{F} \cdot d\mathbf{R} = \int_Q^{P'} \mathbf{F} \cdot d\mathbf{R}$$

由於 $\overline{QP'}$ 平行於 x-軸，可知 $dy=dz=0$，故

$$\frac{\phi(x+\Delta x, y, z) - \phi(x, y, z)}{\Delta x} = \frac{1}{\Delta x}\int_Q^{P'} \mathbf{F} \cdot d\mathbf{R} = \frac{1}{\Delta x}\int_x^{x+\Delta x} f_1\, dx$$

當 $\Delta x \to 0$ 時，可得

$$\frac{\partial \phi}{\partial x} = \lim_{\Delta x \to 0} \frac{\phi(x+\Delta x, y, z) - \phi(x, y, z)}{\Delta x}$$
$$= \lim_{\Delta x \to 0} \left(\frac{1}{\Delta x} \int_x^{x+\Delta x} f_1\, dx\right) = \lim_{\Delta x \to 0} \frac{f_1 \Delta x}{\Delta x} = f_1$$

同理，如取 $\overline{QP'}$ 平行於 y-軸及 z-軸，可得

$$\frac{\partial \phi}{\partial y} = f_2,\quad \frac{\partial \phi}{\partial z} = f_3$$

故

$$\mathbf{F} = \frac{\partial \phi}{\partial x}\mathbf{i} + \frac{\partial \phi}{\partial y}\mathbf{j} + \frac{\partial \phi}{\partial z}\mathbf{k} = \nabla \phi$$

(ii) 假設 $\mathbf{F} = \nabla \phi$，則

$$\int_C \mathbf{F} \cdot d\mathbf{R} = \int_C \nabla\phi \cdot d\mathbf{R} = \int_C \left(\frac{\partial \phi}{\partial x} dx + \frac{\partial \phi}{\partial y} dy + \frac{\partial \phi}{\partial z} dz \right)$$

$$= \int_C d\phi = \phi(Q) - \phi(P)$$

上式等號右邊僅含 ϕ 在兩端點 P 與 Q 的值，故左邊的積分對於連接這兩點的每一條分段平滑曲線 C 有相同的值，我們稱該積分與路徑 C 無關．若向量函數 $\mathbf{F} = \nabla\phi$，則稱 $\mathbf{F}$ 為保守，ϕ 為 $\mathbf{F}$ 的位勢函數，而 $\mathbf{F}$ 所產生的向量場稱為保守場．定理 5-7-2 告訴我們，若 $\mathbf{F}$ 在某區域為保守，C 為在該區域中的路徑，則線積分 $\int_C \mathbf{F} \cdot d\mathbf{R}$ 與路徑無關，其積分值可由位勢函數在該路徑兩端點的值決定．

【例題 10】 函數 $\mathbf{F}(x, y) = y\mathbf{i} + x\mathbf{j}$ 為 $\phi(x, y) = xy$ 的梯度，於是，沿著自點 $(0, 0)$ 至點 $(1, 1)$ 的任意分段平滑曲線 C，依定理 5-7-2 可得

$$\int_C \mathbf{F} \cdot d\mathbf{R} = \phi(1, 1) - \phi(0, 0) = 1$$

此一結果與例題 9 所得結果一致．

定理 5-7-3

設 $\mathbf{F}(x, y) = P(x, y)\mathbf{i} + Q(x, y)\mathbf{j}$，其中 P 與 Q 在某開區域皆有連續的一階偏導函數，若 $\mathbf{F}(x, y) = \nabla\phi(x, y)$，則

$$\frac{\partial P}{\partial y} = \frac{\partial Q}{\partial x}$$

在該區域中每一點皆成立．

證 因 $\mathbf{F}(x, y) = \nabla\phi(x, y)$，可知

$$P(x, y) = \frac{\partial \phi}{\partial x}, \qquad Q(x, y) = \frac{\partial \phi}{\partial y}$$

故 $$\frac{\partial P}{\partial y}=\frac{\partial^2 \phi}{\partial y \partial x}, \quad \frac{\partial Q}{\partial x}=\frac{\partial^2 \phi}{\partial x \partial y}$$

又 $\frac{\partial P}{\partial y}$ 與 $\frac{\partial Q}{\partial x}$ 皆為連續，可得 $\frac{\partial^2 \phi}{\partial y \partial x}=\frac{\partial^2 \phi}{\partial x \partial y}$，所以 $\frac{\partial P}{\partial y}=\frac{\partial Q}{\partial x}$.

定理 5-7-3 之逆敘述未必成立；若欲成立，則必須有夠強的條件．

定理 5-7-4

設 $\mathbf{F}(x, y) = P(x, y)\mathbf{i} + Q(x, y)\mathbf{j}$，其中 P 與 Q 在某單連通開區域皆有連續的一階偏導函數，若對該區域中每一點，

$$\frac{\partial P}{\partial y}=\frac{\partial Q}{\partial x}$$

則存在一函數 $\phi(x, y)$ 使得 $\mathbf{F}(x, y) = \nabla \phi(x, y)$.

【例題 11】 試證 $\mathbf{F}(x, y) = 2xy^3 \mathbf{i} + (1 + 3x^2 y^2)\mathbf{j}$ 為某函數 ϕ 的梯度．

【解】 因 $P(x, y) = 2xy^3$ 且 $Q(x, y) = 1 + 3x^2 y^2$，可得

$$\frac{\partial P}{\partial y} = 6xy^2 = \frac{\partial Q}{\partial x}$$

故 $\mathbf{F}$ 為某函數 ϕ 的梯度．

【例題 12】 某質點在力 $\mathbf{F}(x, y) = e^y \mathbf{i} + x e^y \mathbf{j}$ 的作用下，沿著半圓 $C : \mathbf{R}(t) = \cos t \mathbf{i} + \sin t \mathbf{j}$ $(0 \le t \le \pi)$ 移動，試求所作的功．

【解】 因 $P(x, y) = e^y$ 且 $Q(x, y) = xe^y$，可得

$$\frac{\partial P}{\partial y} = e^y = \frac{\partial Q}{\partial x}$$

故 $\mathbf{F}(x, y) = \nabla \phi(x, y)$.

由 $\frac{\partial \phi}{\partial x} = e^y$，可得

$$\phi(x, y) = xe^y + h(y)$$

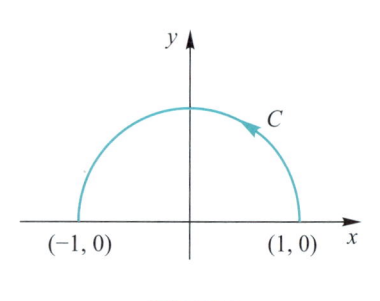

圖 5-7-9

於是
$$\frac{\partial \phi}{\partial y} = xe^y + h'(y)$$

由 $xe^y + h'(y) = xe^y$，可得 $h'(y) = 0$，故 $h(y) = k$．

因此，
$$\phi(x, y) = xe^y + k$$

依定理 5-7-2 可得所作的功為
$$W = \int_C \mathbf{F} \cdot d\mathbf{R} = \phi(-1, 0) - \phi(1, 0) = -1 - 1 = -2$$

若曲線 C 由始點 (x_0, y_0) 前進到終點 (x_1, y_1)，線積分 $\int_C \mathbf{F} \cdot d\mathbf{R}$ 與連接這兩點的路徑無關，則寫成
$$\int_C \mathbf{F} \cdot d\mathbf{R} = \int_{(x_0, y_0)}^{(x_1, y_1)} \mathbf{F} \cdot d\mathbf{R}$$

或
$$\int_C P(x, y)\, dx + Q(x, y)\, dy = \int_{(x_0, y_0)}^{(x_1, y_1)} P(x, y)\, dx + Q(x, y)\, dy$$

【例題 13】設有一力 $\mathbf{F} = (2x - y + z)\mathbf{i} + (x + y - z^2)\mathbf{j} + (3x - 2y + 4z)\mathbf{k}$，且在 xy-平面上，C 為以原點作圓心而半徑為 3 之圓，試求此力沿著 C 移動一物體繞一圈所作的功．

【解】 $C: \begin{cases} x = 3\cos t \\ y = 3\sin t, \; 0 \leq t \leq 2\pi \\ z = 0 \end{cases}$

$$W = \int_C \mathbf{F} \cdot d\mathbf{R} = \int_C (2x - y)\, dx + (x + y)\, dy$$
$$= \int_0^{2\pi} [(6\cos t - 3\sin t)(-3\sin t) + (3\cos t + 3\sin t)(3\cos t)]\, dt$$
$$= 9 \int_0^{2\pi} (1 - \sin t \cos t)\, dt = 9 \left(t - \frac{1}{2} \sin^2 t \right) \Big|_0^{2\pi} = 18\pi$$

習題 5-7

1. 試計算 $\int_C y\,ds$，其中 C 的參數式為 $x=t^2$, $y=t$, $0 \leq t \leq 2$.

2. 試計算 $\int_C xy^4\,ds$，其中 C 的參數式為 $x=4\cos t$, $y=4\sin t$, $\dfrac{-\pi}{2} \leq t \leq \dfrac{\pi}{2}$.

3. 試計算 $\int_C xy^3\,ds$，其中 C 的參數式為 $x=4\sin t$, $y=4\cos t$, $z=3t$, $0 \leq t \leq \dfrac{\pi}{2}$.

4. 令曲線 C 的參數式為 $x=t$, $y=t^2$, $0 \leq t \leq 1$. 試計算

   (1) $\int_C (2x+y)\,dx$　　(2) $\int_C (x^2-y)\,dy$　　(3) $\int_C (2x+y)\,dx+(x^2-y)\,dy$

5. 試計算 $\int_C y\,dx - x^2\,dy$，其中曲線 C 為 $x=t$, $y=\dfrac{1}{2}t^2$, $0 \leq t \leq 2$.

6. 試計算 $\int_C (x+2y)\,dx+(x-y)\,dy$，其中曲線 C 為 $x=2\cos t$, $y=4\sin t$, $0 \leq t \leq \dfrac{\pi}{4}$.

7. 試沿著下列路徑，計算 $\int_C (x^2-y)\,dx+(x+y^2)\,dy$.

   (1) 自點 $(0, 1)$ 經直線至點 $(1, 2)$.

   (2) 先自點 $(0, 1)$ 經直線至點 $(1, 1)$，然後經直線至點 $(1, 2)$.

   (3) $C: x=t$, $y=t^2+1$ $(0 \leq t \leq 1)$.

8. 設 $\mathbf{F}(x, y)=x^2\mathbf{i}+xy\mathbf{j}$，且 C 為半圓 $\mathbf{R}(t)=2\cos t\mathbf{i}+2\sin t\mathbf{j}$ $(0 \leq t \leq \pi)$，試計算 $\int_C \mathbf{F} \cdot d\mathbf{R}$.

9. 若質點在力 $\mathbf{F}(x, y)=xy\mathbf{i}+x^2\mathbf{j}$ 的作用下，由點 $(0, 0)$ 沿著曲線 $x=y^2$ 移到點 $(1, 1)$，試求所作的功.

10. 在 (1)～(5) 題中，試證明線積分與路徑無關.

(1) $\displaystyle\int_{(1,\,4)}^{(3,\,1)} 2xy^3\,dx+(2+3x^2y^2)\,dy$ (2) $\displaystyle\int_{(-1,\,2)}^{(2,\,3)} y^2\,dx+2xy\,dy$

(3) $\displaystyle\int_{(1,\,2)}^{(4,\,0)} 3y\,dx+(3x+y)\,dy$ (4) $\displaystyle\int_{(0,\,0)}^{(3,\,2)} 2xe^y\,dx+x^2e^y\,dy$

(5) $\displaystyle\int_{(-1,\,2)}^{(0,\,1)} (3x-y+2)\,dx-(x+4y+3)\,dy$

11. 試求力 $\mathbf{F}(x,\,y)=ye^{xy}\mathbf{i}+xe^{xy}\mathbf{j}$ 作用於由 $P(-1,\,1)$ 移到 $Q(2,\,0)$ 之質點所作的功.

12. 令 $\mathbf{F}(x,\,y)=(e^y+ye^x)\mathbf{i}+(xe^y+e^x)\mathbf{j}$. 若質點

  (1) 由 $(2,\,0)$ 沿著 x-軸移到 $(-2,\,0)$；

  (2) 由 $(2,\,0)$ 沿著圓 $x^2+y^2=4$ 的上半部移到 $(-2,\,0)$；

  (3) 由 $(2,\,0)$ 沿著橢圓 $\dfrac{x^2}{4}+\dfrac{y^2}{9}=1$ 的上半部移到 $(-2,\,0)$；

  (4) 繞圓 $x^2+y^2=4$ 一圈，

試求力 $\mathbf{F}$ 作用於質點所作的功.

5-8　格林定理

在本節中，我們討論一個引人注目且漂亮的定理，它是用沿著某平面區域邊界的線積分表示出在該區域的二重積分.

定理 5-8-1　格林定理

設 R 為單連通平面區域，其邊界為依逆時鐘方向通過的簡單封閉分段平滑曲線 C. 若 $P(x,\,y)$ 與 $Q(x,\,y)$ 在包含 R 的某開區域內部皆有連續的一階偏導函數，則

$$\int_C P(x,\,y)\,dx+Q(x,\,y)\,dy=\iint_R\left(\frac{\partial Q}{\partial x}-\frac{\partial P}{\partial y}\right)dA \qquad (5\text{-}8\text{-}1)$$

證 為了簡單起見，我們僅對第 I 型區域證明定理. 證明的重點在於證明

$$\int_C P(x, y)\, dx = -\iint_R \frac{\partial P}{\partial y}\, dA \quad \cdots\cdots ①$$

與

$$\int_C Q(x, y)\, dy = \iint_R \frac{\partial Q}{\partial x}\, dA \quad \cdots\cdots ②$$

欲證 ① 式，視 R 為第 I 型區域，如圖 5-8-1 所示，則

$R = \{(x, y) \mid a \le x \le b,\ g_1(x) \le y \le g_2(x)\}$

此處 g_1 與 g_2 皆為連續函數.

在 C_1 上，取 x 為參數，則 C_1 的參數式為 $x = x$, $y = g_1(x)$, $a \le x \le b$，於是，

$$\int_{C_1} P(x, y)\, dx = \int_a^b P(x, g_1(x))\, dx$$

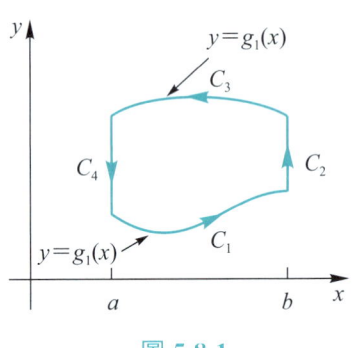

圖 5-8-1

C_3 為由右到左，但 $-C_3$ 為由左到右，因而在 $-C_3$ 上，取 x 為參數，$-C_3$ 的參數式為 $x = x$, $y = g_2(x)$, $a \le x \le b$. 所以，

$$\int_{C_3} P(x, y)\, dx = -\int_{-C_3} P(x, y)\, dx = -\int_a^b P(x, g_2(x))\, dx$$

在 C_2 或 C_4 上 (任一曲線可能縮為一點)，x 為常數，故 $dx = 0$，而

$$\int_{C_2} P(x, y)\, dx = 0 = \int_{C_4} P(x, y)\, dx$$

因此，

$$\int_C P(x, y)\, dx$$
$$= \int_{C_1} P(x, y)\, dx + \int_{C_2} P(x, y)\, dx + \int_{C_3} P(x, y)\, dx + \int_{C_4} P(x, y)\, dx$$
$$= \int_a^b P(x, g_1(x))\, dx - \int_a^b P(x, g_2(x))\, dx = -\iint_R \frac{\partial P}{\partial y}\, dA$$

同理，視 R 為第 II 型區域，可得 ② 式的證明．

註：$R=\{(x, y)|\phi_1(y) \le x \le \phi_2(y), c \le y \le d\}$，其中 $\phi_1(y)$ 與 $\phi_2(y)$ 皆為連續函數，則稱 R 為第 II 型區域．

【例題 1】 試利用格林定理計算 $\int_C x^2 y\, dx + x\, dy$，其中 C 為由原點到點 $(1, 0)$，再到點 $(1, 2)$，然後回到原點等三線段所組成．

【解】 因 $P(x, y) = x^2 y$ 且 $Q(x, y) = x$，故由式 (5-8-1) 可得

$$\int_C x^2 y\, dx + x\, dy = \iint_R \left[\frac{\partial}{\partial x}(x) - \frac{\partial}{\partial y}(x^2 y)\right] dA$$

$$= \int_0^1 \int_0^{2x} (1-x^2)\, dy\, dx$$

$$= \int_0^1 (2x - 2x^3)\, dx$$

$$= x^2 - \frac{1}{2}x^4 \Big|_0^1 = \frac{1}{2}$$

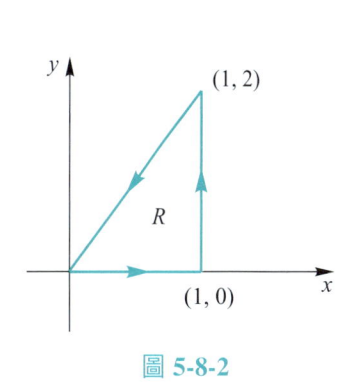

圖 5-8-2

【例題 2】 試計算 $\oint_C (3y - e^{\sin x})\, dx + (7x + \sqrt{y^4+1})\, dy$，其中 C 為圓 $x^2 + y^2 = 9$．

【解】 由 C 所圍成之區域 D 為一圓盤 $x^2 + y^2 \le 9$，所以先變換為極座標 $D = \{(r, \theta)\,|\, 0 \le r \le 3, 0 \le \theta \le 2\pi\}$，再利用格林定理：

$P(x, y) = 3y - e^{\sin x}$，$Q(x, y) = 7x + \sqrt{y^4+1}$，則 $\dfrac{\partial P}{\partial y} = 3$，$\dfrac{\partial Q}{\partial x} = 7$．

$$\oint_C (3y - e^{\sin x})\, dx + (7x + \sqrt{y^4+1})\, dy = \iint_D (7-3)\, dA = \iint_D 4\, dA$$

$$= 4\int_0^{2\pi}\int_0^3 r\, dr\, d\theta = 4\left(\int_0^{2\pi} d\theta\right)\left(\int_0^3 r\, dr\right)$$

$$= 36\pi$$

【例題 3】 設某質點在力 $\mathbf{F}(x, y) = (e^x - y^3)\mathbf{i} + (\sin y + x^3)\mathbf{j}$ 的作用下，依逆時鐘方向繞著單位圓一圈，試利用格林定理求該力所作的功.

【解】 所作的功為

$$W = \int_C \mathbf{F} \cdot d\mathbf{R} = \int_C (e^x - y^3)\, dx + (\sin y + x^3)\, dy$$

$$= \iint_R \left[\frac{\partial}{\partial x}(\sin y + x^3) - \frac{\partial}{\partial y}(e^x - y^3) \right] dA$$

$$= \iint_R (3x^2 + 3y^2)\, dA = 3\iint_R (x^2 + y^2)\, dA$$

$$= 3\int_0^{2\pi}\int_0^1 r^3\, dr\, d\theta = \frac{3}{4}\int_0^{2\pi} d\theta = \frac{3\pi}{2}$$

利用格林定理可產生新的面積公式. 在式 (5-8-1) 中，令 $P(x, y) = 0$, $Q(x, y) = x$，可得

$$\int_C x\, dy = \iint_R dA = R \text{ 的面積} \tag{5-8-2}$$

在式 (5-8-1) 中，令 $P(x, y) = -y$, $Q(x, y) = 0$，可得

$$-\int_C y\, dx = \iint_R dA = R \text{ 的面積} \tag{5-8-3}$$

將式 (5-8-2) 與式 (5-8-3) 相加後除以 2，可得

$$\frac{1}{2}\int_C x\, dy - y\, dx = R \text{ 的面積} \tag{5-8-4}$$

【例題 4】 試利用式 (5-8-4) 求橢圓 $\dfrac{x^2}{a^2} + \dfrac{y^2}{b^2} = 1$ 所圍成的面積.

【解】 依逆時鐘方向的橢圓可用參數式表示成

$$\begin{cases} x = a\cos t \\ y = b\sin t \end{cases}, \quad 0 \leq t \leq 2\pi$$

若將此曲線表示成 C，則橢圓所圍成的面積為

$$\begin{aligned}
A &= \frac{1}{2}\int_C x\,dy - y\,dx \\
&= \frac{1}{2}\int_0^{2\pi} (a\cos t)(b\cos t)\,dt - (b\sin t)(-a\sin t)\,dt \\
&= \frac{1}{2}\int_0^{2\pi} [(a\cos t)(b\cos t) - (b\sin t)(-a\sin t)]\,dt \\
&= \frac{ab}{2}\int_0^{2\pi} dt = \pi ab
\end{aligned}$$

此結果也可以由式 (5-8-2) 或式 (5-8-3) 獲得.

雖然我們僅對 R 同時為第 I 型與第 II 型區域的情形去證明，但是我們可將證明推廣到 R 是有限個同時為第 I 型與第 II 型區域的聯集. 例如，若 R 為圖 5-8-3 所示的區域，則 $R = R_1 \cup R_2$，其中 R_1 與 R_2 皆為同時是第 I 型與第 II 型區域. R_1 的邊界為 $C_1 \cup C_3$，而 R_2 的邊界為 $C_2 \cup (-C_3)$，分別對 R_1 與 R_2 利用格林定理，可得

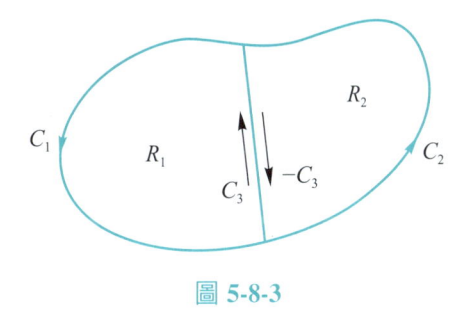

圖 5-8-3

$$\int_{C_1 \cup C_3} P\,dx + Q\,dy = \iint_{R_1} \left(\frac{\partial Q}{\partial x} - \frac{\partial P}{\partial y}\right)dA$$

$$\int_{C_2 \cup (-C_3)} P\,dx + Q\,dy = \iint_{R_2} \left(\frac{\partial Q}{\partial x} - \frac{\partial P}{\partial y}\right)dA$$

將這兩個式子相加，可得

$$\int_{C_1 \cup C_2} P\,dx + Q\,dy = \iint_{R} \left(\frac{\partial Q}{\partial x} - \frac{\partial P}{\partial y}\right)dA$$

此處 $R = R_1 \cup R_2$，其邊界為 $C = C_1 \cup C_2$.

定理 5-8-2

設 $\mathbf{F}$ 在區域 R 為連續，則線積分 $\int_C \mathbf{F} \cdot d\mathbf{R}$ 與 R 中路徑無關的充要條件為：

當 C 為 R 中的任一閉曲線時，$\oint_C \mathbf{F} \cdot d\mathbf{R} = 0$.

證 沿著閉曲線 C 的線積分常寫成 $\oint_C$，稱為**環積分**，其中的小圓圈表示 C 為閉曲線.

(1) 設 $\int_C \mathbf{F} \cdot d\mathbf{R}$ 與 R 中路徑無關，又設 C 為 R 中之任一閉曲線，而在 C 上取兩個不同的點，如圖 5-8-4 中的 P 與 Q，將 C 分為兩弧段 C_1 及 C_2，則

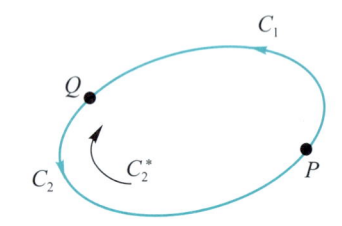

$$\int_{C_1} \mathbf{F} \cdot d\mathbf{R} = \int_{C_2^*} \mathbf{F} \cdot d\mathbf{R} = -\int_{C_2} \mathbf{F} \cdot d\mathbf{R} \quad \cdots\cdots ①$$

圖 5-8-4

其中 C_2^* 表示沿著 C_2 的逆向路徑. 因此，①式變為

$$\int_{C_1} \mathbf{F} \cdot d\mathbf{R} + \int_{C_2} \mathbf{F} \cdot d\mathbf{R} = \oint_C \mathbf{F} \cdot d\mathbf{R} = 0 \quad \cdots\cdots ②$$

(2) 設 $\oint_C \mathbf{F} \cdot d\mathbf{R} = 0$，則有②式，其次有①式，故線積分與路徑無關.

定理 5-8-3

設在區域 D 中，$\mathbf{F} = f_1 \mathbf{i} + f_2 \mathbf{j} + f_3 \mathbf{k}$，而 f_1、f_2、f_3 與其一階偏導函數均為連續. 若線積分 $\int_C \mathbf{F} \cdot d\mathbf{R}$ 與 D 中路徑無關，則 curl $\mathbf{F} = 0$（此時 $\mathbf{F}$ 稱為**無旋度**）. 反之，若 curl $\mathbf{F} = 0$，且 D 為單連通，則 $\int_C \mathbf{F} \cdot d\mathbf{R}$ 與 D 中路徑無關.

【例題 5】 (1) 若有一力 $\mathbf{F}=(2xy+z^3)\mathbf{i}+x^2\mathbf{j}+3xz^2\mathbf{k}$，試證 $\mathbf{F}$ 為一保守力場.

(2) 試求一純量函數 ϕ，使得 $\mathbf{F}=\nabla\phi$.

(3) 移動一物體自點 $(1,-2,1)$ 至點 $(3,1,4)$ 所作之功.

【解】 (1)
$$\nabla\times\mathbf{F}=\begin{vmatrix} \mathbf{i} & \mathbf{j} & \mathbf{k} \\ \dfrac{\partial}{\partial x} & \dfrac{\partial}{\partial y} & \dfrac{\partial}{\partial z} \\ 2xy+z^3 & x^2 & 3xz^2 \end{vmatrix}=\mathbf{0}$$

由定理 5-8-3 知，$\mathbf{F}$ 的線積分與路徑無關，故 $\mathbf{F}$ 為一保守力場.

(2) 由
$$\frac{\partial \phi}{\partial x}\mathbf{i}+\frac{\partial \phi}{\partial y}\mathbf{j}+\frac{\partial \phi}{\partial z}\mathbf{k}=(2xy+z^3)\mathbf{i}+x^2\mathbf{j}+3xz^2\mathbf{k}$$

得

$$\frac{\partial \phi}{\partial x}=2xy+z^3 \quad\cdots\cdots① $$

$$\frac{\partial \phi}{\partial y}=x^2 \quad\cdots\cdots② $$

$$\frac{\partial \phi}{\partial z}=3xz^2 \quad\cdots\cdots③ $$

①式對 x 積分，視 y、z 為常數，得

$$\phi(x,y,z)=x^2y+xz^3+g(y,z) \quad\cdots\cdots④$$

上式對 y 偏微分，得

$$\frac{\partial \phi}{\partial y}=x^2+\frac{\partial g}{\partial y} \quad\cdots\cdots⑤$$

比較②式及⑤式，知

$$\frac{\partial g}{\partial y}=0$$

上式對 y 積分，視 z 為常數，得

$$g(x, y) = h(z)$$

代入 ④ 式，得

$$\phi(x, y, z) = x^2y + xz^3 + h(z) \quad \cdots\cdots ⑥$$

上式對 z 偏微分，得

$$\frac{\partial \phi}{\partial z} = 3xz^2 + h'(z) \quad \cdots\cdots ⑦$$

比較 ③ 式及 ⑦ 式，可知

$$h'(z) = 0，即 h(z) = c \quad (c \text{ 為常數})$$

代入 ⑥ 式，故得

$$\phi(x, y, z) = x^2y + xz^3 + c$$

(3) 方法 1：

$$功 = \int_C \mathbf{F} \cdot d\mathbf{R} = \int_{(1,-2,1)}^{(3,1,4)} (2xy + z^3)\, dx + x^2\, dy + 3xz^2\, dz$$

$$= \int_{(1,-2,1)}^{(3,1,4)} d(x^2y + xz^3) = x^2y + xz^3 \Big|_{(1,-2,1)}^{(3,1,4)} = 202$$

方法 2：

由 (2)， $\phi(x, y, z) = x^2y + xz^3 + c$

因此，可得

$$功 = \phi(3, 1, 4) - \phi(1, -2, 1) = 202$$

習題 5-8

在 1～7 題中，試利用格林定理計算線積分，其中假設曲線 C 是依逆時鐘方向.

1. $\oint_C y^2\, dx + (x^2 + y)\, dy$；$C$ 為具有頂點 $(0, 0)$、$(1, 0)$、$(1, 1)$ 與 $(0, 1)$ 的正方形.

2. $\oint_C 3xy\, dx + 2xy\, dy$；$C$ 為由 $x = -2$、$x = 4$、$y = 1$ 與 $y = 2$ 所圍成的長方形.

3. $\displaystyle\int_C (x^2-y^2)\,dx+(x+y)\,dy$;$C$ 為圓 $x^2+y^2=9$.

4. $\displaystyle\int_C x\cos y\,dx - y\sin x\,dy$;$C$ 為具有頂點 $(0,0)$、$\left(0,\dfrac{\pi}{2}\right)$、$\left(\dfrac{\pi}{2},\dfrac{\pi}{2}\right)$ 與 $\left(\dfrac{\pi}{2},0\right)$ 的正方形.

5. $\displaystyle\int_C y\tan^2 x\,dx+\tan x\,dy$;$C$ 為圓 $(x-1)^2+(y+1)^2=1$.

6. $\displaystyle\int_C (e^x+y^2)\,dx+(2e^y+x^2)\,dy$;$C$ 為在 $y=x$ 與 $y=x^2$ 之間所圍成區域的邊界.

7. $\displaystyle\int_C \cos x\sin y\,dx+\sin x\cos y\,dy$;$C$ 為具有頂點 $(0,0)$、$(3,3)$ 與 $(0,3)$ 的三角形.

8. 試計算 $\displaystyle\oint_C y^2\,dx+3xy\,dy$;其中 C 為上半平面介於兩圓 $x^2+y^2=1$ 與 $x^2+y^2=4$ 之間半區域 D 之邊界,如下圖所示.

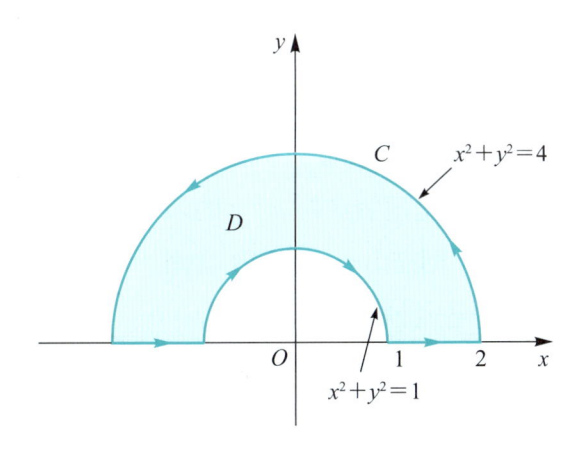

9. 試利用兩個不同的方法:(1) 直接的方法;(2) 引用格林定理,計算下列之線積分.

(1) $\displaystyle\oint_C xy^2\,dx+x^3\,dy$;$C$ 為具有頂點 $(0,0)$、$(2,0)$、$(2,3)$ 與 $(0,3)$ 之矩形.

(2) $\displaystyle\oint_C y\,dx-x\,dy$;$C$ 為一圓,圓心在原點,半徑為 1.

(3) $\displaystyle\oint_C xy\,dx+x^2y^3\,dy$;$C$ 為具有頂點 $(0,0)$、$(1,0)$ 與 $(1,2)$ 之三角形.

10. (1) 若一力 $\mathbf{F}=(y^2\cos x+z^3)\mathbf{i}+(2y\sin x-4)\mathbf{j}+(3xz^2+2)\mathbf{k}$，試證 $\mathbf{F}$ 為一保守力場．

   (2) 試求一純量函數 ϕ，使 $\mathbf{F}=\nabla\phi$．

   (3) 此力移動一物體自點 $(0, 1, -1)$ 至點 $(\pi/2, -1, 2)$ 所作之功多少？

5-9　面積分

若曲面 S 具有連續改變的單位法向量，則稱 S 為平滑曲面．有限個平滑曲面連接所組成的曲面稱為分段平滑曲面．例如，球面是平滑曲面，而正方體表面是分段平滑曲面 (由六個平滑曲面連接組成)．

在平滑曲面上每一點的單位法向量有兩個選擇 (例如，若曲面的方程式為 $f(x, y, z)=c$，則單位法向量為 $\dfrac{\operatorname{grad} f}{\|\operatorname{grad} f\|}$ 與 $-\dfrac{\operatorname{grad} f}{\|\operatorname{grad} f\|}$)，我們選取其中之一來確定該曲面的方向．於是，平滑曲面的方向恆有兩種選擇．至於分段平滑曲面的方向，我們必須一致地確定其平滑部分的方向．

只有兩個面的曲面可以被確定方向，一為"正"，另一為"負"．對於閉曲面而言，依照慣例，我們從它所包圍空間區域的內部往外射出的方向取為單位法向量 $\mathbf{N}$ 的方向．

如果一向量函數 $\mathbf{R}(u, v)$ 是兩個參數 u、v 的函數，當固定 v 而只變動 u 時，則描出一 u 曲線；當固定 u 而只變動 v 時，則描出一 v 曲線 (圖 5-9-1)．

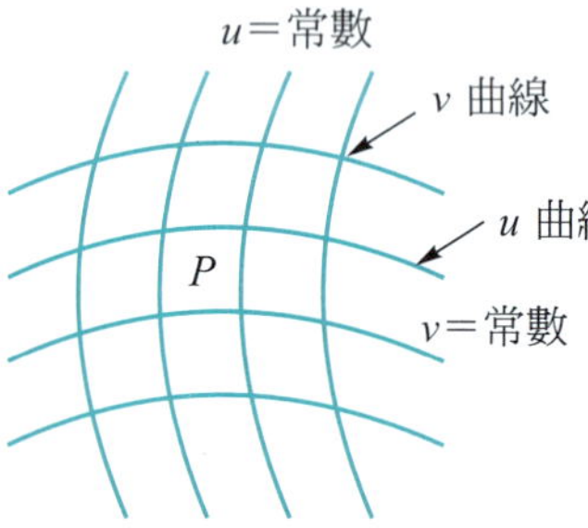

若 u、v 皆任意變動，則此兩種曲線交織成一個空間的曲面，位置向量寫成

圖 5-9-1

$$\mathbf{R}(u, v)=x(u, v)\mathbf{i}+y(u, v)\mathbf{j}+z(u, v)\mathbf{k} \tag{5-9-1}$$

其終點的軌跡即為曲面，此處 x、y、z 皆為 u、v 的純量函數．序對 (u, v) 稱為 P 點的曲線座標 (curvilinear coordinates)．

因 $\mathbf{R}(u, v)$ 含兩個變數，我們對 u、v 各作偏微分，可得

$$\frac{\partial \mathbf{R}}{\partial u} = \frac{\partial x}{\partial u}\mathbf{i} + \frac{\partial y}{\partial u}\mathbf{j} + \frac{\partial z}{\partial u}\mathbf{k}$$

$$\frac{\partial \mathbf{R}}{\partial v} = \frac{\partial x}{\partial v}\mathbf{i} + \frac{\partial y}{\partial v}\mathbf{j} + \frac{\partial z}{\partial v}\mathbf{k}$$

式中 $\dfrac{\partial \mathbf{R}}{\partial u}$ 與 $\dfrac{\partial \mathbf{R}}{\partial v}$ 分別表示循 u 曲線及 v 曲線在其交點 P 的切向量. 由此兩向量所決定的平面稱為在 P 點的切平面 (tangent plane)，而與此切平面垂直的向量

$$\frac{\partial \mathbf{R}}{\partial u} \times \frac{\partial \mathbf{R}}{\partial v}$$

稱為切平面在 P 點的法向量 (normal vector) (圖 5-9-2). 如設其單位向量為 $\mathbf{N}$，則

$$\mathbf{N} = \frac{\dfrac{\partial \mathbf{R}}{\partial u} \times \dfrac{\partial \mathbf{R}}{\partial v}}{\left\| \dfrac{\partial \mathbf{R}}{\partial u} \times \dfrac{\partial \mathbf{R}}{\partial v} \right\|}$$

在 P 處的微小面積 $\| d\mathbf{S} \|$ 是由 $\dfrac{\partial \mathbf{R}}{\partial u} du$ 及 $\dfrac{\partial \mathbf{R}}{\partial v} dv$ 所決定的平行四邊形的面積 (圖 5-9-3)，故

$$\| d\mathbf{S} \| = \left\| \frac{\partial \mathbf{R}}{\partial u} du \times \frac{\partial \mathbf{R}}{\partial v} dv \right\| = \left\| \frac{\partial \mathbf{R}}{\partial u} \times \frac{\partial \mathbf{R}}{\partial v} \right\| du\, dv$$

在 P 處的微小曲面向量可寫成

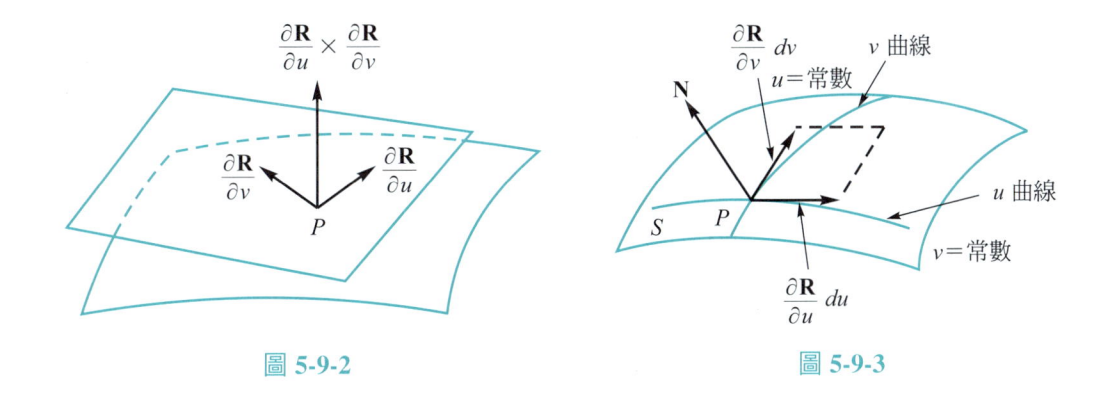

圖 5-9-2

圖 5-9-3

$$dS = \left(\frac{\partial \mathbf{R}}{\partial u} \times \frac{\partial \mathbf{R}}{\partial v}\right) du\, dv$$

若點 (u, v) 在區域 D 中變動，則所形成的曲面面積 A 為所有 $\|dS\|$ 的總和，即

$$A = \iint_D \|dS\| = \iint_D \left\|\frac{\partial \mathbf{R}}{\partial u} \times \frac{\partial \mathbf{R}}{\partial v}\right\| du\, dv \tag{5-9-2}$$

【例題 1】 已知曲面的位置向量為 $\mathbf{R}(u, v) = u^2\mathbf{i} + uv\mathbf{j} + v\mathbf{k}$，試求在此曲面上對應於 $u=1$、$v=2$ 之點處的切平面方程式．

【解】 對應於 $u=1$、$v=2$ 之點的座標是 $(1, 2, 2)$，其位置向量為 $\mathbf{R}_0 = \mathbf{i} + 2\mathbf{j} + 2\mathbf{k}$．

$$\left.\frac{\partial \mathbf{R}}{\partial u}\right|_{u=1,\, v=2} = 2\mathbf{i} + 2\mathbf{j}, \quad \left.\frac{\partial \mathbf{R}}{\partial v}\right|_{u=1,\, v=2} = \mathbf{j} + \mathbf{k}$$

通過點 $(1, 2, 2)$ 的法向量為

$$\mathbf{n} = \begin{vmatrix} \mathbf{i} & \mathbf{j} & \mathbf{k} \\ 2 & 2 & 0 \\ 0 & 1 & 1 \end{vmatrix} = 2\mathbf{i} - 2\mathbf{j} + 2\mathbf{k}$$

所以，通過點 $(1, 2, 2)$ 的切平面方程式為

$$(\mathbf{R} - \mathbf{R}_0) \cdot \mathbf{n} = 2(x-1) - 2(y-2) + 2(z-2) = 0$$

即 $\qquad x - y + z = 1$

【例題 2】 已知曲面的位置向量為 $\mathbf{R}(u, v) = \cos u\mathbf{i} + \sin u\mathbf{j} + v\mathbf{k}$，$0 \leq u \leq 2\pi$，$0 \leq v \leq 1$，試求此曲面的面積．

【解】 $\dfrac{\partial \mathbf{R}}{\partial u} = -\sin u\mathbf{i} + \cos u\mathbf{j}, \quad \dfrac{\partial \mathbf{R}}{\partial v} = \mathbf{k},$

$$dS = \left(\frac{\partial \mathbf{R}}{\partial u} \times \frac{\partial \mathbf{R}}{\partial v}\right) du\, dv$$

$$= \begin{vmatrix} \mathbf{i} & \mathbf{j} & \mathbf{k} \\ -\sin u & \cos u & 0 \\ 0 & 0 & 1 \end{vmatrix} du\, dv$$

$$= (\cos u\mathbf{i} + \sin u\mathbf{j})\, du\, dv$$

故面積為
$$A = \iint \|d\mathbf{S}\| = \int_0^1 \int_0^{2\pi} \sqrt{\cos^2 u + \sin^2 u}\, du\, dv$$
$$= \int_0^1 \int_0^{2\pi} du\, dv = 2\pi$$

我們現在考慮式 (5-9-2) 的特例. 假設曲面為 $z = f(x, y)$, 且它在 xy-平面上的投影區域是 R, 如圖 5-9-4 所示. 視 x、y 為參數, 則

$$\mathbf{R}(x, y) = x\mathbf{i} + y\mathbf{j} + z\mathbf{k} = x\mathbf{i} + y\mathbf{j} + f(x, y)\mathbf{k}$$

而
$$\frac{\partial \mathbf{R}}{\partial x} = \mathbf{i} + \frac{\partial f}{\partial x}\mathbf{k}$$

$$\frac{\partial \mathbf{R}}{\partial y} = \mathbf{j} + \frac{\partial f}{\partial y}\mathbf{k}$$

所以,
$$\frac{\partial \mathbf{R}}{\partial x} \times \frac{\partial \mathbf{R}}{\partial y} = \begin{vmatrix} \mathbf{i} & \mathbf{j} & \mathbf{k} \\ 1 & 0 & \frac{\partial f}{\partial x} \\ 0 & 1 & \frac{\partial f}{\partial y} \end{vmatrix} = -\frac{\partial f}{\partial x}\mathbf{i} - \frac{\partial f}{\partial y}\mathbf{j} + \mathbf{k}$$

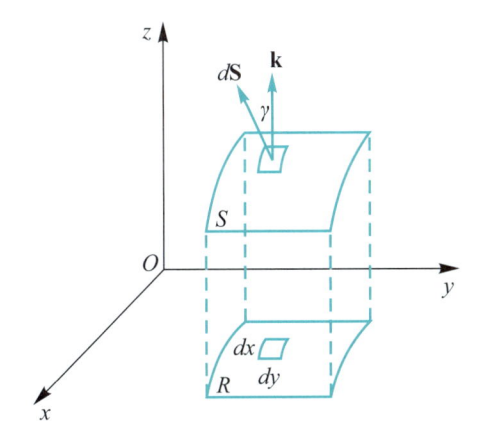

圖 5-9-4

故
$$A = \iint_R \left\| \frac{\partial \mathbf{R}}{\partial x} \times \frac{\partial \mathbf{R}}{\partial y} \right\| dx\, dy$$

$$= \iint_R \sqrt{1 + \left(\frac{\partial f}{\partial x}\right)^2 + \left(\frac{\partial f}{\partial y}\right)^2}\, dx\, dy \tag{5-9-3}$$

利用純量積可得

$$|\cos \gamma| = \frac{|d\mathbf{S} \cdot \mathbf{k}|}{\|d\mathbf{S}\|} = \left[1 + \left(\frac{\partial f}{\partial x}\right)^2 + \left(\frac{\partial f}{\partial y}\right)^2\right]^{-1/2}$$

故式 (5-9-3) 變成

$$A = \iint_R \frac{dx\, dy}{|\cos \gamma|} \tag{5-9-4}$$

【例題 3】 試求球面 $x^2 + y^2 + z^2 = 1$ 在 $x \geq 0$ 之部分的面積.

【解】 此半球面在 yz-平面上的投影區域為單位圓區域 R. 法向量為

$$\nabla(x^2 + y^2 + z^2) = 2x\mathbf{i} + 2y\mathbf{j} + 2z\mathbf{k}$$

若 γ 為法向量與 $\mathbf{i}$ 的夾角，則

$$\cos \gamma = \frac{(2x\mathbf{i} + 2y\mathbf{j} + 2z\mathbf{k}) \cdot \mathbf{i}}{\sqrt{4x^2 + 4y^2 + 4z^2}} = \frac{2x}{2} = x$$

故面積為

$$A = \iint_R \frac{dy\, dz}{\cos \gamma} = \int_{-1}^{1} \int_{-\sqrt{1-z^2}}^{\sqrt{1-z^2}} \frac{dy\, dz}{x}$$

$$= \int_{-1}^{1} \int_{-\sqrt{1-z^2}}^{\sqrt{1-z^2}} \frac{dy\, dz}{\sqrt{1 - y^2 - z^2}}$$

$$= \int_0^{2\pi} \int_0^1 \frac{r}{\sqrt{1 - r^2}}\, dr\, d\theta$$

$$= 2\pi$$

定義 5-9-1

設向量函數 $\mathbf{F}=\mathbf{F}(x, y, z)=f_1(x, y, z)\mathbf{i}+f_2(x, y, z)\mathbf{j}+f_3(x, y, z)\mathbf{k}$ 定義在曲面 S 上,而 S 的位置向量為 $\mathbf{R}(u, v)=x(u, v)\mathbf{i}+y(u, v)\mathbf{j}+z(u, v)\mathbf{k}$,若 $(u, v) \in D$,則 $\mathbf{F}$ 在曲面 S 上的面積分 (surface integral) 定義為

$$\iint_S \mathbf{F} \cdot d\mathbf{S} = \iint_S \mathbf{F} \cdot \mathbf{N}\, dA = \iint_D \mathbf{F} \cdot \left(\frac{\partial \mathbf{R}}{\partial u} \times \frac{\partial \mathbf{R}}{\partial v} \right) du\, dv \tag{5-9-5}$$

其中 $\mathbf{N}$ 表曲面的單位法向量,而 $dA = \|d\mathbf{S}\|$.

若曲面 S 在 xy-平面上的投影區域為 R,則式 (5-9-5) 變成

$$\iint_S \mathbf{F} \cdot \mathbf{N}\, dA = \iint_R \mathbf{F} \cdot \mathbf{N}\, \frac{dx\, dy}{|\mathbf{N} \cdot \mathbf{k}|} \tag{5-9-6}$$

若曲面為分段平滑,則在各平滑部分積分,然後將所得結果相加.

【例題 4】 若 $\mathbf{F}=\mathbf{i}+xy\mathbf{j}$,曲面 S 的位置向量為 $\mathbf{R}(u, v)=(u+v)\mathbf{i}+(u-v)\mathbf{j}+u^2\mathbf{k}$,$0 \leq u \leq 1$, $0 \leq v \leq 1$,試求 $\iint_S \mathbf{F} \cdot d\mathbf{S}$.

【解】
$$\frac{\partial \mathbf{R}}{\partial u} \times \frac{\partial \mathbf{R}}{\partial v} = \begin{vmatrix} \mathbf{i} & \mathbf{j} & \mathbf{k} \\ 1 & 1 & 2u \\ 1 & -1 & 0 \end{vmatrix} = 2u\mathbf{i}+2u\mathbf{j}-2\mathbf{k}$$

$$\mathbf{F} \cdot \left(\frac{\partial \mathbf{R}}{\partial u} \times \frac{\partial \mathbf{R}}{\partial v} \right) = [\mathbf{i}+(u^2-v^2)\mathbf{j}] \cdot (2u\mathbf{i}+2u\mathbf{j}-2\mathbf{k})$$

$$= 2u+2u(u^2-v^2) = 2u^3-2uv^2+2u$$

利用式 (5-9-5),

$$\iint_S \mathbf{F} \cdot d\mathbf{S} = \int_0^1 \int_0^1 (2u^3-2uv^2+2u)\, du\, dv$$

$$= \int_0^1 \left(\frac{3}{2}-v^2 \right) dv = \frac{7}{6}$$

【例題 5】 若 $\mathbf{F}=4xz\mathbf{i}-y^2\mathbf{j}+yz\mathbf{k}$，$S$ 為六平面 $x=0$、$x=1$、$y=0$、$y=1$、$z=0$ 及 $z=1$ 所圍成正方體的表面，試求 $\iint_S \mathbf{F}\cdot d\mathbf{S}$.

【解】 對 $DEFG$ 面，$\mathbf{N}=\mathbf{i}$, $x=1$,

$$\iint_{DEFG} \mathbf{F}\cdot\mathbf{N}\,dA = \int_0^1\int_0^1 4z\,dy\,dz = 2$$

對 $ABCO$ 面，$\mathbf{N}=-\mathbf{i}$, $x=0$,

$$\iint_{ABCO} \mathbf{F}\cdot\mathbf{N}\,dA = \int_0^1\int_0^1 0\,dy\,dz = 0$$

對 $ABEF$ 面，$\mathbf{N}=\mathbf{j}$, $y=1$,

$$\iint_{ABEF} \mathbf{F}\cdot\mathbf{N}\,dA = -\int_0^1\int_0^1 dx\,dz = -1$$

對 $OGDC$ 面，$\mathbf{N}=-\mathbf{j}$, $y=0$,

$$\iint_{OGDC} \mathbf{F}\cdot\mathbf{N}\,dA = \int_0^1\int_0^1 0\,dx\,dz = 0$$

對 $BCDE$ 面，$\mathbf{N}=\mathbf{k}$, $z=1$,

$$\iint_{BCDE} \mathbf{F}\cdot\mathbf{N}\,dA = \int_0^1\int_0^1 y\,dx\,dy = \frac{1}{2}$$

對 $AFGO$ 面，$\mathbf{N}=-\mathbf{k}$, $z=0$,

$$\iint_{AFGO} \mathbf{F}\cdot\mathbf{N}\,dA = \int_0^1\int_0^1 0\,dx\,dy = 0$$

故 $\iint_S \mathbf{F}\cdot d\mathbf{S} = 2+0-1+0+\frac{1}{2}+0 = \frac{3}{2}$

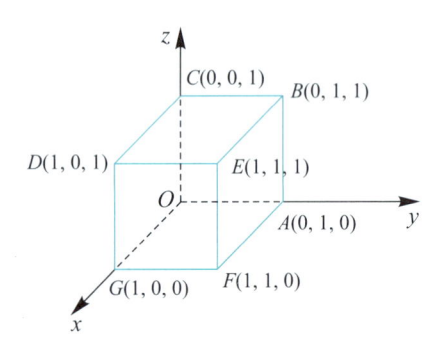

【例題 6】 若 $\mathbf{F}=x\mathbf{i}+y\mathbf{j}+z\mathbf{k}$，$S$ 為球面 $x^2+y^2+z^2=4$，試求 $\iint_S \mathbf{F} \cdot d\mathbf{S}$.

【解】 單位法向量

$$\mathbf{N}=\frac{\nabla(x^2+y^2+z^2)}{\|\nabla(x^2+y^2+z^2)\|}=\frac{2x\mathbf{i}+2y\mathbf{j}+2z\mathbf{k}}{\sqrt{4x^2+4y^2+4z^2}}=\frac{1}{2}(x\mathbf{i}+y\mathbf{j}+z\mathbf{k})$$

$$\mathbf{F} \cdot \mathbf{N}=\frac{1}{2}(x^2+y^2+z^2)=2$$

故 $\iint_S \mathbf{F} \cdot d\mathbf{S}=\iint_S \mathbf{F} \cdot \mathbf{N}\, dA=\iint_S 2\, dA=2(16\pi)=32\pi$

習題 5-9

1. 已知曲面的位置向量為 $\mathbf{R}(u, v)=u^2\mathbf{i}+uv\mathbf{j}+\frac{1}{2}v^2\mathbf{k}$，$0 \leq u \leq 1$，$0 \leq v \leq 3$，試求此曲面的面積.

2. 設 $\mathbf{F}=z\mathbf{i}+x\mathbf{j}-3y^2z\mathbf{k}$，$S$ 為圓柱面 $x^2+y^2=16$ 在第一卦限，而介於平面 $z=0$ 及 $z=5$ 之間的部分，試求 $\iint_S \mathbf{F} \cdot d\mathbf{S}$.

3. 設 $\mathbf{F}=18z\mathbf{i}-12\mathbf{j}+3y\mathbf{k}$，$S$ 為平面 $2x+3y+6z=12$ 在第一卦限的部分，試求 $\iint_S \mathbf{F} \cdot d\mathbf{S}$.

4. 若 $\mathbf{F}=x\mathbf{i}+y\mathbf{j}+z\mathbf{k}$ 且以 r 為半徑之半球面，S 為 $\mathbf{R}(u, v)=r\sin u\cos v\mathbf{i}+r\sin u\sin v\mathbf{j}+r\cos u\mathbf{k}$ $(0 \leq u \leq \pi,\ 0 \leq v \leq \pi)$，試求 $\iint_S \mathbf{F} \cdot d\mathbf{S}$.

5. 若 $\mathbf{F}=x^2\mathbf{i}+xy\mathbf{j}+xz\mathbf{k}$，$S$ 為具有頂點 $(0, 0, 0)$、$(1, 0, 0)$、$(0, 2, 0)$ 及 $(0, 0, 3)$ 之四面體的表面，試求 $\iint_S \mathbf{F} \cdot d\mathbf{S}$.

5-10 散度定理與史托克定理

在本節裡，我們列出以向量形式表示出的主要定理：散度定理 (Divergence Theorem) 與史托克定理 (Stoke's Theorem)，並以例子來說明其應用.

定理 5-10-1 散度定理

設 T 為閉曲面 S 所圍成的空間區域，向量 $\mathbf{F}(x, y, z)$ 及其各分量的一階偏導函數在 T 中及 S 上皆為連續，$dV = dx\, dy\, dz$，則

$$\iiint_T \nabla \cdot \mathbf{F}\, dV = \iint_S \mathbf{F} \cdot d\mathbf{S} = \iint_S \mathbf{F} \cdot \mathbf{N}\, dA$$

散度定理在說明一向量 $\mathbf{F}(x, y, z)$ 的法線分量在對一閉曲面所做的面積分，等於 $\mathbf{F}(x, y, z)$ 的散度對曲面所包圍的體積之體積分.

【例題 1】 設 $\mathbf{F} = x\mathbf{i} + y\mathbf{j} + z\mathbf{k}$，且 S 為六個平面 $x=0$、$x=1$、$y=0$、$y=1$、$z=0$, $z=1$ 所圍成正方體的表面，試求 $\iint_S \mathbf{F} \cdot d\mathbf{S}$.

【解】 令 S 所圍成的空間區域為 T，利用散度定理，則

$$\iint_S \mathbf{F} \cdot d\mathbf{S} = \iiint_T \nabla \cdot \mathbf{F}\, dV$$

$$= \iiint_T \left(\frac{\partial}{\partial x}\mathbf{i} + \frac{\partial}{\partial y}\mathbf{j} + \frac{\partial}{\partial z}\mathbf{k} \right) \cdot (x\mathbf{i} + y\mathbf{j} + z\mathbf{k})\, dV$$

$$= \iiint_T \left(\frac{\partial}{\partial x}(x) + \frac{\partial}{\partial y}(y) + \frac{\partial}{\partial z}(z) \right) dz\, dy\, dx$$

$$= \int_0^1 \int_0^1 \int_0^1 3\, dz\, dy\, dx = 3$$

【例題 2】 試利用散度定理求面積分 $\iint\limits_{S} \mathbf{F} \cdot \mathbf{N}\, dA$，其中 $\mathbf{F}(x, y, z) = xy^2\mathbf{i} + y^3\mathbf{j} + 4x^2z\mathbf{k}$，$S$ 為圓柱體 $x^2 + y^2 \leq 4$，$0 \leq z \leq 4$ 之表面，如圖 5-10-1 所示.

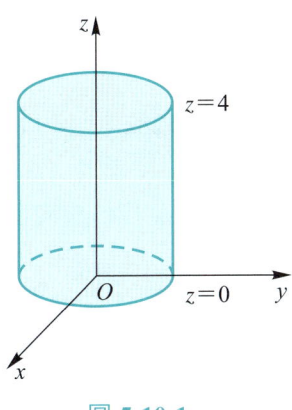

圖 5-10-1

【解】 由散度定理知

$$\iint\limits_{S} \mathbf{F} \cdot \mathbf{N}\, dA = \iiint\limits_{T} \nabla \cdot \mathbf{F}\, d\mathbf{V}$$

$$= \iiint\limits_{T} \left(\frac{\partial}{\partial x}\mathbf{i} + \frac{\partial}{\partial y}\mathbf{j} + \frac{\partial}{\partial z}\mathbf{k} \right) \cdot (xy^2\mathbf{i} + y^3\mathbf{j} + 4x^2z\mathbf{k})\, d\mathbf{V}$$

$$= \iiint\limits_{T} \left[\frac{\partial}{\partial x}(xy^2) + \frac{\partial}{\partial y}(y^3) + \frac{\partial}{\partial z}(4x^2z) \right] dx\, dy\, dz$$

$$= \iiint\limits_{T} (y^2 + 3y^2 + 4x^2)\, dx\, dy\, dz$$

$$= \iiint\limits_{T} 4(x^2 + y^2)\, dx\, dy\, dz$$

利用圓柱座標

$$x = r\cos\theta,\ 0 \leq r \leq 2$$
$$y = r\sin\theta,\ 0 \leq \theta \leq 2\pi$$
$$d\mathbf{V} = dx\, dy\, dz = r\, dr\, d\theta\, dz$$

代入得

$$\iint_S \mathbf{F} \cdot \mathbf{N}\, dA = \int_0^4 \int_0^{2\pi} \int_0^2 4r^2\, r\, dr\, d\theta\, dz$$

$$= \int_0^4 \int_0^{2\pi} \int_0^2 4r^3\, dr\, d\theta\, dz$$

$$= 128\pi$$

定理 5-10-2　史托克定理

假設在曲面上由簡單閉曲線 C 所圍成的區域為 S，向量 $\mathbf{F}(x, y, z)$ 及其各分量的一階偏導函數在 S 與 C 上皆為連續，則

$$\oint_C \mathbf{F} \cdot d\mathbf{R} = \iint_S (\nabla \times \mathbf{F}) \cdot d\mathbf{S} = \iint_S (\nabla \times \mathbf{F}) \cdot \mathbf{N}\, dA$$

故史托克定理在說明向量 $\mathbf{F}(x, y, z)$ 的切線分量環繞一簡單之閉曲線 C 所做的線積分，等於 $\mathbf{F}(x, y, z)$ 的旋度之法線分量在以 C 為邊界的任何曲面 S 的面積分.

【例題 3】　試利用史托克定理計算 $\oint_C \mathbf{F} \cdot d\mathbf{R}$，其中 $\mathbf{F}(x, y, z) = (z-2y)\mathbf{i} + (3x-4y)\mathbf{j} + (z+3y)\mathbf{k}$ 且 C 為平面 $z=3$ 上之單位圓.

【解】　因為

$$\nabla \times \mathbf{F} = \begin{vmatrix} \mathbf{i} & \mathbf{j} & \mathbf{k} \\ \dfrac{\partial}{\partial x} & \dfrac{\partial}{\partial y} & \dfrac{\partial}{\partial z} \\ z-2y & 3x-4y & z+3y \end{vmatrix}$$

$$= \frac{\partial}{\partial y}(z+3y)\mathbf{i} + \frac{\partial}{\partial z}(z-2y)\mathbf{j} + \frac{\partial}{\partial x}(3x-4y)\mathbf{k}$$

$$- \frac{\partial}{\partial y}(z-2y)\mathbf{k} - \frac{\partial}{\partial x}(z+3y)\mathbf{j} - \frac{\partial}{\partial z}(3x-4y)\mathbf{i}$$

$$= 3\mathbf{i} + \mathbf{j} + 3\mathbf{k} + 2\mathbf{k}$$

$$= 3\mathbf{i} + \mathbf{j} + 5\mathbf{k}$$

所以,

$$\oint_C \mathbf{F} \cdot d\mathbf{R} = \iint_S (\nabla \times \mathbf{F}) \cdot \mathbf{N}\, dA = \int\!\!\!\int_{x^2+y^2 \leq 1} (3\mathbf{i}+\mathbf{j}+5\mathbf{k}) \cdot \mathbf{k}\, dx\, dy$$

$$= 5 \int\!\!\!\int_{x^2+y^2 \leq 1} dx\, dy = 5A = 5\pi$$

【例題 4】 試證 $\oint_C (f\nabla g) \cdot d\mathbf{R} = -\oint_C (g\nabla f) \cdot d\mathbf{R} = \iint_S (\nabla f \times \nabla g) \cdot d\mathbf{S}.$

【解】 由史托克定理得

$$\oint_C \nabla(fg) \cdot d\mathbf{R} = \iint_S [\nabla \times \nabla(fg)] \cdot d\mathbf{S}$$

但 $\nabla \times \nabla(fg) = \mathbf{0}$, 故 $\oint_C \nabla(fg) \cdot d\mathbf{R} = 0.$

又由 $\nabla(fg) = f\nabla g + g\nabla f$, 知

$$\oint_C (f\nabla g + g\nabla f) \cdot d\mathbf{R} = 0,$$

即, $$\oint_C (f\nabla g) \cdot d\mathbf{R} = -\oint_C (g\nabla f) \cdot d\mathbf{R}$$

因 $$\nabla \times (f\nabla g) = f(\nabla \times \nabla g) + (\nabla f \times \nabla g) = \nabla f \times \nabla g$$

故再由史托克定理可得

$$\iint_S (\nabla f \times \nabla g) \cdot d\mathbf{S} = \iint_S \nabla \times (f\nabla g) \cdot d\mathbf{S}$$

$$= \oint_C (f\nabla g) \cdot d\mathbf{R}$$

習題 5-10

1. 若 $\mathbf{F}=x\mathbf{i}+y\mathbf{j}+z\mathbf{k}$，$S$ 為由平面 $x+y+z=1$、$x=0$、$y=0$、$z=0$ 所圍成四面體的表面，試求 $\iint_S \mathbf{F} \cdot d\mathbf{S}$.

2. 設 $\mathbf{F}=4x\mathbf{i}-2y^2\mathbf{j}+z^2\mathbf{k}$，且 S 為曲面 $x^2+y^2=4$ 及平面 $z=0$、$z=3$ 所圍成區域的表面，試求 $\iint_S \mathbf{F} \cdot d\mathbf{S}$.

3. 若 S 為一閉曲面，且 $\mathbf{R}=x\mathbf{i}+y\mathbf{j}+z\mathbf{k}$，試求 $\iint_S \mathbf{R} \cdot d\mathbf{S}$.

4. 利用史托克定理，試證明 $\oint_C \mathbf{R} \cdot d\mathbf{R}=0$.

5. 設 $\mathbf{F}=(2x-y)\mathbf{i}-yz^2\mathbf{j}-y^2z\mathbf{k}$，且 S 為球面 $x^2+y^2+z^2=1$ 之上半部，C 為 S 的邊界，試驗證史托克定理.

6. 試計算面積分 $\iint_S (\nabla \times \mathbf{F}) \cdot \mathbf{N}\, dA$，其中

$$\mathbf{F}(x,\ y,\ z)=y\mathbf{i}+x(1-2z)\mathbf{j}-xy\mathbf{k}$$

$\mathbf{N}$ 為上半球 $S: x^2+y^2+z^2=a^2$ 上，微小面積 dA 指向外的單位法向量.

第 6 章

線性微分方程組

6-1 齊次線性微分方程組

齊次線性微分方程組在工程上，尤其是電路學、自動控制或彈簧系統的振動問題，應用非常廣泛．我們曾在第 3 章例題中，應用拉氏變換解微分方程組，在本章中我們將應用矩陣去解線性微分方程組．

有關 n 個未知函數及 n 個微分方程式的線性方程組可表示為下式：

$$\begin{aligned}
x_1'(t) &= a_{11}x_1(t) + a_{12}x_2(t) + \cdots + a_{1n}x_n(t) \\
x_2'(t) &= a_{21}x_1(t) + a_{22}x_2(t) + \cdots + a_{2n}x_n(t) \\
&\vdots \qquad\quad \vdots \qquad\quad \vdots \qquad\qquad\quad \vdots \\
x_n'(t) &= a_{n1}x_1(t) + a_{n2}x_2(t) + \cdots + a_{nn}x_n(t)
\end{aligned} \qquad (6\text{-}1\text{-}1)$$

其中 a_{ij} 為實數，式 (6-1-1) 稱為 $n \times n$ 一階線性微分方程組．

現在，令

$$\mathbf{x}(t) = \begin{bmatrix} x_1(t) \\ x_2(t) \\ \vdots \\ x_n(t) \end{bmatrix}$$

此處 $\mathbf{x}(t)$ 稱為向量函數．如果我們定義

$$\mathbf{x}'(t)=\frac{d\mathbf{x}(t)}{dt}=\begin{bmatrix} \dfrac{dx_1(t)}{dt} \\ \dfrac{dx_2(t)}{dt} \\ \vdots \\ \dfrac{dx_n(t)}{dt} \end{bmatrix}=\begin{bmatrix} x_1'(t) \\ x_2'(t) \\ \vdots \\ x_n'(t) \end{bmatrix}$$

而係數矩陣為

$$A=\begin{bmatrix} a_{11} & a_{12} & \cdots & a_{1n} \\ a_{21} & a_{22} & \cdots & a_{2n} \\ \vdots & \vdots & & \vdots \\ a_{n1} & a_{n2} & \cdots & a_{nn} \end{bmatrix}$$

則式 (6-1-1) 可改寫成下列的形式：

$$\mathbf{x}'(t)=A\mathbf{x}(t) \tag{6-1-2}$$

線性微分方程組 (6-1-1) 式在區間 [a, b] 上的解為任一 $n \times 1$ 的向量函數 $\mathbf{x}(t)$，此向量函數在 [a, b] 上為可微分且滿足式 (6-1-1)。

【例題 1】 試證

$$\mathbf{x}_1(t)=\begin{bmatrix} -2e^{2t} \\ e^{2t} \end{bmatrix} \quad \text{與} \quad \mathbf{x}_2(t)=\begin{bmatrix} e^{3t} \\ -e^{3t} \end{bmatrix}$$

皆為下列微分方程組的解：

$$\mathbf{x}'(t)=\begin{bmatrix} 1 & -2 \\ 1 & 4 \end{bmatrix}\mathbf{x}(t)=A\mathbf{x}(t).$$

【解】 已知 $\mathbf{x}_1(t)=\begin{bmatrix} -2e^{2t} \\ e^{2t} \end{bmatrix}$，微分得 $\mathbf{x}_1'(t)=\dfrac{d}{dt}\begin{bmatrix} -2e^{2t} \\ e^{2t} \end{bmatrix}=\begin{bmatrix} -4e^{2t} \\ 2e^{2t} \end{bmatrix}$，所以，

$$A\mathbf{x}_1(t)=\begin{bmatrix} 1 & -2 \\ 1 & 4 \end{bmatrix}\begin{bmatrix} -2e^{2t} \\ e^{2t} \end{bmatrix}$$

$$=\begin{bmatrix} -2e^{2t}-2e^{2t} \\ -2e^{2t}+4e^{2t} \end{bmatrix}\begin{bmatrix} -4e^{2t} \\ 2e^{2t} \end{bmatrix}$$

因為 $\mathbf{x}_1'(t)=A\mathbf{x}_1(t)$，故 $\mathbf{x}_1(t)$ 為 $\mathbf{x}'(t)=A\mathbf{x}(t)$ 的解. 同理，可證得 $\mathbf{x}_2(t)$ 亦為 $\mathbf{x}'(t)=A\mathbf{x}(t)$ 的解.

定義 6-1-1

齊次微分方程組 $\mathbf{x}'(t)=A\mathbf{x}(t)$ 在 $[a, b]$ 上 n 個線性獨立解向量 $\mathbf{x}_1(t)$, $\mathbf{x}_2(t)$, $\cdots$, $\mathbf{x}_n(t)$ 的任意集合稱為在 $[a, b]$ 上的基本解集合 (fundamental set of solutions).

定理 6-1-1

令 $\mathbf{x}_1(t)=\begin{bmatrix} x_{11}(t) \\ x_{21}(t) \\ \vdots \\ x_{n1}(t) \end{bmatrix}$, $\mathbf{x}_2(t)=\begin{bmatrix} x_{12}(t) \\ x_{22}(t) \\ \vdots \\ x_{n2}(t) \end{bmatrix}$, $\cdots$, $\mathbf{x}_n(t)=\begin{bmatrix} x_{n1}(t) \\ x_{n2}(t) \\ \vdots \\ x_{nn}(t) \end{bmatrix}$ 為齊次微分方程組

$\mathbf{x}'(t)=A\mathbf{x}(t)$ 在 $[a, b]$ 上的 n 個解向量. 這些解向量的集合為線性獨立，因此為一基本集合 (fundamental set)，若且唯若對每一個 $t \in [a, b]$，朗士基行列式

$$W(t)=\det(\mathbf{x}_1(t), \mathbf{x}_2(t), \cdots, \mathbf{x}_n(t))=\begin{vmatrix} x_{11}(t) & a_{12}(t) & \cdots & a_{1n}(t) \\ a_{21}(t) & a_{22}(t) & \cdots & a_{2n}(t) \\ \vdots & \vdots & & \vdots \\ a_{n1}(t) & a_{n2}(t) & \cdots & a_{nn}(t) \end{vmatrix} \neq 0$$

【例題 2】 試應用定理 6-1-1 證明

$$\mathbf{x}_1(t)=\begin{bmatrix} -2e^{2t} \\ e^{2t} \end{bmatrix} \quad \text{與} \quad \mathbf{x}_2(t)=\begin{bmatrix} e^{3t} \\ -e^{3t} \end{bmatrix}$$

可作為微分方程組 $\mathbf{x}'(t)=\begin{bmatrix} 1 & -2 \\ 1 & 4 \end{bmatrix}\mathbf{x}(t)$ 之解的基本集合.

【解】 在例題 1 中，曾證明 $\mathbf{x}_1(t)$ 與 $\mathbf{x}_2(t)$ 皆為齊次微分方程組的解向量.

$$W(t)=\det(\mathbf{x}_1(t), \mathbf{x}_2(t))=\begin{vmatrix} -2e^{2t} & e^{3t} \\ e^{2t} & -e^{3t} \end{vmatrix}$$

$$= 2e^{5t} - e^{5t}$$
$$= e^{5t} \neq 0$$

故 $\mathbf{x}_1(t)$ 與 $\mathbf{x}_2(t)$ 為線性獨立，因此可作為已知微分方程組解的基本集合. ◀

定義 6-1-2

令 $\mathbf{x}_1(t)$, $\mathbf{x}_2(t)$, $\cdots$, $\mathbf{x}_n(t)$ 為 $\mathbf{x}'(t) = A\mathbf{x}(t)$ 在 $[a, b]$ 上解的基本集合，則微分方程組的**通解**為

$$\mathbf{x}(t) = c_1\mathbf{x}_1(t) + c_2\mathbf{x}_2(t) + \cdots + c_n\mathbf{x}_n(t)$$

其中 c_1, c_2, $\cdots$, c_n 為任意常數. $\mathbf{x}(t_0) = \mathbf{x}_0$ 稱為**初期條件**. 下列的問題：

$$\begin{cases} \mathbf{x}'(t) = A\mathbf{x}(t) \\ \mathbf{x}(t_0) = \mathbf{x}_0 \end{cases} \tag{6-1-3}$$

稱為**初期值問題**.

【例題 3】 令 $\mathbf{x}_1(t) = \begin{bmatrix} -e^{-t} \\ e^{-t} \\ 0 \end{bmatrix}$, $\mathbf{x}_2(t) = \begin{bmatrix} -e^{-t} \\ 0 \\ e^{-t} \end{bmatrix}$, $\mathbf{x}_3(t) = \begin{bmatrix} e^{-4t} \\ e^{-4t} \\ e^{-4t} \end{bmatrix}$，試證 $\mathbf{x}_1(t)$、$\mathbf{x}_2(t)$ 與 $\mathbf{x}_3(t)$ 可作為

$$\mathbf{x}'(t) = \begin{bmatrix} -2 & -1 & -1 \\ -1 & -2 & -1 \\ -1 & -1 & -2 \end{bmatrix} \mathbf{x}(t)$$

解的基本集合並寫出通解.

【解】
$$\mathbf{x}_1'(t) = \frac{d}{dt}\begin{bmatrix} -e^{-t} \\ e^{-t} \\ 0 \end{bmatrix} = \begin{bmatrix} e^{-t} \\ -e^{-t} \\ 0 \end{bmatrix}$$

$$\mathbf{x}_2'(t) = \frac{d}{dt}\begin{bmatrix} -e^{-t} \\ 0 \\ e^{-t} \end{bmatrix} = \begin{bmatrix} e^{-t} \\ 0 \\ -e^{-t} \end{bmatrix}$$

$$\mathbf{x}_3'(t) = \frac{d}{dt}\begin{bmatrix} e^{-4t} \\ e^{-4t} \\ e^{-4t} \end{bmatrix} = \begin{bmatrix} -4e^{-4t} \\ -4e^{-4t} \\ -4e^{-4t} \end{bmatrix}$$

將 $\mathbf{x}_1(t)$、$\mathbf{x}_2(t)$ 與 $\mathbf{x}_3(t)$ 分別代入微分方程組中，得

$$\begin{bmatrix} -2 & -1 & -1 \\ -1 & -2 & -1 \\ -1 & -1 & -2 \end{bmatrix} \begin{bmatrix} -e^{-t} \\ e^{-t} \\ 0 \end{bmatrix} = \begin{bmatrix} 2e^{-t} - e^{-t} + 0 \\ e^{-t} - 2e^{-t} + 0 \\ e^{-t} - e^{-t} + 0 \end{bmatrix} = \begin{bmatrix} e^{-t} \\ -e^{-t} \\ 0 \end{bmatrix} = \mathbf{x}_1'(t)$$

$$\begin{bmatrix} -2 & -1 & -1 \\ -1 & -2 & -1 \\ -1 & -1 & -2 \end{bmatrix} \begin{bmatrix} -e^{-t} \\ 0 \\ e^{-t} \end{bmatrix} = \begin{bmatrix} 2e^{-t} + 0 - e^{-t} \\ e^{-t} + 0 - e^{-t} \\ e^{-t} + 0 - 2e^{-t} \end{bmatrix} = \begin{bmatrix} e^{-t} \\ 0 \\ -e^{-t} \end{bmatrix} = \mathbf{x}_2'(t)$$

$$\begin{bmatrix} -2 & -1 & -1 \\ -1 & -2 & -1 \\ -1 & -1 & -2 \end{bmatrix} \begin{bmatrix} e^{-4t} \\ e^{-4t} \\ e^{-4t} \end{bmatrix} = \begin{bmatrix} -2e^{-4t} - e^{-4t} - e^{-4t} \\ -e^{-4t} - 2e^{-4t} - e^{-4t} \\ -e^{-4t} - e^{-4t} - 2e^{-4t} \end{bmatrix} = \begin{bmatrix} -4e^{-4t} \\ -4e^{-4t} \\ -4e^{-4t} \end{bmatrix} = \mathbf{x}_3'(t)$$

所以，$\mathbf{x}_1(t)$、$\mathbf{x}_2(t)$ 與 $\mathbf{x}_3(t)$ 皆為微分方程組的解. 又

$$W(t) = \det(\mathbf{x}_1(t),\ \mathbf{x}_2(t),\ \mathbf{x}_3(t))$$

$$= \begin{vmatrix} -e^{-t} & -e^{-t} & e^{-4t} \\ e^{-t} & 0 & e^{-4t} \\ 0 & e^{-t} & e^{-4t} \end{vmatrix} = 3e^{-6t} \neq 0$$

因此，$\mathbf{x}_1(t)$、$\mathbf{x}_2(t)$ 與 $\mathbf{x}_3(t)$ 作為一基本集合. 微分方程組的通解為

$$\mathbf{x}(t) = c_1 \begin{bmatrix} -e^{-t} \\ e^{-t} \\ 0 \end{bmatrix} + c_2 \begin{bmatrix} -e^{-t} \\ 0 \\ e^{-t} \end{bmatrix} + c_3 \begin{bmatrix} e^{-4t} \\ e^{-4t} \\ e^{-4t} \end{bmatrix}$$

定義 6-1-3

若解向量

$$\mathbf{x}_1(t)=\begin{bmatrix} x_{11}(t) \\ x_{21}(t) \\ \vdots \\ x_{n1}(t) \end{bmatrix}, \quad \mathbf{x}_2(t)=\begin{bmatrix} x_{12}(t) \\ x_{22}(t) \\ \vdots \\ x_{n2}(t) \end{bmatrix}, \quad \cdots, \quad \mathbf{x}_n(t)=\begin{bmatrix} x_{n1}(t) \\ x_{n2}(t) \\ \vdots \\ x_{nn}(t) \end{bmatrix}$$

作為 $\mathbf{x}'(t)=A\mathbf{x}(t)$ 在 $[a, b]$ 上解的基本集合，則矩陣

$$F=[\mathbf{x}_1(t),\ \mathbf{x}_2(t),\ \cdots,\ \mathbf{x}_n(t)]=\begin{bmatrix} x_{11}(t) & x_{12}(t) & \cdots & x_{1n}(t) \\ x_{21}(t) & x_{22}(t) & \cdots & x_{2n}(t) \\ \vdots & \vdots & & \vdots \\ x_{n1}(t) & x_{n2}(t) & \cdots & x_{nn}(t) \end{bmatrix} \quad (6\text{-}1\text{-}4)$$

稱為微分方程組的**基本矩陣** (fundamental matrix).

【例題 4】 若 $\mathbf{x}_1(t)=\begin{bmatrix} -2e^{2t} \\ e^{2t} \end{bmatrix}$ 與 $\mathbf{x}_2(t)=\begin{bmatrix} e^{3t} \\ -e^{3t} \end{bmatrix}$ 為微分方程組

$$\mathbf{x}'(t)=\begin{bmatrix} 1 & -2 \\ 1 & 4 \end{bmatrix} \mathbf{x}(t)$$

的解向量，試求此微分方程組的基本矩陣.

【解】 此微分方程組的基本矩陣為

$$F=[\mathbf{x}_1(t),\ \mathbf{x}_2(t)]=\begin{bmatrix} -2e^{2t} & e^{3t} \\ e^{2t} & -e^{3t} \end{bmatrix}$$

齊次微分方程組 $\mathbf{x}'(t)=A\mathbf{x}(t)$ 的通解可以寫成一基本矩陣 F 與 $n\times 1$ 常數行矩陣的乘積. 若 $\mathbf{x}_1(t),\ \mathbf{x}_2(t),\ \cdots,\ \mathbf{x}_n(t)$ 作為 $\mathbf{x}'(t)=A\mathbf{x}(t)$ 解的基本集合，則其通解為

$$\mathbf{x}(t) = c_1\mathbf{x}_1(t) + c_2\mathbf{x}_2(t) + \cdots + c_n\mathbf{x}_n(t)$$

$$= \begin{bmatrix} c_1x_{11}(t)+c_2x_{12}(t)+\cdots+c_nx_{1n}(t) \\ c_1x_{21}(t)+c_2x_{22}(t)+\cdots+c_nx_{2n}(t) \\ \vdots & \vdots & \vdots \\ c_1x_{n1}(t)+c_2x_{n2}(t)+\cdots+c_nx_{nn}(t) \end{bmatrix} = \begin{bmatrix} x_{11}(t) & x_{12}(t) & \cdots & x_{1n}(t) \\ x_{21}(t) & x_{22}(t) & \cdots & x_{2n}(t) \\ \vdots & \vdots & & \vdots \\ x_{n1}(t) & x_{n2}(t) & \cdots & x_{nn}(t) \end{bmatrix} \begin{bmatrix} c_1 \\ c_2 \\ \vdots \\ c_n \end{bmatrix}$$

或 $\mathbf{x}(t) = F\mathbf{c}$，此處 $\mathbf{c} = \begin{bmatrix} c_1 \\ c_2 \\ \vdots \\ c_n \end{bmatrix}$.

【例題 5】 若 $\mathbf{x}_1(t) = e^{-t}\begin{bmatrix} -1 \\ 1 \\ 0 \end{bmatrix}$、$\mathbf{x}_2(t) = e^{-t}\begin{bmatrix} -1 \\ 0 \\ 1 \end{bmatrix}$ 與 $\mathbf{x}_3(t) = e^{-4t}\begin{bmatrix} 1 \\ 1 \\ 1 \end{bmatrix}$ 為

$$\mathbf{x}'(t) = \begin{bmatrix} -2 & -1 & -1 \\ -1 & -2 & -1 \\ -1 & -1 & -2 \end{bmatrix} \mathbf{x}(t)$$ 的解向量，試將其通解寫成 F 與 3×1 任意常數

行矩陣的乘積.

【解】 微分方程組的基本矩陣為

$$F = \begin{bmatrix} -e^{-t} & -e^{-t} & e^{-4t} \\ e^{-t} & 0 & e^{-4t} \\ 0 & e^{-t} & e^{-4t} \end{bmatrix}$$

於是，微分方程組的通解可寫成

$$\mathbf{x}(t) = \begin{bmatrix} -e^{-t} & -e^{-t} & e^{-4t} \\ e^{-t} & 0 & e^{-4t} \\ 0 & e^{-t} & e^{-4t} \end{bmatrix} \begin{bmatrix} c_1 \\ c_2 \\ c_3 \end{bmatrix}$$

習題 6-1

試證下列向量函數為已知微分方程組的解.

1. $x_1'(t) = x_1(t) + 4x_2(t)$
   $x_2'(t) = x_1(t) + x_2(t)$, $\mathbf{x}(t) = \begin{bmatrix} -2e^{-t} \\ e^{-t} \end{bmatrix}$

2. $\mathbf{x}'(t) = \begin{bmatrix} 3 & -18 \\ 2 & -9 \end{bmatrix} \mathbf{x}(t)$, $\mathbf{x}(t) = \begin{bmatrix} 3e^{-3t} \\ e^{-3t} \end{bmatrix}$

3. $\mathbf{x}'(t) = \begin{bmatrix} 1 & 0 & 1 \\ 1 & 1 & 0 \\ -2 & 0 & -1 \end{bmatrix} \mathbf{x}(t)$, $\mathbf{x}(t) = \begin{bmatrix} -\cos t \\ e^t + \dfrac{1}{2}\cos t - \dfrac{1}{2}\sin t \\ \cos t + \sin t \end{bmatrix}$

4. $x_1'(t) = 5x_1(t) + 2x_2(t) + 2x_3(t)$
   $x_2'(t) = 2x_1(t) + 2x_2(t) - 4x_3(t)$, $\mathbf{x}(t) = \begin{bmatrix} 4e^{6t} \\ e^{6t} \\ e^{6t} \end{bmatrix}$
   $x_3'(t) = 2x_1(t) - 4x_2(t) + 2x_3(t)$

下列每一個已知向量為微分方程組的解. 試證每一個向量可作為一基本集合, 並寫出微分方程組的通解.

5. $\mathbf{x}_1(t) = \begin{bmatrix} 2e^{3t} \\ e^{3t} \end{bmatrix}$, $\mathbf{x}_2(t) = \begin{bmatrix} -2e^{-t} \\ e^{-t} \end{bmatrix}$, $\mathbf{x}'(t) = \begin{bmatrix} 1 & 4 \\ 1 & 1 \end{bmatrix} \mathbf{x}(t)$

6. $\mathbf{x}_1(t) = e^{2t} \begin{bmatrix} 0 \\ 1 \end{bmatrix}$, $\mathbf{x}_2(t) = e^{2t} \begin{bmatrix} \dfrac{1}{3} \\ t \end{bmatrix}$, $\mathbf{x}'(t) = \begin{bmatrix} 2 & 0 \\ 3 & 2 \end{bmatrix} \mathbf{x}(t)$

7. $\mathbf{x}_1(t) = \begin{bmatrix} 0 \\ 1 \\ 0 \end{bmatrix}$, $\mathbf{x}_2(t) = \begin{bmatrix} -\cos t \\ \dfrac{1}{2}(\cos t - \sin t) \\ \cos t + \sin t \end{bmatrix}$, $\mathbf{x}_3(t) = \begin{bmatrix} -\sin t \\ \dfrac{1}{2}(\cos t + \sin t) \\ \sin t - \cos t \end{bmatrix}$,

$\mathbf{x}'(t) = \begin{bmatrix} 1 & 0 & 1 \\ 1 & 1 & 0 \\ -2 & 0 & -1 \end{bmatrix} \mathbf{x}(t)$

6-2 齊次線性微分方程組的解法

在上一節式 (6-1-1) 中最簡單的方程組為單一方程式

$$\frac{dx}{dt} = ax \tag{6-2-1}$$

其中 a 為常數．由微積分，可得式 (6-2-1) 的通解為

$$x = ce^{at} \tag{6-2-2}$$

若為初期值問題，則寫成

$$\begin{cases} \dfrac{dx}{dt} = ax \\ x(0) = x_0 \end{cases}$$

我們只要令 $t = 0$ 代入式 (6-2-2)，得 $c = x_0$．於是，初期值問題的解為

$$x = x_0 e^{at}$$

在上一節微分方程組 (6-1-2) 式中，若 A 為對角線矩陣，則微分方程組 (6-1-2) 式稱為**對角線化**．在此情形，上一節的式 (6-1-1) 可寫成

$$\begin{aligned} x_1'(t) &= a_{11} x_1(t) \\ x_2'(t) &= \qquad a_{22} x_2(t) \\ &\vdots \\ x_n'(t) &= \qquad\qquad a_{nn} x_n(t) \end{aligned} \tag{6-2-3}$$

或

$$\begin{bmatrix} x_1'(t) \\ x_2'(t) \\ \vdots \\ x_n'(t) \end{bmatrix} = \begin{bmatrix} a_{11} & & & \mathbf{0} \\ & a_{22} & & \\ & & a_{33} & \\ & & & \ddots \\ \mathbf{0} & & & & a_{nn} \end{bmatrix} \begin{bmatrix} x_1(t) \\ x_2(t) \\ \vdots \\ x_n(t) \end{bmatrix} \tag{6-2-4}$$

方程組 (6-2-3) 式非常容易解，因為方程組 (6-2-3) 式可利用式 (6-2-1) 的解法個別求解．所以，方程組 (6-2-3) 式的解為

$$x_1(t) = c_1 e^{a_{11} t}$$
$$x_2(t) = c_2 e^{a_{22} t}$$
$$\vdots \qquad \vdots$$
$$x_n(t) = c_n e^{a_{nn} t}$$

(6-2-5)

其中 c_1, c_2, $\cdots$, c_n 為任意常數，故方程組 (6-2-3) 式的通解為

$$\mathbf{x}(t) = \begin{bmatrix} c_1 e^{a_{11} t} \\ c_2 e^{a_{22} t} \\ \vdots \\ c_n e^{a_{nn} t} \end{bmatrix} = c_1 \begin{bmatrix} 1 \\ 0 \\ 0 \\ \vdots \\ 0 \end{bmatrix} e^{a_{11} t} + c_2 \begin{bmatrix} 0 \\ 1 \\ 0 \\ \vdots \\ 0 \end{bmatrix} e^{a_{22} t} + \cdots + c_n \begin{bmatrix} 0 \\ 0 \\ 0 \\ \vdots \\ 1 \end{bmatrix} e^{a_{nn} t}$$

於是，向量函數

$$\mathbf{x}^{(1)}(t) = \begin{bmatrix} 1 \\ 0 \\ 0 \\ \vdots \\ 0 \end{bmatrix} e^{a_{11} t}, \quad \mathbf{x}^{(2)}(t) = \begin{bmatrix} 0 \\ 1 \\ 0 \\ \vdots \\ 0 \end{bmatrix} e^{a_{22} t}, \quad \cdots, \quad \mathbf{x}^{(n)}(t) = \begin{bmatrix} 0 \\ 0 \\ 0 \\ \vdots \\ 1 \end{bmatrix} e^{a_{nn} t}$$

作為對角線化微分方程組 (6-2-4) 式的基本矩陣.

【例題 1】 試求下列對角線化微分方程組

$$\begin{bmatrix} x_1' \\ x_2' \\ x_3' \end{bmatrix} = \begin{bmatrix} 3 & 0 & 0 \\ 0 & -2 & 0 \\ 0 & 0 & 5 \end{bmatrix} \begin{bmatrix} x_1 \\ x_2 \\ x_3 \end{bmatrix}$$

的通解.

【解】 微分方程組可寫成三個方程式：

$$x_1' = 3x_1$$
$$x_2' = -2x_2$$
$$x_3' = 5x_3$$

積分得　　　$x_1 = c_1 e^{3t}$,　　　$x_2 = c_2 e^{-2t}$,　　　$x_3 = c_3 e^{5t}$

其中 c_1、c_2 與 c_3 為任意常數. 於是,

$$\mathbf{x}(t) = \begin{bmatrix} c_1 e^{3t} \\ c_2 e^{-2t} \\ c_3 e^{5t} \end{bmatrix} = c_1 \begin{bmatrix} 1 \\ 0 \\ 0 \end{bmatrix} e^{3t} + c_2 \begin{bmatrix} 0 \\ 1 \\ 0 \end{bmatrix} e^{-2t} + c_3 \begin{bmatrix} 0 \\ 0 \\ 1 \end{bmatrix} e^{5t}$$

為微分方程組的通解.

【例題 2】　試解下列初期值問題

$$\mathbf{x}' = \begin{bmatrix} 3 & 0 & 0 \\ 0 & -2 & 0 \\ 0 & 0 & 5 \end{bmatrix} \mathbf{x}, \quad \mathbf{x}(0) = \begin{bmatrix} 1 \\ 4 \\ -2 \end{bmatrix}.$$

【解】　由例題 1 求得通解為

$$\mathbf{x}(t) = \begin{bmatrix} x_1(t) \\ x_2(t) \\ x_3(t) \end{bmatrix} = \begin{bmatrix} c_1 e^{3t} \\ c_2 e^{-2t} \\ c_3 e^{5t} \end{bmatrix}$$

利用已知的初期條件, 我們得

$$1 = x_1(0) = c_1 e^0 = c_1$$
$$4 = x_2(0) = c_2 e^0 = c_2$$
$$-2 = x_3(0) = c_3 e^0 = c_3$$

故初期值問題的解為 $\mathbf{x}(t) = \begin{bmatrix} x_1(t) \\ x_2(t) \\ x_3(t) \end{bmatrix} = \begin{bmatrix} e^{3t} \\ 4e^{-2t} \\ -2e^{5t} \end{bmatrix}.$

上例的方程組很容易求解, 因為每一方程式僅含一個未知函數, 且例題 1 之方程組的係數矩陣為對角線矩陣. 但若矩陣 A 不為對角線矩陣, 我們應如何來處理方程組 $\mathbf{x}'(t) = A\mathbf{x}(t)$ 呢？以下是我們討論的方法.

一、利用矩陣的特徵值解微分方程組

定理 6-2-1

令 λ 為矩陣 A 的特徵值，其所對應的特徵向量為 $\mathbf{v}$，則 $\mathbf{x}(t)=e^{\lambda t}\mathbf{v}$ 為 $\mathbf{x}'(t)=A\mathbf{x}(t)$ 的解．

證 若 $\mathbf{x}(t)=e^{\lambda t}\mathbf{v}$，則

$$\mathbf{x}'(t)=\lambda e^{\lambda t}\mathbf{v}=e^{\lambda t}(\lambda\mathbf{v})$$

因為 λ 為 A 的特徵值，故

$$\mathbf{x}'(t)=e^{\lambda t}(A\mathbf{v})=A(e^{\lambda t}\mathbf{v})=A\mathbf{x}(t)$$

若係數矩陣 A 具有 n 個線性獨立特徵向量 $\mathbf{v}_1$，$\mathbf{v}_2$，…，$\mathbf{v}_n$，其所對應的特徵值為 λ_1，λ_2，…，λ_n (不需要相異)，則微分方程組 $\mathbf{x}'(t)=A\mathbf{x}(t)$ 的 n 個線性獨立解為

$$e^{\lambda_1 t}\mathbf{v}_1,\ e^{\lambda_2 t}\mathbf{v}_2,\ \cdots,\ e^{\lambda_n t}\mathbf{v}_n$$

故其線性組合

$$\mathbf{x}(t)=c_1 e^{\lambda_1 t}\mathbf{v}_1+c_2 e^{\lambda_2 t}\mathbf{v}_2+\cdots+c_n e^{\lambda_n t}\mathbf{v}_n$$

為微分方程組的通解．

【例題 3】 試解下列初期值問題

$$\begin{aligned} x_1' &= 3x_1 + 4x_2 \\ x_2' &= 3x_1 + 2x_2 \\ x_1(0) &= 6,\ x_2(0) = 1 \end{aligned}\ .$$

【解】 首先將微分方程組寫成矩陣微分方程式

$$\mathbf{x}'(t)=\begin{bmatrix}3 & 4 \\ 3 & 2\end{bmatrix}\mathbf{x}(t),\ \mathbf{x}(0)=\begin{bmatrix}6 \\ 1\end{bmatrix}$$

係數矩陣的特徵方程式為

$$\det(\lambda I_3-A)=\begin{vmatrix}\lambda-3 & 4 \\ -3 & \lambda-2\end{vmatrix}=(\lambda-3)(\lambda-2)-12=(\lambda-6)(\lambda+1)=0$$

可得特徵值為 $\lambda_1=6$ 與 $\lambda_2=-1$，此兩特徵值所對應的兩個特徵向量分別為 $\mathbf{v}_1=\begin{bmatrix}4\\3\end{bmatrix}$ 與 $\mathbf{v}_2=\begin{bmatrix}1\\-1\end{bmatrix}$，故此微分方程組的通解為

$$\mathbf{x}(t)=c_1e^{6t}\begin{bmatrix}4\\3\end{bmatrix}+c_2e^{-t}\begin{bmatrix}1\\-1\end{bmatrix}=\begin{bmatrix}4c_1e^{6t}+c_2e^{-t}\\3c_1e^{6t}-c_2e^{-t}\end{bmatrix}$$

因初期條件為 $\mathbf{x}(0)=\begin{bmatrix}6\\1\end{bmatrix}$，故 $\mathbf{x}(0)=\begin{bmatrix}4c_1+c_2\\3c_1-c_2\end{bmatrix}=\begin{bmatrix}6\\1\end{bmatrix}$

即

$$\begin{cases}4c_1+c_2=6\\3c_1-c_2=1\end{cases}$$

解得 $c_1=1$，$c_2=2$. 因此，初期值問題的解為

$$\mathbf{x}(t)=\begin{bmatrix}4e^{6t}+2e^{-t}\\3e^{6t}-2e^{-t}\end{bmatrix}$$

【例題 4】 試解下列初期值問題

$$\mathbf{x}'(t)=\begin{bmatrix}0&1&0\\0&0&1\\8&-14&7\end{bmatrix}\mathbf{x}(t),\ \mathbf{x}(0)=\begin{bmatrix}4\\6\\8\end{bmatrix}.$$

【解】 係數矩陣的特徵方程式為

$$\det(\lambda\mathbf{I}_3-\mathbf{A})=\begin{vmatrix}\lambda&-1&0\\0&\lambda&-1\\-8&14&\lambda-7\end{vmatrix}=\lambda^3-7\lambda^2+14\lambda-8$$
$$=(\lambda-1)(\lambda-2)(\lambda-4)$$
$$=0$$

可得特徵值為 $\lambda_1=1$，$\lambda_2=2$，$\lambda_3=4$；此三個特徵值所對應的三個特徵向量分別為

$$\mathbf{v}_1=\begin{bmatrix}1\\1\\1\end{bmatrix},\quad \mathbf{v}_2=\begin{bmatrix}1\\2\\4\end{bmatrix},\quad \mathbf{v}_3=\begin{bmatrix}1\\4\\16\end{bmatrix}$$

故其通解為

$$\mathbf{x}(t) = c_1 e^t \begin{bmatrix} 1 \\ 1 \\ 1 \end{bmatrix} + c_2 e^{2t} \begin{bmatrix} 1 \\ 2 \\ 4 \end{bmatrix} + c_3 e^{4t} \begin{bmatrix} 1 \\ 4 \\ 16 \end{bmatrix}$$

或

$$\mathbf{x}(t) = \begin{bmatrix} 1 & 1 & 1 \\ 1 & 2 & 4 \\ 1 & 4 & 16 \end{bmatrix} \begin{bmatrix} c_1 e^t \\ c_2 e^{2t} \\ c_3 e^{4t} \end{bmatrix}$$

令

$$\mathbf{x}(0) = \begin{bmatrix} 1 & 1 & 1 \\ 1 & 2 & 4 \\ 1 & 4 & 16 \end{bmatrix} \begin{bmatrix} c_1 \\ c_2 \\ c_3 \end{bmatrix} = \begin{bmatrix} 4 \\ 6 \\ 8 \end{bmatrix}$$

解得 $c_1 = \dfrac{4}{3}$, $c_2 = 3$, $c_3 = -\dfrac{1}{3}$. 所以，初期值問題的解為

$$\mathbf{x}(t) = \begin{bmatrix} \dfrac{4}{3} e^t + 3 e^{2t} - \dfrac{1}{3} e^{4t} \\ \dfrac{4}{3} e^t + 6 e^{2t} - \dfrac{4}{3} e^{4t} \\ \dfrac{4}{3} e^t + 12 e^{2t} - \dfrac{16}{3} e^{4t} \end{bmatrix}$$

【例題 5】 今有兩個迴圈電路，如圖 6-2-1 所示．我們已求得此電路所描述的方程組為

$$\begin{cases} \dfrac{dI_L}{dt} = -\dfrac{R}{L} I_R + \dfrac{E}{L} \\ \dfrac{dI_R}{dt} = \dfrac{I_L}{RC} - \dfrac{I_R}{RC} \end{cases} \quad \cdots\cdots ①$$

試求在任何時間 t 通過電阻器與電感器的電流，其中 $R = 100$ 歐姆，$C = 1.5 \times 10^{-4}$ 法拉，$L = 8$ 亨利，$E = 0$，$I_L(0) = 0.2$ 安培，且 $I_R(0) = 0.4$ 安培．

圖 6-2-1

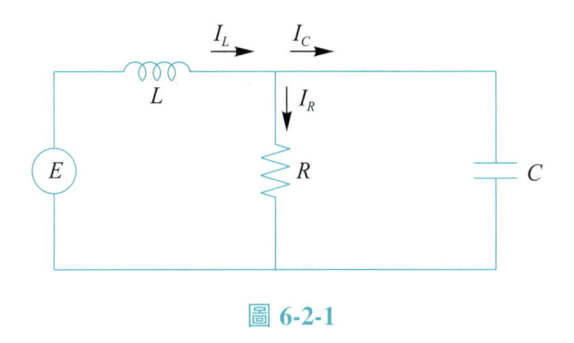

【解】　利用已知值，方程組 ① 式可以寫成

$$I'(t) = \frac{d}{dt}\begin{bmatrix} I_L(t) \\ I_R(t) \end{bmatrix} = \begin{bmatrix} 0 & -\dfrac{R}{L} \\ \dfrac{1}{RC} & -\dfrac{1}{RC} \end{bmatrix} I(t) + \begin{bmatrix} \dfrac{E}{L} \\ 0 \end{bmatrix}, \quad I(0) = \begin{bmatrix} I_L(0) \\ I_R(0) \end{bmatrix}$$

或

$$I'(t) = \begin{bmatrix} 0 & -\dfrac{25}{2} \\ \dfrac{200}{3} & -\dfrac{200}{3} \end{bmatrix} I(t), \quad I(0) = \begin{bmatrix} 0.2 \\ 0.4 \end{bmatrix}$$

係數矩陣的特徵值為 $\lambda_1 = -50$，$\lambda_2 = -\dfrac{50}{3}$，其所對應的特徵向量分別為 $\mathbf{v}_1 = \begin{bmatrix} 1 \\ 4 \end{bmatrix}$ 與 $\mathbf{v}_2 = \begin{bmatrix} 3 \\ 4 \end{bmatrix}$，故通解為

$$I(t) = c_1 e^{-50t} \begin{bmatrix} 1 \\ 4 \end{bmatrix} + c_2 e^{(-50/3)t} \begin{bmatrix} 3 \\ 4 \end{bmatrix}$$

$$= \begin{bmatrix} c_1 e^{-50t} + 3c_2 e^{(-50/3)t} \\ 4c_1 e^{-50t} + 4c_2 e^{(-50/3)t} \end{bmatrix}$$

利用初期條件 $I(0) = \begin{bmatrix} 0.2 \\ 0.4 \end{bmatrix}$，故

$$I(0) = \begin{bmatrix} c_1 + 3c_2 \\ 4c_1 + 4c_2 \end{bmatrix} = \begin{bmatrix} 0.2 \\ 0.4 \end{bmatrix}$$

解得 $c_1=c_2=0.05$. 故此初期值問題的解為

$$I(t) = \begin{bmatrix} 0.05e^{-50t} + 0.15e^{(-50/3)t} \\ 0.2e^{-50t} + 0.2e^{(-50/3)t} \end{bmatrix}$$

二、利用矩陣對角線化解微分方程組

我們考慮微分方程組

$$\begin{aligned} x_1' &= a_{11}x_1 + a_{12}x_2 + \cdots + a_{1n}x_n \\ x_2' &= a_{21}x_1 + a_{22}x_2 + \cdots + a_{2n}x_n \\ &\vdots \quad\quad \vdots \quad\quad \vdots \quad\quad\quad \vdots \\ x_n' &= a_{n1}x_1 + a_{n2}x_2 + \cdots + a_{nn}x_n \end{aligned} \tag{6-2-6}$$

此處 $x_1=f_1(t)$, $x_2=f_2(t)$, $\cdots$, $x_n=f_n(t)$ 為待定的函數,且 a_{ij} 為常數,則式 (6-2-6) 可寫成

$$\mathbf{x}' = A\mathbf{x}$$

由於矩陣 A 不為對角線矩陣,我們只要做下列的代換就可將式 (6-2-6) 變換成含對角線矩陣的微分方程組. 現在令

$$\begin{aligned} x_1 &= p_{11}u_1 + p_{12}u_2 + \cdots + p_{1n}u_n \\ x_2 &= p_{21}u_1 + p_{22}u_2 + \cdots + p_{2n}u_n \\ &\vdots \quad\quad \vdots \quad\quad \vdots \quad\quad\quad \vdots \\ x_n &= p_{n1}u_1 + p_{n2}u_2 + \cdots + p_{nn}u_n \end{aligned} \tag{6-2-7}$$

或

$$\mathbf{x} = P\mathbf{u} \tag{6-2-8}$$

其中

$$\mathbf{x} = \begin{bmatrix} x_1 \\ x_2 \\ \vdots \\ x_n \end{bmatrix}, \quad P = \begin{bmatrix} p_{11} & p_{12} & \cdots & p_{1n} \\ p_{21} & p_{22} & \cdots & p_{2n} \\ \vdots & \vdots & & \vdots \\ p_{n1} & p_{n2} & \cdots & p_{nn} \end{bmatrix}, \quad \mathbf{u} = \begin{bmatrix} u_1 \\ u_2 \\ \vdots \\ u_n \end{bmatrix}$$

此處 p_{ij} 為待定的常數以滿足含未知函數 u_1, u_2, $\cdots$, u_n 的新方程組 (6-2-8) 式使其含有一對角線係數矩陣. 微分式 (6-2-7) 得

$$\mathbf{x}' = P\mathbf{u}' \qquad (6\text{-}2\text{-}9)$$

若將 $\mathbf{x} = P\mathbf{u}$ 及 $\mathbf{x}' = P\mathbf{u}'$ 代入原微分方程組

$$\mathbf{x}' = A\mathbf{x}$$

中，且假設 P 為可逆矩陣，則

$$P\mathbf{u}' = A(P\mathbf{u})$$

$$\mathbf{u}' = (P^{-1}AP)\mathbf{u}$$

或

$$\mathbf{u}' = D\mathbf{u} \qquad (6\text{-}2\text{-}10)$$

此處 $D = P^{-1}AP$ 為一對角線矩陣. 綜合以上的討論，我們先找出使 A 對角線化的矩陣 P，再由式 (6-2-10) 解得 $\mathbf{u}$，然後利用式 (6-2-8) 決定 $\mathbf{x}$，則可求得微分方程組 (6-2-6) 式的解.

【例題 6】 試解下列初期值問題

$$\begin{aligned} x_1' &= 3x_1 + 4x_2 \\ x_2' &= 3x_1 + 2x_2 \\ x_1(0) &= 6, \quad x_2(0) = 1 \end{aligned}.$$

【解】 首先將微分方程組寫成矩陣微分方程式

$$\mathbf{x}'(t) = \begin{bmatrix} 3 & 4 \\ 3 & 2 \end{bmatrix} \mathbf{x}(t), \quad \mathbf{x}(0) = \begin{bmatrix} 6 \\ 1 \end{bmatrix}$$

利用 6-2 節例題 3 得知矩陣的特徵值為 $\lambda_1 = 6$ 與 $\lambda_2 = -1$，此兩個特徵值所對應的兩個特徵向量分別為 $\mathbf{v}_1 = \begin{bmatrix} 4 \\ 3 \end{bmatrix}$ 與 $\mathbf{v}_2 = \begin{bmatrix} 1 \\ -1 \end{bmatrix}$. 如此，

$$P = \begin{bmatrix} 4 & 1 \\ 3 & -1 \end{bmatrix}$$

可對角線化 A，且

$$D = P^{-1}AP = \begin{bmatrix} 6 & 0 \\ 0 & -1 \end{bmatrix}$$

因此，由代換
$$\mathbf{x} = P\mathbf{u} \ \text{及}\ \mathbf{x}' = P\mathbf{u}'$$

所得新的對角線方程組為

$$\mathbf{u}' = D\mathbf{u} = \begin{bmatrix} 6 & 0 \\ 0 & -1 \end{bmatrix}\mathbf{u} \quad \text{或} \quad \begin{cases} u_1' = 6u_1 \\ u_2' = -u_2 \end{cases}$$

此方程組的解為
$$\mathbf{u} = \begin{bmatrix} c_1 e^{6t} \\ c_2 e^{-t} \end{bmatrix}$$

所以方程組 $\mathbf{x} = P\mathbf{u}$ 的解為

$$\mathbf{x}(t) = \begin{bmatrix} 4 & 1 \\ 3 & -1 \end{bmatrix} \begin{bmatrix} c_1 e^{6t} \\ c_2 e^{-t} \end{bmatrix} = \begin{bmatrix} 4c_1 e^{6t} + c_2 e^{-t} \\ 3c_1 e^{6t} - c_2 e^{-t} \end{bmatrix}$$

因初期條件為 $\mathbf{x}(0) = \begin{bmatrix} 6 \\ 1 \end{bmatrix}$，故

$$\mathbf{x}(0) = \begin{bmatrix} 4c_1 + c_2 \\ 3c_1 - c_2 \end{bmatrix} = \begin{bmatrix} 6 \\ 1 \end{bmatrix}$$

解得 $c_1 = 1$，$c_2 = 2$. 因此，初期值問題的解為

$$\mathbf{x}(t) = \begin{bmatrix} 4e^{6t} + 2e^{-t} \\ 3e^{6t} - 2e^{-t} \end{bmatrix}$$

【例題 7】 試解下列微分方程組

$$\begin{aligned} x_1' &= x_2 \\ x_2' &= x_3 \\ x_3' &= 8x_1 - 14x_2 + 7x_3 \end{aligned}$$

【解】 此微分方程組的矩陣形式為

$$\mathbf{x}'(t) = \begin{bmatrix} 0 & 1 & 0 \\ 0 & 0 & 1 \\ 8 & -14 & 7 \end{bmatrix} \mathbf{x}(t)$$

由 6-2 節例題 4 得知係數矩陣的特徵值為 $\lambda_1=1$、$\lambda_2=2$ 與 $\lambda_3=4$. 此三個特徵值所對應的三個特徵向量分別為

$$\mathbf{v}_1 = \begin{bmatrix} 1 \\ 1 \\ 1 \end{bmatrix}, \quad \mathbf{v}_2 = \begin{bmatrix} 1 \\ 2 \\ 4 \end{bmatrix}, \quad \mathbf{v}_3 = \begin{bmatrix} 1 \\ 4 \\ 16 \end{bmatrix}$$

如此,

$$\mathbf{P} = \begin{bmatrix} 1 & 1 & 1 \\ 1 & 2 & 4 \\ 1 & 4 & 16 \end{bmatrix}$$

可對角線化 A, 且

$$\mathbf{D} = \mathbf{P}^{-1} \mathbf{A} \mathbf{P} = \begin{bmatrix} 1 & 0 & 0 \\ 0 & 2 & 0 \\ 0 & 0 & 4 \end{bmatrix}$$

因此, 由代換

$$\mathbf{x} = \mathbf{P}\mathbf{u} \quad 及 \quad \mathbf{x}' = \mathbf{P}\mathbf{u}'$$

所得新的對角線方程組為

$$\mathbf{u}' = \mathbf{D}\mathbf{u} = \begin{bmatrix} 1 & 0 & 0 \\ 0 & 2 & 0 \\ 0 & 0 & 4 \end{bmatrix} \mathbf{u} \quad 或 \quad \begin{cases} u_1' = u_1 \\ u_2' = 2u_2 \\ u_3' = 4u_3 \end{cases}$$

此方程組的解為

$$\mathbf{u} = \begin{bmatrix} c_1 e^t \\ c_2 e^{2t} \\ c_3 e^{4t} \end{bmatrix}$$

所以, 方程組 $\mathbf{x} = \mathbf{P}\mathbf{u}$ 的解為

$$\mathbf{x}(t) = \begin{bmatrix} 1 & 1 & 1 \\ 1 & 2 & 4 \\ 1 & 4 & 16 \end{bmatrix} \begin{bmatrix} c_1 e^t \\ c_2 e^{2t} \\ c_3 e^{4t} \end{bmatrix} = \begin{bmatrix} c_1 e^t + c_2 e^{2t} + c_3 e^{4t} \\ c_1 e^t + 2c_2 e^{2t} + 4c_3 e^{4t} \\ c_1 e^t + 4c_2 e^{2t} + 16c_3 e^{4t} \end{bmatrix}$$

習題 6-2

試利用矩陣的特徵值解下列微分方程組.

1. $\mathbf{x}' = \begin{bmatrix} 3 & -2 \\ -1 & 2 \end{bmatrix} \mathbf{x}, \quad \mathbf{x}(0) = \begin{bmatrix} 1 \\ -1 \end{bmatrix}$

2. $\mathbf{x}' = \begin{bmatrix} 0 & 1 & 0 \\ 0 & 0 & 1 \\ -2 & 1 & 2 \end{bmatrix} \mathbf{x}, \quad \mathbf{x}(0) = \begin{bmatrix} 1 \\ 1 \\ 2 \end{bmatrix}$

3. $x_1' = 4x_1 + x_3$
   $x_2' = -2x_1 + x_2$
   $x_3' = -2x_1 + x_3$
   $x_1(0) = -1, \quad x_2(0) = 1, \quad x_3(0) = 0$

4. 試求下列微分方程組的通解
   $x_1' = 3x_1 - 18x_2$
   $x_2' = 2x_1 - 9x_2$

試利用矩陣對角線化解下列微分方程組.

5. $\mathbf{x}' = \begin{bmatrix} 1 & 3 \\ 4 & 5 \end{bmatrix} \mathbf{x}, \quad \mathbf{x}'(0) = \begin{bmatrix} 1 \\ -1 \end{bmatrix}$

6. $\mathbf{x}' = \begin{bmatrix} 4 & 2 & 2 \\ 2 & 4 & 2 \\ 2 & 2 & 4 \end{bmatrix} \mathbf{x}, \quad \mathbf{x}(0) = \begin{bmatrix} 1 \\ 1 \\ -1 \end{bmatrix}$

6-3 非齊次線性微分方程組

n 個一階非齊次微分方程組如下所示：

$$\begin{aligned} x_1' &= a_{11}x_1 + a_{12}x_2 + \cdots + a_{1n}x_n + f_1(t) \\ x_2' &= a_{21}x_1 + a_{22}x_2 + \cdots + a_{2n}x_n + f_2(t) \\ &\vdots \\ x_n' &= a_{n1}x_1 + a_{n2}x_2 + \cdots + a_{nn}x_n + f_n(t) \end{aligned} \qquad (6\text{-}3\text{-}1)$$

其中 $x_1, x_2, \cdots, x_n$ 為未知函數且 t 為自變數，係數 a_{ij} 可以為連續函數，但是我們僅限制於討論常數的情況. 若 $f_i(t) = 0$，$i = 1, 2, \cdots, n$，則微分方程組 (6-3-1) 式稱為齊次；否則稱為非齊次. 微分方程組 (6-3-1) 式可以寫成下列矩陣的形式：

$$\mathbf{x}' = A\mathbf{x} + \mathbf{f}$$

其中

$$\mathbf{x} = \begin{bmatrix} x_1 \\ x_2 \\ \vdots \\ x_n \end{bmatrix}, \quad A = \begin{bmatrix} a_{11} & a_{12} & \cdots & a_{1n} \\ a_{21} & a_{22} & \cdots & a_{2n} \\ \vdots & \vdots & & \vdots \\ a_{n1} & a_{n2} & \cdots & a_{nn} \end{bmatrix}, \quad \mathbf{f} = \begin{bmatrix} f_1 \\ f_2 \\ \vdots \\ f_n \end{bmatrix}$$

向量函數 $\mathbf{x}'$ 為向量函數 $\mathbf{x}$ 的導函數.

我們非常容易證明非齊次微分方程組的通解為下列的形式：

$$\mathbf{x} = \mathbf{x}_c + \mathbf{x}_p \tag{6-3-2}$$

其中 $\mathbf{x}_c$ 為所對應齊次微分方程組 $\mathbf{x}' = A\mathbf{x}$ 的通解，而 $\mathbf{x}_p$ 為 $\mathbf{x}' = A\mathbf{x} + \mathbf{f}$ 的任一特別解向量. 現在我們介紹一種求 $\mathbf{x}_p$ 最簡之方法稱之為未定係數法.

【例題1】 已知非齊次微分方程組 $\mathbf{x}' = A\mathbf{x} + \mathbf{f}$，其中

$$A = \begin{bmatrix} 1 & 0 \\ 6 & -1 \end{bmatrix}$$

試就下列向量函數解此微分方程組.

(1) $\mathbf{f}(t) = \begin{bmatrix} 2 \\ 1 \end{bmatrix}$ (2) $\mathbf{f}(t) = \begin{bmatrix} 2 \\ 1 \end{bmatrix} e^{2t}$ (3) $\mathbf{f}(t) = \begin{bmatrix} 2 \\ 1 \end{bmatrix} \sin t$ (4) $\mathbf{f}(t) = \begin{bmatrix} 2 \\ 1 \end{bmatrix} e^t$

【解】 首先解對應的齊次微分方程組 $\mathbf{x}' = A\mathbf{x}$. 特徵方程式為

$$\det(\lambda I_2 - A) = \begin{vmatrix} \lambda - 1 & 0 \\ -6 & \lambda + 1 \end{vmatrix} = \lambda^2 - 1 = 0$$

得特徵值為 $\lambda = \pm 1$. 對應 $\lambda = 1$ 的特徵向量為 $\mathbf{v} = \begin{bmatrix} 1 \\ 3 \end{bmatrix}$，對應 $\lambda = -1$ 的特徵向量為 $\mathbf{v} = \begin{bmatrix} 0 \\ 1 \end{bmatrix}$. 於是，$\mathbf{x}_c = c_1 e^t \begin{bmatrix} 1 \\ 3 \end{bmatrix} + c_2 e^{-t} \begin{bmatrix} 0 \\ 1 \end{bmatrix}$.

現在分別就不同的向量函數 $\mathbf{x}(t)$ 求 $\mathbf{x}_p$.

(1) 我們選擇 $\mathbf{x}_p$ 為常數向量 $\mathbf{x}_p = \mathbf{p} = \begin{bmatrix} p_1 \\ p_2 \end{bmatrix}$ 的形式.

將 $\mathbf{p}$ 代入 $\mathbf{x}' = A\mathbf{x} + \mathbf{f}$ 中, 我們得

$$\begin{bmatrix} 0 \\ 0 \end{bmatrix} = \begin{bmatrix} 1 & 0 \\ 6 & -1 \end{bmatrix} \begin{bmatrix} p_1 \\ p_2 \end{bmatrix} + \begin{bmatrix} 2 \\ 1 \end{bmatrix}$$

解得 $p_1 = -2$, $p_2 = -11$. 於是, $\mathbf{x}_p = -\begin{bmatrix} 2 \\ 11 \end{bmatrix}$.

微分方程組的通解為

$$\mathbf{x}(t) = c_1 e^t \begin{bmatrix} 1 \\ 3 \end{bmatrix} + c_2 e^{-t} \begin{bmatrix} 0 \\ 1 \end{bmatrix} - \begin{bmatrix} 2 \\ 11 \end{bmatrix}.$$

(2) 我們選擇

$$\mathbf{x}_p = \mathbf{p} e^{2t} = \begin{bmatrix} p_1 \\ p_2 \end{bmatrix} e^{2t}$$

代入已知微分方程組中, 得

$$2 e^{2t} \begin{bmatrix} p_1 \\ p_2 \end{bmatrix} = \begin{bmatrix} 1 & 0 \\ 6 & -1 \end{bmatrix} \begin{bmatrix} p_1 \\ p_2 \end{bmatrix} e^{2t} + \begin{bmatrix} 2 \\ 1 \end{bmatrix} e^{2t}$$

$$= \begin{bmatrix} p_1 \\ 6p_1 - p_2 \end{bmatrix} e^{2t} + \begin{bmatrix} 2 \\ 1 \end{bmatrix} e^{2t}$$

$p_1 = 2$, $p_2 = \dfrac{13}{3}$. 於是, $\mathbf{x}_p = \begin{bmatrix} 2 \\ \dfrac{13}{3} \end{bmatrix} e^{2t}$.

微分方程組的通解為

$$\mathbf{x}(t) = c_1 e^t \begin{bmatrix} 1 \\ 3 \end{bmatrix} + c_2 e^{-t} \begin{bmatrix} 0 \\ 1 \end{bmatrix} + e^{2t} \begin{bmatrix} 2 \\ \dfrac{13}{3} \end{bmatrix}$$

(3) 我們選擇 $\mathbf{x}_p = \mathbf{p} \sin t + \mathbf{q} \cos t = \begin{bmatrix} p_1 \\ p_2 \end{bmatrix} \sin t + \begin{bmatrix} q_1 \\ q_2 \end{bmatrix} \cos t$, 代入微分方程組中,

$$\mathbf{p}\cos t - \mathbf{q}\sin t = \begin{bmatrix} 1 & 0 \\ 6 & -1 \end{bmatrix}\mathbf{p}\sin t + \begin{bmatrix} 1 & 0 \\ 6 & -1 \end{bmatrix}\mathbf{q}\cos t + \begin{bmatrix} 2 \\ 1 \end{bmatrix}\sin t$$

即

$$\begin{bmatrix} p_1 \\ p_2 \end{bmatrix}\cos t - \begin{bmatrix} q_1 \\ q_2 \end{bmatrix}\sin t = \begin{bmatrix} p_1 \\ 6p_1 - p_2 \end{bmatrix}\sin t + \begin{bmatrix} q_1 \\ 6q_1 - q_2 \end{bmatrix}\cos t + \begin{bmatrix} 2 \\ 1 \end{bmatrix}\sin t$$

可得下列方程組

$$p_1 \cos t - q_1 \sin t = p_1 \sin t + q_1 \cos t + 2\sin t$$
$$p_2 \cos t - q_2 \sin t = 6p_1 \sin t - p_2 \sin t + 6q_1 \cos t - q_2 \cos t + \sin t$$

在每一個方程式中，令 $\cos t$ 與 $\sin t$ 的各別係數相等，則

$$p_1 = q_1 \quad , \quad p_2 = 6q_1 - q_2$$
$$-q_1 = p_1 + 2 \, , \, -q_2 = 6p_1 - p_2 + 1$$

解得 $p_1 = q_1 = -1$, $p_2 = -\dfrac{11}{2}$, $q_2 = -\dfrac{1}{2}$. 於是，所求的特解為

$$\mathbf{x}_p = -\begin{bmatrix} 1 \\ \dfrac{11}{2} \end{bmatrix}\sin t - \begin{bmatrix} 1 \\ \dfrac{1}{2} \end{bmatrix}\cos t$$

故微分方程組的通解為

$$\mathbf{x}(t) = c_1 e^t \begin{bmatrix} 1 \\ 3 \end{bmatrix} + c_2 e^{-t} \begin{bmatrix} 0 \\ 1 \end{bmatrix} - \begin{bmatrix} 1 \\ \dfrac{11}{2} \end{bmatrix}\sin t - \begin{bmatrix} 1 \\ \dfrac{1}{2} \end{bmatrix}\cos t.$$

(4) 若我們將 $\mathbf{x}_p = \mathbf{p}e^t$ 代入已知微分方程組中，得

$$\begin{bmatrix} p_1 \\ p_2 \end{bmatrix} e^t = \begin{bmatrix} 1 & 0 \\ 6 & -1 \end{bmatrix}\begin{bmatrix} p_1 \\ p_2 \end{bmatrix} e^t + \begin{bmatrix} 2 \\ 1 \end{bmatrix} e^t$$

則
$$p_1 = p_1 + 2$$
$$p_2 = 6p_1 - p_2 + 1$$

此為不相容方程組，故無解，其乃因特解的形式 $\mathbf{p}e^t$ 包含在 $\mathbf{x}_c$ 中，所以 $\mathbf{x}_p = \mathbf{p}e^t$ 不能產生一線性獨立解。欲求得一線性獨立解，可用 e^t 乘以形如 $\mathbf{p} + t\mathbf{q}$ 的一階向量多項式，其中 $\mathbf{p}$ 與 $\mathbf{q}$ 為待定的 2×1 常數向量。將 $\mathbf{x}_p = (\mathbf{p} + t\mathbf{q})e^t$ 代入已知微分方程組中，得

$$(\mathbf{p}+t\mathbf{q})e^t + \mathbf{q}e^t = \begin{bmatrix} 1 & 0 \\ 6 & -1 \end{bmatrix}(\mathbf{p}+t\mathbf{q})e^t + \begin{bmatrix} 2 \\ 1 \end{bmatrix}e^t$$

因為 $e^t \neq 0$，故

$$\begin{bmatrix} p_1 \\ p_2 \end{bmatrix} + t\begin{bmatrix} q_1 \\ q_2 \end{bmatrix} + \begin{bmatrix} q_1 \\ q_2 \end{bmatrix} = \begin{bmatrix} p_1 \\ 6p_1 - p_2 \end{bmatrix} + t\begin{bmatrix} q_1 \\ 6q_1 - q_2 \end{bmatrix} + \begin{bmatrix} 2 \\ 1 \end{bmatrix}$$

上式中令 t 的係數相等，得方程組

$$q_1 = q_1$$
$$q_2 = 6q_1 - q_2$$

再令常數向量相等，得方程組

$$p_1 + q_1 = p_1 + 2$$
$$p_2 + q_2 = 6p_1 - p_2 + 1$$

選擇 $p_1 = 1$，可得 $q_1 = 2$，$q_2 = 6$，$p_2 = \dfrac{1}{2}$。將這些值代入 $\mathbf{x}_p = (\mathbf{p} + t\mathbf{q})e^t$ 中，得特解為

$$\mathbf{x}_p = \left(\begin{bmatrix} 1 \\ \dfrac{1}{2} \end{bmatrix} + t\begin{bmatrix} 2 \\ 6 \end{bmatrix} \right)e^t$$

故微分方程組的通解為

$$\mathbf{x}(t) = c_1 e^t \begin{bmatrix} 1 \\ 3 \end{bmatrix} + c_2 e^{-t} \begin{bmatrix} 0 \\ 1 \end{bmatrix} + e^t \begin{bmatrix} 1 \\ \dfrac{1}{2} \end{bmatrix} + te^t \begin{bmatrix} 2 \\ 6 \end{bmatrix}$$

讀者應注意，對 p_1 值不同的選擇將導致不同形式的 $\mathbf{x}_p$，但是在任何情況下，通

解將為 $\mathbf{x}_c + \mathbf{x}_p$.

註：疊合原理 (superposition principle).

若 $\mathbf{x}_{p_1}$ 與 $\mathbf{x}_{p_2}$ 分別為 $\mathbf{x}' = A\mathbf{x} + \mathbf{f}_1$ 與 $\mathbf{x}' = A\mathbf{x} + \mathbf{f}_2$ 的特解，則

$$\mathbf{x}_p = \mathbf{x}_{p_1} + \mathbf{x}_{p_2}$$

為 $\mathbf{x}' = A\mathbf{x} + \mathbf{f}_1 + \mathbf{f}_2$ 的特解.

【例題 2】 試利用例題 1 的結果求非齊次微分方程組

$$\mathbf{x}' = \begin{bmatrix} 1 & 0 \\ 6 & -1 \end{bmatrix} \mathbf{x} + \begin{bmatrix} 2 \\ 1 \end{bmatrix} + \begin{bmatrix} 2 \\ 1 \end{bmatrix} e^t$$

的特解.

【解】 由例題 1 的 (1) 中可知，$\mathbf{x}_p = -\begin{bmatrix} 2 \\ 11 \end{bmatrix}$ 為 $\mathbf{x}' = \begin{bmatrix} 1 & 0 \\ 6 & -1 \end{bmatrix} \mathbf{x} + \begin{bmatrix} 2 \\ 1 \end{bmatrix}$ 的特解.

由例題 1 的 (2) 中可知，$\mathbf{x}_p = \begin{bmatrix} 2 \\ \dfrac{13}{3} \end{bmatrix} e^{2t}$ 為 $\mathbf{x}' = \begin{bmatrix} 1 & 0 \\ 6 & -1 \end{bmatrix} \mathbf{x} + \begin{bmatrix} 2 \\ 1 \end{bmatrix} e^{2t}$ 的特解.

於是，依疊合原理，我們知

$$\mathbf{x}_p = -\begin{bmatrix} 2 \\ 11 \end{bmatrix} + \begin{bmatrix} 2 \\ \dfrac{13}{3} \end{bmatrix} e^{2t}$$

為 $\mathbf{x}' = \begin{bmatrix} 1 & 0 \\ 6 & -1 \end{bmatrix} \mathbf{x} + \begin{bmatrix} 2 \\ 1 \end{bmatrix} + \begin{bmatrix} 2 \\ 1 \end{bmatrix} e^{2t}$ 的特解.

習題 6-3

試利用未定係數法求下列微分方程組的通解.

1. $\mathbf{x}' = \begin{bmatrix} 1 & 4 \\ 1 & 1 \end{bmatrix} \mathbf{x} + \begin{bmatrix} 1 \\ 4 \end{bmatrix}$

2. $\mathbf{x}' = \begin{bmatrix} 1 & 4 \\ 1 & 1 \end{bmatrix} \mathbf{x} + \begin{bmatrix} 4e^t \\ 0 \end{bmatrix}$

3. $x_1' = x_1 + 4x_2$
   $x_2' = x_1 + x_2 + e^{-t}$

4. $x_1' + x_1 + 3x_2' = 1$, $x_1(0) = 0$
   $3x_1 + x_2' + 2x_2 = t$, $x_2(0) = 0$

第 7 章

傅立葉級數與變換

7-1 傅立葉級數及歐勒公式

工程問題中經常出現各式各樣的函數，而如何利用簡單的週期函數表出該函數，是工程數學上的重要課題．本節在介紹一種以正弦及餘弦函數組合而成的無窮級數，即**傅立葉級數** (Fourier series)，其在求解常微分方程式或偏微分方程式時非常有用，尤其在電路或機械的應用上被廣泛地使用．

一、週期函數

如果存在一常數 $T > 0$，使得對任一 x，函數 $f(x)$ 滿足

$$f(x+T) = f(x) \tag{7-1-1}$$

則稱 f 為**週期函數** (periodic function)，而稱 T 為 $f(x)$ 之**週期** (period)，如圖 7-1-1 所示．

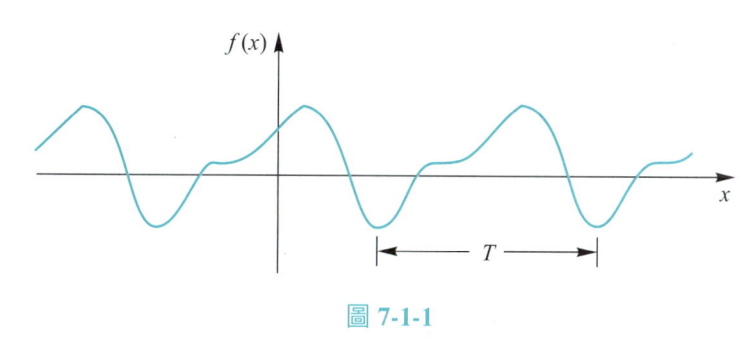

圖 7-1-1

【例題 1】 試求下列各函數的週期．

(1) $f(x) = \sin 3x$，(2) $f(x) = \cos \dfrac{\pi}{4}$．

【解】 已知 $\sin x$、$\cos x$ 的週期均為 2π，故

(1) $f(x) = \sin 3x$ 之週期為

$$T = \frac{2\pi}{3} = \frac{2}{3}\pi$$

(2) $f(x) = \cos \frac{\pi}{4}$ 之週期為

$$T = \frac{2\pi}{\frac{1}{4}} = 8\pi$$

由以上定義知：週期為 T 的兩函數 f 及 g 的和、差、積或商仍為週期 T 的函數，即

1. $f(x) \pm g(x)$
2. $cf(x)$，c 為常數
3. $f(x) \cdot g(x)$
4. $\dfrac{f(x)}{g(x)}$

為週期 T 的函數.

註：常數可以視為任意週期的函數.

如果 T 為函數 $f(x)$ 的週期，由週期性可以知

$$f(x) = f(x+T) = f(x+2T) = f(x+3T) = \cdots$$

因此 $2T$，$3T$，$4T$，…，甚至對任一正整數 k，kT 仍為 f 的週期，因此週期函數的週期並非唯一的. 其中具有最小值的週期即稱為主週期或原始週期 (primitive period). 一般討論週期函數皆用主週期，在本章亦不多加指明.

假如 f 為週期 T 的函數，而 f 在某一長為 T 的區間中為可積分，則 f 在其餘長為 T 的區間中亦為可積分，而且此定積分值應相等，即對任一 a 及 b，

$$\int_a^{a+T} f(x)\,dx = \int_b^{b+T} f(x)\,dx \tag{7-1-2}$$

圖 7-1-2

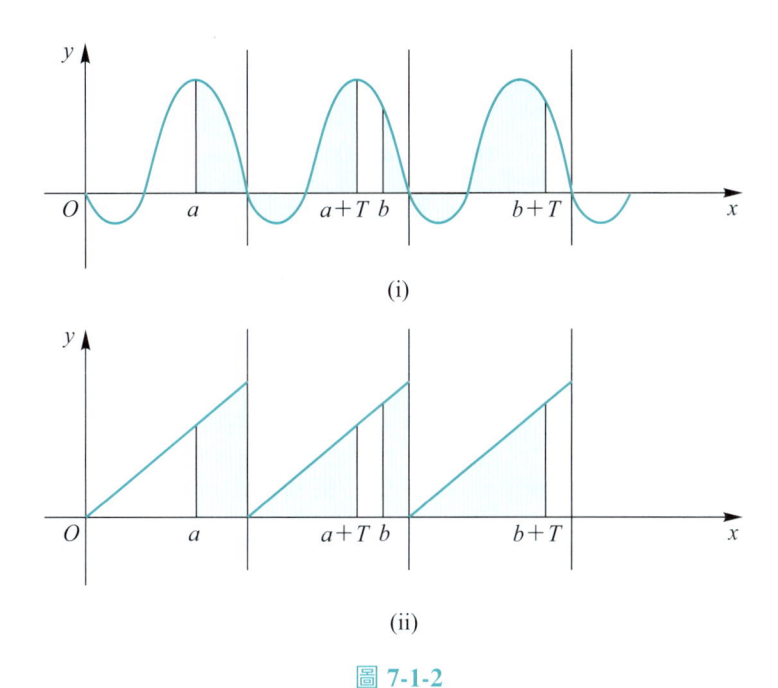

事實上，式 (7-1-2) 的定積分為介於曲線 $y=f(x)$、x-軸及垂直於指定區間的端點之縱線 (垂線) 間的面積，其中我們視位於 x-軸之上的面積為正，x-軸以下的面積為負，而由週期函數 $f(x)$ 的性質，可以知式 (7-1-2) 的左右兩式定積分所得之面積應相等，如圖 7-1-2 的 (i)、(ii) 所示.

我們所熟悉之正弦及餘弦函數 $\sin x$、$\cos x$、$\sin nx$ 及 $\cos nx$ 之週期分別為 2π 及 $2\pi/n$，因為

$$\sin n\left(x+\frac{2}{n}\pi\right)=\sin(nx+2\pi)=\sin nx$$

$$\cos n\left(x+\frac{2}{n}\pi\right)=\cos(nx+2\pi)=\cos nx$$

利用公式

$$2\sin\alpha\cos\beta=\sin(\alpha+\beta)+\sin(\alpha-\beta)$$
$$2\sin\alpha\sin\beta=\cos(\alpha-\beta)-\cos(\alpha+\beta)$$
$$2\cos\alpha\cos\beta=\cos(\alpha+\beta)+\cos(\alpha-\beta)$$

對於任一非負整數 m、n 及任一實數 c，我們可以得到

$$\int_{c}^{c+2\pi} \sin nx\, dx = 0 \tag{7-1-3}$$

$$\int_{c}^{c+2\pi} \cos nx\, dx = \begin{cases} 0, & \text{當 } n \neq 0 \\ 2\pi, & \text{當 } n = 0 \end{cases} \tag{7-1-4}$$

$$\int_{c}^{c+2\pi} \sin mx \cos nx\, dx = 0 \tag{7-1-5}$$

$$\int_{c}^{c+2\pi} \sin mx \sin nx\, dx = \begin{cases} 0, & \text{當 } m \neq n \\ \pi, & \text{當 } m = n \geq 1 \end{cases} \tag{7-1-6}$$

$$\int_{c}^{c+2\pi} \cos mx \cos nx\, dx = \begin{cases} 0, & \text{當 } m \neq n \\ \pi, & \text{當 } m = n \geq 1 \\ 2\pi, & \text{當 } m = n = 0 \end{cases} \tag{7-1-7}$$

二、正交函數

設 $f_1(x)$ 與 $f_2(x)$ 均為非零函數，若 $\int_a^b f_1(x) f_2(x)\, dx = 0$ 成立，則我們稱 $f_1(x)$ 與 $f_2(x)$ 在 $[a, b]$ 內互為正交函數 (orthogonal function).

例如，$f_1(x) = \sin x$，$f_2(x) = \cos x$ 在 $[-\pi, \pi]$ 內互為正交，因為

$$\int_{-\pi}^{\pi} \sin x \cos x\, dx = \int_{-\pi}^{\pi} \sin x\, d(\sin x) = \left.\frac{\sin^2 x}{2}\right|_{-\pi}^{\pi} = 0.$$

【例題 2】 試證明集合 $\{1, \cos x, \cos 2x, \cdots\}$ 在區間 $[-\pi, \pi]$ 上正交.

【解】 若我們指定 $\phi_0(x) = 1$ 且 $\phi_n(x) = \cos nx$，我們必須證明

$$\int_{-\pi}^{\pi} \phi_0(x) \phi_n(x)\, dx = 0,\ n \neq 0 \qquad \text{與} \qquad \int_{-\pi}^{\pi} \phi_m(x) \phi_n(x)\, dx = 0,\ m \neq n$$

(i) $\displaystyle\int_{-\pi}^{\pi} \phi_0(x) \phi_n(x)\, dx = \int_{-\pi}^{\pi} \cos nx\, dx = \left.\frac{1}{n} \sin nx\right|_{-\pi}^{\pi}$

$\qquad\qquad\qquad\qquad\quad = \dfrac{1}{n}[\sin n\pi - \sin(-n\pi)]$

$\qquad\qquad\qquad\qquad\quad = 0,\ n \neq 0$

(ii) $\displaystyle\int_{-\pi}^{\pi} \phi_m(x)\,\phi_n(x)\,dx = \int_{-\pi}^{\pi} \cos mx \cos nx\,dx$

$\displaystyle = \frac{1}{2}\int_{-\pi}^{\pi}[\cos(m+n)x + \cos(m-n)x]\,dx$

$\displaystyle = \frac{1}{2}\left[\frac{\sin(m+n)x}{m+n} + \frac{\sin(m-n)x}{m-n}\,\Big|_{-\pi}^{\pi}\right]$

$= 0, \quad m \neq n$

三、傅立葉級數

我們稱函數項級數

$$\frac{1}{2}\sum_{n=1}^{\infty}(a_n \cos nx + b_n \sin nx) \tag{7-1-8}$$

為<u>三角級數</u> (trigonometric series)。假設此級數對任一 x 皆收斂，並令其值為 $f(x)$，即

$$f(x) = \frac{1}{2}a_0 + \sum_{n=1}^{\infty}(a_n \cos nx + b_n \sin nx) \tag{7-1-9}$$

則 $f(x)$ 為週期 2π 的週期函數，即 $f(x+2\pi) = f(x)$。若式 (7-1-9) 在區間 $[c,\ c+2\pi]$ 上可逐項積分，則由式 (7-1-3) 及式 (7-1-4)，可得

$$\int_c^{c+2\pi} f(x)\,dx = \frac{a_0}{2}\int_c^{c+2\pi} dx + \sum_{n=1}^{\infty} a_n \int_c^{c+2\pi} \cos nx\,dx + \sum_{n=1}^{\infty} b_n \int_c^{c+2\pi} \sin nx\,dx$$

$$= a_0 \pi$$

即

$$a_0 = \frac{1}{\pi}\int_c^{c+2\pi} f(x)\,dx \tag{7-1-10}$$

將式 (7-1-9) 乘以 $\cos mx$ 後再逐項積分，由式 (7-1-5) 及式 (7-1-7)，可得

$$\int_c^{c+2\pi} f(x)\cos mx\,dx = \frac{a_0}{2}\int_c^{c+2\pi}\cos mx\,dx + \sum_{n=1}^{\infty} a_n \int_c^{c+2\pi}\cos nx \cos mx\,dx$$

$$+ \sum_{n=1}^{\infty} b_n \int_c^{c+2\pi}\sin nx \cos mx\,dx$$

$$= a_n \pi$$

當 $m=n\neq 0$. 於是,

$$a_n=\frac{1}{\pi}\int_c^{c+2\pi} f(x)\cos nx\, dx, \quad n=1, 2, 3, \cdots \tag{7-1-11}$$

將式 (7-1-9) 乘以 $\sin mx$ 後再逐項積分，同理可得

$$b_n=\frac{1}{\pi}\int_c^{c+2\pi} f(x)\sin nx\, dx, \quad n=1, 2, 3, \cdots \tag{7-1-12}$$

式 (7-1-10)、式 (7-1-11) 及式 (7-1-12) 即所謂的<u>歐勒公式</u> (Euler's formula).

定義 7-1-1

若週期 2π 的函數 $f(x)$ 於區間 $[-\pi, \pi]$ 上為可積分，則我們稱

$$\begin{aligned}a_n&=\frac{1}{\pi}\int_{-\pi}^{\pi} f(x)\cos nx\, dx, \quad n=0, 1, 2, \cdots \\ b_n&=\frac{1}{\pi}\int_{-\pi}^{\pi} f(x)\sin nx\, dx, \quad n=1, 2, 3, \cdots\end{aligned} \tag{7-1-13}$$

為 $f(x)$ 的<u>傅立葉係數</u> (Fourier coefficient)，而稱式 (7-1-8) 為 $f(x)$ 的<u>傅立葉級數</u> (Fourier series)，以

$$f(x)\sim\frac{1}{2}a_0+\sum_{n=1}^{\infty}(a_n\cos nx+b_n\sin nx) \tag{7-1-14}$$

表示之，此處 "$\sim$" 表示對應 $f(x)$ 的傅立葉級數.

對於任一 x，上面定義中的傅立葉級數可能收斂也可能發散.

對於週期 2π 的函數 $f(x)$，若 $f(x)$ 在 $[-\pi, \pi]$ 上為可積分，則由式 (7-1-2) 知，對任一實數 c 而言

$$a_n=\frac{1}{\pi}\int_{-\pi}^{\pi} f(x)\cos nx\, dx=\frac{1}{\pi}\int_c^{c+2\pi} f(x)\cos nx\, dx$$

$$n=0, 1, 2, 3, \cdots \tag{7-1-15}$$

$$b_n = \frac{1}{\pi}\int_{-\pi}^{\pi} f(x) \sin nx\, dx = \frac{1}{\pi}\int_{c}^{c+2\pi} f(x) \sin nx\, dx$$

$$n = 0,\ 1,\ 2,\ 3,\ \cdots$$

由以上的討論，我們可以有以下的性質：

如果週期 2π 的函數 $f(x)$ 在 $[-\pi,\ \pi]$ 上為可積分，而且 $f(x)$ 能展開成三角級數，即

$$f(x) = \frac{a_0}{2} + \sum_{n=1}^{\infty}(a_n \cos nx + b_n \sin nx)$$

若此三角級數之逐項積分是合法的，則此三角級數與 $f(x)$ 的傅立葉級數是相符合的.

由此可見，一收斂而逐項積分合法的傅立葉級數代表一個函數 $f(x)$，而 $f(x)$ 也可由式 (7-1-15) 得出它的傅立葉展開式 (Fourier's expansion)，對於任意一個可積分函數 $f(x)$，我們亦可由式 (7-1-15) 求出它的傅立葉級數. 但這傅立葉級數是否能代表原函數 $f(x)$，這就是我們以下討論的主題.

若函數 $f(x)$ 在 x_0 不連續，但是

$$f(x_0^{+}) = \lim_{x \to x_0^{+}} f(x),\qquad f(x_0^{-}) = \lim_{x \to x_0^{-}} f(x)$$

皆存在，則稱 x_0 為第一類間斷點 (a point of discontinuity of the first kind). 若 f 在 $[a,\ b]$ 上僅可能出現有限個第一類間斷點，則稱 f 在 $[a,\ b]$ 為分段連續 (piecewise continuous)，如圖 7-1-3 所示.

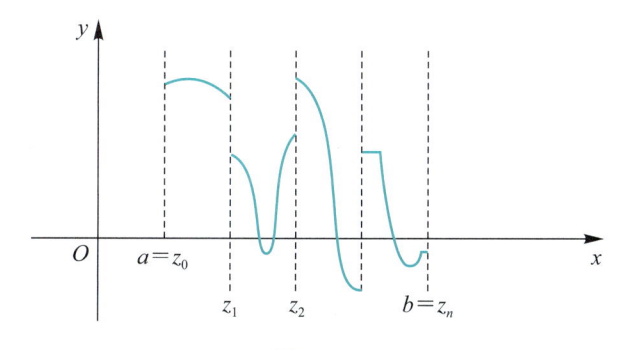

圖 7-1-3

定義 7-1-2

如果函數 $f(x)$ 及其導函數 $f'(x)$ 在 $[a, b]$ 上皆為**分段連續**，即 $f(x)$ 及 $f'(x)$ 在 $[a, b]$ 上僅可能出現有限個**第一類間斷點**，此時就稱 f 在 $[a, b]$ 上為**分段平滑** (piecewise smooth)。

前述定義的幾何涵義為 $f(x)$ 在區間 $[a, b]$ 上的圖形僅可能出現有限個**尖點** (cusp)、折角及第一類間斷點，如圖 7-1-4 所示。

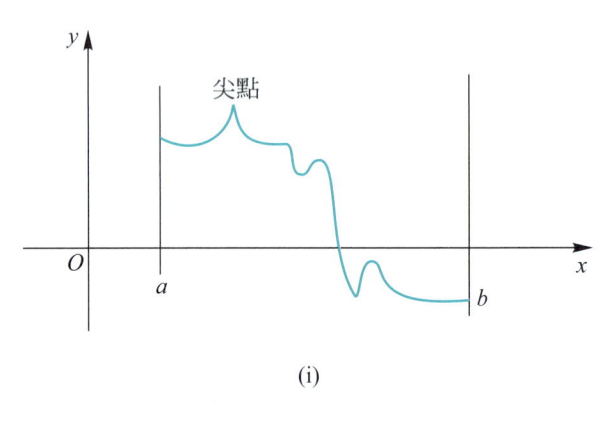

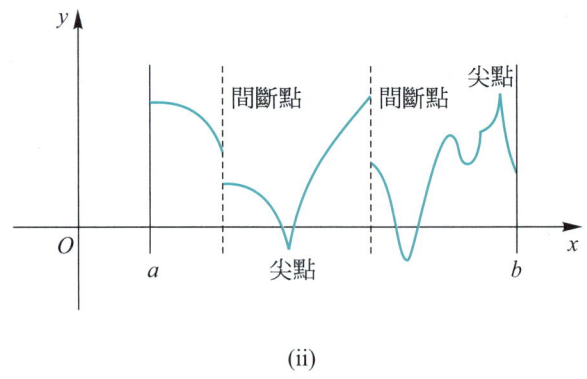

圖 7-1-4

對於一個可積分函數 $f(x)$，我們可以依式 (7-1-13) 求出它的傅立葉級數。然而，該級數若收斂，是否收斂到原函數 $f(x)$？這可依狄利司雷定理而獲得解決。

定理 7-1-1　狄利司雷定理

若函數 f 在 $[-\pi, \pi]$ 上為分段平滑，則

(1) 在函數 f 的連續點 x，$f(x)$ 的傅立葉級數 (7-1-8) 式收斂到 $f(x)$，即

$$f(x) = \frac{a_0}{2} + \sum_{n=1}^{\infty} (a_n \cos nx + b_n \sin nx)$$

(2) 在函數 f 的第一類間斷點 x_0，$f(x)$ 的傅立葉級數 (7-1-8) 式收斂到 $f(x_0^+)$、$f(x_0^-)$ 的平均值，即

$$\frac{f(x_0^+) + f(x_0^-)}{2} = \frac{a_0}{2} + \sum_{n=1}^{\infty} (a_n \cos nx_0 + b_n \sin nx_0)$$

其中 a_n ($n = 0, 1, 2, 3, \cdots$)，b_n ($n = 1, 2, 3, \cdots$) 為 $f(x)$ 的傅立葉係數，可由歐勒公式決定．

【例題 3】　試求 $f(x) = e^x$，$-\pi < x < \pi$ 之傅立葉級數．

【解】
$$a_0 = \frac{1}{\pi} \int_{-\pi}^{\pi} e^x \, dx = \frac{1}{\pi} e^x \Big|_{-\pi}^{\pi} = \frac{1}{\pi} (e^\pi - e^{-\pi}) = \frac{2}{\pi} \sinh \pi$$

$$a_n = \frac{1}{\pi} \int_{-\pi}^{\pi} e^x \cos nx \, dx = \frac{1}{\pi} \left[\frac{1}{1+n^2} (\cos nx + n \sin nx) e^x \right] \Big|_{-\pi}^{\pi}$$

$$= \frac{1}{\pi(1+n^2)} [(\cos n\pi + n \sin n\pi)e^\pi - (\cos(-n\pi) + n \sin(-n\pi))e^{-\pi}]$$

$$= (-1)^n \frac{1}{\pi(1+n^2)} (e^\pi - e^{-\pi})$$

$$= \frac{2(-1)^n}{\pi(1+n^2)} \sinh \pi$$

$$b_n = \frac{1}{\pi} \int_{-\pi}^{\pi} e^x \sin nx \, dx = \frac{1}{\pi} \left[\frac{1}{1+n^2} (\sin nx - n \cos nx) e^x \right] \Big|_{-\pi}^{\pi}$$

$$= \frac{1}{\pi(1+n^2)} [(\sin n\pi - n \cos n\pi)e^\pi - (\sin(-n\pi) - n \cos(-n\pi))e^{-\pi}]$$

$$= (-1)^n \frac{n}{\pi(1+n^2)}(-e^\pi + e^{-\pi})$$

$$= \frac{2n(-1)^{n+1}}{\pi(1+n^2)}\sinh\pi$$

故

$$f(x) \sim \frac{a_0}{2} + \sum_{n=1}^{\infty}(a_n\cos nx + b_n\sin nx)$$

$$\sim \frac{\sinh\pi}{\pi} + \sum_{n=1}^{\infty}\left[\frac{2(-1)^n}{\pi(1+n^2)}\sinh\pi\cos nx + \frac{2n(-1)^{n+1}}{\pi(1+n^2)}\sinh\pi\sin nx\right]$$

$$\sim \frac{\sinh\pi}{\pi}\left\{1 + 2\sum_{n=1}^{\infty}\left[\frac{(-1)^n}{n^2+1}\cos nx + \frac{n(-1)^{n+1}}{n^2+1}\sin nx\right]\right\}$$

【例題 4】 試求函數

$$f(x) = \begin{cases} -1, & -\pi < x < 0 \\ 1, & 0 < x < \pi \end{cases} \quad (f(x+2\pi) = f(x))$$

圖形如圖 7-1-5 所示的傅立葉級數，並利用此結果證明等式

$$\frac{\pi}{4} = \left(1 - \frac{1}{3} + \frac{1}{5} - \frac{1}{7} + \frac{1}{9} - \cdots\right)$$

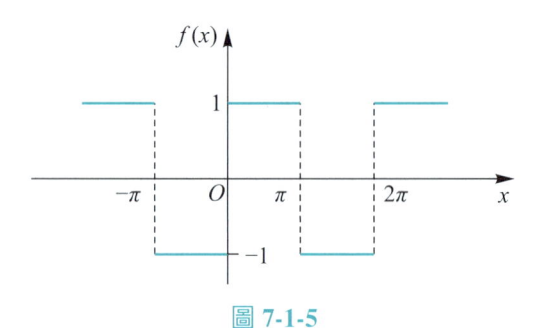

圖 7-1-5

【解】 $a_0 = \frac{1}{\pi}\int_{-\pi}^{\pi}f(x)\,dx = \frac{1}{\pi}\left[\int_{-\pi}^{0}(-1)\,dx + \int_{0}^{\pi}1\,dx\right] = \frac{1}{\pi}\left[-x\Big|_{-\pi}^{0} + x\Big|_{0}^{\pi}\right] = 0$

$a_n = \frac{1}{\pi}\int_{-\pi}^{\pi}f(x)\cos nx\,dx = \frac{1}{\pi}\left[\int_{-\pi}^{0}(-1)\cos nx\,dx + \int_{0}^{\pi}\cos nx\,dx\right]$

$$= \frac{1}{\pi}\left(-\frac{\sin nx}{n}\bigg|_{-\pi}^{0} + \frac{\sin nx}{n}\bigg|_{0}^{\pi}\right)$$

$$= 0, \quad n = 1, 2, 3, \cdots$$

$$b_n = \frac{1}{\pi}\int_{-\pi}^{\pi} f(x) \sin nx\, dx = \frac{1}{\pi}\left[\int_{-\pi}^{0} (-1)\sin nx\, dx + \int_{0}^{\pi} \sin nx\, dx\right]$$

$$= \frac{1}{\pi}\left(\frac{\cos nx}{n}\bigg|_{-\pi}^{0} - \frac{\cos nx}{n}\bigg|_{0}^{\pi}\right) = \frac{2}{n\pi}(1 - \cos n\pi)$$

$$= \begin{cases} \dfrac{4}{n\pi}, & n \text{ 為正奇數} \\ 0, & n \text{ 為正偶數} \end{cases}$$

傅立葉係數為

$$b_1 = \frac{4}{\pi},\quad b_2 = 0,\quad b_3 = \frac{4}{3\pi},\quad b_4 = 0,\quad b_5 = \frac{4}{5\pi},\quad \cdots$$

$$a_n = 0,\quad n = 0, 1, 2, 3, \cdots$$

傅立葉級數為

$$\frac{4}{\pi}\left(\sin x + \frac{1}{3}\sin 3x + \frac{1}{5}\sin 5x + \cdots\right)$$

因為所予函數 f 為分段平滑，而 $\dfrac{\pi}{2}$ 為 f 的連續點，故依定理 7-1-1，

$$1 = f\left(\frac{\pi}{2}\right) = \frac{4}{\pi}\left(1 - \frac{1}{3} + \frac{1}{5} - \frac{1}{7} + \frac{1}{9} - \cdots\right)$$

即

$$1 - \frac{1}{3} + \frac{1}{5} - \frac{1}{7} + \frac{1}{9} - \cdots = \frac{\pi}{4}$$

此外，在 $x = \pi$ 時，$f(x)$ 的傅立葉級數的值為 0，而 $f(x)$ 在 $x = \pi$ 時，左右兩極限之平均值恰為 0 [因為 $f(\pi^+) + f(\pi^-) = 0$]，此恰好與定理 7-1-1 相符。

【例題 5】 試求下列週期函數 $f(x)$ 的傅立葉級數，

$$f(x)=x, \quad -\pi < x < \pi \text{ 且 } f(x+2\pi)=f(x)$$

【解】 由圖 7-1-6 知 $f(x)$ 為分段平滑函數，其不連續點為

$$x=(2k+1)\pi, \quad k=0, \pm 1, \pm 2, \pm 3, \cdots$$

依歐拉公式知，$f(x)$ 之傅立葉係數為

$$a_n = \frac{1}{\pi}\int_{-\pi}^{\pi} x \cos nx \, dx = 0, \quad n=0, 1, 2, 3, \cdots$$

$$b_n = \frac{1}{\pi}\int_{-\pi}^{\pi} x \sin nx \, dx = \frac{2}{\pi}\int_{0}^{\pi} x \sin nx \, dx$$

$$\left(\text{令 } u=x, \ dv=\sin nx \, dx, \text{ 則 } du=dx, \ v=-\frac{1}{n}\cos nx\right)$$

$$= -\frac{2}{n\pi}\left(x \cos nx \Big|_0^{\pi}\right) + \frac{2}{n\pi}\int_0^{\pi} \cos nx \, dx = -\frac{2}{n}\cos n\pi$$

$$= \frac{2}{n}(-1)^{n+1}, \quad n=1, 2, 3, \cdots$$

因此，$f(x)$ 的傅立葉級數為

$$2\left(\sin x - \frac{\sin 2x}{2} + \frac{\sin 3x}{3} - \cdots\right)$$

此外，$x=\pi$ 時，$f(x)$ 的傅立葉級數值恰為 0，而 $f(\pi^-)=-\pi$，$f(\pi^+)=\pi$，因

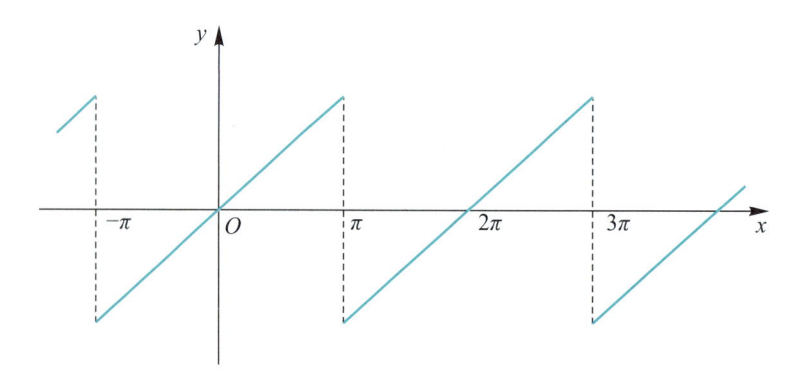

圖 7-1-6

此 $\dfrac{f(\pi^+)+f(\pi^-)}{2}=0$，這與定理 7-1-1 的 (2) 相符，而在 $-\pi < x < \pi$ 上，依定理 7-1-1 的 (1) 知，

$$x = 2\left(\sin x - \dfrac{\sin 2x}{2} + \dfrac{\sin 3x}{3} - \cdots\right)$$

◂

對於定義在 $[-L, L]$ 上的可積分函數 $f(x)$，可以令 $x=\dfrac{Lt}{\pi}$，則函數 $\phi(t)=f\left(\dfrac{Lt}{\pi}\right)$ 為定義在 $[-\pi, \pi]$ 上的可積分函數，故

$$\phi(t) \sim \dfrac{a_0}{2} + \sum_{n=1}^{\infty}(a_n \cos nt + b_n \sin nt) \tag{7-1-16}$$

其中

$$\begin{aligned}
a_n &= \dfrac{1}{\pi}\int_{-\pi}^{\pi} \phi(t)\cos nt\, dt \\
&= \dfrac{1}{\pi}\int_{-\pi}^{\pi} f\left(\dfrac{Lt}{\pi}\right)\cos nt\, dt, \quad n=0, 1, 2, 3, \cdots
\end{aligned} \tag{7-1-17}$$

$$\begin{aligned}
b_n &= \dfrac{1}{\pi}\int_{-\pi}^{\pi} \phi(t)\sin nt\, dt \\
&= \dfrac{1}{\pi}\int_{-\pi}^{\pi} f\left(\dfrac{Lt}{\pi}\right)\sin nt\, dt, \quad n=1, 2, 3, \cdots
\end{aligned} \tag{7-1-18}$$

因此，以 $t=\dfrac{\pi x}{L}$ 代入式 (7-1-17) 及式 (7-1-18)，則得 $f(x)$ 的傅立葉級數，

$$f(x) \sim \dfrac{a_0}{2} + \sum_{n=1}^{\infty}\left(a_n \cos \dfrac{n\pi x}{L} + b_n \sin \dfrac{n\pi x}{L}\right) \tag{7-1-19}$$

其中 f 的傅立葉係數為

$$\begin{aligned}
a_n &= \dfrac{1}{L}\int_{-L}^{L} f(x)\cos \dfrac{n\pi x}{L}\, dx, \quad n=0, 1, 2, 3, \cdots \\
b_n &= \dfrac{1}{L}\int_{-L}^{L} f(x)\sin \dfrac{n\pi x}{L}\, dx, \quad n=1, 2, 3, \cdots
\end{aligned} \tag{7-1-20}$$

定理 7-1-2

若函數 f 在 $[-L, L]$ 上為分段平滑，則

(1) 在函數 f 的連續點 x，

$$f(x) \sim \frac{a_0}{2} + \sum_{n=1}^{\infty}\left(a_n \cos \frac{n\pi x}{L} + b_n \sin \frac{n\pi x}{L}\right)$$

(2) 在函數 f 的不連續點 x_0，

$$\frac{f(x_0^+) + f(x_0^-)}{2} = \frac{a_0}{2} + \sum_{n=1}^{\infty}\left(a_n \cos \frac{n\pi x_0}{L} + b_n \sin \frac{n\pi x_0}{L}\right)$$

其中 a_n、b_n 如式 (7-1-20) 所示的傅立葉係數.

【例題 6】 設 $f(x) = \begin{cases} 0, & -2 < x < -1 \\ 3, & -1 < x < 1 \\ 0, & 1 < x < 2 \end{cases}$ ，$f(x) = f(x+4)$，試求 $f(x)$ 之傅立葉級數.

【解】 由於 $f(x)$ 之週期 $T = 2L = 4$，故 $L = 2$，且為偶函數，並為分段平滑，如圖 7-1-7 所示.

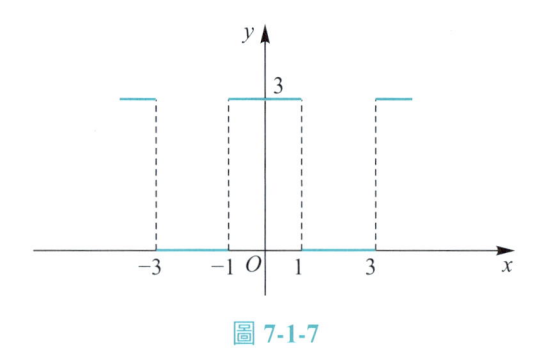

圖 7-1-7

$$a_0 = \frac{1}{2}\int_{-2}^{2} f(x)\,dx = \frac{1}{2}\int_{-1}^{1} 3\,dx = 3$$

$$a_n = \frac{1}{2}\int_{-2}^{2} f(x)\cos\frac{n\pi x}{2}\,dx = \frac{1}{2}\int_{-1}^{1} 3\cos\frac{n\pi x}{2}\,dx$$

$$= \frac{3}{2} \cdot \frac{2}{n\pi} \int_{-1}^{1} \cos \frac{n\pi x}{2} d\left(\frac{n\pi x}{2}\right)$$

$$= \frac{6}{n\pi} \sin \frac{n\pi}{2}, \quad n=1, 2, 3, \cdots$$

$$b_n = \frac{1}{2} \int_{-2}^{2} f(x) \sin \frac{n\pi x}{2} dx = 0, \quad n=1, 2, 3, \cdots$$

故

$$f(x) \sim \frac{a_0}{2} + \sum_{n=1}^{\infty} \left(a_n \cos \frac{n\pi x}{2} + b_n \sin \frac{n\pi x}{2}\right)$$

$$\sim \frac{3}{2} + \sum_{n=1}^{\infty} \left(\frac{6}{n\pi} \sin \frac{n\pi}{2} \cos \frac{n\pi x}{2}\right)$$

$$\sim \frac{3}{2} + \frac{6}{\pi} \left(\cos \frac{\pi x}{2} - \frac{1}{3} \cos \frac{3\pi x}{2} + \frac{1}{5} \cos \frac{5\pi x}{2} - \cdots\right)$$

【例題 7】 試將函數

$$f(x) = \begin{cases} 0, & \dfrac{-\pi}{\omega} < x < 0 \\ \sin \omega x, & 0 \leq x < \dfrac{\pi}{\omega} \end{cases}$$

展開成傅立葉級數.

【解】

$$a_0 = \frac{\omega}{\pi} \int_{-\pi/\omega}^{\pi/\omega} f(x) \, dx = \frac{\omega}{\pi} \int_{0}^{\pi/\omega} \sin \omega x \, dx$$

$$= \frac{\omega}{\pi} \left[-\frac{1}{\omega} \cos \omega x \Big|_{0}^{\pi/\omega}\right] = -\frac{1}{\pi} (\cos \pi - \cos 0)$$

$$= \frac{2}{\pi}$$

$$a_n = \frac{\omega}{\pi} \int_{-\pi/\omega}^{\pi/\omega} f(x) \cos n\omega x \, dx = \frac{\omega}{\pi} \int_{0}^{\pi/\omega} \sin \omega x \cos n\omega x \, dx$$

$$= \frac{\omega}{2\pi} \int_0^{\pi/\omega} [\sin(1+n)\omega x + \sin(1-n)\omega x] \, dx$$

$$= \begin{cases} 0, & n=1 \\ \dfrac{\omega}{2\pi} \left[-\dfrac{\cos(1+n)\omega x}{(1+n)\omega} - \dfrac{\cos(1-n)\omega x}{(1-n)\omega} \right] \Big|_0^{\pi/\omega}, & n \neq 1 \end{cases}$$

$$= \begin{cases} -\dfrac{2}{(n-1)(n+1)}, & n \text{ 為正偶數} \\ 0, & n \text{ 為正奇數} \end{cases}$$

$$b_n = \frac{\omega}{\pi} \int_0^{\pi/\omega} \sin \omega x \sin n\omega x \, dx$$

$$= \frac{\omega}{2\pi} \int_0^{\pi/\omega} [\cos(1-n)\omega x - \cos(1+n)\omega x] \, dx$$

$$= \begin{cases} \dfrac{1}{2}, & n=1 \\ 0, & n=2, 3, \cdots \end{cases}$$

因此，$f(x)$ 的傅立葉級數為

$$f(x) \sim \frac{1}{\pi} + \frac{1}{2} \sin \omega x$$

$$- \frac{2}{\pi} \left(\frac{1}{1 \cdot 3} \cos 2\omega x + \frac{1}{3 \cdot 5} \cos 4\omega x + \cdots \right), \quad -\frac{\pi}{\omega} < x < \frac{\pi}{\omega}$$

定理 7-1-3

設函數 f 在 $[0, 2L]$ 上為分段平滑，

(1) 若 x 為 f 的連續點，則

$$f(x) \sim \frac{a_0}{2} + \sum_{n=1}^{\infty} \left(a_n \cos \frac{n\pi x}{L} + b_n \sin \frac{n\pi x}{L} \right)$$

(2) 若 x_0 為 f 的不連續點，則

$$\frac{f(x_0^+)+f(x_0^-)}{2}=\frac{a_0}{2}+\sum_{n=1}^{\infty}\left(a_n\cos\frac{n\pi x_0}{L}+b_n\sin\frac{n\pi x_0}{L}\right)$$

其中

$$a_n=\frac{1}{L}\int_0^{2L}f(x)\cos\frac{n\pi x}{L}\,dx, \quad n=0,\ 1,\ 2,\ 3,\ \cdots$$

$$b_n=\frac{1}{L}\int_0^{2L}f(x)\sin\frac{n\pi x}{L}\,dx, \quad n=1,\ 2,\ 3,\ \cdots$$

【例題 8】 試將函數 $f(x)=x\,(0<x<2\pi)$ 展開成傅立葉級數．

【解】 $a_0=\dfrac{1}{\pi}\displaystyle\int_0^{2\pi}x\,dx=2\pi$

$a_n=\dfrac{1}{\pi}\displaystyle\int_0^{2\pi}x\cos nx\,dx$

$=\dfrac{1}{n\pi}\left(x\sin nx\bigg|_0^{2\pi}-\displaystyle\int_0^{2\pi}\sin nx\,dx\right)=0,\ n=1,\ 2,\ 3,\ \cdots$

$b_n=\dfrac{1}{\pi}\displaystyle\int_0^{2\pi}x\sin nx\,dx$

$=-\dfrac{1}{n\pi}\left(x\cos nx\bigg|_0^{2\pi}-\displaystyle\int_0^{2\pi}\cos nx\,dx\right)$

$=-\dfrac{2}{n},\ n=1,\ 2,\ 3,\ \cdots$

因此，

$$x\sim\pi-2\left(\sin x+\frac{\sin 2x}{2}+\frac{\sin 3x}{3}-\cdots\right),\ 0<x<2\pi$$

習題 7-1

求下列各函數的傅立葉級數.

1. $f(x) = \cos \dfrac{x}{2}, \quad -\pi \le x \le \pi.$

2. $f(x) = \begin{cases} 0, & -\pi < x < 0 \\ x^2, & 0 < x < \pi \end{cases}$

3. $f(x) = |x|, \quad -\pi \le x \le \pi.$

4. $f(x) = \begin{cases} x, & 0 \le x < 1 \\ 0, & 1 < x \le 2 \end{cases}$

5. $f(x) = x - x^3, \quad -1 < x < 1.$

6. $f(x) = \begin{cases} 1, & 0 < x < \dfrac{\pi}{2} \\ 0, & \dfrac{\pi}{2} < x < 2\pi \end{cases}$

7. 一方波如下圖所示，在一週期內之函數為

$$f(x) = \begin{cases} -5, & -\pi < x < 0 \\ 5, & 0 < x < \pi \end{cases}$$

試求其傅立葉級數.

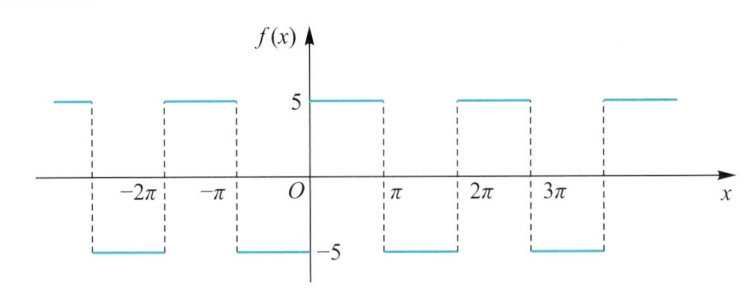

7-2　半幅展開式

首先，我們給出偶函數與奇函數的定義，如下：

定義 7-2-1

對於定義在 $-a \leq x \leq a$ 上的函數 $f(x)$，如果對任一 x，恆有

$$f(-x)=f(x)$$

則稱 $f(x)$ 為偶函數 (even function)；如果對任一 x，恆有

$$f(-x)=-f(x)$$

則稱 $f(x)$ 為奇函數 (odd function)。

由定義 7-2-1 可知偶函數的圖形對稱於 y-軸，奇函數的圖形對稱於原點，見圖 7-2-1。

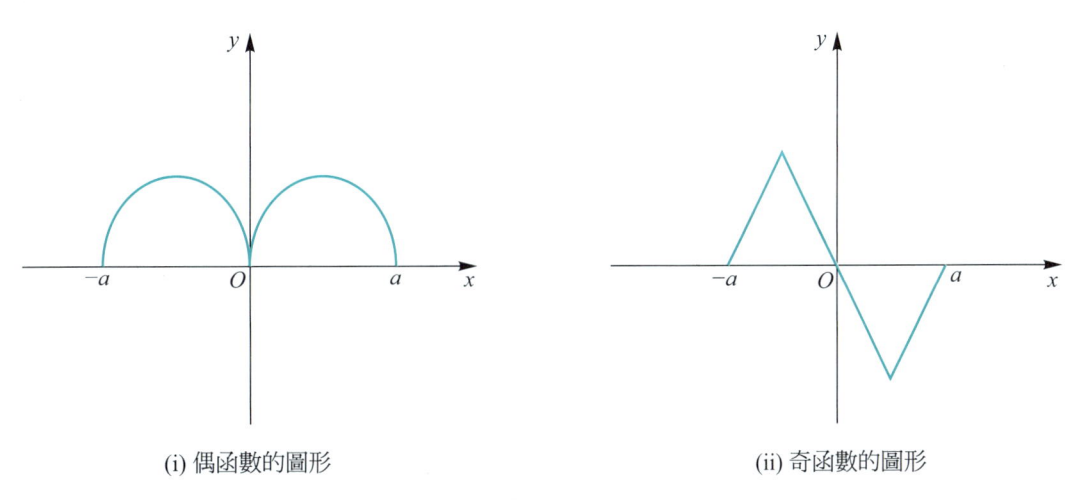

(i) 偶函數的圖形　　　　　　　　(ii) 奇函數的圖形

圖 7-2-1

對於偶函數與奇函數有下列重要性質

1. 兩個偶函數或兩個奇函數的積為偶函數。
2. 偶函數與奇函數的積為奇函數。
3. 若 $f(x)$ 為偶函數，則 $\int_{-L}^{L} f(x)\, dx = 2\int_{0}^{L} f(x)\, dx$。

4. 若 $f(x)$ 為奇函數，則 $\int_{-L}^{L} f(x)\, dx = 0$.

由於 $\cos \dfrac{n\pi x}{L}$，$n=0$，1，2，3，$\cdots$ 為偶函數，$\sin \dfrac{n\pi x}{L}$，$n=1$，2，3，$\cdots$ 為奇函數，因此，

(i) 若 $f(x)$ 為奇函數，則 $f(x)\cos \dfrac{n\pi x}{L}$ 為奇函數，而 $f(x)\sin \dfrac{n\pi x}{L}$ 為偶函數，

$$\int_{-L}^{L} f(x) \cos \frac{n\pi x}{L}\, dx = 0, \quad n=0,\ 1,\ 2,\ 3,\ \cdots$$

$$\int_{-L}^{L} f(x) \sin \frac{n\pi x}{L}\, dx = 2\int_{0}^{L} f(x) \sin \frac{n\pi x}{L}\, dx, \quad n=1,\ 2,\ 3,\ \cdots$$

(ii) 若 $f(x)$ 為偶函數，則 $f(x)\cos \dfrac{n\pi x}{L}$ 為偶函數，而 $f(x)\sin \dfrac{n\pi x}{L}$ 為奇函數，

$$\int_{-L}^{L} f(x) \cos \frac{n\pi x}{L}\, dx = 2\int_{0}^{L} f(x) \cos \frac{n\pi x}{L}\, dx, \quad n=0,\ 1,\ 2,\ 3,\ \cdots$$

$$\int_{-L}^{L} f(x) \sin \frac{n\pi x}{L}\, dx = 0, \quad n=1,\ 2,\ 3,\ \cdots$$

定理 7-2-1　偶函數的傅立葉級數

若 f 為週期 $T=2L$ 之偶函數，其傅立葉級數為傅立葉餘弦級數 (Fourier cosine series)

$$f(x) \sim \frac{a_0}{2} + \sum_{n=1}^{\infty} a_n \cos \frac{n\pi x}{L} \qquad (b_n = 0) \qquad (7\text{-}2\text{-}1)$$

其係數為

$$a_0 = \frac{1}{L}\int_{-L}^{L} f(x)\, dx = \frac{2}{L}\int_{0}^{L} f(x)\, dx$$

$$a_n = \frac{2}{L}\int_{0}^{L} f(x) \cos \frac{n\pi x}{L}\, dx, \quad n=1,\ 2,\ 3,\ \cdots$$

定義 7-2-2 奇函數的傅立葉級數

若 f 為週期 $T=2L$ 之奇函數，其傅立葉級數為傅立葉正弦級數 (Fourier sine series)

$$f(x) \sim \sum_{n=1}^{\infty} b_n \sin \frac{n\pi x}{L} \qquad (a_0=0,\ a_n=0) \tag{7-2-2}$$

其係數為

$$b_n = \frac{2}{L} \int_0^L f(x) \sin \frac{n\pi x}{L} dx,\ n=1,\ 2,\ 3,\ \cdots$$

我們由 7-1 節的討論可推得下面的結果.

定理 7-2-2

設 $f(x)$ 在 $[-L, L]$ 上為分段平滑的奇函數 (偶函數)，
(1) 若 x 為 f 的連續點，則 $f(x)$ 的傅立葉正弦 (餘弦) 級數收斂到 $f(x)$.
(2) 若 x_0 為 f 的不連續點，則 $f(x)$ 的傅立葉正弦 (餘弦) 級數收斂到
$$\frac{f(x_0^+)+f(x_0^-)}{2}.$$

【例題 1】 試將函數

$$f(x) = \begin{cases} -3, & -5 < x < 0 \\ 3, & 0 < x < 5 \end{cases}$$

展開成傅立葉級數 (此類型的函數可能為機械系統的外加力).

【解】 $f(x)$ 為奇函數，而傅立葉係數為

$$b_n = \frac{2}{5} \int_0^5 f(x) \sin \frac{n\pi x}{5} dx = \frac{2}{5} \int_0^5 3 \sin \frac{n\pi x}{5} dx$$

$$= \frac{6}{5} \cdot \left(\frac{-5}{n\pi}\right) \cos \frac{n\pi x}{5} \Big|_0^5$$

$$= \frac{-6}{n\pi}(\cos n\pi - 1)$$

$$= \begin{cases} \dfrac{12}{n\pi}, & n \text{ 為正奇數} \\ 0, & n \text{ 為正偶數} \end{cases}$$

因此，$f(x)$ 的傅立葉正弦級數為

$$\frac{12}{\pi}\left(\sin\frac{\pi x}{5} + \frac{1}{3}\sin\frac{3\pi x}{5} + \frac{1}{5}\sin\frac{5\pi x}{5} + \cdots\right)$$

【例題 2】 試將函數 $f(x) = |\sin x|\ (-\pi \leq x \leq \pi)$ 展開成傅立葉級數.

【解】 $f(x)$ 為偶函數，而傅立葉係數為

$$a_0 = \frac{2}{\pi}\int_0^\pi \sin x\, dx = \frac{4}{\pi}$$

$$a_n = \frac{2}{\pi}\int_0^\pi \sin x \cos nx\, dx$$

$$= \frac{1}{\pi}\int_0^\pi [\sin(n+1)x - \sin(n-1)x]\, dx$$

$$= -\frac{1}{\pi}\left[\frac{\cos(n+1)x}{n+1} - \frac{\cos(n-1)x}{n-1}\right]\Bigg|_0^\pi$$

$$= -2\frac{(-1)^n + 1}{2(n^2 - 1)},\ \text{當}\ n \neq 1$$

$$a_1 = \frac{2}{\pi}\int_0^\pi \sin x \cos x\, dx = \frac{1}{\pi}\int_0^\pi \sin 2x\, dx = 0$$

因此，

$$|\sin x| = \frac{2}{\pi} - \frac{4}{\pi}\left(\frac{\cos 2x}{3} + \frac{\cos 4x}{15} + \frac{\cos 6x}{35} + \cdots\right),\ -\pi \leq x \leq \pi$$

定義 7-2-3

設函數 $f(x)$ 在 $[0, L]$ 上為分段連續，則其**奇延伸函數** $f_o(x)$ 定義如下：

$$f_o(x) = \begin{cases} f(x), & 0 < x < L \\ -f(-x), & -L < x < 0 \\ 0, & x = 0, \pm L \end{cases}$$

偶延伸函數 $f_e(x)$ 定義如下：

$$f_e(x) = \begin{cases} f(x), & 0 \leq x \leq L \\ f(-x), & -L \leq x \leq 0 \end{cases}$$

我們由定義 7-2-3 很容易得到下列的性質：

1. 奇延伸函數為奇函數.
2. 偶延伸函數為偶函數.
3. 分段平滑函數的奇延伸函數與偶延伸函數均為分段平滑函數.

依定理 7-2-2，我們可有下面的結果：
設函數 $f(x)$ 在 $[0, L]$ 上為分段平滑，則

1. 當 x 為 f 的連續點時，$f_o(x)(f_e(x))$ 的傅立葉正弦 (餘弦) 級數收斂到 $f(x)$.
2. 當 x_0 為 f 的不連續點時，$f_o(x)(f_e(x))$ 的傅立葉正弦 (餘弦) 級數收斂到
$$\frac{f(x_0^+) + f(x_0^-)}{2}.$$

以上稱為 $f(x)$ 的**半幅正弦 (餘弦) 級數**.

【例題 3】 試求函數 $f(x) = x\,(0 < x < 2)$ 的半幅正弦級數.

【解】 $L = 2,\ a_n = 0$

$$b_n = \frac{2}{L}\int_0^L f(x) \sin\frac{n\pi x}{L} dx = \int_0^2 x \sin\frac{n\pi x}{2} dx$$

$$\left(\text{令 } u = x,\ dv = \sin\frac{n\pi x}{2} dx,\ \text{則 } du = dx,\ v = -\frac{2}{n\pi}\cos\frac{n\pi x}{2}\right)$$

$$= \left(-\frac{2x}{n\pi} \cos \frac{n\pi x}{2} + \frac{4}{n^2\pi^2} \sin \frac{n\pi x}{2} \right)\Big|_0^2$$

$$= -\frac{4}{n\pi} \cos n\pi$$

因此，　　$x = \frac{4}{\pi} \left(\sin \frac{\pi x}{2} - \frac{1}{2} \sin \frac{2\pi x}{2} + \frac{1}{3} \sin \frac{3\pi x}{2} - \cdots \right)$

【例題 4】　試求函數 $f(x) = \sin \frac{\pi x}{2}$ $(0 < x < 1)$ 的半幅正弦級數.

【解】　$b_n = \frac{2}{1} \int_0^1 \sin \frac{\pi x}{2} \sin n\pi x\, dx$

$$= \int_0^1 \left[\cos \frac{(1-2n)\pi x}{2} - \cos \frac{(1+2n)\pi x}{2} \right] dx$$

$$= \left[\frac{2}{(1-2n)\pi} \sin \frac{(1-2n)\pi x}{2} - \frac{2}{(1+2n)\pi} \sin \frac{(1+2n)\pi x}{2} \right]\Big|_0^1$$

$$= \frac{2 \cos n\pi}{\pi} \left(\frac{1}{(1-2n)} - \frac{1}{(1+2n)} \right)$$

$$= (-1)^n \frac{8n}{n(1-4n)^2}$$

故　　$f(x) = \frac{8}{\pi} \sum_{n=1}^{\infty} (-1)^n \frac{n}{1-4n^2} \sin n\pi x$

【例題 5】　試求函數 $f(x) = x$ $(0 < x < 2)$ 的半幅餘弦級數.

【解】　　　　　　　　　　$L = 2,\ b_n = 0$

$$a_n = \frac{2}{L} \int_0^L f(x) \cos \frac{n\pi x}{L} dx = \int_0^2 x \cos \frac{n\pi x}{2} dx$$

$$\left(\text{令 } u = x,\ dv = \cos \frac{n\pi x}{2} dx,\ \text{則 } du = dx,\ v = \frac{2}{n\pi} \sin \frac{n\pi x}{2} \right)$$

$$= \left(\frac{2x}{n\pi} \sin \frac{n\pi x}{2} + \frac{4}{n^2\pi^2} \cos \frac{n\pi x}{2} \right) \Big|_0^2$$

$$= \frac{4}{n^2\pi^2} (\cos n\pi - 1), \quad n \neq 0$$

$$a_0 = \int_0^2 x \, dx = 2$$

因此, $x = 1 - \dfrac{8}{\pi^2} \left(\cos \dfrac{\pi x}{2} + \dfrac{1}{3^2} \cos \dfrac{3\pi x}{2} + \dfrac{1}{5^2} \cos \dfrac{5\pi x}{2} + \cdots \right)$

習題 7-2

1. 下列各函數是奇函數或偶函數，或兩者皆非？

(1) $x^4 + x^2 - 2$
(2) $\dfrac{2x}{1+x^2}$

(3) $e^{|x|}$
(4) $\tan 3x$

(5) $e^x + e^{-x}$
(6) $\sin x + \cos x$

(7) $\ln(e^{|x|} + 2) + \sec x$

試求 2～3 題中各函數的半幅正弦級數．

2. $f(x) = e^x$, $0 < x < 1$

3. $f(x) = \begin{cases} 1, & 0 < x < \dfrac{1}{2} \\ 0, & \dfrac{1}{2} < x < 1 \end{cases}$

試求 4～6 題中各函數的半幅餘弦級數．

4. $f(x) = x^2$, $0 < x < 2$

5. $f(x) = \begin{cases} 1, & 0 < x < \dfrac{1}{2} \\ 0, & \dfrac{1}{2} < x < 1 \end{cases}$

6. $f(x) = \cos x$, $0 < x < 2$

7-3 傅立葉級數的應用

傅立葉級數在求解微分方程式 (常微或偏微) 時，具有其重要地位，本節將討論幾個非齊次線性常微分方程式的求解.

我們知道質量為 m 且懸掛在彈簧上的物體 (如圖 7-3-1 所示)，其**強迫振動** (forced oscillation) 由下面方程式

$$m\frac{d^2y}{dt^2}+c\frac{dy}{dt}+ky=F(t) \tag{7-3-1}$$

決定，其中 $F(t)$ 為系統所受的**外力** (external force) 且 $F(t)\neq 0$，k 為彈簧的**彈簧常數** (spring constant)，c 為**阻尼常數** (damping constant). 如果外力 $F(t)$ 為正弦或餘弦函數且 $c\neq 0$，則式 (7-3-1) 在**穩態** (steady-state) 下的解代表一有外力之頻率的**諧振** (harmonic oscillation). 如果外力 $F(t)$ 為週期 $2L$ 的週期函數，則可將 $F(t)$ 展開成傅立葉級數，以求式 (7-3-1) 的穩態解.

【例題 1】 設一彈簧的彈簧常數為 $k=10$ 磅/呎，其阻尼常數為 $c=2$，而重 16 磅的物體懸吊於此彈簧的底端 (如圖 7-3-1 所示). 若週期為 1 的外力函數 $F(t)$ (單位為磅) 是方形脈波 (如圖 7-3-2 所示).

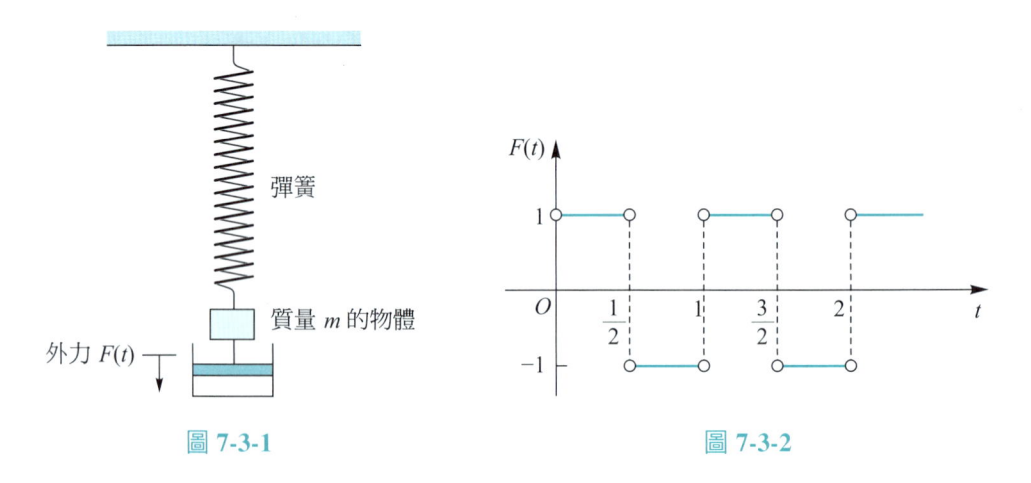

圖 7-3-1

圖 7-3-2

$$F(t)=\begin{cases} 1, & 0<t<\dfrac{1}{2} \\ -1, & \dfrac{1}{2}<t<1 \end{cases}$$

試求式 (7-3-1) 在穩態下的解.

【解】 物體質量為 $m = \dfrac{w}{g} = \dfrac{16}{32} = \dfrac{1}{2}$，而 $c=2$，$k=10$，因此為了求下式

$$\frac{1}{2}\frac{d^2y}{dt^2} + 2\frac{dy}{dt} + 10y = F(t) \quad\cdots\cdots\cdots\cdots\cdots\text{①}$$

之穩態解，先將週期為 1 的外力函數 $F(t)$ 展開成傅立葉級數，可得

$$F(t) = \frac{4}{\pi}\left(\sin 2\pi t + \frac{\sin 6\pi t}{3} + \frac{\sin 10\pi t}{5} + \frac{\sin 14\pi t}{7} + \cdots\right)$$

考慮微分方程式

$$\frac{d^2y}{dt^2} + 4\frac{dy}{dt} + 20y = \frac{8}{n\pi}\sin 2n\pi t \quad (n=1,\ 3,\ 5,\ \cdots) \cdots\cdots\text{②}$$

可得 ② 式在穩態下的特解為

$$y_n(t) = \frac{8}{n\pi\sqrt{D_n}}\sin(2n\pi t - \theta_n) \quad (n=1,\ 3,\ 5,\ \cdots) \cdots\cdots\cdots\text{③}$$

其中 $\theta_n = \tan^{-1}\dfrac{8n\pi}{20 - 4n^2\pi^2}$ 為相角，$D_n = (20 - 4n^2\pi^2)^2 + 64n^2\pi^2$，而 $c_n = \dfrac{8}{n\pi\sqrt{D_n}}$ 為 ③ 式的振幅，由於 ② 式為線性方程式，因此 ② 式在穩態下的解為

$$y_p(t) = y_1(t) + y_3(t) + y_5(t) + \cdots$$

$$= \frac{8}{\pi}\sum_{n=1,3,5,\cdots}^{\infty}\frac{1}{n\sqrt{D_n}}\sin(2n\pi t - \theta_n)$$

其中

$$\theta_n = \tan^{-1}\frac{8n\pi}{20 - 4n^2\pi^2}$$

$$D_n = (20 - 4n^2\pi^2)^2 + 64n^2\pi^2,\ n=1,\ 3,\ 5,\ \cdots$$

E 表電動勢
R 表電阻
L 表電感
C 表電容

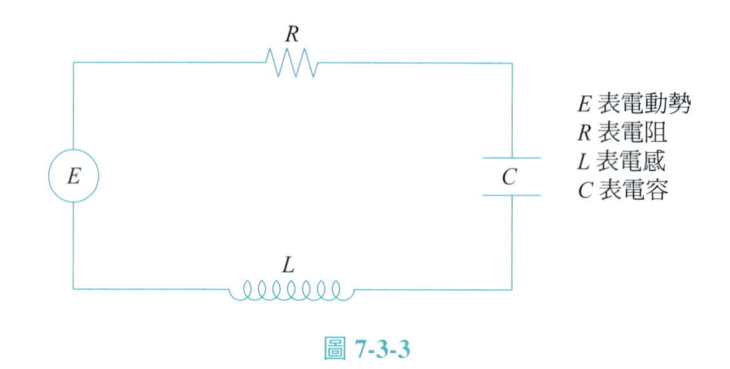

圖 7-3-3

由克希荷夫定律可知，圖 7-3-3 所示的電路滿足下面方程式

$$L\frac{dI}{dt}+RI+\frac{1}{C}Q=E \tag{7-3-2}$$

此方程式包括電流 I 及電荷 Q 兩個相關變數，即

$$I=\frac{dQ}{dt} \tag{7-3-3}$$

故

$$L\frac{d^2Q}{dt^2}+R\frac{dQ}{dt}+\frac{1}{C}Q=E \tag{7-3-4}$$

如果式 (7-3-2) 對 t 作微分，再利用式 (7-3-3) 消去 Q，可得

$$L\frac{d^2I}{dt^2}+R\frac{dI}{dt}+\frac{1}{C}I=\frac{dE}{dt} \tag{7-3-5}$$

若 E 為週期 $2L$ 的函數，則可以將 E 或 $\frac{dE}{dt}$ 展開成傅立葉級數，以求式 (7-3-4) 或式 (7-3-5) 在穩態下的解.

【例題 2】 如圖 7-3-4 所示的電路，其電動勢 (以伏特計) 為

$$E(t)=\begin{cases} 1, & 0<t<\pi \\ -1, & \pi<t<2\pi \end{cases},\ \text{週期為 } 2\pi$$

若此電路的電阻為 2 歐姆，電感為 0.1 亨利，電容為 1/200 法拉，試求此電路的穩態電流.

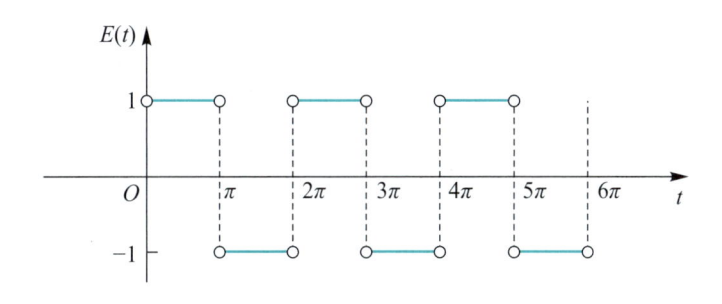

圖 7-3-4

【解】 將 $E(t)$ 展開成傅立葉級數，可得

$$E(t) = \frac{4}{\pi}\left(\sin t + \frac{\sin 3t}{3} + \frac{\sin 5t}{5} + \cdots\right)$$

考慮微分方程式

$$0.1\frac{d^2 I}{dt^2} + 20\frac{dI}{dt} + 260 I = \frac{4}{\pi}\sin nt \quad (n = 1, 3, 5, \cdots)$$

即

$$\frac{d^2 I}{dt^2} + 200\frac{dI}{dt} + 2600 I = \frac{40}{\pi}\sin nt \quad (n = 1, 3, 5, \cdots) \cdots\cdots\cdots ①$$

① 式於穩態下的解為

$$I_n(t) = \frac{\dfrac{40}{n\pi}}{\sqrt{(2600 - n^2)^2 + 400 n^2}}\sin(nt - \theta_n)$$

$$= \frac{40}{n\pi\sqrt{D_n}}\sin(nt - \theta_n) \cdots\cdots\cdots\cdots\cdots\cdots\cdots\cdots ②$$

其中 $\theta_n = \tan^{-1}\dfrac{20n}{2600 - n^2}$，$D_n = (2600 - n^2)^2 + 400 n^2$，$\theta_n$ 為 ② 式的相角，c_n $= \dfrac{40}{n\pi\sqrt{D_n}}$ 為 ② 式的振幅．由於 ① 式為線性微分方程式，因此所予電路的穩態電流為

$$I(t) = I_1(t) + I_3(t) + I_5(t) + \cdots = \sum_{l=1,3,5,\cdots}^{\infty} \frac{40}{n\pi\sqrt{D_n}} \sin(nt - \theta_n)$$

$$D_n = (2600 - n^2)^2 + 400n^2$$

$$\theta_n = \tan^{-1} \frac{20n}{2600 - n^2}$$

習題 7-3

試討論 1~2 題中各系統的穩態運動 (見圖 7-3-1).

1. $F(t) = t$, $-\dfrac{1}{2} < t < \dfrac{1}{2}$, $F(t+1) = F(t)$

   $k = 40$ 克/秒², $m = 100$ 克, $c = 0.1$.

2. $F(t) = \begin{cases} F_0, & 0 < t < 1 \\ 0, & 1 < t < 3 \end{cases}$, $F(t+3) = F(t)$

   $k = 3$ 克/秒², $m = 8$ 克, $c = 0.1$.

試討論 3~4 題中各電路的穩態電流.

3. $E(t) = 100 \sin 50\pi t$, $0 \le t \le 0.02$, $E(t + 0.02) = E(t)$

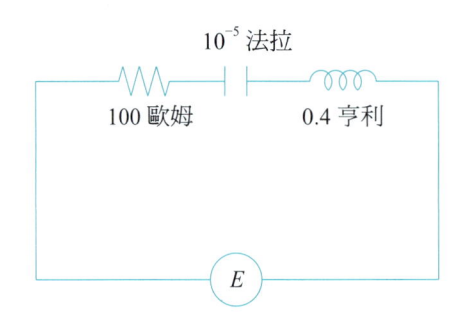

[電路圖: 100 歐姆電阻、10^{-5} 法拉電容、0.4 亨利電感串聯，電源 E]

4. $E(t) = t$, $0 \le t < 0.01$, $E(t + 0.01) = E(t)$

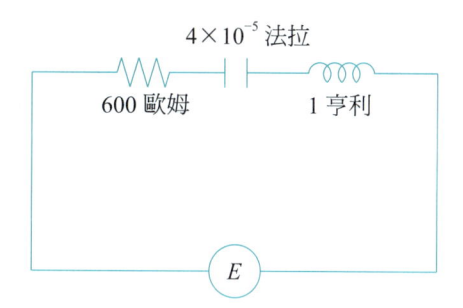

7-4 傅立葉積分

一、傅立葉積分

在前面所討論的問題，均將週期函數 $f(x)$ 化成傅立葉級數，但是當 $f(x)$ 不具有週期性或週期相當大時，就不能以傅立葉級數來處理，在這種情形中，仍然可以用正弦與餘弦表示函數，只是使用積分而非求和，稱為**傅立葉積分** (Fourier integral)。今考慮定義於 x-軸上的函數 $f(x)$，而且 $f(x)$ 於每一有限區間 $[-L, L]$ 上為分段平滑，則在每一個這類的區間上，

$$f(x) = a_0 + \sum_{n=1}^{\infty} \left[a_n \cos\left(\frac{n\pi x}{L}\right) + b_n \sin\left(\frac{n\pi x}{L}\right) \right]$$

將傅立葉係數之積分式代入上式，得

$$f(x) = \frac{1}{2L} \int_{-L}^{L} f(u)\, du + \frac{1}{L} \sum_{n=1}^{\infty} \cos\frac{n\pi x}{L} \int_{-L}^{L} f(u) \cos\frac{n\pi u}{L}\, du$$

$$+ \frac{1}{L} \sum_{n=1}^{\infty} \sin\frac{n\pi x}{L} \int_{-L}^{L} f(u) \sin\frac{n\pi u}{L}\, du \qquad (7\text{-}4\text{-}1)$$

在第一類間斷點，必須以 $\frac{1}{2}[f(x^+) + f(x^-)]$ 代換上式中的 $f(x)$。

於式 (7-4-1) 中，我們設

$$\lambda_1 = \frac{\pi}{L},\ \lambda_2 = \frac{2\pi}{L},\ \lambda_3 = \frac{3\pi}{L},\ \cdots,\ \lambda_n = \frac{n\pi}{L},\ \cdots$$

因此

$$\Delta\lambda = \lambda_{n+1} - \lambda_n = \frac{\pi}{L}$$

所以，式 (7-4-1) 變成

$$f(x) = \frac{1}{2L}\int_{-L}^{L} f(u)\,du + \frac{1}{\pi}\left\{\sum_{n=1}^{\infty}\left[\cos\lambda_n x \int_{-L}^{L} f(u)\cos\lambda_n u\,du\right]\Delta\lambda\right.$$

$$\left.+\sum_{n=1}^{\infty}\left[\sin\lambda_n x \int_{-L}^{L} f(u)\sin\lambda_n u\,du\right]\Delta\lambda\right\} \qquad (7\text{-}4\text{-}2)$$

假設瑕積分 $\int_{-\infty}^{\infty} |f(x)|\,dx$ 存在，則當 $L \to \infty$ 時，$\dfrac{1}{2L}\left(\int_{-L}^{L} f(u)\,du\right) \to 0$，式 (7-4-2) 變成

$$f(x) = \frac{1}{\pi}\int_0^{\infty}\left[\cos(\lambda x)\int_{-\infty}^{\infty} f(u)\cos(\lambda u)\,du\right.$$

$$\left.+\sin(\lambda x)\int_{-\infty}^{\infty} f(u)\sin(\lambda u)\,du\right]d\lambda \qquad (7\text{-}4\text{-}3)$$

如果令

$$A(\lambda) = \int_{-\infty}^{\infty} f(u)\cos(\lambda u)\,du \qquad (7\text{-}4\text{-}4)$$

$$B(\lambda) = \int_{-\infty}^{\infty} f(u)\sin(\lambda u)\,du$$

則式 (7-4-3) 變成

$$f(x) \sim \frac{1}{\pi}\int_0^{\infty} [A(\lambda)\cos(\lambda x) + B(\lambda)\sin(\lambda x)]\,d\lambda \qquad (7\text{-}4\text{-}5)$$

我們稱式 (7-4-5) 為 $f(x)$ 的 傅立葉積分展開式 (Fourier integral expansion)；而在第一類間斷點，必須以 $\dfrac{f(x^+)+f(x^-)}{2}$ 代換式 (7-4-5) 中的 $f(x)$。

定義 7-4-1

令 $f(x)$ 對所有 x 有定義，且 $\int_{-\infty}^{\infty} |f(x)|\, dx$ 收斂，則 f 的傅立葉積分或 f 的傅立葉積分式為

$$f(x) \sim \frac{1}{\pi} \int_0^\infty [A(\lambda) \cos(\lambda x) + B(\lambda) \sin(\lambda x)]\, d\lambda$$

其中傅立葉積分係數定義為

$$A(\lambda) = \int_{-\infty}^{\infty} f(u) \cos(\lambda u)\, du$$

與

$$B(\lambda) = \int_{-\infty}^{\infty} f(u) \sin(\lambda u)\, du$$

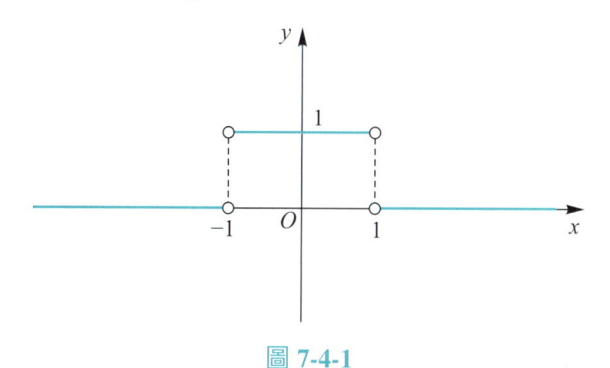

【例題 1】 試求 $f(x) = \begin{cases} 1, & -1 < x < 1 \\ 0, & x < -1 \text{ 或 } x > 1 \end{cases}$ 之傅立葉積分表示式.

【解】 因 $f(x)$ 不具有週期性，圖形如圖 7-4-1 所示. 故可求出其傅立葉積分式. 由式 (7-4-4) 知

$$A(\lambda) = \int_{-\infty}^{\infty} f(u) \cos(\lambda u)\, du = \int_{-1}^{1} \cos(\lambda u)\, du = \frac{2 \sin \lambda}{\lambda}$$

與

$$B(\lambda) = \int_{-\infty}^{\infty} f(u) \sin(\lambda u)\, du = 0 \qquad [因 f(x) 是偶函數]$$

圖 7-4-1

故 $f(x) = \dfrac{1}{\pi} \displaystyle\int_0^\infty \dfrac{2\sin\lambda}{\lambda} \cos(\lambda x)\, d\lambda = \dfrac{2}{\pi} \displaystyle\int_0^\infty \dfrac{\cos(\lambda x)\sin\lambda}{\lambda}\, d\lambda$

讀者應注意，當 $x=0$ 時，$f(x)=1$，代入上式得

$$1 = \dfrac{2}{\pi} \int_0^\infty \dfrac{\sin\lambda}{\lambda}\, d\lambda$$

即 $\displaystyle\int_0^\infty \dfrac{\sin\lambda}{\lambda}\, d\lambda = \dfrac{\pi}{2}$，此結果與利用拉氏變換法所求得之結果相同.

【例題 2】 試利用傅立葉積分展開式，證明

$$\int_0^\infty \dfrac{\cos\lambda x + \lambda \sin\lambda x}{1+\lambda^2}\, d\lambda = \begin{cases} 0 & , x < 0 \\ \dfrac{\pi}{2} & , x = 0 \\ \pi e^{-x} & , x > 0 \end{cases}$$

【解】 令函數 $f(x)$ 的傅立葉積分展開式為

$$f(x) = \dfrac{1}{\pi} \int_0^\infty \dfrac{\cos\lambda x + \lambda \sin\lambda x}{1+\lambda^2}\, d\lambda$$

因此，可以設 $f(x) = \begin{cases} 0 & , x < 0 \\ e^{-x} & , x > 0 \end{cases}$

由式 (7-4-4) 知

$$A(\lambda) = \int_{-\infty}^\infty f(u)\cos(\lambda u)\, du = \int_0^\infty e^{-u}\cos(\lambda u)\, du$$

$$= \lim_{t\to\infty} \int_0^t e^{-u}\cos(\lambda u)\, du = \dfrac{1}{1+\lambda^2}$$

$\Big($利用分部積分法兩次，令 $u' = e^{-u}$, $dv = \cos(\lambda u)\, du$,

則 $du' = -e^{-u}\, du$, $v = \dfrac{1}{\lambda}\sin(\lambda u)\Big)$

與

$$B(\lambda) = \int_{-\infty}^{\infty} f(u) \sin(\lambda u)\, du = \int_{0}^{\infty} e^{-u} \sin(\lambda u)\, du = \lim_{t \to \infty} \int_{0}^{t} e^{-u} \sin(\lambda u)\, du$$

$$\left(\text{利用分部積分法兩次，令 } u' = e^{-u},\ dv = \cos(\lambda u)\, du,\right.$$

$$\left.\text{則 } du' = -e^{-u}\, du,\ v = \frac{1}{\lambda} \sin(\lambda u)\right)$$

$$= \lim_{t \to \infty} \left[\frac{e^{-u}}{1+\lambda^2} (-\sin(\lambda u) - \lambda \cos(\lambda u)) \Big|_{0}^{t} \right]$$

$$= \frac{\lambda}{1+\lambda^2}$$

因此，$f(x)$ 的傅立葉積分展開式為

$$f(x) = \frac{1}{\pi} \int_{0}^{\infty} [A(\lambda) \cos(\lambda x) + B(\lambda) \sin(\lambda x)]\, d\lambda$$

$$= \frac{1}{\pi} \int_{0}^{\infty} \frac{1}{1+\lambda^2} [\cos(\lambda x) + \lambda \sin(\lambda x)]\, d\lambda$$

因 $x=0$，又 $\dfrac{f(0^+) + f(0^-)}{2} = \dfrac{1+0}{2} = \dfrac{1}{2}$，故證得

$$\int_{0}^{\infty} \frac{1}{1+\lambda^2} (\cos \lambda x + \lambda \sin \lambda x)\, d\lambda = \begin{cases} 0, & x < 0 \\ \dfrac{\pi}{2}, & x = 0 \\ \pi e^{-x}, & x > 0 \end{cases}$$

二、傅立葉正弦與餘弦的積分

當 $f(x)$ 是偶函數時，由式 (7-4-4) 知，$B(\lambda) = 0$，而

$$A(\lambda) = 2\int_{0}^{\infty} f(u) \cos \lambda u\, du$$

因此，式 (7-4-5) 化成

$$f(x) = \frac{1}{\pi} \int_{0}^{\infty} A(\lambda) \cos(\lambda x)\, d\lambda \tag{7-4-6}$$

當 $f(x)$ 是奇函數時，由式 (7-4-4) 知，$A(\lambda)=0$，而

$$B(\lambda)=2\int_0^\infty f(u)\sin \lambda u\, du$$

因此，式 (7-4-5) 化成

$$f(x)=\frac{1}{\pi}\int_0^\infty B(\lambda)\sin(\lambda x)\,d\lambda \tag{7-4-7}$$

定義 7-4-2 傅立葉正弦積分

f 在 $[0, \infty)$ 上的傅立葉正弦積分 (Fourier sine integral) 為

$$f(x)=\frac{1}{\pi}\int_0^\infty B(\lambda)\sin(\lambda x)\,d\lambda$$

其中

$$B(\lambda)=2\int_0^\infty f(u)\sin(\lambda u)\,du$$

若 f 在每一區間 $[0, L]$ 上均為片段連續，且 $\int_0^\infty |f(x)|\,dx$ 收斂．則於 f 具有左、右導數的每一正 x 處，此正弦積分收斂到 $\frac{1}{2}[f(x^+)+f(x^-)]$，於 $x=0$ 處，積分則收斂到 0．

定義 7-4-3 傅立葉餘弦積分

f 在 $[0, \infty)$ 上的傅立葉餘弦積分 (Fourier cosine integral) 為

$$f(x)=\frac{1}{\pi}\int_0^\infty A(\lambda)\cos(\lambda x)\,d\lambda$$

其中

$$A(\lambda)=2\int_0^\infty f(u)\cos(\lambda u)\,du$$

與正弦積分相同的條件下，於 f 具有左、右導數的每一正 x 處，此餘弦積分收斂到 $\frac{1}{2}[f(x^+)+f(x^-)]$；而在 $x=0$ 處，若 f 具有右導數，則餘弦積分收斂到 $f(0^+)$.

【例題 3】 試求 $f(x)=\begin{cases} x, & 0<x<1 \\ 2-x, & 1<x<2 \\ 0, & x>2 \end{cases}$ 之傅立葉積分式.

【解】 因為 $f(x)$ 只定義在 $x>0$，故利用傅立葉餘弦積分式

$$f(x)=\frac{1}{\pi}\int_0^\infty A(\lambda)\cos(\lambda x)\,d\lambda$$

$$=\frac{1}{\pi}\int_0^\infty\left(2\int_0^\infty f(u)\cos(\lambda u)\,du\right)\cos(\lambda x)\,d\lambda$$

$$=\frac{2}{\pi}\int_0^\infty\left(\int_0^\infty f(u)\cos(\lambda u)\,du\right)\cos(\lambda x)\,d\lambda$$

現在，

$$\int_0^\infty f(u)\cos(\lambda u)\,du=\int_0^1 u\cos(\lambda u)\,du+\int_1^2(2-u)\cos(\lambda u)\,du$$

$$=\frac{2\cos\lambda-1-\cos 2\lambda}{\lambda^2}$$

代入上式可得

$$f(x)=\frac{2}{\pi}\int_0^\infty\left(\frac{2\cos\lambda-1-\cos 2\lambda}{\lambda^2}\right)\cos(\lambda x)\,d\lambda$$

【例題 4】 試求下列函數

$$f(x)=e^{-kx},\ x>0\ \text{且}\ f(-x)=f(x)\qquad(k>0)$$

的傅立葉積分展開式，並證明

$$\int_0^\infty\frac{\cos(\lambda x)}{4+x^2}\,d\lambda=\frac{\pi}{4}e^{-2x},\ x>0$$

【解】 因為 f 為偶函數，所以由式 (7-4-6) 知

$$f(x) = \frac{1}{\pi} \int_0^\infty A(\lambda) \cos(\lambda x) \, d\lambda$$

$$= \frac{1}{\pi} \int_0^\infty \left(2 \int_0^\infty f(u) \cos(\lambda u) \, du \right) \cos(\lambda x) \, d\lambda$$

$$= \frac{2}{\pi} \int_0^\infty \left(\int_0^\infty f(u) \cos(\lambda u) \, du \right) \cos(\lambda x) \, d\lambda$$

現在,

$$\int_0^\infty f(u) \cos(\lambda u) \, du = \int_0^\infty e^{-ku} \cos(\lambda u) \, du = \lim_{t \to \infty} \int_0^t e^{-ku} \cos(\lambda u) \, du$$

$$\left(\text{利用分部積分法兩次，令 } u' = e^{-ku}, \ dv = \cos(\lambda u) \, du, \right.$$

$$\left. \text{則 } du' = -k e^{-ku} \, du, \ v = \frac{1}{\lambda} \sin(\lambda u) \right)$$

$$= \lim_{t \to \infty} \left[\frac{e^{-ku}}{k^2 + \lambda^2} (-k \cos \lambda u + \lambda \sin \lambda u) \Big|_0^t \right]$$

$$= \frac{k}{k^2 + \lambda^2}$$

故

$$f(x) = e^{-kx} = \frac{2}{\pi} \int_0^\infty \frac{k}{k^2 + \lambda^2} \cos(\lambda x) \, d\lambda$$

$$= \frac{2k}{\pi} \int_0^\infty \frac{\cos(\lambda x)}{k^2 + \lambda^2} \, d\lambda \quad (x > 0, \ k > 0)$$

當 $k = 2$ 時，上式變成

$$e^{-2x} = \frac{4}{\pi} \int_0^\infty \frac{\cos(\lambda x)}{4 + \lambda^2} \, d\lambda, \ x > 0$$

因此,

$$\int_0^\infty \frac{\cos(\lambda x)}{4 + \lambda^2} \, d\lambda = \frac{\pi}{4} e^{-2x}, \ x > 0$$

【例題 5】 試以傅立葉積分式表示函數

$$f(t)=\begin{cases} 0, & -\infty < t \leq 1 \\ 1+t, & -1 < t \leq 0 \\ 1-t, & 0 < t \leq 1 \\ 0, & 1 < t < \infty \end{cases}$$

並求 $\displaystyle\int_0^\infty \frac{1-\cos\lambda}{\lambda^2} d\lambda$.

【解】 (i) 函數 $f(t)$ 為偶函數，如圖 7-4-2 所示.

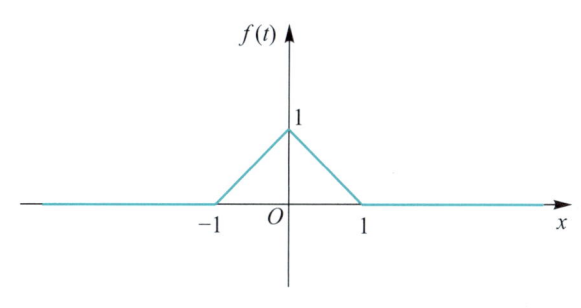

圖 7-4-2

因 $\displaystyle f(t)=\frac{2}{\pi}\int_0^\infty A(\lambda)\cos(\lambda t)\,d\lambda$

其中 $\displaystyle A(\lambda)=\int_0^\infty f(t)\cos(\lambda t)\,dt=\int_0^1 (1-t)\cos(\lambda t)\,dt$

$$=\left[(1-t)\frac{\sin\lambda t}{\lambda}-\frac{\cos\lambda t}{\lambda^2}\right]_0^1=\frac{1-\cos\lambda}{\lambda^2}$$

所以 $\displaystyle f(t)=\frac{2}{\pi}\int_0^\infty \frac{1-\cos\lambda}{\lambda^2}\cos\lambda t\,d\lambda$

(ii) 由狄利司雷定理知，

$$\frac{2}{\pi}\int_0^\infty \frac{1-\cos\lambda}{\lambda^2}\cos\lambda t\,d\lambda=\begin{cases} 1-t, & \text{若 } 0 \leq t < 1 \\ 1+t, & \text{若 } -1 < t \leq 0 \\ 0, & \text{若 } |t| > 1 \end{cases}$$

令 $t=0$，得 $\displaystyle \frac{2}{\pi}\int_0^\infty \frac{1-\cos\lambda}{\lambda^2}d\lambda=1$.

故 $$\int_0^\infty \frac{1-\cos\lambda}{\lambda^2}d\lambda = \frac{\pi}{2}$$

習題 7-4

1. 試以傅立葉積分將下列各函數展開.

(1) $f(t) = \begin{cases} 0, & |t| > \pi \\ t, & -\pi \leq t \leq \pi \end{cases}$
(2) $f(t) = \begin{cases} 10, & \text{若 } -10 \leq t \leq 10 \\ 0, & \text{若 } |t| > 10 \end{cases}$

2. 設函數 $f(t) = \begin{cases} 1, & 0 < t < 1 \\ 0, & t > 1 \end{cases}$，試求 (1) 傅立葉正弦積分，(2) 傅立葉餘弦積分.

3. 設函數 $f(x) = \begin{cases} x, & 0 \leq x \leq 1 \\ x+1, & 1 < x \leq 2 \\ 0, & x > 2 \end{cases}$，試求 (1) 傅立葉正弦積分，(2) 傅立葉餘弦積分.

4. 試求函數 $f(t)$ 之傅立葉餘弦積分.

$$f(t) = \begin{cases} 2t, & 0 < t < 1 \\ 0, & t > 1 \end{cases}$$

5. 試利用傅立葉積分式證明

$$\int_0^\infty \frac{\cos\lambda t}{9+\lambda^2} d\lambda = \frac{\pi}{6} e^{-3t} \qquad (t > 0)$$

6. (1) 試求下圖之傅立葉積分式.

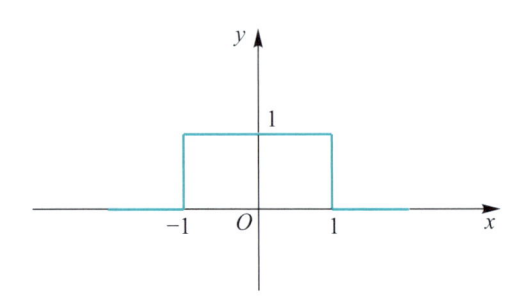

(2) 試求 $\int_0^\infty \frac{\sin t}{t} dt$.

7-5　複數形式的傅立葉積分與變換

一、複數傅立葉積分式

對定義在無限區間之非週期函數 $y=f(x)$，$-\infty < x < \infty$，其傅立葉積分為

$$f(x)=\frac{1}{\pi}\int_{0}^{\infty}[A(\lambda)\cos(\lambda x)+B(\lambda)\sin(\lambda x)]\,d\lambda$$

並依歐勒公式可得，

$$\cos(\lambda x)=\frac{1}{2}(e^{i\lambda x}+e^{-i\lambda x})$$

$$\sin(\lambda x)=\frac{1}{2i}(e^{i\lambda x}-e^{-i\lambda x})$$

代入上式，得

$$f(x)=\frac{1}{\pi}\int_{0}^{\infty}\left[A(\lambda)\frac{1}{2}(e^{i\lambda x}+e^{-i\lambda x})+B(\lambda)\frac{1}{2i}(e^{i\lambda x}-e^{-i\lambda x})\right]d\lambda$$

將上式整理成

$$f(x)=\frac{1}{\pi}\int_{0}^{\infty}\left[\frac{1}{2}(A(\lambda)-iB(\lambda))e^{i\lambda x}+\frac{1}{2}(A(\lambda)+iB(\lambda))e^{-i\lambda x}\right]d\lambda \quad (7\text{-}5\text{-}1)$$

令 $C(\lambda)=\frac{1}{2}(A(\lambda)-iB(\lambda))$，$A(\lambda)\in \mathbb{R}$，$B(\lambda)\in \mathbb{R}$，故 $C(\lambda)$ 之共軛複數為 $\overline{C(\lambda)}=\frac{1}{2}(A(\lambda)+iB(\lambda))$。因此，式 (7-5-1) 變成

$$f(x)=\frac{1}{\pi}\int_{0}^{\infty}C(\lambda)e^{i\lambda x}\,d\lambda+\frac{1}{\pi}\int_{0}^{\infty}\overline{C(\lambda)}e^{-i\lambda x}\,d\lambda \quad (7\text{-}5\text{-}2)$$

利用傅立葉積分係數公式 (7-4-4)，則求得

$$C(\lambda)=\frac{1}{2}(A(\lambda)-iB(\lambda))=\frac{1}{2}\int_{-\infty}^{\infty}f(u)\cos(\lambda u)\,du-\frac{i}{2}\int_{-\infty}^{\infty}f(u)\sin(\lambda u)\,du$$

$$=\frac{1}{2}\int_{-\infty}^{\infty}f(u)[\cos(\lambda u)-i\sin(\lambda u)]\,du$$

$$= \frac{1}{2} \int_{-\infty}^{\infty} f(u) \, e^{-i\lambda u} \, du$$

同理,

$$\overline{C(\lambda)} = \frac{1}{2}(A(\lambda) + iB(\lambda)) = \frac{1}{2} \int_{-\infty}^{\infty} f(u) \, e^{i\lambda u} \, du = C(-\lambda)$$

將此式代入式 (7-5-2),可得

$$f(x) = \frac{1}{\pi} \int_{0}^{\infty} C(\lambda) \, e^{i\lambda x} \, d\lambda + \frac{1}{\pi} \int_{0}^{\infty} C(-\lambda) \, e^{-i\lambda x} \, d\lambda \tag{7-5-3}$$

在式 (7-5-3) 之第二個積分中,令 $t = -\lambda$,則得

$$f(x) = \frac{1}{\pi} \int_{0}^{\infty} C(\lambda) \, e^{i\lambda x} \, d\lambda + \frac{1}{\pi} \int_{0}^{-\infty} C(t) \, e^{itx} \, (-1) \, dt$$

$$= \frac{1}{\pi} \int_{0}^{\infty} C(\lambda) \, e^{i\lambda x} \, d\lambda + \frac{1}{\pi} \int_{-\infty}^{0} C(\lambda) \, e^{i\lambda x} \, d\lambda$$

$$= \frac{1}{\pi} \int_{-\infty}^{\infty} C(\lambda) \, e^{i\lambda x} \, d\lambda$$

定義 7-5-1　複數傅立葉積分

f 的 複數傅立葉積分 (complex Fourier integral) 為

$$f(x) = \frac{1}{\pi} \int_{-\infty}^{\infty} C(\lambda) \, e^{i\lambda x} \, d\lambda$$

其中

$$C(\lambda) = \frac{1}{2} \int_{-\infty}^{\infty} f(u) \, e^{-i\lambda u} \, du.$$

f 的複數傅立葉積分又可寫成下式:

$$f(x) = \frac{1}{\pi} \int_{-\infty}^{\infty} \left[\frac{1}{2} \int_{-\infty}^{\infty} f(u) \, e^{-i\lambda u} \, du \right] e^{i\lambda x} \, d\lambda$$

$$= \frac{1}{2\pi} \int_{-\infty}^{\infty} \left[\int_{-\infty}^{\infty} f(u) \, e^{-i\lambda(u-x)} \, du \right] d\lambda \qquad (7\text{-}5\text{-}4)$$

式 (7-5-4) 要存在，須滿足狄利司雷收斂條件及在 $(-\infty, \infty)$ 內，$f(x)$ 要絕對可積分，亦即

$$\int_{-\infty}^{\infty} |f(x)| \, dx \text{ 存在}$$

複數積分式中指數函數項，可利用歐勒公式

$$e^{-i\lambda(u-x)} = \cos \lambda(u-x) - i \sin \lambda(u-x)$$

代入式 (7-5-4) 可得

$$f(x) = \frac{1}{2\pi} \int_{-\infty}^{\infty} \int_{-\infty}^{\infty} f(u) \left[\cos \lambda(u-x) - i \sin \lambda(u-x)\right] du \, d\lambda \qquad (7\text{-}5\text{-}5)$$

已知 $\cos \lambda(u-x)$ 為 λ 之偶函數，$\sin \lambda(u-x)$ 為 λ 的奇函數，可知

$$\int_{-\infty}^{\infty} f(u) \sin \lambda(u-x) \, d\lambda = 0$$

$$\int_{-\infty}^{\infty} f(u) \cos \lambda(u-x) \, d\lambda = 2 \int_{0}^{\infty} f(u) \cos \lambda(u-x) \, d\lambda$$

將上兩式代入式 (7-5-5)，得

$$f(x) = \frac{1}{\pi} \int_{0}^{\infty} \left[\int_{-\infty}^{\infty} f(u) \cos \lambda(u-x) \, du \right] d\lambda \qquad (7\text{-}5\text{-}6)$$

或

$$f(x) = \frac{1}{\pi} \int_{0}^{\infty} \int_{-\infty}^{\infty} f(u) \left[\cos(\lambda u) \cos(\lambda x) + \sin(\lambda u) \sin(\lambda x)\right] du \, d\lambda \qquad (7\text{-}5\text{-}7)$$

式 (7-5-7) 稱為 $f(x)$ 之傅立葉全三角積分式。讀者可由式 (7-5-7) 導出傅立葉餘弦積分與正弦積分。

【例題 1】 (1) 試求函數 $f(x) = e^{-2x}$ $(x > 0)$ 之傅立葉積分，其中 $f(x)$ 滿足 $f(-x) = -f(x)$。

(2) 試求 $\int_0^\infty \dfrac{\lambda \sin 3\lambda \cos \lambda}{4+\lambda^2} d\lambda$ 之值.

【解】 (1) 因 $f(-x) = -f(x)$，故 f 為奇函數，因此利用傅立葉正弦積分式

$$f(x) = \frac{2}{\pi} \int_0^\infty \left[\int_0^\infty f(u) \sin(\lambda u) \, du \right] \sin(\lambda x) \, d\lambda$$

其中
$$\int_0^\infty f(u) \sin(\lambda u) \, du = \int_0^\infty e^{-2u} \sin(\lambda u) \, du$$
$$= \lim_{t \to \infty} \int_0^t e^{-2u} \sin(\lambda u) \, du = \frac{\lambda}{4+\lambda^2}$$

代入積分式，得 $f(x) = e^{-2x} = \dfrac{2}{\pi} \int_0^\infty \dfrac{\lambda}{4+\lambda^2} \sin(\lambda x) \, d\lambda$.

(2) 利用三角函數之積化和差公式，

$$\sin 3\lambda \cos \lambda = \frac{1}{2} (\sin 4\lambda + \sin 2\lambda)$$

代入得

$$\int_0^\infty \frac{\lambda}{4+\lambda^2} \sin 3\lambda \cos \lambda \, d\lambda = \frac{1}{2} \int_0^\infty \frac{\lambda \sin 4\lambda}{4+\lambda^2} d\lambda + \frac{1}{2} \int_0^\infty \frac{\lambda \sin 2\lambda}{4+\lambda^2} d\lambda$$

利用 (1) 之結果，得

$$\int_0^\infty \frac{\lambda \sin 4\lambda}{4+\lambda^2} d\lambda = \frac{\pi}{2} e^{-8} \quad 與 \quad \int_0^\infty \frac{\lambda \sin 2\lambda}{4+\lambda^2} d\lambda = \frac{\pi}{2} e^{-4}$$

最後求得

$$\int_0^\infty \frac{\lambda \sin 3\lambda \cos \lambda}{4+\lambda^2} d\lambda = \frac{\pi}{4} (e^{-8} + e^{-4})$$

【例題 2】 設 $f(x) = \begin{cases} e^{-x}, & x \geq 0 \\ 0, & x < 0 \end{cases}$，試求 $f(x)$ 之傅立葉複數積分式.

【解】 由傅立葉複數積分式

$$f(x) = \frac{1}{\pi} \int_{-\infty}^{\infty} C(\lambda) e^{i\lambda x} d\lambda$$

$$C(\lambda) = \frac{1}{2} \int_{-\infty}^{\infty} f(u) e^{-i\lambda u} du$$

得知

$$C(\lambda) = \frac{1}{2} \int_{-\infty}^{\infty} f(u) e^{-i\lambda u} du = \frac{1}{2} \int_{0}^{\infty} e^{-u} e^{-i\lambda u} du$$

$$= \frac{1}{2} \int_{0}^{\infty} e^{-(1+i\lambda)u} du = \frac{1}{2} \lim_{t \to \infty} \int_{0}^{t} e^{-(1+i\lambda)u} du$$

$$= \frac{1}{2} \lim_{t \to \infty} \frac{-1}{1+i\lambda} e^{-(1+i\lambda)} \Big|_{0}^{t} = \frac{1}{2} \frac{1}{1+i\lambda}$$

所以，

$$f(x) = \frac{1}{\pi} \int_{-\infty}^{\infty} \frac{1}{2} \frac{1}{1+i\lambda} e^{i\lambda x} d\lambda$$

$$= \frac{1}{2\pi} \int_{-\infty}^{\infty} \frac{1}{1+i\lambda} e^{i\lambda x} d\lambda$$

二、傅立葉變換

傅立葉變換是一種與拉普拉斯變換有些相似的積分變換，而廣泛使用於解微分方程式、積分方程式，且應用於通信系統、信號分析方面.

我們曾在前面討論過 $f(t)$ 之複數積分式為

$$f(t) = \frac{1}{2\pi} \int_{-\infty}^{\infty} \left(\int_{-\infty}^{\infty} f(t) e^{-i\omega t} dt \right) e^{i\omega t} d\omega$$

改寫成

$$F(\omega) = \int_{-\infty}^{\infty} f(t) e^{-i\omega t} dt$$

與

$$f(t) = \frac{1}{2\pi} \int_{-\infty}^{\infty} F(\omega) e^{i\omega t} d\omega$$

或 $$F(\omega)=\frac{1}{\sqrt{2\pi}}\int_{-\infty}^{\infty}f(t)\,e^{-i\omega t}\,dt \quad \text{與} \quad f(t)=\frac{1}{\sqrt{2\pi}}\int_{-\infty}^{\infty}F(\omega)\,e^{i\omega t}\,d\omega$$

$F(\omega)$ 稱為 $f(t)$ 之相函數，而 $f(t)$ 稱為 $F(\omega)$ 之原相函數，相函數 $F(\omega)$ 與原相函數 $f(t)$ 構成一個傅立葉複數變換對.

註：將定義 7-5-1 中之 λ 換成 ω.

定義 7-5-2　傅立葉變換

若 f 於 $[-L, L]$ 上為分段連續，其中 L 為任意正數，並假設 $\int_{-\infty}^{\infty}|f(t)|\,dt$ 收斂，則 f 的傅立葉變換 (Fourier transform) 定義為

$$\mathcal{F}\{f(t)\}(\omega)=\int_{-\infty}^{\infty}f(t)\,e^{-i\omega t}\,dt$$

因此，f 的傅立葉變換為一種新變數 ω 的函數 $\mathcal{F}\{f(t)\}$，此函數在 ω 處之值為 $\mathcal{F}\{f(t)\}(\omega)$. 習慣上，以英文小寫字母所表示的函數之傅立葉變換，常用同一字母之大寫表示. 因此，$g(t)$ 的傅立葉變換可以寫成 $G(\omega)$，即

$$G(\omega)=\int_{-\infty}^{\infty}g(t)\,e^{-i\omega t}\,dt$$

【例題 3】　如圖 7-5-1 所示，求指數函數 $f(t)=3e^{-kt}$ ($t\geq 0$，$k>0$) 之傅立葉變換.

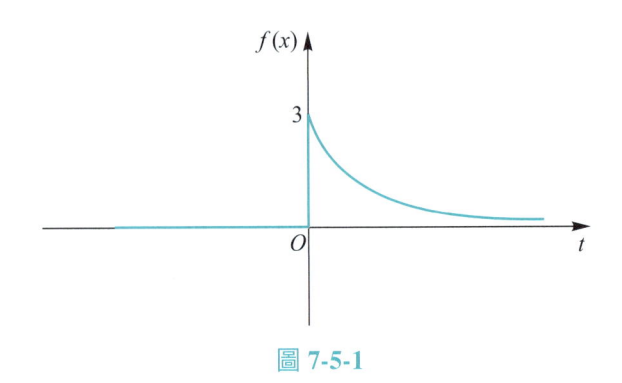

圖 7-5-1

【解】
$$F(\omega) = \int_{-\infty}^{\infty} f(t) e^{-i\omega t} dt = \int_{0}^{\infty} 3e^{-kt} \cdot e^{-i\omega t} dt = 3 \int_{0}^{\infty} e^{-(k+i\omega)t} dt$$

$$= 3 \lim_{h \to \infty} \int_{0}^{h} e^{-(k+i\omega)t} dt = \frac{3}{-(k+i\omega)} \lim_{h \to \infty} \left(e^{-(k+i\omega)t} \Big|_{0}^{h} \right)$$

$$= \frac{3}{-(k+i\omega)} (0-1) = \frac{3}{k+i\omega}$$

定義 7-5-3　幅　譜

$f(t)$ 的幅譜為 $|F(\omega)|$ 的圖形，即函數的傅立葉變換之大小．

例如，例題 3 中的 $f(t) = 3e^{-kt}$，而

$$|F(\omega)| = \frac{3}{|k+i\omega|} = \frac{3}{\sqrt{k^2+\omega^2}}$$

其圖形如圖 7-5-2 所示．

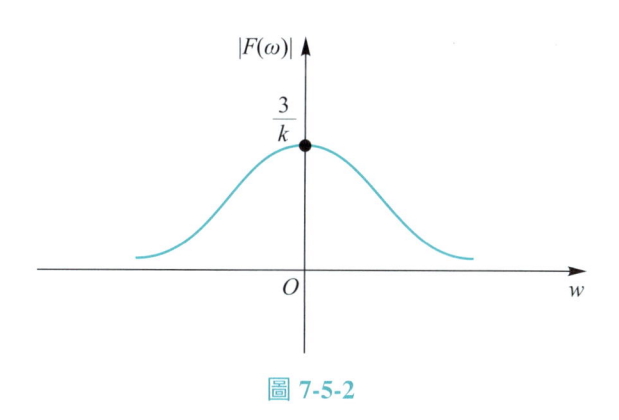

圖 7-5-2

一般而言，一函數的傅立葉變換值為複數，例如，例題 3．由複數形式之傅立葉積分知：

$$f(t) = \frac{1}{2\pi} \int_{-\infty}^{\infty} \left[\int_{-\infty}^{\infty} f(u) e^{-i\omega u} du \right] e^{i\omega t} d\omega$$

$$= \frac{1}{2\pi} \int_{-\infty}^{\infty} F(\omega) e^{i\omega t} d\omega \tag{7-5-8}$$

其中
$$F(\omega) = \int_{-\infty}^{\infty} f(u) e^{-i\omega u} du$$

令 $u=t$，得
$$F(\omega) = \int_{-\infty}^{\infty} f(t) e^{-i\omega t} dt = \mathcal{F}\{f(t)\} \tag{7-5-9}$$

故
$$f(t) = \frac{1}{2\pi} \int_{-\infty}^{\infty} F(\omega) e^{i\omega t} d\omega = \mathcal{F}^{-1}\{F(\omega)\} \tag{7-5-10}$$

稱之為 $F(\omega)$ 之逆傅立葉變換.

定義 7-5-4 逆傅立葉變換

$F(\omega)$ 的逆傅立葉變換以 $\mathcal{F}^{-1}\{F(\omega)\}$ 表示，並為 t 的函數，且定義

$$\mathcal{F}^{-1}\{F(\omega)\}(t) = \frac{1}{2\pi} \int_{-\infty}^{\infty} F(\omega) e^{i\omega t} d\omega$$

其中對所有 t 都必須使此積分收斂.

定義 7-5-5 傅立葉變換對

下列兩變換稱為傅立葉變換對

$$\mathcal{F}\{f(t)\} = F(\omega) = \int_{-\infty}^{\infty} f(t) e^{-i\omega t} dt \quad \text{(傅立葉變換)}$$

$$\mathcal{F}^{-1}\{F(\omega)\} = f(t) = \frac{1}{2\pi} \int_{-\infty}^{\infty} F(\omega) e^{i\omega t} d\omega \quad \text{(逆傅立葉變換)}$$

【例題 4】 由例題 3 之圖形所示，指數函數 $f(t) = 3e^{-kt}$，$t \geq 0$，$k > 0$，可得

$$\mathcal{F}\{f(t)\} = \frac{3}{k+i\omega}$$

因此，
$$\mathcal{F}^{-1}\left\{\frac{3}{k+i\omega}\right\} = 3e^{-kt}$$

且 $\dfrac{3}{k+i\omega}$ 與 $3e^{-kt}$ 形成一傅立葉變換對.

【例題 5】 設 $f(t)=e^{-|2t|}$, $-\infty<t<\infty$, 試求 $f(t)$ 的傅立葉變換 $F(\omega)$.

【解】
$$F(\omega)=\dfrac{1}{\sqrt{2\pi}}\int_{-\infty}^{\infty}e^{-|2t|}e^{-i\omega t}dt=\dfrac{1}{\sqrt{2\pi}}\left[\int_{-\infty}^{0}e^{2t}e^{-i\omega t}dt+\int_{0}^{\infty}e^{-2t}e^{-i\omega t}dt\right]$$

$$=\dfrac{1}{\sqrt{2\pi}}\left[\lim_{s\to-\infty}\int_{s}^{0}e^{(2-i\omega)t}dt+\lim_{s\to\infty}\int_{0}^{s}e^{-(2+i\omega)t}dt\right]$$

$$=\dfrac{1}{\sqrt{2\pi}}\left[\lim_{s\to-\infty}\dfrac{1}{2-i\omega}e^{(2-i\omega)t}\bigg|_{s}^{0}+\lim_{s\to\infty}\dfrac{-1}{2+i\omega}e^{-(2+i\omega)t}\bigg|_{0}^{s}\right]$$

$$=\dfrac{1}{\sqrt{2\pi}}\left[\dfrac{1}{2-i\omega}+\dfrac{1}{2+i\omega}\right]$$

$$=\dfrac{1}{\sqrt{2\pi}}\left[\dfrac{2+i\omega}{4+i\omega^2}+\dfrac{2-i\omega}{4+\omega^2}\right]$$

$$=\dfrac{1}{\sqrt{2\pi}}\dfrac{4}{4+\omega^2}$$

$$=\sqrt{\dfrac{8}{\pi}}\dfrac{1}{4+\omega^2}$$

所以,
$$F(\omega)=\sqrt{\dfrac{8}{\pi}}\dfrac{1}{4+\omega^2}$$

可得下列反傅立葉變換公式為
$$\mathscr{F}^{-1}\left\{\sqrt{\dfrac{8}{\pi}}\dfrac{1}{4+\omega^2}\right\}=e^{-|2t|}$$

三、傅立葉餘弦變換

對一定義在無限區間之非週期性偶函數展開成傅立葉餘弦積分式,為

$$f(t)=\dfrac{2}{\pi}\int_{0}^{\infty}\left[\int_{0}^{\infty}f(t)\cos(\omega t)\,dt\right]\cos(\omega t)\,d\omega$$

將上式表示成傅立葉餘弦變換對，為

$$F_c(\omega) = \int_0^\infty f(t) \cos(\omega t)\, dt \qquad (7\text{-}5\text{-}11)$$

與

$$f(t) = \frac{2}{\pi} \int_0^\infty F_c(\omega) \cos(\omega t)\, d\omega \qquad (7\text{-}5\text{-}12)$$

或寫成 $F_c(\omega) = \sqrt{\dfrac{2}{\pi}} \displaystyle\int_0^\infty f(t) \cos(\omega t)\, dt$ 與 $f(t) = \sqrt{\dfrac{2}{\pi}} \displaystyle\int_0^\infty F_c(\omega) \cos(\omega t)\, d\omega$.

定義 7-5-6　傅立葉餘弦變換

f 之傅立葉餘弦變換係以 $\mathcal{F}_c\{f(t)\}$ 表示，且定義為

$$\mathcal{F}_c\{f(t)\}(\omega) = F_c(\omega) = \int_0^\infty f(t) \cos \omega t\, dt$$

【例題 6】 試求 $f(t) = \begin{cases} 2, & 0 \le t \le 2 \\ 0, & t \ge 2 \end{cases}$ 之傅立葉餘弦變換.

【解】 $\mathcal{F}_c\{f(t)\} = F_c(\omega) = \displaystyle\int_0^\infty f(t) \cos \omega t\, dt = \int_0^2 2 \cos \omega t\, dt$

$\qquad\qquad = \dfrac{2 \sin \omega t}{\omega} \bigg|_0^2 = \dfrac{2 \sin(2\omega)}{\omega}$

四、傅立葉正弦變換

仿照傅立葉餘弦變換，對一定義在無限區間之非週期性奇函數，展開成傅立葉正弦積分式，為

$$f(t) = \frac{2}{\pi} \int_0^\infty \left[\int_0^\infty f(t) \sin(\omega t)\, dt \right] \sin(\omega t)\, d\omega$$

將上式表示成傅立葉正弦變換對，為

$$F_s(\omega) = \int_0^\infty f(t) \sin(\omega t)\, dt \qquad (7\text{-}5\text{-}13)$$

與
$$f(t) = \frac{2}{\pi} \int_0^\infty F_s(\omega) \sin(\omega t)\, d\omega \qquad (7\text{-}5\text{-}14)$$

或寫成 $F_s(\omega) = \sqrt{\dfrac{2}{\pi}} \displaystyle\int_0^\infty f(t) \sin(\omega t)\, dt$ 與 $f(t) = \sqrt{\dfrac{2}{\pi}} \displaystyle\int_0^\infty F_s(\omega) \sin(\omega t)\, d\omega$.

定義 7-5-7　傅立葉正弦變換

f 的傅立葉正弦變換係以 $\mathcal{F}_s\{f(t)\}$ 表示，且定義為

$$\mathcal{F}_s\{f(t)\}(\omega) = F_s(\omega) = \int_0^\infty f(t) \sin(\omega t)\, dt$$

【例題 7】 試求 $f(t) = \begin{cases} 2, & 0 \le t \le 2 \\ 0, & t \ge 2 \end{cases}$ 之傅立葉正弦變換.

【解】
$$\mathcal{F}_s\{f(t)\} = F_s(\omega) = \int_0^\infty f(t) \sin(\omega t)\, dt = \int_0^2 2 \sin(\omega t)\, dt$$

$$= \frac{2}{\omega}\left[-\cos(\omega t)\Big|_0^2\right] = \frac{2}{\omega}[1 - \cos(2\omega)]$$

五、傅立葉變換之性質

定理 7-5-1　傅立葉變換之線性性質

設 $\mathcal{F}\{f(t)\} = F(\omega)$，$\mathcal{F}\{g(t)\} = G(\omega)$，而 c_1 及 c_2 為任意常數，則

$$\mathcal{F}\{c_1 f(t) \pm c_2 g(t)\} = c_1 F(\omega) \pm c_2 G(\omega) \qquad (7\text{-}5\text{-}15)$$

證　$\mathcal{F}\{c_1 f(t) \pm c_2 g(t)\} = \displaystyle\int_{-\infty}^\infty [c_1 f(t) \pm c_2 g(t)]\, e^{-i\omega t}\, dt$

$$= c_1 \int_{-\infty}^{\infty} f(t) e^{-i\omega t} dt \pm c_2 \int_{-\infty}^{\infty} g(t) e^{-i\omega t} dt$$

$$= c_1 \mathcal{F}\{f(t)\} \pm c_2 \mathcal{F}\{g(t)\}$$

$$= c_1 F(\omega) \pm c_2 G(\omega)$$

同理，讀者可自行證明下面類似之性質：

假設 $f(t)$ 與 $g(t)$ 具有傅立葉餘弦與正弦變換，則

$$\mathcal{F}_c\{c_1 f(t) \pm c_2 g(t)\} = c_1 F_c(\omega) \pm c_2 G_c(\omega)$$

且

$$\mathcal{F}_s\{c_1 f(t) \pm c_2 g(t)\} = c_1 F_s(\omega) \pm c_2 G_s(\omega)$$

定理 7-5-2

若 $\lim_{t \to \pm\infty} f(t) = 0$，則 $\mathcal{F}\{f'(t)\} = i\omega \mathcal{F}\{f(t)\}$.

證　由於 $\mathcal{F}\{f'(t)\} = \dfrac{1}{2\pi} \int_{-\infty}^{\infty} f'(t) e^{-i\omega t} dt$，利用分部積分法 [令 $u = e^{-i\omega t}$，$dv = f'(t) dt$]，則

$$\mathcal{F}\{f'(t)\} = \frac{1}{2\pi} \left[f(t) e^{-i\omega t} \bigg|_{-\infty}^{\infty} + i\omega \int_{-\infty}^{\infty} f(t) e^{-i\omega t} dt \right]$$

由假設可知當 $t \to \infty$ 及 $t \to -\infty$ 時，$f(t) \to 0$，故

$$\mathcal{F}\{f'(t)\} = i\omega \frac{1}{2\pi} \int_{-\infty}^{\infty} f(t) e^{-i\omega t} dt$$

$$= i\omega \mathcal{F}\{f(t)\}$$

推論：令 n 為正整數，且 $f^{(n)}(t)$ 在每一區間 $[-L, L]$ 上均為分段連續，並且 $\int_{-\infty}^{\infty} |f^{(n-1)}(t)| dt$ 收斂；若

$$\lim_{t \to \pm\infty} f^{(k)}(t) = 0, \quad 其中 k = 0, 1, 2, \cdots, n-1$$

令 $\mathcal{F}\{f(t)\} = F(\omega)$，則

$$\mathcal{F}\{f^{(n)}(t)\}=(i\omega)^n\,\mathcal{F}\{f(t)\}=(i\omega)^n\,F(\omega)$$

特別是，

當 $n=1$ 時，$\mathcal{F}\{f'(t)\}=i\omega\,F(\omega)$

當 $n=2$ 時，$\mathcal{F}\{f''(t)\}=-\omega^2\,F(\omega)$

當 $n=3$ 時，$\mathcal{F}\{f'''(t)\}=-i\omega^3\,F(\omega)$

$\vdots$

依此類推.

定義 7-5-8　f 與 g 之褶積

若 f 與 g 均具有傅立葉變換，則 f 與 g 的褶積 (convolution) $f*g$ 定義為

$$f(t)*g(t)=\int_{-\infty}^{\infty}f(\mu)\,g(t-\mu)\,d\mu \qquad (7\text{-}5\text{-}16)$$

定理 7-5-3　$f*g$ 之傅立葉變換

若 $f(t)$ 與 $g(t)$ 在 $[-L, L]$ 上為分段連續，且為絕對可積分；令 $\mathcal{F}\{f(t)\}=F(\omega)$，且 $\mathcal{F}\{g(t)\}=G(\omega)$，則

$$\mathcal{F}\{f(t)*g(t)\}=F(\omega)\cdot G(\omega)$$

證　因

$$f(t)*g(t)=\int_{-\infty}^{\infty}f(\mu)\,g(t-\mu)\,d\mu$$

故

$$\mathcal{F}\{f(t)*g(t)\}=\int_{-\infty}^{\infty}\left[\int_{-\infty}^{\infty}f(\mu)\,g(t-\mu)\,d\mu\right]e^{-i\omega t}\,dt$$

$$=\int_{-\infty}^{\infty}\left[\int_{-\infty}^{\infty}f(\mu)\,g(t-\mu)\,e^{-i\omega t}\,dt\right]d\mu$$

$$=\int_{-\infty}^{\infty}\left[\int_{-\infty}^{\infty}f(\mu)\,g(t-\mu)\,e^{-i\omega(t-\mu)}\,dt\right]e^{-i\omega\mu}\,d\mu$$

令 $x=t-\mu$, $dx=dt$，代入上式可得

$$\mathcal{F}\{f(t)*g(t)\} = \int_{-\infty}^{\infty} \left[\int_{-\infty}^{\infty} f(\mu)\, g(x)\, e^{-i\omega x}\, dx \right] e^{-i\omega\mu}\, d\mu$$

$$= \left[\int_{-\infty}^{\infty} f(\mu)\, e^{-i\omega\mu}\, d\mu \right] \left[\int_{-\infty}^{\infty} g(x)\, e^{-i\omega x}\, dx \right]$$

$$= \mathcal{F}\{f(t)\} \cdot \mathcal{F}\{g(t)\}$$

$$= F(\omega) \cdot G(\omega)$$

f 與 g 褶積之逆式為

$$\mathcal{F}^{-1}\{F(\omega) \cdot G(\omega)\} = f(t)*g(t) \tag{7-5-17}$$

六、傅立葉變換表

表 7-1　傅立葉變換

1. $f(t) = \begin{cases} 0, & t<0 \\ e^{-at}, & 0<t,\ a>0 \end{cases}$	$F(\omega) = \dfrac{1}{a+i\omega}$
2. $f(t) = e^{at}$; $t>0,\ a<0$	$F(\omega) = \dfrac{1}{i\omega - a}$
3. $f(t) = \begin{cases} e^{at}, & t\le 0 \\ e^{-at}, & t\ge 0 \end{cases},\ a>0$	$F(\omega) = \dfrac{2a}{a^2+\omega^2}$
4. $f(t) = e^{-at}$; $t<0,\ a<0$	$F(\omega) = \dfrac{-1}{i\omega + a}$
5. $f(t) = e^{a|t|},\ a<0$	$F(\omega) = \dfrac{-2a}{\omega^2+a^2}$
6. $f(t) = \begin{cases} -e^{at}, & t<0 \\ e^{-at}, & t>0 \end{cases},\ a>0$	$F(\omega) = \dfrac{-2i\omega}{a^2+\omega^2}$
7. $f(t) = e^{-at}$; $0<t,\ a>0$	$F_c(\omega) = \sqrt{\dfrac{2}{\pi}}\, \dfrac{a}{a^2+\omega^2}$
8. $f(t) = e^{-at}$; $0<t,\ a>0$	$F_s(\omega) = \sqrt{\dfrac{2}{\pi}}\, \dfrac{\omega}{a^2+\omega^2}$

表 7-1 (續)

9. $f(t)=\begin{cases} 0, & -\infty < t < -k \\ a, & -k < t < 0 \\ b, & 0 < t < l \\ 0, & l < t < \infty \end{cases}$	$F(\omega)=\dfrac{1}{i\omega}[(b-a)+ae^{i\omega k}-be^{-i\omega l}]$
10. $f(t)=te^{-a\vert t\vert}$ $(a>0)$	$F(\omega)=\dfrac{4ai}{(a^2+\omega^2)^2}$
11. $f(t)=\vert t\vert e^{-a\vert t\vert}$ $(a>0)$	$F(\omega)=\dfrac{2(a^2-\omega^2)}{(a^2+\omega^2)^2}$
12. $f(t)=e^{-a^2t^2}$ $(a>0)$	$F(\omega)=\dfrac{\sqrt{\pi}}{a}e^{-\omega^2/4a^2}$
13. $f(t)=\dfrac{1}{a^2+t^2}$ $(a>0)$	$F(\omega)=\dfrac{\pi}{a}e^{-a\vert\omega\vert}$
14. $f(t)=\dfrac{t}{a^2+t^2}$ $(a>0)$	$F_c(\omega)=-\dfrac{i\pi}{2a}\omega e^{-a\vert\omega\vert}$
15. $f(t)=u(t+a)-u(t-a)$	$F_s(\omega)=\dfrac{2\sin(a\omega)}{\omega}$

【例題 8】 試求 $\mathcal{F}^{-1}\left\{\dfrac{1}{\omega^2+i\omega+2}\right\}$.

【解】 因

$$\dfrac{1}{\omega^2+i\omega+2}=\dfrac{1}{-(i\omega)^2+i\omega+2}=\dfrac{-1}{(i\omega-2)(i\omega+1)}$$

$$=\dfrac{1}{3}\dfrac{1}{i\omega+1}-\dfrac{1}{3}\dfrac{1}{i\omega-2}$$

故

$$\mathcal{F}^{-1}\left\{\dfrac{1}{\omega^2+i\omega+2}\right\}=\dfrac{1}{3}\mathcal{F}^{-1}\left\{\dfrac{1}{i\omega+1}\right\}-\dfrac{1}{3}\mathcal{F}^{-1}\left\{\dfrac{1}{i\omega-2}\right\}$$

$$=\dfrac{1}{3}\mathcal{F}^{-1}\left\{\dfrac{1}{i\omega+1}\right\}+\dfrac{1}{3}\mathcal{F}^{-1}\left\{\dfrac{-1}{i\omega+(-2)}\right\}$$

$$= \begin{cases} \dfrac{1}{3} e^{-t} , & t > 0 \\ \dfrac{1}{3} e^{2t} , & t < 0 \end{cases}$$

【例題 9】 試求 $y''(t) + 2y'(t) + 2y(t) = f(t)$ 的特解；$f(t) = \begin{cases} 2, & 0 \le t \le 1 \\ 0, & \text{其他} \end{cases}$.

【解】 令 $\mathcal{F}\{y(t)\} = Y(s)$，方程式兩邊取傅立葉複數變換，

$$\mathcal{F}\{y''(t)\} + 2\mathcal{F}\{y'(t)\} + 2\mathcal{F}\{y(t)\} = \mathcal{F}\{f(t)\}$$

則

$$-\omega^2 Y(\omega) + 2i\omega Y(\omega) + 2Y(\omega) = \int_0^1 2e^{-i\omega t} dt$$

故

$$(-\omega^2 + 2i\omega + 2)Y(\omega) = \frac{2(e^{-i\omega} - 1)}{-i\omega}$$

解得

$$Y(\omega) = \frac{2(e^{-i\omega} - 1)}{i\omega(\omega^2 - 2i\omega - 2)}$$

逆變換得

$$f(t) = \frac{1}{2\pi} \int_{-\infty}^{\infty} \frac{2(e^{-i\omega} - 1)}{i\omega(\omega^2 - 2i\omega - 2)} e^{i\omega t} d\omega$$

$$= \frac{1}{\pi} \int_{-\infty}^{\infty} \frac{e^{-i\omega} - 1}{i\omega(\omega^2 - 2i\omega - 2)} e^{i\omega t} d\omega$$

【例題 10】 試解下列的積分方程式

$$\int_{-\infty}^{\infty} \frac{y(v)}{(t-v)^2 + 4} dv = \frac{1}{t^2 + 9}$$

【解】 利用傅立葉變換之褶積定理知

$$\mathcal{F}\{y(t) * f(t)\} = \mathcal{F}\left\{\int_{-\infty}^{\infty} y(v) f(t-v) dv\right\} = Y(\omega) F(\omega)$$

將原積分方程式取傅立葉變換，得

$$\mathcal{F}\left\{\int_{-\infty}^{\infty}\frac{y(v)}{(t-v)^2+4}dv\right\}=\mathcal{F}\left\{\int_{-\infty}^{\infty}\frac{y(v)}{(t-v)^2+2^2}dv\right\}=\mathcal{F}\left\{\frac{1}{t^2+9}\right\}$$

但 $$\mathcal{F}\left\{\frac{1}{t^2+9}\right\}=\mathcal{F}\left\{\frac{1}{t^2+3^2}\right\}=\int_{-\infty}^{\infty}\frac{1}{t^2+3^2}e^{-i\omega t}dt=\frac{\pi}{3}e^{-3\omega}$$

得 $$Y(\omega)\cdot\frac{\pi}{2}e^{-2\omega}=\frac{\pi}{3}e^{-3\omega}$$

解得 $$Y(\omega)=\frac{2}{3}e^{-\omega}$$

故上式之逆變換為

$$y(t)=\mathcal{F}^{-1}\{Y(\omega)\}=\frac{2}{3\pi(t^2+1)}$$

習題 7-5

1. 已知 $f(x)=\begin{cases} 1, & |x|<1 \\ 0, & |x|>1 \end{cases}$

(1) 試求傅立葉積分式.

(2) 試利用 (1) 之結果求 $\int_0^\infty \dfrac{\sin\lambda}{\lambda}d\lambda$.

(3) 試利用 (1) 之結果求 $\int_0^\infty \dfrac{\sin\lambda\cos\lambda}{\lambda}d\lambda$.

2. 試求下列函數之傅立葉變換.

(1) $f(x)=xe^{-|x|}$

(2) $f(x)=\begin{cases} \sin(\pi x), & -5\leq x\leq 5 \\ 0, & |x|>5 \end{cases}$

3. 試求下式 $f(t)$ 之傅立葉正弦積分式.

$$f(t)=\begin{cases} t, & -\pi\leq t\leq\pi \\ 0, & t>\pi \end{cases}$$

4. 試求下列各函數之傅立葉正弦及傅立葉餘弦變換.

   (1) $f(t) = e^{-t}$

   (2) $f(t) = e^{-kt}$, $k > 0$

   (3) $f(t) = \begin{cases} 1, & 0 \leq t < 1 \\ -1, & 1 \leq t < 2 \\ 0, & t \geq 2 \end{cases}$

   (4) $f(t) = te^{-t}$

5. 試求下列各函數之逆傅立葉變換.

   (1) $\dfrac{e^{(24-4\omega)i}}{4-(6-\omega)i}$

   (2) $\dfrac{12\sin(5\omega)}{\omega + \pi}$

   (3) $\dfrac{1+\omega i}{6-\omega^2 + 5\omega i}$

6. 試利用褶積求 $\dfrac{\sin(5\omega)}{\omega(2+i\omega)}$ 之逆傅立葉變換.

7. 試求微分方程式 $y' - 2y = u(t)\,e^{-2t}$ ($t \in \mathbb{R}$) 之特解.

8. 若積分方程式為 $\displaystyle\int_0^\infty f(t)\cos\omega t\,dt = e^{-\omega}$, 試求 $f(t)$.

公 式 表

一、基本微分公式

1. $dk=0$
2. $d(cf)=cdf$
3. $d(f\pm g)=df\pm dg$
4. $d(fg)=fdg+gdf$
5. $d\left(\dfrac{f}{g}\right)=\dfrac{gdf-fdg}{g^2}$
6. $d(f^n)=nf^{n-1}\,df$

二、連鎖律

若 $y=f(u)$ 與 $u=g(x)$，則 $\dfrac{d}{dx}f(g(x))=f'(g(x))\,g'(x)$ 或 $\dfrac{dy}{dx}=\dfrac{dy}{du}\dfrac{du}{dx}$.

三、偏導數公式

若 $u=u(x,\,y)$，$v=v(x,\,y)$，則

1. $\dfrac{\partial}{\partial x}(u\pm v)=\dfrac{\partial u}{\partial x}\pm\dfrac{\partial v}{\partial x}$

   $\dfrac{\partial}{\partial y}(u\pm v)=\dfrac{\partial u}{\partial y}\pm\dfrac{\partial v}{\partial y}$

2. $\dfrac{\partial}{\partial x}(cu)=c\dfrac{\partial u}{\partial x}$

   $\dfrac{\partial}{\partial y}(cu)=u\dfrac{\partial u}{\partial y}$

3. $\dfrac{\partial}{\partial x}(uv)=u\dfrac{\partial v}{\partial x}+v\dfrac{\partial u}{\partial x}$

   $\dfrac{\partial}{\partial y}(uv)=u\dfrac{\partial v}{\partial y}+v\dfrac{\partial u}{\partial y}$

4. $\dfrac{\partial}{\partial x}\left(\dfrac{u}{v}\right)=\dfrac{v\dfrac{\partial u}{\partial x}-u\dfrac{\partial v}{\partial x}}{v^2}$

   $\dfrac{\partial}{\partial y}\left(\dfrac{u}{v}\right)=\dfrac{v\dfrac{\partial u}{\partial y}-u\dfrac{\partial v}{\partial y}}{v^2}$

5. $\dfrac{\partial}{\partial x}(u^r)=ru^{r-1}\dfrac{\partial u}{\partial x}$

   $\dfrac{\partial}{\partial y}(u^r)=ru^{r-1}\dfrac{\partial u}{\partial y}$

四、基本積分公式

1. $\int du=u+C$
2. $\int k\,du=ku+C$
3. $\int [f(u)\pm g(u)]\,du=\int f(u)\,du\pm\int g(u)\,du$
4. $\int u^n\,du=\dfrac{u^{n+1}}{n+1}+C,\ n\ne -1$
5. $\int \dfrac{du}{u}=\ln|u|+C$

含 $a+bu$ 的積分

6. $\int \dfrac{u\,du}{a+bu}=\dfrac{1}{b^2}[a+bu-a\ln|a+bu|]+C$
7. $\int \dfrac{du}{u(a+bu)}=\dfrac{1}{a}\ln\left|\dfrac{u}{a+bu}\right|+C$

含 $a^2\pm u^2$ 的積分

8. $\int \dfrac{du}{a^2+u^2}=\dfrac{1}{a}\tan^{-1}\dfrac{u}{a}+C$

9. $\int \dfrac{du}{a^2-u^2} = \dfrac{1}{2a} \ln \left| \dfrac{u+a}{u-a} \right| + C = \begin{cases} \dfrac{1}{a} \tanh^{-1} \dfrac{u}{a} + C, & 若\ |u|<a \\ \dfrac{1}{a} \coth^{-1} \dfrac{u}{a} + C, & 若\ |u|>a \end{cases}$

10. $\int \dfrac{du}{u^2-a^2} = \dfrac{1}{2a} \ln \left| \dfrac{u-a}{u+a} \right| + C = \begin{cases} -\dfrac{1}{a} \tanh^{-1} \dfrac{u}{a} + C, & 若\ |u|<a \\ -\dfrac{1}{a} \coth^{-1} \dfrac{u}{a} + C, & 若\ |u|>a \end{cases}$

令 $\sqrt{u^2 \pm a^2}$ 的積分

11. $\int \dfrac{du}{\sqrt{u^2 \pm a^2}} = \ln | u + \sqrt{u^2 \pm a^2} | + C$

12. $\int \dfrac{du}{u\sqrt{u^2+a^2}} = -\dfrac{1}{a} \ln \left| \dfrac{a+\sqrt{u^2+a^2}}{u} \right| + C$

13. $\int \dfrac{du}{u\sqrt{u^2-a^2}} = \dfrac{1}{a} \sec^{-1} \left| \dfrac{u}{a} \right| + C$

14. $\int \dfrac{\sqrt{u^2+a^2}}{u} du = \sqrt{u^2+a^2} - a \ln \left| \dfrac{a+\sqrt{u^2+a^2}}{u} \right| + C$

15. $\int \dfrac{\sqrt{u^2-a^2}}{u} du = \sqrt{u^2-a^2} - a \sec^{-1} \left| \dfrac{u}{a} \right| + C$

令 $\sqrt{a^2-u^2}$ 的積分

16. $\int \dfrac{du}{\sqrt{a^2-u^2}} = \sin^{-1} \dfrac{u}{a} + C$

17. $\int \sqrt{a^2-u^2}\, du = \dfrac{u}{2} \sqrt{a^2-u^2} + \dfrac{a^2}{2} \sin^{-1} \dfrac{u}{a} + C$

18. $\int \dfrac{du}{u\sqrt{a^2-u^2}} = -\dfrac{1}{a} \ln \left| \dfrac{a+\sqrt{a^2-u^2}}{u} \right| + C = -\dfrac{1}{a} \cosh^{-1} \dfrac{a}{u} + C$

19. $\int \dfrac{\sqrt{a^2-u^2}}{u} du = \sqrt{a^2-u^2} - a \ln \left| \dfrac{a+\sqrt{a^2-u^2}}{u} \right| + C$

$\qquad = \sqrt{a^2-u^2} - a \cosh^{-1} \dfrac{a}{u} + C$

含三角函數的積分

20. $\int \sin u\, du = -\cos u + C$ 　　21. $\int \cos u\, du = \sin u + C$

22. $\int \tan u\, du = \ln |\sec u| + C$ 　　23. $\int \cot u\, du = \ln |\sin u| + C$

24. $\int \sec u\, du = \ln |\sec u + \tan u| + C = \ln \left| \tan \left(\dfrac{1}{4} \pi + \dfrac{1}{2} u \right) \right| + C$

25. $\int \csc u\, du = \ln |\csc u - \cot u| + C = \ln \left| \tan \dfrac{1}{2} u \right| + C$

26. $\int \sec^2 u\, du = \tan u + C$ 27. $\int \csc^2 u\, du = -\cot u + C$

28. $\int \sec u \tan u\, du = \sec u + C$ 29. $\int \csc u \cot u\, du = -\csc u + C$

30. $\int \sin^2 u\, du = \dfrac{1}{2} u - \dfrac{1}{4} \sin 2u + C$ 31. $\int \cos^2 u\, du = \dfrac{1}{2} u + \dfrac{1}{4} \sin 2u + C$

32. $\int \tan^2 u\, du = \tan u - u + C$ 33. $\int \cot^2 u\, du = -\cot u - u + C$

34. $\int \sin^n u\, du = -\dfrac{1}{n} \sin^{n-1} u \cos u + \dfrac{n-1}{n} \int \sin^{n-2} u\, du$

35. $\int \cos^n u\, du = \dfrac{1}{n} \cos^{n-1} u \sin u + \dfrac{n-1}{n} \int \cos^{n-2} u\, du$

36. $\int \tan^n u\, du = \dfrac{1}{n-1} \tan^{n-1} u - \int \tan^{n-2} u\, du$

37. $\int \cot^n u\, du = -\dfrac{1}{n-1} \cot^{n-1} u - \int \cot^{n-2} u\, du$

38. $\int \sec^n u\, du = \dfrac{1}{n-1} \sec^{n-2} u \tan u + \dfrac{n-2}{n-1} \int \sec^{n-2} u\, du$

39. $\int \csc^n u\, du = -\dfrac{1}{n-1} \csc^{n-2} u \cot u + \dfrac{n-2}{n-1} \int \csc^{n-2} u\, du$

40. $\int \sin mu \sin nu\, du = -\dfrac{\sin(m+n)u}{2(m+n)} + \dfrac{\sin(m-n)u}{2(m-n)} + C$

41. $\int \cos mu \cos nu\, du = \dfrac{\sin(m+n)u}{2(m+n)} + \dfrac{\sin(m-n)u}{2(m-n)} + C$

42. $\int \sin mu \cos nu\, du = -\dfrac{\cos(m+n)u}{2(m+n)} - \dfrac{\cos(m-n)u}{2(m-n)} + C$

43. $\int u \sin u\, du = \sin u - u \cos u + C$ 44. $\int u \cos u\, du = \cos u + u \sin u + C$

45. $\int \sin^m u \cos^n u\, du$

$= -\dfrac{\sin^{m-1} n \cos^{n+1} u}{m+n} + \dfrac{m-1}{m+n} \int \sin^{m-2} u \cos^n u\, du$

$= \dfrac{\sin^{m+1} u \cos^{n-1} u}{m+n} + \dfrac{n-1}{m+n} \int \sin^m u \cos^{n-2} u\, du$

含反三角函數的積分

46. $\int \sin^{-1} u\, du = u \sin^{-1} u + \sqrt{1-u^2} + C$ 47. $\int \cos^{-1} u\, du = u \cos^{-1} u - \sqrt{1-u^2} + C$

48. $\int \tan^{-1} u\, du = u \tan^{-1} u - \ln \sqrt{1+u^2} + C$

49. $\int \cot^{-1} u \, du = u \cot^{-1} u + \ln\sqrt{1+u^2} + C$

50. $\int \sec^{-1} u \, du = u \sec^{-1} u - \ln|u+\sqrt{u^2-1}| + C = u \sec^{-1} u - \cosh^{-1} u + C$

51. $\int \csc^{-1} u \, du = u \csc^{-1} u + \ln|u+\sqrt{u^2-1}| + C = u \csc^{-1} u + \cosh^{-1} u + C$

含指數函數與對數函數的積分

52. $\int e^u \, du = e^u + C$

53. $\int a^u \, du = \dfrac{a^u}{\ln a} + C$

54. $\int u e^u \, du = e^u(u-1) + C$

55. $\int \ln u \, du = u \ln u - u + C$

56. $\int \dfrac{du}{u \ln u} = \ln|\ln u| + C$

57. $\int e^{au} \sin nu \, du = \dfrac{e^{au}}{a^2+n^2}(a \sin nu - n \cos nu) + C$

58. $\int e^{au} \cos nu \, du = \dfrac{e^{au}}{a^2+n^2}(a \cos nu + n \sin nu) + C$

含雙曲線函數的積分

59. $\int \sinh u \, du = \cosh u + C$

60. $\int \cosh u \, du = \sinh u + C$

61. $\int \tanh u \, du = \ln|\cosh u| + C$

62. $\int \coth u \, du = \ln|\sinh u| + C$

63. $\int \operatorname{sech} u \, du = \tan^{-1}(\sinh u) + C$

64. $\int \operatorname{csch} u \, du = \ln\left|\tanh \dfrac{1}{2} u\right| + C$

65. $\int \operatorname{sech}^2 u \, du = \tanh u + C$

66. $\int \operatorname{csch}^2 u \, du = -\coth u + C$

67. $\int \operatorname{sech} u \tanh u \, du = -\operatorname{sech} u + C$

68. $\int \operatorname{csch} u \coth u \, du = -\operatorname{csch} u + C$

69. $\int \sinh^2 u \, du = \dfrac{1}{4} \sinh 2u - \dfrac{1}{2} u + C$

70. $\int \cosh^2 u \, du = \dfrac{1}{4} \sinh 2u + \dfrac{1}{2} u + C$

71. $\int \tanh^2 u \, du = u - \tanh u + C$

72. $\int \coth^2 u \, du = u - \coth u + C$

73. $\int u \sinh u \, du = u \cosh u - \sinh u + C$

74. $\int u \cosh u \, du = u \sinh u - \cosh u + C$

75. $\int e^{au} \sinh nu \, du = \dfrac{e^{au}}{a^2-n^2}(a \sinh nu - n \cosh nu) + C$

76. $\int e^{au} \cosh nu \, du = \dfrac{e^{au}}{a^2-n^2}(a \cosh nu - n \sinh nu) + C$